理工系の微積分演習

安芸重雄
市原完治
楠田雅治
栗栖　忠
平嶋康昌
福島正俊
前田　亨
柳川高明
共　著

学術図書出版社

まえがき

　本書は，理工系の大学初年級学生のための微分積分学の演習書である．本演習書の執筆者の多くは，教科書

　　　　　　　理工系の微積分　　石井恵一，田尾洋子　共編　　学術図書出版社

の執筆者と重なり，本演習書の項目はこの教科書に準じて配列されている．各項目ごとに設けられた例題や，難易度に応じて A, B, C の 3 種に配分された問題は，執筆者の共通の授業経験に基づいて適切に選択されている．

　本書の執筆に当たって，次のような点に留意した．
1. 問題の解答は答のみでなく，できるだけ丁寧に詳しく述べるように努めた．
2. 中学，高校で身につけておくべきであった微分積分以前の基礎事項の理解や演算力が不足している学生に配慮して，「準備」の章を最初に設けて，学生が自ら反復演習によってその不足を補うための一助とした．
3. 演習問題を解き進めていく内に重要な計算テクニックは繰り返し練習できるように演習問題に工夫した．

　例題では各項目の基本的で易しい問題の解答例と共にその「考え方」が述べられている．

　各章の「基礎事項」を参照しながら，例題に沿って，演習 A から始めて自ら問題を解いてみることを試み，その結果を解答と比較しながら演習 B, 演習 C に進んで微積分学の理解を深め，その運用力を高めていくことが期待される．

　各章の最後には，余力のある学生向きで項目別の例題で扱いにくいものも含めた「総合問題」も設けられている．

　最後に本書の刊行に当たり，学術図書出版社の発田孝夫氏にひとかたならぬお世話になったことを記し，心から感謝の意を表したい．

2005 年 10 月

著者

目 次

第I章　復習と準備　　1

基本事項 1

例　題 4

- 1-1　連立方程式 4
- 1-2　連立方程式 (2) 5
- 1-3　分数の大小比較 6
- 1-4　指数の計算 7
- 1-5　指数の計算 (2) 8
- 1-6　対数の計算 9
- 1-7　対数の計算 (2) 10
- 1-8　対数と指数 11
- 1-9　分数式の計算 12
- 1-10　分数式の計算 (2) 13
- 1-11　恒等式 14
- 1-12　恒等式 (2) 15
- 1-13　因数定理と因数分解 16
- 1-14　高次方程式 17
- 1-15　2次式の平方完成 18
- 1-16　部分分数 19
- 1-17　部分分数 (2) 20
- 1-18　部分分数 (3) 22
- 1-19　部分分数 (4) 23
- 1-20　2項定理 25
- 1-21　関数 26
- 1-22　写像 27
- 1-23　合成関数 28
- 1-24　逆関数 29
- 1-25　逆関数 (2) 30

解　答 31

第 II 章　微　分　　45

基本事項 45

例　題 48

 2-1 極限・連続・数列 48

 2-2 逆三角関数 49

 2-3 微分 50

 2-4 積の微分 51

 2-5 商の微分 52

 2-6 逆関数の微分 53

 2-7 合成関数の微分 I 54

 2-8 合成関数の微分 II 55

 2-9 高階導関数 56

 2-10 Taylor の定理 57

 2-11 Maclaurin の定理 58

 2-12 不等式 59

 2-13 de l'Hospital の定理 (1) 60

 2-14 de l'Hospital の定理 (2) 61

 2-15 63

 2-16 64

解　答 65

第 III 章　級　数　　82

基本事項 82

例　題 87

 3-1 部分和 (1) 87

 3-2 部分和 (2) 88

 3-3 級数の和 89

 3-4 正項級数の収束・発散の判定–比較判定法 90

 3-5 正項級数の収束・発散の判定–d'Alembert の判定法 92

 3-6 正項級数の収束・発散の判定–Cauchy の判定法 93

 3-7 一般の級数および交項級数の収束・発散の判定 94

 3-8 べき級数の収束半径 (1) 95

 3-9 べき級数の収束半径 (2) 96

 3-10 項別微分と項別積分 98

 3-11 Taylor 級数 99

 3-12 Maclaurin 級数 100

 3-13 二項級数 101

解　答 102

第 IV 章　積　分　　113

基本事項 113
例　題 119

- 4-1　基本的な不定積分 (1) 119
- 4-2　基本的な不定積分 (2) 120
- 4-3　基本的な不定積分 (3) 121
- 4-4　基本的な不定積分 (4) 122
- 4-5　基本的な不定積分 (5) 123
- 4-6　置換積分 (1) 124
- 4-7　置換積分 (2)　$\int f(e^x)\,dx,\ \int f(ax^2+b)x\,dx$ 型 125
- 4-8　置換積分 (3)　$\int f(\sin x)\cos x\,dx$ 型 126
- 4-9　置換積分 (4)　$\int \dfrac{f'(x)}{f(x)}\,dx$ 型 127
- 4-10　部分積分 (1) 128
- 4-11　部分積分 (2)　$1 \times (f(x))^n$ 型 129
- 4-12　部分積分 (3)　$\int \dfrac{1}{(x^2+A)^n}\,dx$ 型 130
- 4-13　有理関数 (1) 131
- 4-14　有理関数 (2) 132
- 4-15　有理関数 (3) 134
- 4-16　有理関数 (4) 135
- 4-17　三角関数 (1) 136
- 4-18　三角関数 (2) 137
- 4-19　無理関数 (1)　$\int R(x, \sqrt[m]{ax+b}, \sqrt[n]{ax+b})\,dx$ 型 138
- 4-20　無理関数 (2) 139
- 4-21　無理関数 (3)　$\sqrt[n]{\dfrac{ax+b}{cx+d}} = t$ 140
- 4-22　無理関数 (4)　$\sqrt{a}x + \sqrt{ax^2+bx+c} = t$ 142
- 4-23　定積分 143
- 4-24　広義積分 (1) 144
- 4-25　広義積分 (2) 145
- 4-26　曲線の長さ 146
- 4-27　面積 147
- 4-28　体積 148
- 4-29　広義積分の収束判定 149
- 4-30　区分求積法 150
- 4-31　定積分の不等式への応用 151

解　答 153

第 V 章　偏微分　　185

基本事項 185
例題 191

- 5-1　偏導関数を求める 191
- 5-2　関数の極限 192
- 5-3　全微分を求める 193
- 5-4　接平面，法線の方程式 194
- 5-5　チェインルール (1) 多変数と 1 変数の合成 195
- 5-6　チェインルール (2) 多変数の合成 196
- 5-7　高階偏導関数を求める 197
- 5-8　合成関数の高階導関数 198
- 5-9　Taylor の定理 199
- 5-10　Maclaurin の定理 200
- 5-11　関数の極大極小 (1) 判定条件が利用できるタイプ 201
- 5-12　関数の極大極小 (2) 判定条件が利用できないタイプ 202
- 5-13　陰関数の微分法 203
- 5-14　陰関数定理の応用 204
- 5-15　Lagrange の乗数法 205
- 5-16 206
- 5-17 207

解答 208

第 VI 章　重積分　　223

基本事項 223
例題 228

- 6-1　累次積分 228
- 6-2　積分順序の交換 229
- 6-3　重積分の計算 231
- 6-4　ヤコビアン 232
- 6-5　変数変換 (1) 極座標 234
- 6-6　変数変換 (2) 円柱座標 235
- 6-7　変数変換 (3) 空間の座標，その他 237
- 6-8　広義積分 (1) 239
- 6-9　広義積分 (2) 241
- 6-10　面積 243
- 6-11　体積 (1) 244
- 6-12　体積 (2) 245
- 6-13　曲面積 (1) 246

	6-14 曲面積 (2)	247
	6-15 質量と重心	248
	6-16 曲線・曲面の重心	249
	6-17 微分と積分の順序交換	250
解　　答		251

第 VII 章 微分方程式　　　　　　　　　　　　　　　　270

基本事項 270
例　　題 276
  7-1 変数分離形 272
  7-2 同次形 273
  7-3 一階線形 274
解　　答 275

I

復習と準備

基本事項

1. 実数

(1) 自然数全体の集合 N ⊂ 整数全体の集合 Z
　　　　　　　　　　 ⊂ 有理数全体の集合 Q
　　　　　　　　　　 ⊂ 実数全体の集合 R

(2) 有理数 ＝ 分母，分子が整数である分数，ただし，分母は 0 でないとする．
　　　　　＝ 有限小数　または　循環する小数

(3) 無理数 ＝ 有理数でない実数

(4) (実数)$^2 \geqq 0$

(5) 複素数 $a + bi$ (a, b は実数で，i は $i^2 = -1$ となる数 … 虚数単位という)

(6) 実数の性質

　(i) 四則演算 $(+, -, \times, \div)$ ができる．

　(ii) 大小関係がある．

　　2 つの実数 a, b について，$a < b, a = b, a > b$ のどれか 1 つだけが成り立つ．

　(iii) アルキメデスの公理が成り立つ．

　　2 つの正の実数 a, b について，$a < nb$ となる自然数 n がある．

　(iv) 連続性の公理が成り立つ．

2. 連立 1 次方程式

(1) 連立 1 次方程式の解：すべての方程式を同時に満たすような未知数の値の組．

(2) 不能：すべての方程式を同時に満たすような未知数の値の組がないこと．

(3) 不定：すべての方程式を同時に満たすような未知数の値の組が 2 組以上あること．

3. 分数の大小

　A, B, C が正の数であるとき

　(1) $A > B \implies \dfrac{C}{A} < \dfrac{C}{B}$　　(2) $B < C \implies \dfrac{B}{A} < \dfrac{C}{A}$

4. 指数の計算

(1) a^n : n を自然数として，$a^n = \overbrace{a \times a \times a \times \cdots\cdots \times a}^{n \text{ 個}}$

(2) n が自然数のとき，n 乗すれば a になる数を a の $\underline{n \text{ 乗根}}$ という．

a の n 乗根を，記号 $\sqrt[n]{a}$ で表すが，

n が奇数の場合　　a の正負によらず $\sqrt[n]{a}$ の値は 1 つある．

n が偶数の場合　　$a \geqq 0$ のときは n 乗すれば a になる正の数を $\sqrt[n]{a}$ とする．

　　　　　　　　　　$a < 0$ のときは n 乗すれば a になる実数はない．

(3) $a > 0$, p, q が整数で，$p > 0$ のとき

$a^{-n} = \dfrac{1}{a^n}$　　$a^{\frac{q}{p}} = (\sqrt[p]{a})^q = \sqrt[p]{(a^q)}$

(4) 指数の計算法則 (公式)：$a > 0$ として

$a^p \times a^q = a^{p+q}$　　$a^p \div a^q = a^{p-q}$

$(a^p)^q = a^{pq}$　　$a^0 = 1$　　0^0 は考えない．

5. 対数の計算

(1) 指数と対数の関係　$a > 0$ かつ $a \neq 1, c > 0$ とする．

「$c = a^b$」　$\Longleftrightarrow$　「$b = \log_a c$」

(2) 対数の計算規則 (公式)：$a > 0$ かつ $a \neq 1, M > 0, N > 0$ とする．

$\log_a(M \times N) = \log_a M + \log_a N$

$\log_a(M \div N) = \log_a M - \log_a N$

$\log_a(M^p) = p(\log_a M)$　　$\log_a a = 1$　　$\log_a 1 = 0$

$\log_b A = \dfrac{\log_a A}{\log_a b}$　(底変換の公式)　　ただし，$b > 0, b \neq 1$ とする．

$A(x) = a^{(\log_a A(x))}$　　ただし，$a > 0, a \neq 1$ とする．

6. 分数式の計算

分数の計算と同じ．A, B, C, D を文字 x, y などを含む式とする

(1) $\dfrac{B}{A} + \dfrac{D}{C} = \dfrac{BC}{AC} + \dfrac{AD}{AC} = \dfrac{BC + AD}{AC}$

$\dfrac{B}{A} - \dfrac{D}{C} = \dfrac{BC}{AC} - \dfrac{AD}{AC} = \dfrac{BC - AD}{AC}$

(2) $\dfrac{B}{A} \times \dfrac{D}{C} = \dfrac{B \times D}{A \times C}$　　　$\dfrac{B}{A} \div \dfrac{D}{C} = \dfrac{B}{A} \times \dfrac{C}{D} = \dfrac{B \times C}{A \times D}$

7. 恒等式

(1) $a, b, c, \cdots\cdots, d, e$ を定数 (文字 x と無関係な数)，n は正か 0 の整数とする．

$ax^n + bx^{n-1} + cx^{n-2} + \cdots\cdots + dx + e$ を x の n 次の整式という．

(2) $A(x), B(x)$ を文字 x を含む数式とする．

$A(x) = B(x)$ が恒等式　$\Longleftrightarrow$　x のすべての値について $A(x) = B(x)$ が成り立つ

(3) 恒等式の性質

(i) $ax^n + bx^{n-1} + cx^{n-2} + \cdots\cdots + dx + e = 0$ が恒等式である

$\qquad \iff \quad a, b, c, \cdots\cdots, d, e$ が全部 0 である

(ii) $ax^n + bx^{n-1} + cx^{n-2} + \cdots\cdots + d = px^m + qx^{m-1} + rx^{m-2} + \cdots\cdots + s$ が恒等式である

$\qquad \iff \quad n = m$ かつ同じ次数の項の係数が等しい

$\qquad\qquad$ つまり $n = m, a = p, b = q, c = r, \cdots\cdots, d = s$ （係数比較の定理）

(iii) $P(x), A(x), Q(x), R(x)$ を x の整式とする．

$P(x)$ を $A(x)$ で割ったときの商が $Q(x)$ で余りが $R(x)$ である

$$\iff \begin{cases} P(x) = Q(x)A(x) + R(x) \\ \text{かつ} \\ R(x) \text{ の次数} < A(x) \text{ の次数} \end{cases}$$

(iv) 因数定理

x の整式 $P(x)$ を 1 次式 $x - a$ で割った余り r は，$r = P(a)$

x の整式 $P(x)$ が 1 次式 $x - a$ で割り切れる $\iff P(a) = 0$

(4) 高次方程式

$A(x) \times B(x) = 0 \iff A(x) = 0$ または $B(x) = 0$

$A(x) \times B(x) = 0$ の解は，$A(x) = 0$ の解および $B(x) = 0$ の解 の全部．

8. 2次式の平方完成

$$ax^2 + bx + c = a\left(x + \frac{b}{2a}\right)^2 - \frac{b^2 - 4ac}{4a} \quad \text{と変形することをいう．}$$

9. 部分分数

分母・分子がともに文字 x の整式である分数式 (有理関数) について

(1) 分母が元の式の分母より簡単な分数式の和として表す．

(2) $\dfrac{B(x)}{A(x)}$ について

(i) 割り算して，$B(x)$ の次数 $< A(x)$ の次数 の形にする．

(ii) 分母 $A(x)$ を因数分解する．

$A(x) = (a_1 x + b_1)^{n_1}(a_2 x + b_2)^{n_2} \cdots (a_k x + b_k)^{n_k}$
$\qquad\qquad \times \{(x - c_1)^2 + d_1{}^2\}^{m_1}\{(x - c_2)^2 + d_2{}^2\}^{m_2} \cdots \{(x - c_l)^2 + d_l{}^2\}^{m_l}$

(iii) $\dfrac{B(x)}{A(x)} = \dfrac{r_1(x)}{(a_1 x + b_1)^{n_1}} + \dfrac{r_2(x)}{(a_2 x + b_2)^{n_2}} + \cdots + \dfrac{r_k(x)}{(a_k x + b_k)^{n_k}}$

$\qquad\qquad + \dfrac{R_1(x)}{\{(x - c_1)^2 + d_1{}^2\}^{m_1}} + \dfrac{R_2(x)}{\{(x - c_2)^2 + d_2{}^2\}^{m_2}} + \cdots + \dfrac{R_l(x)}{\{(x - c_l)^2 + d_l{}^2\}^{m_l}}$

さらに，

$\dfrac{r(x)}{(ax + b)^n}$ の形の項は $\dfrac{C_1}{ax + b} + \dfrac{C_2}{(ax + b)^2} + \cdots + \dfrac{C_n}{(ax + b)^n}$ という形に分けられる．

$\dfrac{R(x)}{\{(x - c)^2 + d^2\}^m}$ の形の項は $\dfrac{D_1 x + E_1}{\{(x - c)^2 + d^2\}} + \dfrac{D_2 x + E_2}{\{(x - c)^2 + d^2\}^2} + \cdots + \dfrac{D_m x + E_m}{\{(x - c)^2 + d^2\}^m}$

という形に分けられる．

例題 1-1 連立方程式

次の各連立方程式を解け.

(1) $\begin{cases} 4x - 7y = 3 & \cdots ① \\ -2x + 3y = -3 & \cdots ② \\ 5x - 9y = 3 & \cdots ③ \end{cases}$
(2) $\begin{cases} 3x - y + 5z = 12 & \cdots ① \\ -2x + 3y + 2z = 2 & \cdots ② \\ 4x - 4y - 3z = 1 & \cdots ③ \end{cases}$

[考え方] ① 文字を減らす. ② 「すべての式を満たす値が解」に注意.

[解答] (1) ① から $4x - 3 = 7y$ よって $y = \dfrac{4x-3}{7}$ $\cdots ①'$

$①'$ を ② に代入して $-2x + 3\left(\dfrac{4x-3}{7}\right) = -3$

両辺に 7 を掛けて整理し $-2x = -12$ これより $x = 6$

$①'$ に $x = 6$ を代入して $y = 3$.

$x = 6, y = 3$ は ③ を満たしているから, 連立方程式の解は
$x = 6, y = 3$.

(2) ① から $y = 3x + 5z - 12$ $\cdots ①'$

$①'$ を ② に代入して
$-2x + 3(3x + 5z - 12) + 2z = 2$, $7x + 17z = 38$ $\cdots ②'$

$①'$ を ③ に代入して
$4x - 4(3x + 5z - 12) - 3z = 1$, $8x + 23z = 47$ $\cdots ③'$

次に, 2文字 x, z の連立方程式 $②', ③'$ を解く

$②'$ より $x = \dfrac{38 - 17z}{7}$ これを $③'$ に代入して計算し

$25z = 25$, $z = 1$

$②'$ に $z = 1$ を代入して $x = 3$.

よって, 連立方程式 $②', ③'$ の解は $x = 3, z = 1$.

これらを $①'$ に代入して $y = 2$ が求まる. したがって, 連立方程式の解は
$x = 3, y = 2, z = 1$.

演習 A 次の各連立方程式を解け.

(1) $\begin{cases} 4x - 7y = 2 \\ -2x + 3y = 0 \\ 5x - 9y = 3 \end{cases}$
(2) $\begin{cases} 3x - y + 5z = 3 \\ -2x + 3y + 2z = 5 \\ 4x - 4y - 3z = -4 \end{cases}$
(3) $\begin{cases} 3x + 2y + 2z = -13 \\ -4x + 5y + 3z = -15 \\ 2x - y - 6z = 18 \end{cases}$

例題 1-2　連立方程式 (2)

次の連立方程式を解け．

(1) $\begin{cases} 4x - 7y = 3 & \cdots ① \\ -2x + 3y = -3 & \cdots ② \\ 5x - 9y = 2 & \cdots ③ \end{cases}$ (2) $\begin{cases} 2x + y + 2z = 1 & \cdots ① \\ 2x - 2y - z = 1 & \cdots ② \\ y + z = 0 & \cdots ③ \end{cases}$

[考え方]　②「すべての式を満たす値が解である」ことに注意しつつ解く．

[解答]　(1) ①，②の2式だけについて考えると，その解は
$x = 6, y = 3$ だけである．(→p. 4 例題 1-1 (1) と同じ)
この x, y の値を ③ に代入すると 左辺 $= 3 \neq 2 =$ 右辺 である．
したがって，この連立方程式の解 (連立方程式のすべての式を同時に満たす x, y の値) はない．
(2) ③ から $z = -y$ 　$\cdots ③'$．これを，①，② に代入すると
① から $2x + y + 2(-y) = 1$ 　これより　$2x - y = 1$
② から $2x - 2y - (-y) = 1$ 　これより　$2x - y = 1$
で，同じ式になる．したがって，これらを満たす x, y は
$x = t$ とおくと $y = -1 + 2t$ と表される．……(*)
したがって，③' より $z = 1 - 2t$ となり，連立方程式の解は
$x = t, y = -1 + 2t, z = 1 - 2t$ (t は任意の値)
である．

[注意1]　(1) は方程式を満たす値がないから，方程式を解くことが不能 (できない) の場合である．

[注意2]　(2) は方程式を満たす値の組が多数あり，1 組に定まらない．つまり不定の場合である．この場合，未知数の内のいくつか (例題 (2) では，x, y, z の 1 つ x を任意の値 t と定めて，他の未知数 y, z を t で表した．
x でなく，y を u とおくと，解答の (*) 式から後の部分は $y = u$ とおくと $x = \dfrac{u+1}{2}$ となるから，連立方程式の解は $x = \dfrac{u+1}{2}, y = u, z = -u$ (u は任意の値) となる．

[注意3]　連立方程式についての理論は，線形代数学で講義される．大切な理論だから真剣に学習しなければならない．

演習 A　次の連立方程式を解け．

(1) $\begin{cases} 2x + 3y = 7 \\ 7x + 2y = 1 \\ 8x + 3y = 1 \end{cases}$ (2) $\begin{cases} 3x - 2y = -7 \\ -6x + 4y = 14 \\ -9x + 6y = 21 \end{cases}$ (3) $\begin{cases} 2x + y + 2z = 4 \\ 2x - 2y - z = 1 \\ y + z = 1 \end{cases}$

例題 1-3　分数の大小比較

> n を自然数 $(n \geq 2)$ とする．次の分数の大小を比較せよ．
> (1) $\dfrac{1}{n(n+1)},\ \dfrac{1}{n^2},\ \dfrac{1}{(n+1)^2}$　　(2) $\dfrac{n^2}{n^2+1},\ \dfrac{n^3}{n^3+1}$

[考え方]　大小の比較は，引き算をして調べることが多いが，次のように考えることも大切である．

A, B, C が正である場合
(1) $A > B \implies \dfrac{C}{A} < \dfrac{C}{B}$　　つまり　　分母が大　$\implies$　全体は小
(2) $B < C \implies \dfrac{B}{A} < \dfrac{C}{A}$　　つまり　　分子が大　$\implies$　全体は大

[解答]　(1) $n > 0$ だから $n(n+1) = n^2 + n > n^2$　$\therefore\ \dfrac{1}{n(n+1)} < \dfrac{1}{n^2}$

$n > 0$ だから $(n+1)^2 = n^2 + 2n + 1 > n^2 + n = n(n+1)$　$\therefore\ \dfrac{1}{(n+1)^2} < \dfrac{1}{n(n+1)}$

これら 2 つの式から $\dfrac{1}{(n+1)^2} < \dfrac{1}{n(n+1)} < \dfrac{1}{n^2}$ である．

(2) $\dfrac{n^2}{n^2+1} = \dfrac{1}{1+\dfrac{1}{n^2}},\quad \dfrac{n^3}{n^3+1} = \dfrac{1}{1+\dfrac{1}{n^3}}$　　…①

$n \geq 2$ だから $n^2 < n^3$ である．したがって，

$\dfrac{1}{n^2} > \dfrac{1}{n^3}$ よって $1 + \dfrac{1}{n^2} > 1 + \dfrac{1}{n^3} > 0$ これより

$\dfrac{1}{1+\dfrac{1}{n^2}} < \dfrac{1}{1+\dfrac{1}{n^3}}$ よって，①の式とあわせると，$\dfrac{n^2}{n^2+1} < \dfrac{n^3}{n^3+1}$

演習 A　次の分数の大小を調べよ．$n \geq 2$ とする．
(1) $\dfrac{1}{n},\ \dfrac{1}{2n},\ \dfrac{2}{3n}$　　(2) $\dfrac{1}{n+1},\ \dfrac{1}{\sqrt{n(n+1)}}$　　(3) $\dfrac{n^2}{n^2+1},\ \dfrac{(n+1)^2}{(n+1)^2+1}$

演習 B　次の分数の大小を調べよ．$n \geq 1$ とする．
(1) $\dfrac{n}{n^2+1},\ \dfrac{n+1}{(n+1)^2+1}$　　(2) $\dfrac{1}{2^n},\ \dfrac{1}{1\cdot 2\cdot 3\cdots\cdots n}$

例題 1-4　指数の計算

[1] 次の各値を求めよ．
(1) $3^5 \div 3^7 \times 3^2$　　(2) $4^5 \times 2^{-17} \div 8^{-2}$　　(3) $(27)^{\frac{2}{3}}$

[考え方] まとめにある指数法則を用いて計算する．

[解答] (1) $3^5 \div 3^7 \times 3^2 = 3^{5-7+2} = 3^0 = 1$
(2) $4^5 = (2^2)^5 = 2^{2\times 5} = 2^{10}$, $8^{-2} = (2^3)^{-2} = 2^{3\times(-2)} = 2^{-6}$
したがって
$4^5 \times 2^{-17} \div 8^{-2} = 2^{10} \times 2^{-17} \div 2^{-6} = 2^{10+(-17)-(-6)} = 2^{-1} = \dfrac{1}{2}$
(3) 3乗して a になる数を a の3乗根といい，$a^{\frac{1}{3}}, \sqrt[3]{a}$ という記号で表す．
$3^3 = 27$ だから 27 の3乗根 $27^{\frac{1}{3}} = 3$ である．したがって，
$(27)^{\frac{2}{3}} = (27)^{\frac{1}{3}\times 2} = \left(27^{\frac{1}{3}}\right)^2 = 3^2 = 9$

[2] a, b を正の数とする．次の式を簡単にせよ．
$(a^2 b^{-1})^3 \div (a^{-3} b^2)^{-2}$

[解答]

$(a^2 b^{-1})^3 \div (a^{-3} b^2)^{-2} = \{(a^2)^3 \cdot (b^{-1})^3\} \div \{(a^{-3})^{-2} \cdot (b^2)^{-2}\}$

$= (a^6 \cdot b^{-3}) \div (a^6 \cdot b^{-4}) = (a^6 \div a^6) \cdot (b^{-3} \div b^{-4})$　　同じ文字をまとめて計算

$= a^{6-6} \cdot b^{-3-(-4)} = a^0 \cdot b^1 = 1 \cdot b = b$

演習 A　次の各値を計算せよ．ただし，$a \neq 0$ とする．
(1) $9^{-2} \times 27^3 \div 3^2$　　(2) $4^7 \div 2^{10} \div 16^2$　　(3) $64^{\frac{1}{3}}$　　(4) $8^{-\frac{1}{3}}$
(5) $a^3 \times a^{-2}$　　(6) $a^5 \div a^2 \times a^{-3}$　　(7) $(a^2 - a)a^{-2} - (a-1)a^{-1}$

例題 1-5 指数の計算 (2)

次の値を簡単にせよ．
(1) $\sqrt[4]{81} \times \sqrt[3]{-125}$
(2) $\left(-\dfrac{27}{8}\right)^{\frac{5}{3}} \div \left(\dfrac{4}{9}\right)^{-\frac{5}{2}}$

[考え方] 数 a について，$\sqrt[n]{a}$ は n 乗すると a になる数を表す記号である．n が奇数，たとえば $n=3$ の場合
$4^3 = 64,\ (-4)^3 = -64$ だから $\sqrt[3]{64} = 4,\ \sqrt[3]{-64} = -4$
である．しかし，n が偶数，たとえば $n=2$ の場合
7^2 も $(-7)^2$ もともに 49 であるから，2 乗して 49 になる数は 2 つある．
そこで，この内の正の数 7 を $\sqrt[2]{49}$ 略して $\sqrt{49}$ で表す．まとめると，

	$\sqrt[n]{a}$ は n が偶数の場合	$\sqrt[n]{a}$ は n が奇数の場合
$a \geq 0$ のとき	n 乗して a になる正の数	a の正負によらず 1 つある
$a < 0$ のとき	ない	

[解答] (1) $\sqrt[4]{81} = 3,\ \sqrt[3]{-125} = -5$ よって 与式 $= 3 \times (-5) = -15$

(2) $\left(-\dfrac{27}{8}\right)^{\frac{5}{3}} = \left(-\dfrac{27}{8}\right)^{\frac{1}{3} \times 5} = \left\{\left(-\dfrac{27}{8}\right)^{\frac{1}{3}}\right\}^5 = \left(-\dfrac{3}{2}\right)^5$

また，$\left(\dfrac{4}{9}\right)^{-\frac{5}{2}} = \left(\dfrac{9}{4}\right)^{\frac{5}{2}} = \left(\dfrac{9}{4}\right)^{\frac{1}{2} \times 5} = \left(\dfrac{3}{2}\right)^5$ よって 与式 $= \left(-\dfrac{3}{2}\right)^5 \div \left(\dfrac{3}{2}\right)^5 = -1$

演習 A 次の各値を簡単にせよ．x は正の数とする．

(1) $\sqrt[4]{625}$
(2) $(36)^{\frac{3}{2}}$
(3) $\left(\dfrac{27}{64}\right)^{-\frac{2}{3}}$
(4) $\sqrt[3]{-1}$
(5) $\sqrt[3]{-\dfrac{125}{8}}$

(6) $(9x^{\frac{1}{3}}) \times (-27x)^{\frac{2}{3}}$
(7) $\sqrt{8x} \div \sqrt[3]{\dfrac{4}{x}}$
(8) $\left(\sqrt[3]{x} - \dfrac{1}{\sqrt[3]{x}}\right)^3 - \left(x - \dfrac{1}{x}\right)$

例題 1-6 対数の計算

a が $a > 0$ で $a \neq 1$ であるとき，「$a^b = c$」という関係を b に重点をおいて表す記号が「$b = \log_a c$」である．このとき，a を対数の底，c を真数，b(すなわち，$\log_a c$) を a を底とする c の対数という．

次の各対数の値を求めよ．
(1) $\log_2 8$　　(2) $\log_{\frac{1}{3}} 81$　　(3) $\log_8 \left(\dfrac{1}{4}\right)$　　(4) $\log_{\sqrt{5}} 25$

[考え方] 対数の定義を理解するために，指数に戻って考えてみる．

[解答]　(1) $b = \log_2 8$ という関係は $2^b = 8$ と同じだから，$b = 3$　∴ $\log_2 8 = 3$

(2) $b = \log_{\frac{1}{3}} 81$ という関係は $\left(\dfrac{1}{3}\right)^b = 81$ と同じである．$\left(\dfrac{1}{3}\right)^b = \dfrac{1}{3^b}$ から

$\dfrac{1}{3^b} = 81$ よって $\dfrac{1}{81} = 3^b$，$3^{-4} = 3^b$，$b = -4$　∴ $\log_{\frac{1}{3}} 81 = -4$

(3) $b = \log_8 \left(\dfrac{1}{4}\right)$ という関係は $8^b = \dfrac{1}{4}$ と同じだから，$(2^3)^b = 2^{-2}$　∴ $3b = -2$，$b = -\dfrac{2}{3}$

よって $\log_8 \left(\dfrac{1}{4}\right) = -\dfrac{2}{3}$

(4) $b = \log_{\sqrt{5}} 25$ という関係は $(\sqrt{5})^b = 25$ と同じだから，$5^{\frac{1}{2} \times b} = 5^2$

∴ $\dfrac{1}{2}b = 2$，$b = 4$ よって $\log_{\sqrt{5}} 25 = 4$

演習 A　次の各対数の値を求めよ．

(1) $\log_2 64$　　(2) $\log_3 27$　　(3) $\log_2 \left(\dfrac{1}{8}\right)$　　(4) $\log_3 \sqrt{3}$

(5) $\log_{\frac{1}{2}} 8$　　(6) $\log_{\frac{1}{2}} (\sqrt[3]{8})$　　(7) $\log_5 0.04$　　(8) $\log_{\frac{1}{3}} \left(\dfrac{1}{\sqrt{27}}\right)$

例題 1-7 　対数の計算 (2)

次の計算は正しいか？　正しくないならば，誤った箇所を指摘せよ．
(1) $\log_3 9 = \log_3(3+3+3) = \log_3 3 + \log_3 3 + \log_3 3 = 1+1+1 = 3$
(2) $(\log_2 8) \times (\log_2 2) = \log_2(8+2) = \log_2 10$
(3) $(\log_3 27) \div (\log_3 9) = \log_3\left(\dfrac{27}{9}\right) = \log_3 3 = 1$

[考え方]　対数計算の公式を正しく用いる．

[解答]　全て正しくない．
(1) 2 つめの等号が成り立たない．
$\log_3 9 = \log_3(3^2) = 2 \times (\log_3 3) = 2 \times 1 = 2$ であり，3 ではない．
一般に $\log_a(M+N) \neq (\log_a M) + (\log_a N)$ である．
(2), (3) 最初の等号が成り立たない．
(2) $\log_2 8 = \log_2 2^3 = 3 \times \log_2 2 = 3$, $\log_2 2 = 1$ だから
$(\log_2 8) \times (\log_2 2) = 3 \times 1 = 3 = \log_2 8$ であり，$\log_2 10$ ではない．
一般に $(\log_a M) \times (\log_a N) \neq \log_a(M \times N) = (\log_a M) + (\log_a N)$ である．
(3) $\log_3 27 = \log_3 3^3 = 3 \times (\log_3 3) = 3 \times 1 = 3$, 同じく $\log_3 9 = 2$ だから
$(\log_3 27) \div (\log_3 9) = 3 \div 2 \neq 1 = \log_3 3 = \log_3(27 \div 9)$ である．
一般に $(\log_a M) \div (\log_a N) \neq \log_a(M \div N) = (\log_a M) - (\log_a N)$ である．

演習 A　$\log_2(2^4 + 2^3) = (\log_2 2^4) + (\log_2 2^3)$ は誤りであることを確かめよ．

演習 B　次の各値を簡単にせよ．ただし，$a > 0, b > 0$ とする．
(1) $\log_2 150 + 2 \times \log_2 6 - \log_2 2700$ 　　(2) $\log_{10} \dfrac{27}{35} - \log_{10} \dfrac{5}{7} + \log_{10} \dfrac{50}{9}$
(3) $\log_3 \sqrt{3\sqrt{7}+6} + \log_3 \sqrt{3\sqrt{7}-6}$ 　　(4) $\log_2(a^3 b^{-2}) - 2\log_2(ab) + \log_2(a^{-1}b^4)$

例題 1-8 対数と指数

次の各等式を証明せよ．a, b, A は正の数で，$a \neq 1, b \neq 1$ である．
(1) $\log_b A = \dfrac{\log_a A}{\log_a b}$ （底変換の公式）　　(2) $A = a^{(\log_a A)}$

[考え方] 対数を含む部分を，それぞれ指数に直して考える．

[解答] (1) $\log_b A = x, \log_a A = y, \log_a b = z$ とおくと
$b^x = A$ $\cdots$① $\quad a^y = A$ $\cdots$② $\quad a^z = b$ $\cdots$③
③を①に代入し，②に等しいとおくと
$(a^z)^x = A = a^y$ よって $a^{zx} = a^y$ $\therefore zx = y$ これより
$(\log_a b) \cdot (\log_b A) = (\log_a A)$ $\cdots$④
$b \neq 1$ だから $(\log_a b) \neq 0$ で④の両辺を割ればよい．
(2) $a^{(\log_a A)} = X$ $\cdots$① とおく．$p = \log_a A$ とおくと
$\log_a(a^{(\log_a A)}) = \log_a a^p = p \times (\log_a a) = p \times 1 = p$ だから
①の両辺の a を底とする対数を考えて
$(p =) \log_a A = \log_a X$ よって $A = X$ すなわち $A = a^{(\log_a A)}$

演習 A 底変換の公式を用いて，次の各値を簡単にせよ．
(1) $(\log_{2\sqrt{2}} 8)(\log_{\sqrt{2}} \sqrt{32})$　　(2) $(\log_2 \sqrt{3})(\log_3 \sqrt{5})(\log_5 16)$
(3) $\log_2 3 + \log_4 9 + \log_8 27 + \log_{16} 81$

演習 B 例題 (2) の等式を用いて，次の等式を証明せよ．
$x^x = a^{(x \log_a x)}$　　ただし，a, x は正の数で $a \neq 1$ とする．

例題 1-9　分数式の計算

次の各式を簡単にせよ．
(1) $\dfrac{2x^2+5x+2}{x^2-3x-10} \times \dfrac{2x-10}{2x^2+3x+1}$　　(2) $\dfrac{x^2-5x+6}{x^2-3x} \div \dfrac{x^2-4x+3}{3x^3-9x^2}$

[考え方]　分子，分母が整式で，分母に文字を含む式を (有理) 分数式という．係数に分数，根号があってもよい．計算は分数の計算と同様にやる．
$\dfrac{B \times C}{A \times C} = \dfrac{B}{A}$ (← 約分)　　$\dfrac{B}{A} + \dfrac{D}{C} = \dfrac{BC}{AC} + \dfrac{AD}{AC} = \dfrac{BC+AD}{AC}$ (分母をそろえる)
かけ算：$\dfrac{B}{A} \times \dfrac{D}{C} = \dfrac{B \times D}{A \times C}$　　割り算：$\dfrac{B}{A} \div \dfrac{D}{C} = \dfrac{B}{A} \times \dfrac{C}{D} = \dfrac{B \times C}{A \times D}$
例題は，かけ算，割り算を実行し，最後に約分しておく．

[解答]　(1) $= \dfrac{(2x^2+5x+2) \times (2x-10)}{(x^2-3x-10) \times (2x^2+3x+1)} = \dfrac{(2x+1)(x+2) \times 2(x-5)}{(x+2)(x-5) \times (2x+1)(x+1)} = \dfrac{2}{x+1}$

(2) $= \dfrac{(x^2-5x+6) \times (3x^3-9x^2)}{(x^2-3x) \times (x^2-4x+3)} = \dfrac{(x-2)(x-3) \times 3x^2(x-3)}{x(x-3) \times (x-1)(x-3)} = \dfrac{3x(x-2)}{x-1}$

[注意]　分数・分数式の計算で次のようなことをしてはならない．
例　(1) $\dfrac{1}{5} = \dfrac{1}{2+3} = \dfrac{1}{2} + \dfrac{1}{3}$　　(2) $\dfrac{1}{1-x+x^2} = \dfrac{1}{1} - \dfrac{1}{x} + \dfrac{1}{x^2}$
分数の分母だけを分けて $+$，$-$ する計算は禁止事項である．

演習 A　次の各分数式を簡単にせよ．
(1) $\dfrac{2x-1}{x+1} \times \dfrac{3x+3}{4x-2}$　　(2) $\dfrac{x^2-1}{2x^2} \div \dfrac{x+1}{x}$　　(3) $\dfrac{x^2-y^2}{x+y} \div \dfrac{y-x}{(x+y)^2}$
(4) $\dfrac{x^2+x-2}{x^2+2x} \times \dfrac{x^2}{x^2-2x+1}$　　(5) $\dfrac{2x^2-5x+2}{x^2-2x} \div \dfrac{2x^2+x-1}{2x^2+3x+1}$

例題 1-10　分数式の計算 (2)

次の各分数を簡単にせよ．

(1) $\dfrac{0.75}{0.0025}$　　(2) $\dfrac{\dfrac{n+1}{n(n+2)}}{\dfrac{n+1}{(n+2)(n+3)}}$

[考え方] $\dfrac{B}{A}$ は，$B \div A$ という割り算，および，この割り算を実行した結果の値の両方を表している．したがって，

(1) は小数 0.75 を小数 0.0025 で割った結果を求めればよい．

(2) は分子の分数を，分母の分数で割り算した結果を求めればよい．

[解答]　(1) $0.75 = 75 \div 100$,　$0.0025 = 25 \div 10000$ だから

$\dfrac{0.75}{0.0025} = \dfrac{75}{100} \div \dfrac{25}{10000} = \dfrac{75}{100} \times \dfrac{10000}{25} = 300$

(2) $= \dfrac{n+1}{n(n+2)} \div \dfrac{n+1}{(n+2)(n+3)} = \dfrac{(n+1) \times (n+2)(n+3)}{n(n+2) \times (n+1)} = \dfrac{n+3}{n}$

演習 A　次の各分数を簡単にせよ．

(1) $\dfrac{0.4}{0.002}$　　(2) $\dfrac{1.2}{0.0006}$　　(3) $\dfrac{\dfrac{4 \cdot 6 \cdot 8 \cdot 10}{3 \cdot 5 \cdot 7 \cdot 9}}{\dfrac{2 \cdot 4 \cdot 6 \cdot 8 \cdot 10}{1 \cdot 3 \cdot 5 \cdot 7 \cdot 9}}$　　(4) $\dfrac{2}{1+\dfrac{1}{\left(\dfrac{1}{2}\right)}}$

演習 B　次の各分数を簡単にせよ．正の整数 n について，記号 $n!$ は $n! = 1 \times 2 \times 3 \times \cdots \times n$ という値を表し，n の階乗と読む．

(1) $\dfrac{(n+1)!}{2^{n+1}} \div \dfrac{n!}{2^n}$　　(2) $\dfrac{\dfrac{(n+2)^2}{(n+1)!}}{\dfrac{(n+1)^2}{n!}}$　　(3) $\dfrac{\dfrac{(2n+2)!}{\{(n+1)!\}^2}}{\dfrac{(2n)!}{(n!)^2}}$

例題 1-11　恒等式

(1), (2) の各式について，文字 x にどのような値を代入しても等号が成り立つように係数 a, b, c の値を求めよ．
(1) $(3x - a)(x + 2) = bx^2 + cx + 8$
(2) $x^3 + 3x^2 - 4x + 5 = (x - 1)^3 + a(x - 1)^2 + b(x - 1) + c$

[考え方] 文字 x にどのような値を代入しても左辺と右辺の値が等しい．つまり，つね(恒)に等しくなる等式(恒等式)を考える．代表的な考え方は，
係数比較法：両辺が整式の場合，「両辺の次数，同じ次数の項の係数がそれぞれ等しい」，を利用して，係数の文字について連立方程式を作って解く．
数値代入法：文字 x に，計算しやすいような値をいろいろ代入して，係数の文字について連立方程式を作って解く．

[解答] (1) 左辺 $= 3x^2 + (6 - a)x - 2a$ であり，左辺，右辺ともに 2 次式．
次に，両辺の x^2, x の各係数，定数項を等しいとおき，

$$\begin{cases} 3 = b & \cdots ① \\ 6 - a = c & \cdots ② \\ -2a = 8 & \cdots ③ \end{cases} \quad \begin{array}{l} ①から \quad b = 3 \\ ③から \quad a = -4 \\ これを②に代入して \quad c = 10 \end{array} \quad と定まる．$$

(2) 両辺に $x = 1, 0, 2$ と代入し
$1^3 + 3 \cdot 1^2 - 4 \cdot 1 + 5 = 0^3 + a \cdot 0^2 + b \cdot 0 + c \quad \therefore \quad 5 = c \quad \cdots ①$
$0^3 + 3 \cdot 0^2 - 4 \cdot 0 + 5 = (-1)^3 + a \cdot (-1)^2 + b \cdot (-1) + c \quad \therefore \quad 5 = -1 + a - b + c \quad \cdots ②$
$2^3 + 3 \cdot 2^2 - 4 \cdot 2 + 5 = 1^3 + a \cdot 1^2 + b \cdot 1 + c \quad \therefore \quad 17 = 1 + a + b + c \quad \cdots ③$
①, ②, ③ を連立方程式と考えて解く．① より $c = 5$．②, ③ に代入して
$a - b = 1, a + b = 11$ これを解いて $a = 6, b = 5$ と定まる．

[注意] 係数比較，数値代入のどちらの方法を用いても，連立方程式を解くという作業が必要となっている．

演習 A　文字 x にどのような値を代入しても各等式が成り立つように係数 a, b, c の値を定めよ．
(1) $2x^2 + 5x - a = bx^2 - cx + 3$　　(2) $6x + 7 = a(x + 1)^2 + b(x + 1) + c$
(3) $x^2 - 2x + 6 = (ax + b)(2x - 1) + c(x^2 + x + 1)$

例題 1-12 恒等式 (2)

(1) $(a+3)x^3 + (2b-8)x^2 + (5-c)x - 3d + 6 = 0$
が恒等式になるように係数 a, b, c, d の値を定めよ．
(2) $x^4 - 4x + 5$ を整式 A で割ると，商が $x^2 + 3x + 7$，余りが $11x - 9$ である．このとき，整式 A を求めよ．

[考え方] (1) 次の定理を用いる．
定理 (まとめ 7. 恒等式 (3) p. 3 参照)
同じ文字 x について，見かけの m 次式 P，n 次式 Q がある．このとき，

$P = Q$ が恒等式 $\iff \begin{cases} m = n \\ \text{かつ} \\ P, Q \text{ の } (x \text{ の次数が等しい項の}) \text{ 係数がすべて等しい} \end{cases}$

特に，$Q = 0$ の場合には，P のすべての項の係数が 0 である．
(2) A, P, Q, R が整式で，P を A で割った商が Q，余りが R であるとき，$P = QA + R$ が恒等式であり，かつ，$(R$ の次数$) < (A$ の次数$)$ である．

[解答] (1) 左辺のすべての係数，および定数項を 0 とおき，
$a + 3 = 0, \quad 2b - 8 = 0, \quad 5 - c = 0, \quad -3d + 6 = 0$
∴ $a = -3, b = 4, c = 5, d = 2$
(2) $P = x^4 - 4x + 5$ を A で割った商が $Q = x^2 + 3x + 7$，余りが $R = 11x - 9$ だから
$x^4 - 4x + 5 = (x^2 + 3x + 7) \times A + (11x - 9)$ が恒等式である．
したがって，
$x^4 - 4x + 5 - (11x - 9) = (x^2 + 3x + 7) \times A$
$x^4 - 15x + 14 = (x^2 + 3x + 7) \times A \quad \cdots ①$
$x^4 - 15x + 14$ を $(x^2 + 3x + 7)$ で割り算し，商として $A = x^2 - 3x + 2$

```
              1  -3   2
1  3  7 ) 1   0   0  -15  14
          1   3   7
             -3  -7  -15
             -3  -9  -21
                  2   6   14
                  2   6   14
                              0
```

[注意] 右の割り算では，係数だけを書いている．また，式 ① から，余りは 0 とわかる．

演習 A 第 1 式を第 2 式で割る割り算を実行して，商と余りを求めよ．
(1) $2x^3 - 6x^2 - 5, \quad 2x^2 - 1$ 　　(2) $x^4 - 2x^3 - x + 8, \quad x^2 - x - 2$

例題 1-13　因数定理と因数分解

(1) $2x^3 + 6x^2 - 8$ を 1 次式の積に因数分解せよ.
(2) $2x^3 + ax^2 + bx - a - 2$ が $x^2 + x - 2$ で割り切れる a, b の値を求めよ.

[考え方]　次の定理を用いてみる.

定理 (因数定理)　(まとめ 7. 恒等式 (3) p. 3 参照)
$P(x), Q(x)$ は, x の整式, a を数とする.
　$P(a) = 0 \iff P(x) = (x-a) \times Q(x)$ が恒等式である
　　　　　　$\iff P(x)$ が $(x-a)$ で割り切れる
ここで, $P(a)$ は $P(x)$ の x に $x = a$ と代入した値である.

[解答]　(1) $P(x) = 2x^3 + 6x^2 - 8$ とおく.
$P(1) = 2 \cdot 1^3 + 6 \cdot 1^2 - 8 = 0$ だから, 因数定理により $P(x)$ は $(x-1)$ で割り切れる. 同様に, $P(-2) = 0$ だから, 因数定理により $P(x)$ は $(x-(-2))$ で割り切れる.
よって, $P(x) = 2x^3 + 6x^2 - 8$ は $(x-1)(x+2)$ で割り切れる. $(x-1)(x+2) = x^2 + x - 2$ だから, 割り算を実行して
$2x^3 + 6x^2 - 8 = (x-1)(x+2)(2x+4) = 2(x-1)(x+2)^2$

(2) $P(x) = 2x^3 + ax^2 + bx - a - 2$ とおく. $x^2 + x - 2 = (x-1)(x+2)$ だから $P(x)$ が $(x-1)$ と $(x+2)$ の両方で割り切れればよい. 因数定理により $P(x)$ が $(x-1)$ で割り切れる条件は, $P(1) = 2 + a + b - a - 2 = 0$　∴ $b = 0$　…①
$(x+2)$ すなわち $(x-(-2))$ で割り切れる条件は,
$P(-2) = -16 + 4a - 2b - a - 2 = 0$　∴ $3a - 2b - 18 = 0$　…②
①, ② を連立方程式として解き $a = 6, b = 0$
このとき, $2x^3 + ax^2 + bx - a - 2 = 2x^3 + 6x^2 - 8$

[注意]　因数定理を用いるには, 整式 $P(x)$ について $P(a) = 0$ となる a の値を, 自分で発見しなければならない.

演習 A　因数定理を用いて, 次の各 $P(x)$ を 1 次式の積に因数分解せよ.
(1) $P(x) = x^3 - x^2 - x + 1$　　(2) $P(x) = x^3 + 2x^2 - 5x - 6$

演習 B　$ax^3 + bx^2 - bx + 2$ が $x^2 - 3x + 2$ で割り切れる a, b の値を求めよ.

演習 C　$4x^3 - 7x + 3$ を 1 次式の積に因数分解せよ.

例題 1-14　高次方程式

> **[1]** $(2x^2 - 8)(3x^2 - x - 4) = 0$ を満たす x の値を求めよ．

[考え方] 文字 x を含む整式 $P(x)$ について，
$P(x) = 0$ を満たす x の値を「方程式 $P(x) = 0$ の解」といい，解を求めることを「方程式を解く」という．高次方程式の解を求めるには，因数定理を利用して，因数分解することで解を求めるのが普通である．その場合，次の定理が大切である．
定理　整式 $P(x), Q(x)$ があるとき，
$P(x) \times Q(x) = 0 \iff P(x) = 0$ または $Q(x) = 0$（の少なくとも1つを満たす）

[解答] $(2x^2 - 8)(3x^2 - x - 4) = 0$ より $2x^2 - 8 = 0$ または $3x^2 - x - 4 = 0$
したがって，各2次方程式を解く．
$2x^2 - 8 = 0$ より $x^2 = 4$　∴ $x = \pm 2$　…①
$3x^2 - x - 4 = 0$ より $(3x - 4)(x + 1) = 0$　∴ $x = \dfrac{4}{3}, -1$　…②
①，②をあわせて，求める x の値（解）は $x = \dfrac{4}{3}, -1, \pm 2$ である．

演習 A　下の方程式の左辺を因数分解し，次に各方程式を解け．
(1) $x^3 - 6x^2 + 11x - 6 = 0$　　(2) $x^4 - 1 = 0$

演習 B　$2x^4 - 10x^3 + 11x^2 + 5x - 6 = 0$ を解け．

> **[2]** 連立方程式 $\begin{cases} (2x - y)(x + y) = 0 & \cdots ① \\ x^2 - xy + y^2 = 3 & \cdots ② \end{cases}$ を解け．

[考え方]　[1] と同様に，①を2つの1次式にし，②と連立させて解く．

[解答]　①より，$2x - y = 0$　…①' または $x + y = 0$　…①" である．
①' より $y = 2x$，②に代入して $3x^2 = 3$, $x^2 = 1$, $x = \pm 1$
①' に代入して y を求めて $(x, y) = (1, 2), (-1, -2)$
①" より $y = -x$，②に代入して $3x^2 = 3$, $x^2 = 1$, $x = \pm 1$
①" に代入して y を求めて $(x, y) = (1, -1), (-1, 1)$
以上をまとめて，解は $(x, y) = (1, 2), (-1, -2), (1, -1), (-1, 1)$

演習 C　次の連立方程式を解け．
(1) $\begin{cases} (2x + y)(x - y) = 0 \\ 2x^2 - xy = 16 \end{cases}$　　(2) $\begin{cases} (x - y + 1)(x + y - 1) = 0 \\ x^2 - xy + y^2 = 1 \end{cases}$

例題 1-15　2次式の平方完成

x についての各2次式を平方完成せよ．
(1) $x^2 - 3x$　　(2) $2x^2 + 3x + 2$　　(3) $-x^2 - 4x + 2$

[考え方] x の2次式を $a(x+p)^2 + q$ の形に変形することを，<u>平方完成</u> という．
$ax^2 + bx + c \ (a \neq 0)$ の実際の計算では，次の手順で変形する

$$ax^2 + bx + c = a\left(x^2 + \frac{b}{a}x\right) + c \qquad (\quad) \text{の中に} \left(\frac{b}{2a}\right)^2 \text{を}+, - \text{して}$$

$$= a\left\{\left(x + \frac{b}{2a}\right)^2 - \left(\frac{b}{2a}\right)^2\right\} + c = a\left(x + \frac{b}{2a}\right)^2 - a\left(\frac{b}{2a}\right)^2 + c$$

最後の項は $-a\left(\dfrac{b}{2a}\right)^2 + c = -\dfrac{b^2 - 4ac}{4a}$ とまとめることができる．

[解答]　(1) $a = 1, b = -3, c = 0$ だから
$$x^2 - 3x = \left(x - \frac{3}{2 \cdot 1}\right)^2 - \left(\frac{3}{2 \cdot 1}\right)^2 - 0 = \left(x - \frac{3}{2}\right)^2 - \frac{9}{4}$$
(2) $a = 2, b = 3, c = 2$ だから
$$2x^2 + 3x + 2 = 2\left(x^2 + \frac{3}{2}x\right) + 2 = 2\left\{\left(x + \frac{3}{4}\right)^2 - \left(\frac{3}{4}\right)^2\right\} + 2 = 2\left(x + \frac{3}{4}\right)^2 + \frac{7}{8}$$
(3) この場合は，直接考えて
$$-x^2 - 4x + 2 = -(x^2 + 4x) + 2 = -(x^2 + 4x + 4 - 4) + 2 = -(x+2)^2 - (-4) + 2 = -(x+2)^2 + 6$$

演習 A　次の各式を平方完成せよ．
(1) $x^2 + 4x$　　(2) $x^2 - 6x$　　(3) $-x^2 + 2x$

演習 B　次の各式を平方完成せよ．
(1) $x^2 + 2x + 2$　　(2) $-x^2 + 2x + 1$　　(3) $2x^2 + 4x + 3$　　(4) $-4x^2 + 6x - 3$

演習 C　次の各式を平方完成せよ．
(1) $\dfrac{1}{3}x^2 - \dfrac{4}{3}x$　　(2) $\dfrac{3}{2}x^2 + \dfrac{1}{4}x + \dfrac{1}{2}$　　(3) $-\dfrac{\sqrt{2}}{3}x^2 - \dfrac{1}{\sqrt{2}}x + \dfrac{5}{16}\sqrt{2}$

例題 1-16　部分分数

各分数の分母を 0 としないようなすべての x の値について，次の等式が成り立つように a, b, c の値を定めよ．

(1) $\dfrac{x+4}{(2x+1)(x-3)} = \dfrac{a}{2x+1} + \dfrac{b}{x-3}$　　(2) $\dfrac{6x+2}{4x^3-x} = \dfrac{a}{x} + \dfrac{b}{2x+1} + \dfrac{c}{2x-1}$

[考え方]　まず，右辺の分数式の足し算をする．
次に，両辺の分子どうしが同じ (つまり，恒等式) となるように a, b, c の値を定める．

[解答]　(1) (右辺) $= \dfrac{a(x-3)}{(2x+1)(x-3)} + \dfrac{b(2x+1)}{(2x+1)(x-3)} = \dfrac{a(x-3)+b(2x+1)}{(2x+1)(x-3)}$

両辺の分子をみて $x+4 = (a+2b)x + (-3a+b)$．これが恒等式だから係数を比較して，

$a + 2b = 1$　…①　　$-3a + b = 4$　…②

①，② を連立方程式として解き $a = -1, b = 1$

(2) 右辺の各項の分母を $x(2x+1)(2x-1)$ にそろえると

$$(右辺) = \dfrac{a(2x+1)(2x-1)}{x(2x+1)(2x-1)} + \dfrac{bx(2x-1)}{x(2x+1)(2x-1)} + \dfrac{cx(2x+1)}{x(2x+1)(2x-1)}$$

$$= \dfrac{a(2x+1)(2x-1) + bx(2x-1) + cx(2x+1)}{x(2x+1)(2x-1)}$$

この分子を整理すると $(4a+2b+2c)x^2 + (-b+c)x - a$ である．

$(左辺の分母) = 4x^3 - x = x(4x^2-1) = x(2x+1)(2x-1) = (右辺の分母)$

だから，分子どうしを比較して

$6x + 2 = (4a+2b+2c)x^2 + (-b+c)x - a$ が恒等式であり，係数を比較して

$4a + 2b + 2c = 0$　…①　　$-b + c = 6$　…②　　$-a = 2$　…③

①，②，③ を連立方程式として解き $a = -2, b = -1, c = 5$

演習 A　次の等式が成り立つように a, b, c の値を定めよ．

(1) $\dfrac{3x+2}{(x+3)(x-4)} = \dfrac{a}{x+3} + \dfrac{b}{x-4}$　　(2) $\dfrac{3}{4x^2-9} = \dfrac{a}{2x+3} + \dfrac{b}{2x-3}$

例題 1-17 部分分数 (2)

$\dfrac{x^2-2x-1}{x^3+x^2+x}$ を部分分数に分解せよ．

[考え方] 前のページでも学んだが，分数式を，その分母の因数の一部分を分母とする分数式の和で表すことを，<u>部分分数に分解する</u> という．
部分分数に分解する計算は，後の段階で大切であるから，十分練習しておく．
部分分数に分解する作業は，
(1) 問題の分数で，分母を因数分解する．
(2) 各因数を分母とする分数の分子を，文字係数を含む式で表す．
(3) 表した分数式の和を計算する．
(4) 分子どうしの恒等式を考えて，係数を決定する， といった内容になる．

[**誤った解答**] (分母) $= x^3+x^2+x = x(x^2+x+1)$ の因数は x と x^2+x+1
そこで (与式) $= \dfrac{a}{x} + \dfrac{b}{x^2+x+1}$ $\cdots(*)$ とおく．

$$(右辺) = \dfrac{a(x^2+x+1)+bx}{x(x^2+x+1)} = \dfrac{ax^2+(a+b)x+a}{x(x^2+x+1)} \quad \cdots(**)$$

だから，与式の分子と比較して

与式の分子 $= x^2-2x-1 = ax^2+(a+b)x+a =$ (上の $(**)$ の分子) が恒等式．
係数を比較すると
$1 = a$ $\cdots$① $-2 = a+b$ $\cdots$② $-1 = a$ $\cdots$③
しかし，3つの式①，②，③を同時に満たす a,b の値は見つからない．つまり，部分分数に分解することはできなかった．

[**解答**] (与式の分母) $= x(x^2+x+1)$ だから
(与式) $= \dfrac{a}{x} + \dfrac{bx+c}{x^2+x+1}$ $\cdots(*)$ とおく
(右辺) $= \dfrac{a(x^2+x+1)+x(bx+c)}{x(x^2+x+1)} = \dfrac{(a+b)x^2+(a+c)x+a}{x(x^2+x+1)}$ $\cdots(**)$
(与式の分子) $= x^2-2x-1 = (a+b)x^2+(a+c)x+a =$ (上の $(**)$ の分子)
とおいて係数を比較すると，
$1 = a+b$ $\cdots$① $-2 = a+c$ $\cdots$② $-1 = a$ $\cdots$③
③ を ①，② に代入して $a=-1, b=2, c=-1$．したがって，

$$(与式) = \dfrac{-1}{x} + \dfrac{2x-1}{x^2+x+1} = -\dfrac{1}{x} + \dfrac{2x-1}{x^2+x+1}$$

[注意] $\dfrac{C(x)}{A(x) \times B(x)} = \dfrac{a(x)}{A(x)} + \dfrac{b(x)}{B(x)}$ ⋯(∗) の形におく場合

分子 $C(x)$ の次数 < 分母 $A(x) \times B(x)$ の次数 となるように，割り算をする必要があり，その上で

分子 $a(x)$ の次数 = 分母 $A(x)$ の次数 − 1

分子 $b(x)$ の次数 = 分母 $B(x)$ の次数 − 1　となるようにおくのが普通である．

この注意を無視すると，[誤った解答] のように失敗する．

演習 A 次の各分数式を部分分数に分解せよ．

(1) $\dfrac{x^2 - 6x + 1}{(x^2 + 1)(x^2 + 2)}$　　(2) $\dfrac{6s^2 + 9s + 7}{(s + 1)(s^2 + s + 1)}$　　(3) $\dfrac{5x^2 - 9x + 8}{x^3 - 2x^2 + 3x - 2}$

例題 1-18 部分分数 (3)

$\dfrac{x^2+1}{(x+2)^3}$ を部分分数に分解せよ．

[考え方] 分母に $(\quad)^n$ の形がある場合は，

$$\frac{p(x)}{(x+a)^n} = \frac{C_1}{x+a} + \frac{C_2}{(x+a)^2} + \frac{C_3}{(x+a)^3} + \cdots\cdots + \frac{C_n}{(x+a)^n}$$

の形におく．

[解答] (1) $\dfrac{x^2+1}{(x+2)^3} = \dfrac{a}{x+2} + \dfrac{b}{(x+2)^2} + \dfrac{c}{(x+2)^3}$ とおく．右辺を計算すると

右辺の分子 $= a(x+2)^2 + b(x+2) + c = ax^2 + (4a+b)x + 4a+2b+c$

左辺の分子 $= x^2 + 1$ と係数を比較して

$1 = a$ $\cdots$① $\quad 0 = 4a+b$ $\cdots$② $\quad 1 = 4a+2b+c$ $\cdots$③

①, ②, ③ を連立方程式として解き $a=1, b=-4, c=5$ したがって

$\dfrac{x^2+1}{(x+2)^3} = \dfrac{1}{x+2} + \dfrac{-4}{(x+2)^2} + \dfrac{5}{(x+2)^3}$

演習 A 次の各分数式を部分分数に分解せよ．

(1) $\dfrac{x}{(x+1)^2}$ (2) $\dfrac{-x+1}{(x+2)^2}$ (3) $\dfrac{s^2}{(s+1)^3}$

例題 1-19　部分分数 (4)

次の分数式を部分分数に分解せよ．
(1) $\dfrac{x^5 - x^2}{(x^2+1)^3}$　　(2) $\dfrac{2x^4 + 3x^3 - x^2 + 5x - 1}{(x-1)^3(x^2+1)^2}$

[考え方] これまで学んできたことの総まとめである．ただ，分母に $(ax^2+b)^n$ の形がある場合は，分子を C ではなく $px+q$ とおこう．

[解答] (1) $\dfrac{x^5 - x^2}{(x^2+1)^3} = \dfrac{ax+b}{x^2+1} + \dfrac{cx+d}{(x^2+1)^2} + \dfrac{ex+f}{(x^2+1)^3}$ とおく．

右辺の分母を $(x+1)^3$ にそろえて計算すると，分子は

(右辺の分子) $= (ax+b)(x^2+1)^2 + (cx+d)(x^2+1) + (ex+f)$

$\qquad = ax^5 + bx^4 + (2a+c)x^3 + (2b+d)x^2 + (a+c+e)x + b+d+f$

(左辺の分子) $= x^5 - x^2$

これらの係数を比較して，

$a=1, b=0, 2a+c=0, 2b+d=-1, a+c+e=0, b+d+f=0$

これらを連立方程式として解き，

$a=1, b=0, c=-2, d=-1, e=1, f=1$

よって，与式 $= \dfrac{x}{x^2+1} - \dfrac{2x+1}{(x^2+1)^2} + \dfrac{x+1}{(x^2+1)^3}$

(2) (与式) $= \dfrac{A}{x-1} + \dfrac{B}{(x-1)^2} + \dfrac{C}{(x-1)^3} + \dfrac{ax+b}{x^2+1} + \dfrac{cx+d}{(x^2+1)^2}$ とおく

右辺の分母を $(x-1)^3(x^2+1)^2$ にそろえて計算すると，分子は

(右辺の分子) $= A(x-1)^2(x^2+1)^2 + B(x-1)(x^2+1)^2 + C(x^2+1)^2$

$\qquad\qquad + (ax+b)(x-1)^3(x^2+1) + (cx+d)(x-1)^3$

$\qquad = (A+a)x^6 + (-2A+B-3a+b)x^5 + (3A-B+C+4a-3b+c)x^4$

$\qquad\quad + (-4A+2B-4a+4b-3c+d)x^3$

$\qquad\quad + (3A-2B+2C+3a-4b+3c-3d)x^2$

$\qquad\quad + (-2A+B-a+3b-c+3d)x + A-B+C-b-d$

(左辺の分子) $= 2x^4 + 3x^3 - x^2 + 5x - 1$

これらの係数を比較して，

$A+a=0,\quad -2A+B-3a+b=0,\quad 3A-B+C+4a-3b+c=2$

$-4A+2B-4a+4b-3c+d=3,\quad 3A-2B+2C+3a-4b+3c-3d=-1$

$-2A+B-a+3b-c+3d=5,\quad A-B+C-b-d=-1$

これらを連立方程式として解き，

$A=-1, B=1, C=2, a=1, b=0, c=0, d=1$

したがって
$$(与式) = \frac{-1}{x-1} + \frac{1}{(x-1)^2} + \frac{2}{(x-1)^3} + \frac{x}{x^2+1} + \frac{1}{(x^2+1)^2}$$

演習 B 次の各分数式を部分分数に分解せよ．

(1) $\dfrac{1}{x^3(x+1)}$ (2) $\dfrac{1}{(x+1)(x+2)^2}$ (3) $\dfrac{s^2+5s+5}{(s+1)^2(s+2)^2}$

演習 C 次の各分数式を部分分数に分解せよ．

(1) $\dfrac{2x^3-2x^2-1}{(x+2)(x^2+1)^2}$ (2) $\dfrac{4x}{x^4-1}$ (3) $\dfrac{3s^2}{s^4-s^3-s+1}$

例題 1-20 2項定理

(1) $(a+b)^5$ を展開した式をかけ.
(2) $(1+0.01)^{100} > 2$ であることを証明せよ.

[考え方] 次の定理は大切である.
定理 (2項定理) n が正の整数であるとき
$(a+b)^n = a^n + {}_nC_1 a^{n-1}b + {}_nC_2 a^{n-2}b^2 + \cdots\cdots + {}_nC_r a^{n-r}b^r + \cdots\cdots + {}_nC_{n-1}ab^{n-1} + b^n$
$(r+1)$ 番目の項の係数 ${}_nC_r$ は ${}_nC_r = \dfrac{n!}{r!(n-r)!}$ であり, 2項係数という.

(1) $n=5$ として, 上の定理を用いればよい. 注意すべきことは
① 定理の右辺の項は, すべて $a^\bigcirc b^\square$ の形であり, $\bigcirc + \square = 5 (=n)$ である.
② $n=5$ だから ${}_5C_r = \dfrac{5!}{r!(5-r)!}$ である. $r=1,2,3,4$ として,
${}_5C_1 = \dfrac{5!}{1!4!} = 5$, ${}_5C_2 = \dfrac{5!}{2!3!} = 10$, ${}_5C_3 = \dfrac{5!}{3!2!} = 10$, ${}_5C_4 = \dfrac{5!}{4!1!} = 5$
③ 記号 ! は, 階乗 (カイジョウ) と読み, $n! = 1 \times 2 \times 3 \times \cdots\cdots \times n$ を表す.
ただし, $0! = 1$ と約束されている.
(2) $a=1, b=0.01, n=100$ として上の定理を活用しよう.

[解答] (1) $(a+b)^5 = a^5 + 5a^4b + 10a^3b^2 + 10a^2b^3 + 5ab^4 + b^5$
(2) $(1+0.01)^{100}$

$= \left(1 + \dfrac{1}{100}\right)^{100} = 1^{100} + {}_{100}C_1 \cdot 1^{99} \cdot \left(\dfrac{1}{100}\right) + {}_{100}C_2 \cdot 1^{98} \cdot \left(\dfrac{1}{100}\right)^2 + \cdots\cdots + \left(\dfrac{1}{100}\right)^{100}$

$> 1^{100} + {}_{100}C_1 \cdot 1^{99} \cdot \left(\dfrac{1}{100}\right) = 1 + 100 \times 1 \times \dfrac{1}{100} = 2$

[注意] 2行目の右側の式で, 3番目から後の項は, すべて正の数であるから, その次の大小関係が成り立つ.

演習 A (1) $(a+b)^7$ を展開した式を書け.
(2) $(1+0.001)^{1000} > 2$ であることを示せ.

演習 B 次の2項係数の値を計算せよ.
(1) ${}_4C_2$ (2) ${}_6C_4$ (3) ${}_nC_2$ (4) ${}_{n+1}C_{n-1}$

演習 C 自然数 n の値が限りなく大きくなると, $\left(1+\dfrac{1}{n}\right)^n$ が 1 に近づくという考えは正しいか？ 結論をいえ. また, その理由をいえ.

例題 1-21 関数

> 次の各場合に，y は x の関数となるかどうかを調べ，関数となる場合は，その関数 $y = f(x)$ の式 $f(x)$，および定義域を求めよ．ただし，x, y は実数とする．
> (1) x の値を定めたとき，$y^2 = x$ となる y
> (2) x の値を定めたとき，2乗すると $4 - x$ となる正の数 y

[考え方] 変数 x のそれぞれの値に対して，y の値が <u>1つずつ定まる</u> とき，「y は x の関数である」といった．そして，変数 x の値がとりうる範囲を (その関数の)「定義域」という．
(1) 2乗すると x に等しい実数が y だから，たとえば $x = 4$ のとき $y = 2$ と $y = -2$ があり，x のそれぞれの値に対して，y の値が <u>1つずつ定まる</u> とはいえない．
(2) 2乗すると $4 - x$ となる数は，$\sqrt{4-x}$ と $-\sqrt{4-x}$ の2つがある．このうち，正の数であるのは前者であることに注意しよう．

[解答] (1) y は x の関数ではない．
(理由) $y^2 = x$ は「$y = \sqrt{x}$ または $y = -\sqrt{x}$」と同じである．よって，
x が正の数のとき，x の値に対して y の値が2つ定まる (唯一ではない) から．
(2) $4 - x \geqq 0$ のとき，x の各値に対して，y の値 $y = \sqrt{4-x}$ が各1つ定まる．
よって，y は x の関数である．$f(x) = \sqrt{4-x}$，$4 - x \geqq 0$ より，定義域は $x \leqq 4$

[注意1] (2) $y^2 = 4 - x$ と書くと，$y = \sqrt{4-x}$ と $y = -\sqrt{4-x}$ のうちのどちらでもよいことを表していることになり，誤りである．
[注意2] 数の範囲 (数の集合) を表す記号として，
「正または0であるすべての数」の集合を $\{x \mid x \geqq 0\}$，
「$x \leqq 4$ を満たすすべての数」の集合を $\{x \mid x \leqq 4\}$ と表す．一般に，
条件 P を満たす数 x すべての集合を $\{x \mid x$ は P を満たす $\}$ と表す．また，
条件 P が x の数式である場合には，集合を簡単に $\{x \mid$ 数式 $P\}$ と表す．

演習 A 次の各場合に，x の関数 y を表す数式 $f(x)$ を書け．また，その関数の定義域をいえ．
(1) x の値を定めたとき，$y^2 = -x$ となる正の数 y．
(2) y は x の平方と x との和の3倍であり，$y \leqq 6$ である．

例題 1-22　写像

> ベクトルの集合 A, B があり．集合 A のベクトル $\vec{a}=(x,y)$ に対して集合 B のベクトル $\vec{b}=(3x+2y, 4x-3y)$ を対応させる関係を f とする．
> 次の各ベクトル $\vec{a}$ に対応するベクトル $\vec{b}$ を求めよ．
> (1) $\vec{a}=(-3,2)$　　(2) $\vec{a}=(p,q)$

[考え方]　$\vec{a}$ を定める　$\Longrightarrow$　$\vec{a}$ の成分である x,y の値が定まり
　　　　　　　　　　　　$\Longrightarrow$　$\vec{b}$ の成分である $3x+2y, 4x-3y$ の値が求まり
　　　　　　　　　　　　$\Longrightarrow$　$\vec{b}$ が 1 つだけ定まる

これは，前のページで学んだ，関数 $y=f(x)$ の場合と数 x,y がベクトル $\vec{a},\vec{b}$ に変わっただけである．

[解答]　(1) $\vec{a}=(-3,2)$ だから $(x,y)=(-3,2)$ の場合であり
$\vec{b}=(3\cdot(-3)+2\cdot 2, 4\cdot(-3)-3\cdot 2)=(-5,-18)$ である．
(2) $\vec{a}=(p,q)$ だから $(x,y)=(p,q)$ の場合であり
$\vec{b}=(3p+2q, 4p-3q)$ である．

[説明]　一般に，もの (たとえば，ベクトル，点など) の集合 A, B について
A の「もの」に対して B の「もの」を定める関係 f があり，"A の「もの」それぞれに対して B の「もの」が 1 つずつ定まる" ときこの関係 f を <u>A から B への写像</u> といい，$f: A \to B$ で表す．f によって A の「もの」a に対応する B の「もの」b を $b=f(a)$ で表し，$b(=f(a))$ を f による <u>a の像</u> という．
また，A の「もの」a の像すべての集合を f による <u>A の像</u> といい，$f(A)$ で表す．
一般に，$f(A)$ は B の一部分 (B の部分集合)，つまり $f(A) \subset B$ である．
例題にある関係は，ベクトルの集合 A, B についての写像 $f: A \to B$ であった．そして，
$\vec{a}=(x,y)$ に対して，$f(\vec{a})=(3x+2y, 4x-3y)$ である．

演習 A　例題 1-22 において，$\vec{b}=(x-3y, -2x+y)$ の場合に，各 $\vec{a}$ に対して定まる $\vec{b}$ を求めよ．

演習 B　$0 \leq x \leq 3, 0 \leq y \leq 5$ とする．xy 平面上の点 (x,y) の集合を A，XY 平面上の点 (X,Y) の集合を B とし，写像 $f: A \to B$ が $X=2x-3y, Y=x+2y$ で与えられたとき，
(1) A の点 $(3,5)$ の像を求めよ．
(2) $f(A)$ を図示せよ．

例題 1-23　合成関数

(1) $y = (x^2 + 2x - 6)^7, u = x^2 + 2x - 6$ として y を u の関数として表せ．

(2) $y = x^2\sqrt{x^2 + 2}$ が u の 3 次関数となるように，x の関数 $u = g(x)$ を選べ．

[考え方]　(1) 答えを出すのは簡単．どうして，こんなことを考えるのだろうか？

「x の関数 $y = (x^2 + 2x - 6)^7$ について，$x = 2$ のときの y の値はいくらか？」という質問に答えるとする．誰でも，

① まず，$x = 2$ のときに $x^2 + 2x - 6$ の値は $2^2 + 2 \cdot 2 - 6 = 2$

② 次に，$y = 2^7 = 128$ と計算して，答　$y = 128$

とするだろう．この考えを関数の場合に用いるのが，合成関数の考えである．すなわち，

① x のそれぞれの値に対して，$u = x^2 + 2x - 6$ 　…① の値が定まる．

← つまり，u は x の関数 $u = g(x)$

② この定まった u の値に対して，$y = u^7$ 　…② の値が定まる

← つまり，y は u の関数 $y = h(u)$

これで，$x \to u \to y$ の順で，x のそれぞれの値に対する y の値を求められる．

このように，間に入る関数を発見することを

$y = f(x)$ を $u = g(x)$ 　…①，　$y = h(u)$ 　…② の <u>合成関数として表す</u>，

$y = f(x)$ は $u = g(x)$ 　…①，　$y = h(u)$ 　…② の <u>合成関数である</u>

といい，そして $f(x) = h(g(x)), y = f(x) = h \circ g(x)$ のように表す．

(2) 根号があっては 3 次式にならない．$u = \sqrt{x^2 + 2}$　（← $g(x)$ を発見した）

とおき，両辺を 2 乗して $u^2 = x^2 + 2$．よって，$x^2 = u^2 - 2$．これを代入する．

[解答]　(1) $y = u^7$

(2) $u = \sqrt{x^2 + 2}$ と選ぶと $x^2 = u^2 - 2$．よって，$y = (u^2 - 2)u$

演習 A　(　) 内の関数を用いて y を u の関数として表せ．

(1) $y = (2x - 7)^5$　$(u = 2x - 7)$　　(2) $y = \sqrt{3x + 2}$　$(u = 3x + 2)$

(3) $y = (x^2 + 3x + 2)^2 + \dfrac{1}{x^2 + 3x + 2}$　$(u = x^2 + 3x + 2)$

(4) $y = \sin(2x + 1)$　$(u = 2x + 1)$　　(5) $y = 2^{\sqrt{x+1}}$　$(u = \sqrt{x + 1})$

演習 B　関数 y が (　) 内の関数になるような x の関数 $u = g(x)$ を見出せ．

(1) $y = 2(x^2 + x + 1)^4 + 3(x^2 + x + 1)^3$　$(y = 2u^4 + 3u^3)$

(2) $y = \sqrt{x + 3} + x^2$　$(y = \sqrt{u} + (u - 3)^2)$

(3) $y = (x^2 + x + 1)^2 + 3x^2 + 3x + 6$　$(y = u^2 + 3u + 3)$

(4) $y = (x^2 + x + 1)^2 - 5x^2 - 5x + 1$　$(y = u^2 - 5u + 6)$

(5) $y = 2^{4x+6}$　$(y = 2^u)$　　(6) $y = 2^{4x+6}$　$(y = 4^u)$

演習 C　x の関数 y が u の 2 次関数となるように，x の関数 $u = g(x)$ を見出せ．

(1) $y = x^4 - 2x^3 - 2x^2 + 3x + 4$　　(2) $y = 5 \cdot 4^x - 3 \cdot 2^x + 1$

例題 1-24　逆関数

x の関数 $y = f(x)$ について，y が（　　）内の各値となる x の値を求めよ．
(1) $f(x) = 3x + 4$　$(y = 7, y = -5)$　　(2) $f(x) = x^2 - 2$　$(y = 14)$

[考え方] $x \to y$ は $y = f(x)$ を用いて計算できる．逆に，$y \to x$ を計算するには，
(1) $y = 3x + 4$ から $3x = y - 4$　∴ $x = \dfrac{y-4}{3}$　（← x が y で表された）
(2) $y = x^2 - 2$ から $x^2 = y + 2$　∴ $x = \sqrt{y+2}$ または $x = -\sqrt{y+2}$　（← x が y で表された）
を用いて計算できる．

[解答]　(1) $y = 7$ については，$7 = 3x + 4$ より $x = 1$
$y = -5$ については，$-5 = 3x + 4$ より $x = -3$
(2) $14 = x^2 - 2$ より $x^2 = 16, x = \pm 4$　よって $x = 4$ または $x = -4$

[説明]　x の関数 $y = f(x)$ では，「x の値それぞれに対して，y の値が 1 つずつ定まる」と考えた．このとき，逆に「y の値それぞれに対して，x の値が 1 つずつ定まるか？」ということを考える．
(1) $x = \dfrac{y-4}{3}$ だから「y の値それぞれに対して，x の値が 1 つずつ定まる」とわかる．
(2) $x = \pm\sqrt{y+2}$ だから「y の値それぞれに対して，x の値が 1 つずつ定まる」とはならない．

関数 $y = f(x)$ が与えられたとき，「y の値それぞれに対して，この関数を満たすような x の値が 1 つずつ定まる」とき，定まる x の値を $x = f^{-1}(y)$ という記号で表し，<u>$y = f(x)$ の逆関数</u>という．例題の場合，
(1) $y = 3x + 4$ の逆関数は $x = \dfrac{y-4}{3}$ である
(2) $y = x^2 - 2$ の場合は，$x = \sqrt{y+2}$ または $x = -\sqrt{y+2}$ のどちらを選ぶこともできるから，このままでは逆関数は定まらない．
しかし，$x \geqq 0$ と限定すれば $x = \sqrt{y+2}$ だけとなるから
関数 $y = x^2 - 2$　（定義域 $x \geqq 0$）の逆関数は $x = \sqrt{y+2}$　（定義域 $y \geqq -2$）と定まる．
同様に，
関数 $y = x^2 - 2$　（定義域が $x \leqq 0$）の逆関数は $x = -\sqrt{y+2}$　（定義域 $y \geqq -2$）と定まる．

演習 A　関数 $y = f(x)$ について，逆関数 $x = f^{-1}(y)$ を求めよ．
(1) $y = 2x - 3$　　(2) $y = x^2$　（定義域 $x \geqq 0$）　　(3) $y = 2^x$

例題 1-25 逆関数 (2)

> $f(x) = 2x - 1$ のとき，関数 $y = f(x)$ の逆関数を $x = f^{-1}(y)$ とする．
> (1) $f^{-1}(y)$ を求めよ．
> (2) 関数 $y = f(x)$ のグラフ，関数 $y = f^{-1}(x)$ のグラフをかけ．

[考え方] (1) は前のページの通り．
(2) $y = f(x)$ つまり $y = 2x - 1$ のグラフは，直線で簡単にかける．後半の $y = f^{-1}(x)$ のグラフについては，
$y = f^{-1}(x)$ は $x = f^{-1}(y)$ の x と y とを入れ替えたものであると考える．

[解答] (1) $f(x) = 2x - 1$ だから $y = 2x - 1$．これを x について解き $x = \dfrac{y+1}{2}$ したがって $x = f^{-1}(y) = \dfrac{y+1}{2}$
(2) $y = f^{-1}(x) = \dfrac{x+1}{2}$ だからグラフはともに直線で右図となる．

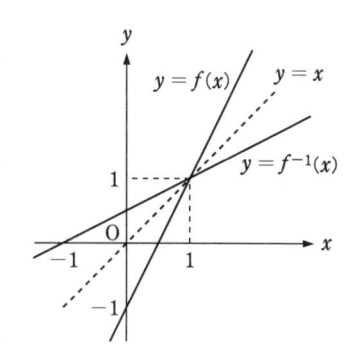

[説明] $f(x) = 2x - 1$ のとき，
関数 $y = f(x)$ は $y = 2x - 1$ これは $2x - y - 1 = 0$ と同じである．
逆関数 $x = f^{-1}(y) = \dfrac{y+1}{2}$ も整理すると $2x - y - 1 = 0$ と同じである．
だから，関数 $x = f(x)$ のグラフとその逆関数を $x = f^{-1}(y)$ のグラフは一致する．
座標軸の x, y はそのままにして，$x = f^{-1}(y)$ の「x と y とを入れ替えた」$y = f^{-1}(x)$ を考えると，「x と y とを入れ替えた」ことにより，グラフでは「縦横」が入れ替わり $y = f(x)$ のグラフと「直線 $y = x$ に関して対称な図形」が $y = f^{-1}(x)$ のグラフとなる．

演習 A 次の各 $f(x)$ について，関数 $y = f(x)$ のグラフと逆関数を $x = f^{-1}(y)$ の x, y を入れ替えた関数 $y = f^{-1}(x)$ のグラフとを同じ xy 平面上にかけ．

(1) $f(x) = x - 2$　　(2) $f(x) = -3x + 6$　　(3) $f(x) = x^2 + 1$ $(x \geq 0)$
(4) $f(x) = -x^2$ $(x \geq 0)$　　(5) $f(x) = 2^x$　　(6) $f(x) = 2^{-x}$
(7) $f(x) = x^3$

第 I 章　復習と準備　演習解答

例題 1-1

演習 A　各連立方程式の3式を，上から順に ①，②，③ とする．

(1) ①，② の2式だけと考えて解くと，$x = -3$, $y = -2$. これらは，③ 式も満たす．解は，$x = -3$, $y = -2$

(2) ① より $y = 3x + 5z - 3$　$\cdots$①$'$

①$'$ を ②，③ に代入して

$$\begin{cases} 7x + 17z = 14 & \cdots ②' \\ -8x - 23z = -16 & \cdots ③' \end{cases}$$

②$'$, ③$'$ を x, z について解くと，$x = 2$, $z = 0$. ①$'$ に代入して，$y = 3$. よって，解は，$x = 2$, $y = 3$, $z = 0$

(3) ③ より $y = 2x - 6z - 18$　$\cdots$③$'$

③$'$ を①，②に代入して

$$\begin{cases} 7x - 10z = 23 & \cdots ①' \\ 6x - 27z = 75 & \cdots ②' \end{cases}$$

①$'$, ②$'$ を x, z について解くと，$x = -1$, $z = -3$. ③$'$ に代入して，$y = -2$. よって，解は，$x = -1$, $y = -2$, $z = -3$

例題 1-2

演習 A　各連立方程式の3式を，上から順に ①，②，③ とする．

(1) ①，③ の組を連立方程式として解くと，$x = -1$, $y = 3$. この x, y の値を ② に代入すると，左辺 $= -1 \neq 1 =$ 右辺 で，$x = -1$, $y = 3$ は ② を満たさない．よって，この連立方程式の解はない．

［注］最初の ①，② の組を解くと，$x = -\dfrac{11}{17}$, $y = \dfrac{47}{17}$. この x, y の値を ③ に代入すると，左辺 $= \dfrac{53}{17} \neq 1 =$ 右辺　よって，解はないことがわかる．

(2)　② の両辺を -2 で割ると，$3x - 2y = -7$

　　③ の両辺を -3 で割ると，$3x - 2y = -7$

となり，①，②，③ の3式は，すべて ① と同じになる．よって，連立方程式の解は，$3x - 2y = -7$　$\cdots$① を満たす x, y の組である．

$y = t$ とおくと，① より $3x = 2t - 7$, $x = \dfrac{2t - 7}{3}$ となり連立方程式の解は不定で，$x = \dfrac{2t - 7}{3}$, $y = t$　（t は任意の値）．

［注］$x = u$ とおき，連立方程式の解は不定で，$x = u$, $y = \dfrac{3u + 7}{2}$　（u は任意の値），と表してもよい．

(3) ③より，$z = 1 - y$　$\cdots$③$'$

③$'$ を①，② に代入して

$$\begin{cases} 2x - y = 2 & \cdots \text{①}' \\ 2x - y = 2 & \cdots \text{②}' \end{cases}$$

これらは，同じ式だから，$x = t$ とおくと $y = 2t - 2$ となる．この x, y の値を ③$'$ に代入して，$z = 3 - 2t$．よって連立方程式の解は不定で，$x = t$, $y = 2t - 2$, $z = 3 - 2t$ （t は任意の値）．

[注] $y = u$ とおくと，解は $x = \dfrac{u+2}{2}$, $y = u$, $z = 1 - u$ （u は任意の値）と表せる．また，$z = v$ とおいた場合も各自で試みよ．

例題 1-3

演習 A (1) 3つの分数は，$\dfrac{1}{n}$, $\dfrac{1}{2n}$, $\dfrac{1}{\left(\dfrac{3}{2}n\right)}$ で分子はすべて 1 で等しいから，[考え方] (1) により，$\dfrac{1}{n} > \dfrac{2}{3n} > \dfrac{1}{2n}$

[注] 3つの分数の分母を n とすると，分子は順に，1, $\dfrac{1}{2}$, $\dfrac{2}{3}$．よって，[考え方] (2) により，$\dfrac{1}{n} > \dfrac{\left(\dfrac{2}{3}\right)}{n} > \dfrac{\left(\dfrac{1}{2}\right)}{n}$ としてもよい．

(2) $\sqrt{n(n+1)} < \sqrt{(n+1)(n+1)} = \sqrt{(n+1)^2} = n+1$．だから，[考え方] (1) により，$\dfrac{1}{n+1} < \dfrac{1}{\sqrt{n(n+1)}}$

(3) $\dfrac{n^2}{n^2+1}$ の分母，分子を n^2 で割ると，$\dfrac{n^2}{n^2+1} = \dfrac{1}{1+\dfrac{1}{n^2}}$　$\dfrac{(n+1)^2}{(n+1)^2+1}$ の分母，分子を $(n+1)^2$ で割ると，$\dfrac{(n+1)^2}{(n+1)^2+1} = \dfrac{1}{1+\dfrac{1}{(n+1)^2}}$　2つの分数の分子は 1 で同じだから，分母の大小を考えると，$n^2 < (n+1)^2$ だから，[考え方] (1) により $\dfrac{1}{n^2} > \dfrac{1}{(n+1)^2}$　よって，$1 + \dfrac{1}{n^2} > 1 + \dfrac{1}{(n+1)^2}$　[考え方] (1) により $\dfrac{1}{1+\dfrac{1}{n^2}} < \dfrac{1}{1+\dfrac{1}{(n+1)^2}}$　∴ $\dfrac{n^2}{n^2+1} < \dfrac{(n+1)^2}{(n+1)^2+1}$

演習 B (1) $\dfrac{n}{n^2+1} = \dfrac{1}{n+\dfrac{1}{n}}$, $\dfrac{n+1}{(n+1)^2+1} = \dfrac{1}{n+1+\dfrac{1}{n+1}}$　$n \geq 1$ より，$\dfrac{1}{n} \leq 1$ かつ $\dfrac{1}{n+1} > 0$ であるから　$n+1+\dfrac{1}{n+1} > n+1 \geq n + \dfrac{1}{n}$　∴ $n+1+\dfrac{1}{n+1} > n+\dfrac{1}{n}$　よって，[考え方] (2) により $\dfrac{1}{n+\dfrac{1}{n}} > \dfrac{1}{n+1+\dfrac{1}{n+1}}$　つまり，$\dfrac{n}{n^2+1} > \dfrac{n+1}{(n+1)^2+1}$

(2) $n = 1, 2, 3$ のときは，$2^1 > 1$, $2^2 > 1 \cdot 2$, $2^3 > 1 \cdot 2 \cdot 3$　よって，[考え方] (2) により，$\dfrac{1}{2^n} < \dfrac{1}{1 \cdot 2 \cdot 3 \cdots \cdots n}$ （$n = 1, 2, 3$）．　$n \geq 4$ のときは，$2^4 = 16 < 24 = 1 \cdot 2 \cdot 3 \cdot 4$ であり

$$2^n = \overbrace{2 \cdot 2 \cdot 2 \cdot 2 \cdot 2 \cdots 2}^{n \text{個}}$$
$$\quad\quad\quad\quad \wedge \cdots \wedge \quad\quad \text{積の 5 番目からは，下段の方が大きいから}$$
$$\quad < \; 1 \cdot 2 \cdot 3 \cdot 4 \cdot 5 \cdots n$$

$n \geqq 4$ のときは，$2^n < 1 \cdot 2 \cdot 3 \cdots \cdots n$　よって，[考え方](2) により $\dfrac{1}{2^n} > \dfrac{1}{1 \cdot 2 \cdot 3 \cdot \cdots \cdot n}$　$(n \geqq 4)$

例題 1-4

演習 A (1) $(3^2)^{-2} \times (3^3)^3 \div 3^2 = 3^{-4} \times 3^9 \div 3^2 = 3^{-4+9-2} = 3^3 = 27$

(2) $(2^2)^7 \div 2^{10} \div (2^4)^2 = 2^{14} \div 2^{10} \div 2^8 = 2^{14-10-8} = 2^{-4} = \dfrac{1}{2^4} = \dfrac{1}{16}$

(3) $(2^6)^{\frac{1}{3}} = 2^{6 \times \frac{1}{3}} = 2^2 = 4$　　[注]　$64 = 4^3$ だから，$(4^3)^{\frac{1}{3}} = 4^1 = 4$ でもよい．

(4) $(2^3)^{-\frac{1}{3}} = 2^{3 \times (-\frac{1}{3})} = 2^{-1} = \dfrac{1}{2}$　　[注]　$8^{\frac{1}{3}} = \sqrt[3]{8} = 2$　だから，$8^{-\frac{1}{3}} = \dfrac{1}{8^{\frac{1}{3}}} = \dfrac{1}{\sqrt[3]{8}} = \dfrac{1}{2}$
でもよい．

(5) $a^{3+(-2)} = a^1 = a$　　(6) $a^{5-2+(-3)} = a^0 = 1$

(7) $(a-1)aa^{-2} - (a-1)a^{-1} = (a-1)a^{-1} - (a-1)a^{-1} = 0$　または $a^2 \cdot a^{-2} - a \cdot a^{-2} - a \cdot a^{-1} + 1 \cdot a^{-1} = a^0 - a^{-1} - a^0 + a^{-1} = 0$

例題 1-5

演習 A (1) $625 = 25^2 = (5^2)^2 = 5^4$　だから，5

(2) $36 = 6^2$　だから，$(36)^{\frac{3}{2}} = (6^2)^{\frac{3}{2}} = 6^{2 \times \frac{3}{2}} = 6^3 = 216$

(3) $\dfrac{27}{64} = \dfrac{3^3}{4^3} = \left(\dfrac{3}{4}\right)^3$　だから，$\left(\dfrac{27}{64}\right)^{-\frac{2}{3}} = \left\{\left(\dfrac{3}{4}\right)^3\right\}^{-\frac{2}{3}} = \left(\dfrac{3}{4}\right)^{3 \times (-\frac{2}{3})} = \left(\dfrac{3}{4}\right)^{-2} = \dfrac{1}{\left(\frac{3}{4}\right)^2} = \dfrac{1}{\frac{9}{16}} = \dfrac{16}{9}$

(4) $(-1)^3 = -1$　だから，$\sqrt[3]{-1} = -1$

(5) $-\dfrac{125}{8} = \left(-\dfrac{5}{2}\right)^3$　だから，$\sqrt[3]{-\dfrac{125}{8}} = -\dfrac{5}{2}$

(6) $(-27)^{\frac{2}{3}} = \{(-27)^{\frac{1}{3}}\}^2 = (-3)^2 = 9$　だから，与式 $= 9 \cdot x^{\frac{1}{3}} \times (-27)^{\frac{2}{3}} \cdot x^{\frac{2}{3}} = 9 \cdot 9 \cdot x^{\frac{1}{3}+\frac{2}{3}} = 81x$

(7) 与式 $= 8^{\frac{1}{2}} \cdot x^{\frac{1}{2}} \div 4^{\frac{1}{3}} \cdot x^{-\frac{1}{3}} = 2^{\frac{3}{2}} \cdot x^{\frac{1}{2}} \div 2^{\frac{2}{3}} \cdot x^{-\frac{1}{3}} = 2^{\frac{3}{2}-\frac{2}{3}} \cdot x^{\frac{1}{2}-(-\frac{1}{3})} = 2^{\frac{5}{6}} \cdot x^{\frac{5}{6}} = (2x)^{\frac{5}{6}}$

(8) $\left(\sqrt[3]{x} - \dfrac{1}{\sqrt[3]{x}}\right)^3 = \left(x^{\frac{1}{3}} - x^{-\frac{1}{3}}\right)^3 = \left(x^{\frac{1}{3}}\right)^3 - 3\left(x^{\frac{1}{3}}\right)^2 \cdot x^{-\frac{1}{3}} + 3 \cdot x^{\frac{1}{3}} \cdot \left(x^{-\frac{1}{3}}\right)^2 - \left(x^{-\frac{1}{3}}\right)^3 = x - 3x^{\frac{1}{3}} + 3x^{-\frac{1}{3}} - x^{-1}$　だから，与式 $= -3x^{\frac{1}{3}} + 3x^{-\frac{1}{3}} = -3\left(x^{\frac{1}{3}} - x^{-\frac{1}{3}}\right) = -3\left(\sqrt[3]{x} - \dfrac{1}{\sqrt[3]{x}}\right)$

例題 1-6

演習 A (1) $64 = 2^6$　だから，6　　(2) $27 = 3^3$　だから，3　　(3) $\dfrac{1}{8} = \dfrac{1}{2^3} = 2^{-3}$　だ

から，-3　　(4) $\sqrt{3}=3^{\frac{1}{2}}$ だから，$\dfrac{1}{2}$　　(5) $8=(8^{-1})^{-1}=\left(\dfrac{1}{8}\right)^{-1}=\left\{\left(\dfrac{1}{2}\right)^3\right\}^{-1}=\left(\dfrac{1}{2}\right)^{-3}$ だから，-3　　(6) $\sqrt[3]{8}=\sqrt[3]{2^3}=2=\left(\dfrac{1}{2}\right)^{-1}$ だから，-1　　(7) $0.04=\dfrac{4}{100}=\dfrac{1}{25}=\dfrac{1}{5^2}=5^{-2}$ だから，-2　　(8) $\dfrac{1}{\sqrt{27}}=\sqrt{\dfrac{1}{27}}=\sqrt{\left(\dfrac{1}{3}\right)^3}=\left(\dfrac{1}{3}\right)^{\frac{3}{2}}$ だから，$\dfrac{3}{2}$

例題 1-7

演習 A　左辺 $=\log_2 24$, 右辺 $=4+3=7=\log_2 2^7=\log_2 128$　だから，左辺 $\neq$ 右辺である．

演習 B　(1) 与式 $=\log_2(150\times 6^2\div 2700)=\log_2 2=1$　　(2) 与式 $=\log_{10}\left(\dfrac{27}{35}\div\dfrac{5}{7}\times\dfrac{50}{9}\right)=\log_{10}\left(\dfrac{27}{35}\times\dfrac{7}{5}\times\dfrac{50}{9}\right)=\log_{10}6$　　(3) 与式 $=\dfrac{1}{2}\{\log_3(3\sqrt{7}+6)+\log_3(3\sqrt{7}-6)\}=\dfrac{1}{2}\log_3\{(3\sqrt{7}+6)(3\sqrt{7}-6)\}=\dfrac{1}{2}\log_3\{(3\sqrt{7})^2-6^2\}=\dfrac{1}{2}\log_3 27=\dfrac{3}{2}$　　(4) 与式 $=\log_2\{a^3 b^{-2}\div(ab)^2\times(a^{-1}b^4)\}=\log_2(a^{3-2+(-1)}\cdot b^{-2-2+4})=\log_2(a^0 b^0)=\log_2(1\cdot 1)=\log_2 1=0$

例題 1-8

演習 A　(1) 与式 $=\dfrac{\log_2 8}{\log_2 2\sqrt{2}}\times\dfrac{\log_2\sqrt{32}}{\log_2\sqrt{2}}=\dfrac{\log_2 2^3}{\log_2 2^{\frac{3}{2}}}\times\dfrac{\log_2 2^{\frac{5}{2}}}{\log_2 2^{\frac{1}{2}}}=\dfrac{3}{\left(\frac{3}{2}\right)}\times\dfrac{\left(\frac{5}{2}\right)}{\left(\frac{1}{2}\right)}=\dfrac{3\times\frac{5}{2}}{\frac{3}{2}\times\frac{1}{2}}=\dfrac{\left(\frac{15}{2}\right)}{\left(\frac{3}{4}\right)}=\dfrac{15}{2}\div\dfrac{3}{4}=\dfrac{15}{2}\times\dfrac{4}{3}=10$　　(2) 与式 $=\left(\dfrac{1}{2}\log_2 3\right)\left(\dfrac{\frac{1}{2}\log_2 5}{\log_2 3}\right)\left(\dfrac{\log_2 16}{\log_2 5}\right)=\dfrac{1}{2}\times\dfrac{1}{2}\times\log_2 16=1$　　(3) 与式 $=\log_2 3+\dfrac{\log_2 9}{\log_2 4}+\dfrac{\log_2 27}{\log_2 8}+\dfrac{\log_2 81}{\log_2 16}=\log_2 3+\dfrac{1}{2}(\log_2 3^2)+\dfrac{1}{3}(\log_2 3^3)+\dfrac{1}{4}(\log_2 3^4)=4\log_2 3$

演習 B　$A=x^x$ の場合だから，例題 (2) の等式により $x^x=a^{(\log_a x^x)}=a^{(x\log_a x)}$　　（証明終）

例題 1-9

演習 A　(1) 与式 $=\dfrac{(2x-1)\times 3(x+1)}{(x+1)\times 2(2x-1)}=\dfrac{3}{2}$

(2) 与式 $=\dfrac{x^2-1}{2x^2}\times\dfrac{x}{x+1}=\dfrac{(x+1)(x-1)\times x}{2x^2\times(x+1)}=\dfrac{x-1}{2x}$

(3) 与式 $=\dfrac{x^2-y^2}{x+y}\times\dfrac{(x+y)^2}{y-x}=\dfrac{(x+y)(x-y)\times(x+y)^2}{(x+y)\times(-1)(x-y)}=\dfrac{(x+y)^2}{-1}=-(x+y)^2$

(4) 与式 $=\dfrac{(x-1)(x+2)\times x^2}{x(x+2)\times(x-1)^2}=\dfrac{x}{x-1}$

(5) 与式 $= \dfrac{2x^2-5x+2}{x^2-2x} \times \dfrac{2x^2+3x+1}{2x^2+x-1} = \dfrac{(2x-1)(x-2) \times (2x+1)(x+1)}{x(x-2) \times (2x-1)(x+1)} = \dfrac{2x+1}{x}$

例題 1-10

演習 A (1) $\dfrac{4}{10} \div \dfrac{2}{1000} = \dfrac{4}{10} \times \dfrac{1000}{2} = 200$　　(2) $\dfrac{12}{10} \div \dfrac{6}{10000} = \dfrac{12}{10} \times \dfrac{10000}{6} = 2000$

(3) $\left(\dfrac{4 \cdot 6 \cdot 8 \cdot 10}{3 \cdot 5 \cdot 7 \cdot 9}\right) \div \left(\dfrac{2 \cdot 4 \cdot 6 \cdot 8 \cdot 10}{1 \cdot 3 \cdot 5 \cdot 7 \cdot 9}\right) = \dfrac{4 \cdot 6 \cdot 8 \cdot 10}{3 \cdot 5 \cdot 7 \cdot 9} \times \dfrac{1 \cdot 3 \cdot 5 \cdot 7 \cdot 9}{2 \cdot 4 \cdot 6 \cdot 8 \cdot 10} = \dfrac{1}{2}$

(4) 分母 $= 1 + \dfrac{1}{\left(\frac{1}{2}\right)} = 1 + \left(1 \div \dfrac{1}{2}\right) = 1 + \left(1 \times \dfrac{2}{1}\right) = 3$　　$\therefore \dfrac{2}{3}$

演習 B (1) 与式 $= \dfrac{(n+1)!}{2^{n+1}} \times \dfrac{2^n}{n!} = \dfrac{1 \cdot 2 \cdot 3 \cdots\cdots n \cdot (n+1)}{\underbrace{2 \cdot 2 \cdot 2 \cdots\cdots 2 \cdot 2}_{(n+1)\text{個}}} \times \dfrac{\overbrace{2 \cdot 2 \cdot 2 \cdots\cdots 2}^{n\text{個}}}{1 \cdot 2 \cdot 3 \cdots\cdots n} = \dfrac{n+1}{2}$

(2) 与式 $= \dfrac{(n+2)^2}{(n+1)!} \div \dfrac{(n+1)^2}{n!} = \dfrac{(n+2)^2}{(n+1)!} \times \dfrac{n!}{(n+1)^2} = \dfrac{(n+2)^2 \cdot 1 \cdot 2 \cdot 3 \cdots\cdots n}{1 \cdot 2 \cdot 3 \cdots\cdots n \cdot (n+1) \times (n+1)^2}$

$= \dfrac{(n+2)^2}{(n+1)^3}$　　(3) 与式 $= \dfrac{(2n+2)!}{\{(n+1)!\}^2} \div \dfrac{(2n)!}{(n!)^2} = \dfrac{(2n+2)!}{\{(n+1)!\}^2} \times \dfrac{(n!)^2}{(2n)!}$

$= \dfrac{1 \cdot 2 \cdot 3 \cdots\cdots (2n) \cdot (2n+1) \cdot (2n+2) \times (1 \cdot 2 \cdot 3 \cdots\cdots n)^2}{(1 \cdot 2 \cdot 3 \cdots\cdots n \cdot (n+1))^2 \times 1 \cdot 2 \cdot 3 \cdots\cdots (2n)} = \dfrac{2(2n+1)}{n+1}$

例題 1-11

演習 A (1) 係数を比較して，$2 = b$, $5 = -c$, $-a = 3$. よって，$a = -3$, $b = 2$, $c = -5$

(2) 右辺を展開すると，右辺 $= ax^2 + (2a+b)x + (a+b+c)$　両辺の係数を比較して，$0 = a$, $6 = 2a + b$, $7 = a + b + c$　これらを連立方程式とみて解き，$a = 0$, $b = 6$, $c = 1$

(3)　右辺　$= 2ax^2 + 2bx - ax - b + cx^2 + cx + c$

　　　　　$= (2a+c)x^2 + (2b-a+c)x - b + c$

両辺の係数を比較して，$1 = 2a + c$, $-2 = 2b - a + c$, $6 = -b + c$　これらを連立方程式とみて解き，$a = -1$, $b = -3$, $c = 3$

［注］ 数値代入法で解いてみる．

(1) 両辺に，$x = 0, 1, -1$ と代入し $-a = 3$, $7 - a = b - c + 3$, $-3 - a = b + c + 3$　これらを連立方程式とみて解き，$a = -3$, $b = 2$, $c = -5$

(2) 両辺に，$x = 0, -1, 1$ と代入し $7 = a + b + c$, $1 = c$, $13 = 4a + 2b + c$　これらを連立方程式とみて解き，$a = 0$, $b = 6$, $c = 1$

(3) 両辺に，$x = 0, 1, \dfrac{1}{2}$ と代入して $6 = -b + c$, $5 = a + b + 3c$, $\dfrac{1}{4} + 5 = \dfrac{7}{4}c$　これらを連立方程式とみて解き，$a = -1$, $b = -3$, $c = 3$

例題 1-12

演習 A (1)

```
              1  -3
  2  0  -1 ) 2 -6   0  -5
             2  0  -1              ∴ 商    x − 3
            ─────────
               -6  1  -5              余り   x − 8
               -6  0   3
            ─────────
                   1  -8
```

(2)

```
                  1  -1   1
  1  -1  -2 )  1  -2   0  -1   8
               1  -1  -2
            ──────────────
                  -1   2  -1   8              ∴ 商    $x^2 − x + 1$
                  -1   1   2
               ──────────                    余り   $-2x + 10$
                       1  -3   8
                       1  -1  -2
                    ──────────
                           -2  10
```

例題 1-13

演習 A (1) $P(1) = 0$, $P(-1) = 0$ だから，$P(x)$ は $(x-1)(x+1)$ で割り切れる．割り算を実行して，$P(x) = (x-1)(x+1)(x-1) = (x+1)(x-1)^2$

(2) $P(-1) = 0$, $P(2) = 0$, $P(-3) = 0$ だから，$P(x)$ は $(x+1)(x-2)(x+3)$ で割り切れる．x^3 の係数が 1 だから，$P(x) = (x+1)(x-2)(x+3)$

演習 B $x^2 - 3x + 2 = (x-1)(x-2)$ だから，$ax^3 + bx^2 - bx + 2$ が $x-1$, $x-2$ でそれぞれ割り切れるように係数 a, b を定める．$P(x) = ax^3 + bx^2 - bx + 2$ とおき，$P(1) = 0$ より $a + 2 = 0$ …① $P(2) = 0$ より $8a + 2b + 2 = 0$ …② ①, ② を連立方程式とみて解き，$a = -2$, $b = 7$

演習 C $P(x) = 4x^3 - 7x + 3$ とおく．$P(1) = 0$, $P\left(\dfrac{1}{2}\right) = 0$, $P\left(-\dfrac{3}{2}\right) = 0$ だから，$P(x) = k(x-1)\left(x-\dfrac{1}{2}\right)\left(x+\dfrac{3}{2}\right)$ (K は定数) とおける．両辺に $x = 0$ と代入し，$3 = \dfrac{3}{4}k$ ∴ $k = 4$. したがって，$4x^3 - 7x + 3 = 4(x-1)\left(x-\dfrac{1}{2}\right)\left(x+\dfrac{3}{2}\right)$

[注1] 最後の式の 4 を 2×2 とみて，第 2 項，第 3 項にかけると，$4x^3 - 7x + 3 = (x-1)(2x-1)(2x+3)$ としてもよい．

[注2] 因数定理を用いる場合 $P(a) = 0$ となる a の値として，① 定数項の約数　次に ② $\dfrac{\text{定数項の約数}}{x \text{の最高次の係数の約数}}$ を考える．本問では，① の 1,3，② より $\dfrac{1}{2}, \dfrac{3}{2}, -\dfrac{1}{2}, -\dfrac{3}{2}$ を考えた．

例題 1-14

演習 A (1) 左辺 $= (x-1)(x-2)(x-3)$ と因数分解できるから,$x-1=0$, $x-2=0$,$x-3=0$ より,$x=1,2,3$

(2) $x^4 - 1 = (x^2)^2 - 1^2 = (x^2+1)(x^2-1)$ と因数分解できるから,$x^2+1=0$ より $x^2 = -1$ ∴ $x = i, -i$ $x^2 - 1 = 0$ より $x^2 = 1$ ∴ $x = 1, -1$ ∴ $x = \pm 1, \pm i$

[注] 複素数についての公式「$x^n = 1$ の解は $x = \cos\dfrac{2k\pi}{n} + i\sin\dfrac{2k\pi}{n}$ $(k = 0, 1, 2, \cdots, n)$」を $n=4$ の場合に用いると,解は,$x = \cos\dfrac{2k\pi}{4} + i\sin\dfrac{2k\pi}{4}$ $(k = 0, 1, 2, 3)$ より求まる.

演習 B $P(x) = 2x^4 - 10x^3 + 11x^2 + 5x - 6$ とおく.$P(2) = 0, P(3) = 0$ だから $P(x)$ は $(x-2)(x-3)$ で割り切れて,$P(x) = (2x^2 - 1)(x^2 - 5x + 6)$.よって,$(2x^2 - 1)(x^2 - 5x + 6) = 0$ より $2x^2 - 1 = 0$ $\cdots$① または $x^2 - 5x + 6 = 0$ $\cdots$②.① より $x^2 = \dfrac{1}{2}$ ∴ $x = \pm\dfrac{1}{\sqrt{2}}$,② より $(x-2)(x-3) = 0$ ∴ $x = 2, 3$.よって,$x = \pm\dfrac{1}{\sqrt{2}}, 2, 3$

演習 C 各連立方程式の 2 式を上から ①,② とおく.

(1) ① より,$2x + y = 0$ $\cdots$①′ または $x - y = 0$ $\cdots$①″.①′ より,$y = -2x$,これを ② に代入し,$4x^2 = 16$.よって,$x^2 = 4$, $x = \pm 2$.これを ①′ に代入して y を求め,$(x, y) = (2, -4), (-2, 4)$.①″ より,$y = x$,これを ② に代入し,$x^2 = 16$, $x = \pm 4$.これを ①″ に代入して y を求め,$(x, y) = (4, 4), (-4, -4)$.以上より,$(x, y) = (2, -4), (-2, 4), (4, 4), (-4, -4)$

(2) ① より,$x - y + 1 = 0$ $\cdots$①′ または $x + y - 1 = 0$ $\cdots$①″.①′ より,$y = x + 1$,これを ② に代入し,$x^2 - x(x+1) + (x+1)^2 = 1$, $x^2 + x = 0$, $x(x+1) = 0$.これより $x = 0, -1$.これを ①′ に代入して y を求め,$(x, y) = (0.1), (-1, 0)$.①″ より $y = -x + 1$.これを ② に代入し $x^2 - x(-x+1) + (-x+1)^2 = 1$, $3x^2 - 3x = 0$, $x(x-1) = 0$.これより $x = 0, 1$.これを ①″ に代入して y を求め,$(x, y) = (0, 1), (1, 0)$.以上より,$(x, y) = (0, 1), (1, 0), (-1, 0)$

例題 1-15

演習 A (1) $(x+2)^2 - 4$ (2) $(x-3)^2 - 9$ (3) $-(x-1)^2 + 1$

演習 B (1) $(x+1)^2 - 1 + 2 = (x+1)^2 + 1$ (2) $-(x-1)^2 + 1 + 1 = -(x-1)^2 + 2$

(3) $2(x+1)^2 - 2 \cdot 1 + 3 = 2(x+1)^2 + 1$

(4) $-4\left(x - \dfrac{6}{8}\right)^2 + 4 \cdot \left(\dfrac{6}{8}\right)^2 - 3 = -4\left(x - \dfrac{3}{4}\right)^2 - \dfrac{3}{4}$

演習 C (1) $\dfrac{1}{3}(x^2 - 4x) = \dfrac{1}{3}(x-2)^2 - \dfrac{4}{3}$

(2) $\dfrac{3}{2}\left(x^2 + \dfrac{2}{3} \cdot \dfrac{1}{4}x\right) + \dfrac{1}{2} = \dfrac{3}{2}\left(x + \dfrac{1}{12}\right)^2 - \dfrac{3}{2} \cdot \left(\dfrac{1}{12}\right)^2 + \dfrac{1}{2} = \dfrac{3}{2}\left(x + \dfrac{1}{12}\right)^2 + \dfrac{47}{96}$

(3) $-\dfrac{\sqrt{2}}{3}\left(x^2 + \dfrac{3}{\sqrt{2}} \cdot \dfrac{1}{\sqrt{2}}x\right) + \dfrac{5}{16}\sqrt{2} = -\dfrac{\sqrt{2}}{3}\left(x + \dfrac{3}{4}\right)^2 + \dfrac{\sqrt{2}}{3}\left(\dfrac{3}{4}\right)^2 + \dfrac{5}{16}\sqrt{2}$

$= -\dfrac{\sqrt{2}}{3}\left(x + \dfrac{3}{4}\right)^2 + \dfrac{\sqrt{2}}{2}$

例題 1-16

演習 A (1) 右辺の分数式の「たし算」を行うと，$\dfrac{3x+2}{(x+3)(x-4)} = \dfrac{(a+b)x+(-4a+3b)}{(x+3)(x-4)}$
両辺の分子をみて，$3x+2 = (a+b)x+(-4a+3b)$ これが恒等式となるようにするため，係数比較して $3 = a+b$ $\cdots$① $2 = -4a+3b$ $\cdots$②. ①，② を連立方程式として解き，$a=1$, $b=2$

(2) $4x^2-9 = (2x+3)(2x-3)$ である．右辺の分数式の「たし算」を行うと $\dfrac{3}{4x^2-9} = \dfrac{(2a+2b)x+(-3a+3b)}{(2x+3)(2x-3)}$. 両辺の分子をみて，$3 = (2a+2b)x+(-3a+3b)$. これが恒等式となるようにするため，係数比較して $0 = 2a+2b$ $\cdots$① $3 = -3a+3b$ $\cdots$②. ①，② を連立方程式として解き，$a = -\dfrac{1}{2}$, $b = \dfrac{1}{2}$

例題 1-17

演習 A (1) 与式 $= \dfrac{ax+b}{x^2+1} + \dfrac{cx+d}{x^2+2}$ $\cdots(*)$ とおく

$\begin{aligned}
\text{右辺} &= \dfrac{(ax+b)(x^2+2)}{(x^2+1)(x^2+2)} + \dfrac{(cx+d)(x^2+1)}{(x^2+1)(x^2+2)} \\
&= \dfrac{(a+c)x^3 + (b+d)x^2 + (2a+c)x + 2b+d}{(x^2+1)(x^2+2)} \quad \cdots(**)
\end{aligned}$

与式の分子 = (**) の分子 が恒等式となるように係数比較し

$\begin{cases} 0 = a+c & \cdots① \\ 1 = b+d & \cdots② \\ -6 = 2a+c & \cdots③ \\ 1 = 2b+d & \cdots④ \end{cases}$ ① と ③ から $a=-6$, $c=6$
② と ④ から $b=0$, $d=1$

これらの値を (*) に代入して 与式 $= \dfrac{-6x}{x^2+1} + \dfrac{6x+1}{x^2+2}$

(2) $\dfrac{6s^2+9s+7}{(s+1)(s^2+s+1)} = \dfrac{a}{s+1} + \dfrac{bs+c}{s^2+s+1}$ $\cdots(*)$ とおく

$\begin{aligned}
\text{右辺} &= \dfrac{a(s^2+s+1)}{(s+1)(s^2+s+1)} + \dfrac{(bs+c)(s+1)}{(s+1)(s^2+s+1)} \\
&= \dfrac{(a+b)s^2 + (a+b+c)s + (a+c)}{(s+1)(s^2+s+1)} \quad \cdots(**)
\end{aligned}$

与式の分子 = (**) の分子 が恒等式となるように係数比較し $6 = a+b$, $9 = a+b+c$, $7 = a+c$. この 3 式を連立方程式として解き $a=4$, $b=2$, $c=3$. これらの値を，(*) に代入して 与式 $= \dfrac{4}{s+1} + \dfrac{2s+3}{s^2+s+1}$

(3) 与式の分母 $= x^3 - 2x^2 + 3x - 2 = (x-1)(x^2-x+2)$ だから

$\dfrac{5x^2-9z+8}{x^3-2x^2+3x-2} = \dfrac{a}{x-1} + \dfrac{bx+c}{x^2-x+2}$ $\cdots(*)$ とおく

$\begin{aligned}
\text{右辺} &= \dfrac{a(x^2-x+2)}{(x-1)(x^2-x+2)} + \dfrac{(bx+c)(x-1)}{(x-1)(x^2-x+2)} \\
&= \dfrac{(a+b)x^2 + (-a-b+c)x + (2a-c)}{(x-1)(x^2-x+2)} \quad \cdots(**)
\end{aligned}$

与式の分子 = (∗∗) の分子 が恒等式となるように係数比較し $5 = a+b$, $-9 = -a-b+c$, $8 = 2a-c$. この 3 式を連立方程式として解き $a=2$, $b=3$, $c=-4$. これらの値を (∗) に代入して 与式 $= \dfrac{2}{x-1} + \dfrac{3x-4}{x^2-x+2}$

例題 1-18

演習 A (1) 与式 $= \dfrac{a}{x+1} + \dfrac{b}{(x+1)^2}$ $\cdots$ (∗) とおく

右辺 $= \dfrac{a(x+1)}{(x+1)^2} + \dfrac{b}{(x+1)^2} = \dfrac{ax+(a+b)}{(x+1)^2}$ $\cdots$ (∗∗)

与式の分子 = (∗∗) の分子 が恒等式となるように係数比較し $1 = a$, $0 = a+b$. これを解き $a=1$, $b=-1$. これを (∗∗) に代入して, 与式 $= \dfrac{1}{x+1} + \dfrac{-1}{(x+1)^2} = \dfrac{1}{x+1} - \dfrac{1}{(x+1)^2}$

(2) 与式 $= \dfrac{a}{x+2} + \dfrac{b}{(x+2)^2}$ $\cdots$ (∗) とおく

右辺 $= \dfrac{a(x+2)}{(x+2)^2} + \dfrac{b}{(x+2)^2} = \dfrac{ax+2a+b}{(x+2)^2}$ $\cdots$ (∗∗)

与式の分子 = (∗∗) の分子 が恒等式となるように係数比較し $-1 = a$, $1 = 2a+b$. これを解き $a=-1$, $b=-3$. これを (∗∗) に代入して, 与式 $= \dfrac{-1}{x+2} + \dfrac{3}{(x+2)^2}$

(3) 与式 $= \dfrac{a}{s+1} + \dfrac{b}{(s+1)^2} + \dfrac{c}{(s+1)^3}$ $\cdots$ (∗) とおく

右辺 $= \dfrac{a(s+1)^2}{(s+1)^3} + \dfrac{b(s+1)}{(s+1)^3} + \dfrac{c}{(s+1)^3}$

$= \dfrac{as^2 + (2a+b)s + (a+b+c)}{(s+1)^3}$ $\cdots$ (∗∗)

与式の分子 = (∗∗) の分子 が恒等式となるように係数比較し $1=a$, $0 = 2a+b$, $0 = a+b+c$. これを解き $a=1$, $b=-2$, $c=1$. これらを (∗) に代入し

与式 $= \dfrac{1}{s+1} + \dfrac{-2}{(s+1)^3} + \dfrac{1}{(s+1)^3} = \dfrac{1}{s+1} - \dfrac{2}{(s+1)^2} + \dfrac{1}{(s+1)^3}$

例題 1-19

演習 B (1) 与式 $= \dfrac{a}{x} + \dfrac{b}{x^2} + \dfrac{c}{x^3} + \dfrac{d}{x+1}$ $\cdots$ (∗) とおく

右辺 $= \dfrac{ax^2(x+1)}{x^3(x+1)} + \dfrac{bx(x+1)}{x^3(x+1)} + \dfrac{c(x+1)}{x^3(x+1)} + \dfrac{dx^3}{x^3(x+1)}$

$= \dfrac{(a+d)x^3 + (a+b)x^2 + (b+c)x + c}{x^3(x+1)}$ $\cdots$ (∗∗)

与式の分子 = (∗∗) の分子 が恒等式となるように係数比較し $a+d=0$, $a+b=0$, $b+c=0$, $c=1$. これを解いて, $a=1$, $b=-1$, $c=1$, $d=-1$. これらの値を (∗) に代入して

与式 $= \dfrac{1}{x} - \dfrac{1}{x^2} + \dfrac{1}{x^3} - \dfrac{1}{x+1}$

(2) 与式 $= \dfrac{a}{x+1} + \dfrac{b}{x+2} + \dfrac{c}{(x+2)^2}$ $\cdots$ (∗) とおく

$$右辺 = \frac{a(x+2)^2}{(x+1)(x+2)^2} + \frac{b(x+1)(x+2)}{(x+1)(x+2)^2} + \frac{c(x+1)}{(x+1)(x+2)^2}$$

$$= \frac{(a+b)x^2 + (4a+3b+c)x + (4a+2b+c)}{(x+1)(x+2)^2} \quad \cdots (**)$$

与式の分子 = (**) の分子 が恒等式となるように係数比較し $0 = a+b$, $0 = 4a+3b+c$, $1 = 4a+2b+c$. この3式を連立方程式として解き $a = 1$, $b = -1$, $c = -1$. この値を (*) に代入して 与式 $= \dfrac{1}{x+1} - \dfrac{1}{x+2} - \dfrac{1}{(x+2)^2}$

(3) 与式 $= \dfrac{a}{s+1} + \dfrac{b}{(s+1)^2} + \dfrac{c}{s+2} + \dfrac{d}{(s+2)^2} \quad \cdots (*)$ とおく

$$右辺 = \frac{a(s+1)(s+2)^2}{(s+1)^2(s+2)^2} + \frac{b(s+2)^2}{(s+1)^2(s+2)^2} + \frac{c(s+1)^2(s+2)}{(s+1)^2(s+2)^2} + \frac{d(s+1)^2}{(s+1)^2(s+2)^2}$$

$$= \frac{(a+c)s^3 + (5a+b+4c+d)s^2 + (8a+4b+5c+2d)s + 4a+4b+2c+d}{(s+1)^2(s+2)^2}$$

$$\cdots (**)$$

与式の分子 = (**) の分子 が恒等式となるように係数比較し $0 = a+c$, $1 = 5a+b+4c+d$, $5 = 8a+4b+5c+2d$, $5 = 4a+4b+2c+d$. この4式を連立方程式として解き $a = 1$, $b = 1$, $c = -1$, $d = -1$. これらを (*) に代入して 与式 $= \dfrac{1}{s+1} + \dfrac{1}{(s+1)^2} - \dfrac{1}{s+2} - \dfrac{1}{(s+2)^2}$

演習 C (1) 与式 $= \dfrac{a}{x+2} + \dfrac{bx+c}{x^2+1} + \dfrac{dx+e}{(x^2+1)^2} \quad \cdots (*)$ とおく

$$右辺 = \frac{a(x^2+1)^2}{(x+2)(x^2+1)^2} + \frac{(bx+c)(x+2)(x^2+1)}{(x+2)(x^2+1)^2} + \frac{(dx+e)(x+2)}{(x+2)(x^2+1)^2}$$

$$= \frac{(a+b)x^4 + (2b+c)x^3 + (2a+b+2c+d)x^2 + (2b+c+2d+e)x + a+2c+2e}{(x+2)(x^2+1)^2}$$

$$\cdots (**)$$

与式の分子 = (**) の分子 が恒等式となるように係数比較し

$$\begin{cases} 0 = a+b & \cdots ① \\ 2 = 2b+c & \cdots ② \\ -2 = 2a+b+2c+d & \cdots ③ \\ 0 = 2b+c+2d+e & \cdots ④ \\ -1 = a+2c+2e & \cdots ⑤ \end{cases}$$

これら5式を連立方程式として解く.

① より $a = -b \quad \cdots ①'$,

② より $c = 2 - 2b \quad \cdots ②'$

①', ②' を ③ に代入して, $-2 = -5b + d + 4$, $d = 5b - 6 \quad \cdots ③'$

①', ②', ③' を ④, ⑤ に代入して, $10 = 10b + e \quad \cdots ④'$, $-5 = -5b + 2e \quad \cdots ⑤'$

④', ⑤' より $b = 1$, $e = 0$, ①', ②', ③' に代入して, $a = -1$, $c = 0$, $d = -1$

よって, $a = -1$, $b = 1$, $c = 0$, $d = -1$, $e = 0$. これらを (*) に代入して, 与式 $= -\dfrac{1}{x+2} + \dfrac{x}{x^2+1} - \dfrac{x}{(x^2+1)^2}$

(2) 与式の分母 $= x^4 - 1 = (x^2+1)(x+1)(x-1)$ だから,

与式 $= \dfrac{ax+b}{x^2+1} + \dfrac{c}{x+1} + \dfrac{d}{x-1}$ $\cdots(*)$ とおく

右辺 $= \dfrac{(ax+b)(x+1)(x-1)}{(x^2+1)(x+1)(x-1)} + \dfrac{c(x^2+1)(x-1)}{(x^2+1)(x+1)(x-1)} + \dfrac{d(x^2+1)(x+1)}{(x^2+1)(x+1)(x-1)}$

$= \dfrac{(a+c+d)x^3 + (b-c+d)x^2 + (-a+c+d)x - b - c + d}{(x^2+1)(x+1)(x-1)}$ $\cdots(**)$

与式の分子 $=(**)$ の分子 が恒等式となるように係数比較し $0=a+c+d$, $0=b-c+d$, $4=-a+c+d$, $0=-b-c+d$. これら4式を連立方程式として解き $a=-2$, $b=0$, $c=1$, $d=1$. これらの値を $(*)$ に代入して, 与式 $= -\dfrac{2x}{x^2+1} + \dfrac{1}{x+1} + \dfrac{1}{x-1}$

(3) 与式の分母 $= s^4 - s^3 - s + 1 = (s-1)(s^3-1) = (s-1)^2(s^2+s+1)$ だから,

与式 $= \dfrac{a}{s-1} + \dfrac{b}{(s-1)^2} + \dfrac{cs+d}{s^2+s+1}$ $\cdots(*)$ とおく

右辺 $= \dfrac{a(s-1)(s^2+s+1)}{(s-1)^2(s^2+s+1)} + \dfrac{b(s^2+s+1)}{(s-1)^2(s^2+s+1)} + \dfrac{(cs+d)(s-1)^2}{(s-1)^2(s^2+s+1)}$

$= \dfrac{(a+c)s^3 + (b-2c+d)s^2 + (b+c-2d)s - a + b + d}{(s-1)^2(s^2+s+1)}$ $\cdots(**)$

与式の分子 $=(**)$ の分子 が恒等式となるように係数比較し

$\begin{cases} 0 = a+c & \cdots ① \\ 3 = b-2c+d & \cdots ② \\ 0 = b+c-2d & \cdots ③ \\ 0 = -a+b+d & \cdots ④ \end{cases}$

これら4式を連立方程式として解く. ① より $c=-a$, ④ より $d=a-b$, これらを②, ③ に代入し $3 = 3a$, $0 = -3a + 3b$. よって $a=1$, $b=1$. ①, ④ に代入して $c=-1$, $d=0$. これらの値を $(*)$ に代入し, 与式 $= \dfrac{1}{s-1} + \dfrac{1}{(s-1)^2} - \dfrac{s}{s^2+s+1}$

例題 1-20

演習 A   (1) $a^7 + 7a^6b + 21a^5b^2 + 35a^4b^3 + 35a^3b^4 + 21a^2b^5 + 7ab^6 + b^7$

(2) 左辺 $= 1 + {}_{1000}C_1 \cdot 1 \cdot \dfrac{1}{1000} + {}_{1000}C_2 \cdot 1 \cdot \left(\dfrac{1}{1000}\right)^2 + \cdots + \left(\dfrac{1}{1000}\right)^{1000} > 1 + {}_{1000}C_1 \cdot 1 \cdot \dfrac{1}{1000} = 1 + 1000 \cdot \dfrac{1}{1000} = 1 + 1 = 2 = $ 右辺

演習 B   (1) $\dfrac{4!}{2!2!} = \dfrac{4\cdot 3}{2\cdot 1} = 6$ (2) $\dfrac{6!}{4!2!} = \dfrac{6\cdot 5}{2\cdot 1} = 15$

(3) $\dfrac{n!}{2!(n-2)!} = \dfrac{n(n-1)}{2\cdot 1} = \dfrac{1}{2}n(n-1)$

(4) $\dfrac{(n+1)!}{(n-1)!\{(n+1)-(n-1)\}!} = \dfrac{(n+1)!}{(n-1)!\cdot 2!} = \dfrac{(n+1)\cdot n}{2\cdot 1} = \dfrac{1}{2}n(n+1)$

演習 C   結論：正しくない. 理由：$\left(1+\dfrac{1}{n}\right)^n = 1 + {}_nC_1 \cdot 1 \cdot \left(\dfrac{1}{n}\right) + {}_nC_2 \cdot 1 \cdot \left(\dfrac{1}{n}\right)^2 + \cdots + \left(\dfrac{1}{n}\right)^n \geq 1 + n\cdot 1 \cdot \dfrac{1}{n} = 1 + 1 = 2$ したがって, $\left(1+\dfrac{1}{n}\right)^n \geq 2$ であるから, $\left(1+\dfrac{1}{n}\right)^n$ の値が 2 より小さな値 1 に近づくことはない.

例題 1-21

演習 A (1) $-x = y^2 \geqq 0$ だから $-x \geqq 0$ つまり $x \leqq 0$ でなければならない．$x \leqq 0$ のとき，y は正の数と定められているから $y = \sqrt{-x}$ かつ $x < 0$ である．よって，$f(x) = \sqrt{-x}$，定義域は $\{x \mid x < 0\}$

(2) $y = (x^2 + x) \times 3$ つまり $y = 3x^2 + 3x$　$y \leqq 6$ だから $3x^2 + 3x \leqq 6$ でなければならない．よって，$3x^2 + 3x - 6 \leqq 0$ より $(x-1)(x+2) \leqq 0$，$-2 \leqq x \leqq 1$ で $f(x) = 3x^2 + 3x$，定義域は $\{x \mid -2 \leqq x \leqq 1\}$

例題 1-22

演習 A $\vec{a} = (-3, 2)$ に対して定まる $\vec{b}$ は，$\vec{b} = (-9, 8)$　$\vec{a} = (p, q)$ に対して定まる $\vec{b}$ は，$\vec{b} = (p - 3q, -2p + q)$

演習 B (1) $X = 2 \cdot 3 - 3 \cdot 5$，$Y = 3 + 2 \cdot 5$ より $(X, Y) = (-9, 13)$

(2) 図の斜線部分 (周上の点を含む)．

$\begin{cases} X = 2x - 4y \\ Y = x + 2y \end{cases}$ を x, y について解くと $x = \dfrac{2}{7}X + \dfrac{3}{7}Y$，$y = -\dfrac{1}{7}X + \dfrac{2}{7}Y$．$0 \leqq x \leqq 3$，$0 \leqq y \leqq 5$ に代入すると，$0 \leqq \dfrac{2}{7}X + \dfrac{3}{7}Y \leqq 3$，$0 \leqq -\dfrac{1}{7}X + \dfrac{2}{7}Y \leqq 5$．これらより $0 \leqq 2X + 3Y$，$2X + 3Y \leqq 21$，$0 \leqq -X + 2Y$，$-X + 2Y \leqq 35$．これら 4 不等式を満たす領域を XY 平面上に図示すればよい．

例題 1-23

演習 A (1) $y = u^5$　　(2) $y = \sqrt{u}$　　(3) $y = u^2 + \dfrac{1}{u}$　　(4) $y = \sin u$　　(5) $y = 2^u$

演習 B (1) $u = g(x) = x^2 + x + 1$　　(2) $u = g(x) = x + 3$　　(3) $u = g(x) = x^2 + x + 1$
(4) $u = g(x) = x^2 + x + 1$　　(5) $u = g(x) = 4x + 6$　　(6) $u = g(x) = 2x + 3$

［注］(2) $u = x + 3$ のとき，$u - 3 = x$，$(u-3)^2 = x^2$ である．　　(3) $3x^2 + 3x + 6 = 3(x^2 + x + 1) + 3 = 3u + 3$ である．　　(4) $-5x^2 - 5x + 1 = -5(x^2 + x + 1) + 6 = -5u + 6$ である．　　(6) $4^u = (2^2)^u = 2^{2u}$ であるから $2u = 4x + 6$ である．

演習 C (1) $u = g(x) = x^2 - x$ として $y = u^2 - 3u + 4$
(2) $u = g(x) = 2^x$ として $y = 5u^2 - 3u + 1$

［注 1］ (1) $u = ax^2 + bx + c$ とおき，$y = Au^2 + Bu + C$　つまり　$y = A(ax^2 + bx + c)^2 + B(ax^2 + bx + c) + C$　となるように係数 a, b, c, A, B, C を定めればよいが，係数比較で定めるのは非常に難しい．$y = x^4 - 2x^3 - \cdots$ の最初の 2 項に注目して，$x^4 - 2x^3 + x^2 = x^2(x-1)^2 = \{x(x-1)\}^2$　だから $y = x^4 - 2x^3 + x^2 - 3x^2 + 3x + 4 = \{x(x-1)\}^2 - 3\{x(x-1)\} + 4$ と変形できれば簡単．　　(2) $4^x = (2^2)^x = 2^{2x} = (2^x)^2$ に注意すればよい．

[注 2] （1）では，$u = g(x) = x^2 - x + 1$ とすれば $y = u^2 - 5u + 8$，（2）では，$u = g(x) = 2^x + 1$ とすれば $y = 5u^2 - 13u + 9$ となることを各自確かめよ．つまり，問題によっては答えが唯一つ（一意的）に定まるわけではないことに注意しよう．

例題 1-24

演習 A　(1) $x = f^{-1}(y) = \dfrac{y+3}{2}$　　(2) $y = x^2$ より $x = \pm\sqrt{y}$，$x \geqq 0$ となるのは $\sqrt{y}$ だけ．よって，$x = f^{-1}(y) = \sqrt{y}$　（定義域は $y \geqq 0$）　(3) $y = 2^x$ より $\log_2 y = x$　よって，$x = f^{-1}(y) = \log_2 y$　（定義域は $y > 0$）．

例題 1-25

演習 A　(1) $x = f^{-1}(y) = y + 2$ より $y = f^{-1}(x) = x + 2$　（図 1）
(2) $x = f^{-1}(y) = \dfrac{6-y}{3}$ より $y = f^{-1}(x) = -\dfrac{1}{3}x + 2$　（図 2）

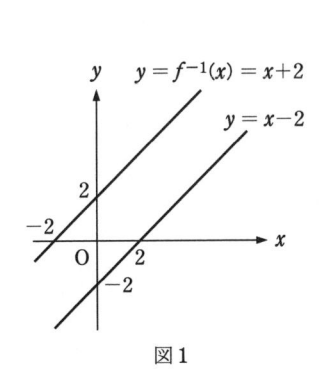

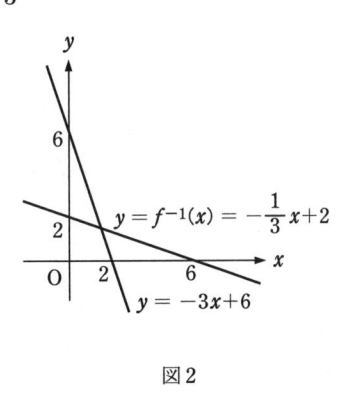

図 1

図 2

(3) $x = f^{-1}(y) = \sqrt{y-1}$ より $y = f^{-1}(x) = \sqrt{x-1}$　（図 3）
(4) $x = f^{-1}(y) = \sqrt{-y}$ より $y = f^{-1}(x) = \sqrt{-x}$　（図 4）

図 3

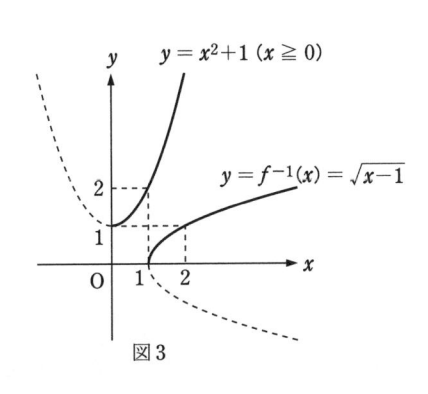

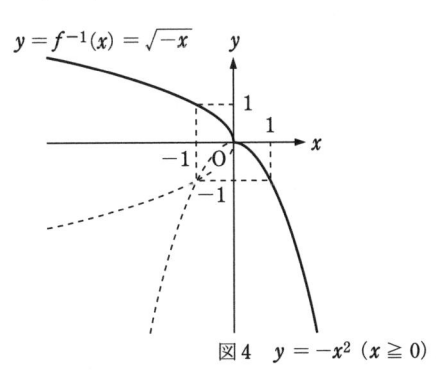

図 4　$y = -x^2$ $(x \geqq 0)$

(5) $x = f^{-1}(y) = \log_2 y$ より $y = f^{-1}(x) = \log_2 x$　（図 5）
(6) $-x = \log_2 y$, $x = f^{-1}(y) = -\log_2 y$ より $y = f^{-1}(x) = -\log_2 x$　（図 6）

図 5

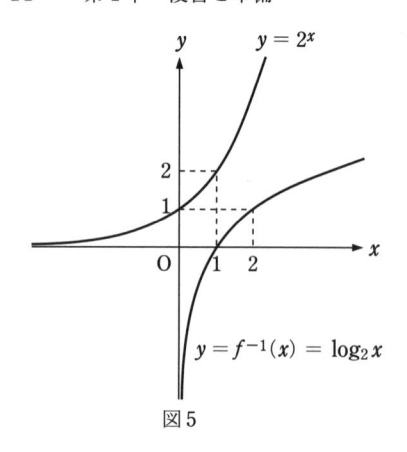

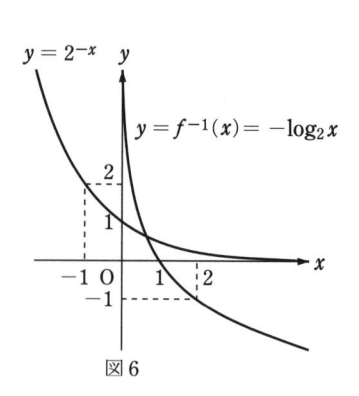

図 6

(7) $x = f^{-1}(y) = \sqrt[3]{y}$ より $y = f^{-1}(x) = \sqrt[3]{x}$ (図 7)

図 7

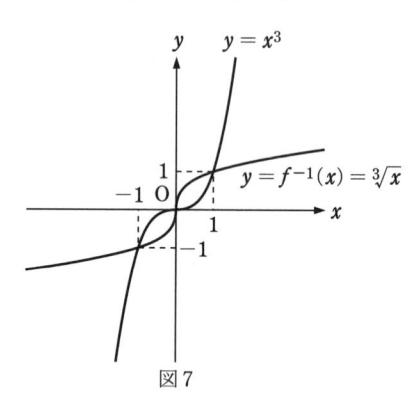

II

微分

基本事項

1.

関数の極限について次が成り立つ．

(1) $\lim_{x \to a} f(x) = A \iff \lim_{x \to a}(f(x) - A) = 0 \iff \lim_{x \to a}|f(x) - A| = 0,$

(2) $\lim_{x \to a} c = c,\ \lim_{x \to a} x = a,\ \lim_{x \to \infty} \dfrac{1}{x} = 0$

$\lim_{x \to a} f(x) = A,\ \lim_{x \to a} g(x) = B$ のとき次が成り立つ．

(3) $\lim_{x \to a}(f(x) \pm g(x)) = A \pm B,\ \lim_{x \to a} kf(x) = kA,\ \lim_{x \to a} f(x)g(x) = AB,\ \lim_{x \to a}|f(x)| = |A|,$

(4) $B \neq 0$ のとき $\lim_{x \to a} \dfrac{f(x)}{g(x)} = \dfrac{A}{B},$

(5) a に十分近い x について $f(x) \leqq g(x) \Rightarrow A \leqq B,$

(6) (挟みうちの原理) a に十分近い x について $f(x) \leqq h(x) \leqq g(x)$ かつ $A = B \Rightarrow \lim_{x \to a} h(x) = A,$

数列の極限についても同様に，次が成り立つ．

(1)' $\lim_{n \to \infty} a_n = A \iff \lim_{n \to \infty}(a_n - A) = 0 \iff \lim_{n \to \infty}|a_n - A| = 0,$

(2)' $\lim_{n \to \infty} c = c,\ \lim_{n \to \infty} \dfrac{1}{n} = 0$

$\lim_{n \to \infty} a_n = A,\ \lim_{n \to \infty} b_n = B$ のとき次が成り立つ．

(3)' $\lim_{n \to \infty}(a_n \pm b_n) = A \pm B,\ \lim_{n \to \infty} ka_n = kA,\ \lim_{n \to \infty} a_n b_n = AB,\ \lim_{n \to \infty}|a_n| = |A|,$

(4)' $B \neq 0$ のとき $\lim_{n \to \infty} \dfrac{a_n}{b_n} = \dfrac{A}{B},$

(5)' 十分大きな n について $a_n \leqq b_n \Rightarrow A \leqq B,$

(6)' (挟みうちの原理) 十分大きな n について $a_n \leqq c_n \leqq b_n$ かつ $A = B \Rightarrow \lim_{n \to \infty} c_n = A,$

(注)「x が a に十分近い」とは，ある正数 δ について x が $0 < |x - a| < \delta$ をみたしているということである．また「十分大きな n について」とは，ある N に対して，$N < n$ であるようなすべての n について，ということを意味している．

2.

$\lim_{x \to a} f(x) = f(a)$ が成り立つとき，関数 f は a で連続であるという．関数 f がその定義域の全ての点で連続であるとき，f は連続(関数)であるという．定値関数 $c : x \mapsto c$，恒等関数 $x : x \mapsto x$，三角関数 $\sin x$, $\cos x$，指数関数 e^x，対数関数 $\log x$，等は連続である．

(1) 関数 f, g がともに a で連続であるとき，$f + g : x \mapsto f(x) + g(x)$, $k \cdot f : x \mapsto k \cdot f(x)$, $f \cdot g : x \mapsto f(x) \cdot g(x)$, $|f| : x \mapsto |f(x)|$ は a で連続であり，$g(a) \neq 0$ ならば，$\dfrac{f}{g} : x \mapsto \dfrac{f(x)}{g(x)}$ も a で連続である(これから"多項式"関数や有理関数や三角関数 $\tan x$ などが連続であることがわかる)．

(2) $\lim_{x \to a} f(x) = A$ かつ $g(u)$ が A で連続であるなら $\lim_{x \to a} g(f(x)) = g(A)$ である．したがって，特に，$f(x), g(u)$ がそれぞれ，$a, f(a)$ で連続ならば，合成関数 $g \circ f : x \mapsto g(f(x))$ は a で連続である("連続関数の合成関数は連続")．

(2)' $\lim_{n \to \infty} a_n = A$ かつ $g(x)$ が A で連続であるなら $\lim_{n \to \infty} g(a_n) = g(A)$ である．

3.

平均変化率の極限値 $\lim_{x \to a} \dfrac{f(x) - f(a)}{x - a}$ が存在するとき，$f(x)$ は a で微分可能であるという．極限値を a における微分係数といい $f'(a)$ と書き表す．このとき，$f(x)$ は a で連続である．

4.

$f(x)$ が a で微分可能であるとき，またそのときに限り，以下のことがおこる．

「a において $f(x)$ と同じ値 $f(a)$ をとる1次関数 $x \mapsto f(a) + B \cdot (x - a)$ のうち，傾き B が $f'(a)$ に等しいときだけ，$f(x)$ とその1次関数の差が $x \to a$ のとき $x - a$ に対して高次の無限小になる ($\lim_{x \to a} \dfrac{f(x) - \{f(a) + f'(a) \cdot (x - a)\}}{x - a} = 0$)．」この現象が起ることをもって，曲線 $y = f(x)$ ("f のグラフ")に直線 $y = f(a) + f'(a) \cdot (x - a)$ が接していることの定義とする("接線の方程式")．また，$x \mapsto f(a) + f'(a) \cdot (x - a)$ を $f(x)$ の a における1次近似であるという．

5.

(1) 定義域の各点 x で微分可能であるとき，$f(x)$ は微分可能であるという．x に値 $f'(x)$ を対応させることによって定まる関数を f' と書き表す．f' を f の導関数という．定値関数，恒等関数は微分可能で，導関数は $(c)' = 0$, $(x)' = 1$ である．

(2) $f''(x) = f^{(2)}(x) = (f')'(x)$ を2階の導関数，$f'''(x) = f^{(3)}(x) = (f^{(2)})'(x)$ を3階の導関数という．同様に，$f^{(n)}(x) = (f^{(n-1)})'(x)$ で n 階の導関数を定義する．

(3) $f(x)$ は $f^{(n)}(x)$ が存在するとき，n 回微分可能であるといい，さらに $f^{(n)}(x)$ が連続であるとき C^n 級であるという．

6. 微分公式

(1 ; 和) $(f(x)+g(x))' = f'(x)+g'(x)$, (2 ; 定数倍) $(k \cdot f(x))' = k \cdot f'(x)$, (3 ; 積) $(f(x)g(x))' = f'(x)g(x)+f(x)g'(x)$, (4 ; 商) $\left(\dfrac{f(x)}{g(x)}\right)' = \dfrac{f'(x)g(x)-f(x)g'(x)}{g(x)^2}$, (5 ; 逆関数) $(f^{-1})'(x) = \dfrac{1}{f'(f^{-1}(x))}$, すなわち $y = f^{-1}(x)$ $(x = f(y))$ のとき, $\dfrac{dy}{dx} = \dfrac{1}{\frac{dx}{dy}}$, (6 ; 合成関数) $(g \circ f)'(x) = g'(f(x)) \cdot f'(x)$, (7 ; 媒介変数) $x = \varphi(t), y = \psi(t)$ のとき, $\dfrac{dy}{dx} = (\psi \circ \varphi^{-1})'(x) = \dfrac{\psi'(\varphi^{-1}(x))}{\varphi'(\varphi^{-1}(x))}$, (8 ; ライプニッツ) $(f(x)g(x))^{(n)} = \sum_{k=0}^{n} {}_nC_k f^{(n-k)}(x) g^{(k)}(x)$

7. 微分公式:具体例

(1) $(x^\alpha)' = \alpha x^{\alpha-1}$

(2) $(\sin x)' = \cos x$, $(\cos x)' = -\sin x$

(3) $(\sin^{-1} x)' = \dfrac{1}{\sqrt{1-x^2}}$ $(-1 < x < 1)$, $(\tan^{-1} x)' = \dfrac{1}{1+x^2}$

(4) $(e^x)' = e^x$, $(a^x)' = a^x \log a$ ($0 < a, a \neq 1$)

(5) $(\log|x|)' = \dfrac{1}{x}$ ($x \neq 0$), $(\log_a x)' = \dfrac{1}{x \log a}$ ($0 < a, a \neq 1, 0 < x$)

8. Taylor の定理

(1) a の近くで定義された n 回微分可能な関数 $f(x)$ は, $n-1$ 次の多項式 (整式) と剰余項 $R_n(x)$ の和として, 次のように表される.

$$f(x) = f(a)+f'(a)(x-a)+\dfrac{f''(a)}{2!}(x-a)^2+\cdots+\dfrac{f^{(n-1)}(a)}{(n-1)!}(x-a)^{n-1}+R_n(x), \quad R_n(x) = \dfrac{f^{(n)}(a+\theta \cdot (x-a))}{n!}(x-a)^n,$$ ($0 < \theta < 1$)

$n = 1$ のときは平均値の定理になっている. $a = 0$ のときは, 特に Maclaurin の定理と呼ばれる.

$$f(x) = f(0)+f'(0)x+\dfrac{f''(0)}{2!}x^2+\cdots+\dfrac{f^{(n-1)}(0)}{(n-1)!}x^{n-1}+R_n(x), \quad R_n(x) = \dfrac{f^{(n)}(\theta \cdot x)}{n!}x^n,$$
($0 < \theta < 1$)

(2) $f(x)$ が n 回微分可能で $f^{(n)}(x)$ が a で連続であるとき, 多項式 $f(a) + f'(a)(x-a) + \dfrac{f''(a)}{2!}(x-a)^2 + \cdots + \dfrac{f^{(n-1)}(a)}{(n-1)!}(x-a)^{n-1} + \dfrac{f^{(n)}(a)}{n!}(x-a)^n$ を $f(x)$ の a における「n 次近似式」であるという. $f(x)$ とこの多項式の差が $x \to a$ のとき $(x-a)^n$ より高位の無限小になるからである. また $f(x)$ が $n+1$ 回微分可能であるとき, この差は剰余項 $R_{n+1}(x)$ に一致する.

9. de l'Hospital の定理

$f(x), g(x)$ が $\lim_{x \to a} f(x) = 0$ かつ $\lim_{x \to a} g(x) = 0$ (または $\lim_{x \to a} f(x) = \pm\infty$ かつ $\lim_{x \to a} g(x) = \pm\infty$) をみたすとき, $\lim_{x \to a} \dfrac{f'(x)}{g'(x)} = A \Rightarrow \lim_{x \to a} \dfrac{f(x)}{g(x)} = A$ である (a, A は $\pm\infty$ でもよい).

例題 2-1　極限・連続・数列

極限値を求めよ．
(1) $\displaystyle\lim_{x\to \frac{1}{2}}\left(\frac{1}{x-1}-\frac{1}{x}\right)$　　(2) $\displaystyle\lim_{x\to 1}\frac{x^3-1}{x-1}$　　(3) $\displaystyle\lim_{n\to\infty}(\sqrt{n^2+1}-n)$
(4) $\displaystyle\lim_{n\to\infty}\cos\left(\frac{n\pi}{n+1}\right)$

[考え方]　(1) 基本事項 1. を用いる．または「$f(x)$ が a で連続なら $\displaystyle\lim_{x\to a}f(x)=f(a)$」を用いてもよい．
(2) $x\neq 1$ で $\dfrac{x^3-1}{x-1}=x^2+x+1$ であることと，基本事項 1. を用いる．
(3) $\sqrt{n^2+1}-n=\dfrac{(\sqrt{n^2+1}-n)(\sqrt{n^2+1}+n)}{\sqrt{n^2+1}+n}=\dfrac{1}{\sqrt{n^2+1}+n}$ を用いる．
(4) 「$g(x)$ が $\displaystyle\lim_{n\to\infty}a_n$ で連続であるとき $\displaystyle\lim_{n\to\infty}g(a_n)=g(\lim_{n\to\infty}a_n)$」を用いる．$g(x)=\cos x$．

[解答]　(1) $\displaystyle\lim_{x\to\frac{1}{2}}\left(\frac{1}{x-1}-\frac{1}{x}\right)=\frac{1}{\frac{1}{2}-1}-\frac{1}{\frac{1}{2}}=-4$
(2) $\displaystyle\lim_{x\to 1}\frac{x^3-1}{x-1}=\lim_{x\to 1}(x^2+x+1)=1^2+1+1=3$
(3) $\displaystyle\lim_{n\to\infty}(\sqrt{n^2+1}-n)=\lim_{n\to\infty}\frac{1}{\sqrt{n^2+1}+n}=0$
(4) $\displaystyle\lim_{n\to\infty}\cos\left(\frac{n\pi}{n+1}\right)=\lim_{n\to\infty}\cos\left(\frac{1}{1+\frac{1}{n}}\pi\right)=\cos\pi=-1$

演習 A　極限値を求めよ．
(1) $\displaystyle\lim_{x\to\frac{\pi}{4}}\sqrt{1+\cos x}$　　(2) $\displaystyle\lim_{x\to 0}\frac{x}{\sqrt{1+x}-\sqrt{1-x}}$　　(3) $\displaystyle\lim_{x\to 0}\frac{1-\cos 2x}{x^2}$　　(4) $\displaystyle\lim_{x\to 0}\frac{\sin x}{\tan 5x}$
(5) $\displaystyle\lim_{n\to\infty}\frac{1}{1+hn}$ ($h:0$ でない定数)　　(6) $\displaystyle\lim_{n\to\infty}\frac{1}{1+\frac{2}{n^2+1}n}$,　$\displaystyle\lim_{n\to\infty}\frac{1}{1+\frac{n+1}{n^2+1}n}$,
$\displaystyle\lim_{n\to\infty}\frac{1}{1+\frac{-n+1}{n^2+1}n}$　　(7) $\displaystyle\lim_{n\to\infty}(\log(n+1)-\log n)$　　(8) $\displaystyle\lim_{n\to\infty}\frac{1}{\sqrt{n}}$

演習 B　(1) $\displaystyle\lim_{n\to\infty}a^n$ を求めよ．
(2) $f(x)=\displaystyle\lim_{n\to\infty}\frac{nx^2}{1+nx^2}$ を求めよ．不連続点があれば示せ．

演習 C　$a>1$ のとき，不等式 $1+nh\leqq(1+h)^n$, $(h>0)$ に $h=\dfrac{a-1}{n}$ を代入することによって，$\displaystyle\lim_{n\to\infty}\sqrt[n]{a}=1$ を示せ．$0<a\leqq 1$ のときはどうなるか．

例題 2-2 逆三角関数

次の値を求めよ.
(1) $\sin^{-1}\dfrac{\sqrt{3}}{2}$ (2) $\sin^{-1}\left(-\dfrac{1}{2}\right)$ (3) $\cos^{-1}(-1)$ (4) $\cos^{-1}\dfrac{1}{\sqrt{2}}$
(5) $\tan^{-1}\dfrac{1}{\sqrt{3}}$ (6) $\tan^{-1}1$ (7) $\tan^{-1}\dfrac{1}{5}+\tan^{-1}\dfrac{2}{3}$

[考え方] (1), (2) 「$\sin^{-1}a=A \iff \sin A=a$ かつ $-\dfrac{\pi}{2}\leqq A \leqq \dfrac{\pi}{2}$」
(3), (4) 「$\cos^{-1}b=B \iff \cos B=b$ かつ $0\leqq B \leqq \pi$」
(5), (6), (7) 「$\tan^{-1}c=C \iff \tan C=c$ かつ $-\dfrac{\pi}{2}<C<\dfrac{\pi}{2}$」.

[解答] (1) $\sin^{-1}\dfrac{\sqrt{3}}{2}=A \iff \sin A=\dfrac{\sqrt{3}}{2}$ かつ $-\dfrac{\pi}{2}\leqq A \leqq \dfrac{\pi}{2}$ より, $\sin^{-1}\dfrac{\sqrt{3}}{2}=\dfrac{\pi}{3}$
(2) $\sin^{-1}\left(-\dfrac{1}{2}\right)=-\dfrac{\pi}{6}$.
(3) $\cos^{-1}(-1)=B \iff \cos B=-1$ かつ $0\leqq B \leqq \pi$ より, $\cos^{-1}(-1)=\pi$.
(4) $\cos^{-1}\dfrac{1}{\sqrt{2}}=\dfrac{\pi}{4}$.
(5) $\tan^{-1}\dfrac{1}{\sqrt{3}}=C \iff \tan C=\dfrac{1}{\sqrt{3}}$ かつ $-\dfrac{\pi}{2}<C<\dfrac{\pi}{2}$ より, $\tan^{-1}\dfrac{1}{\sqrt{3}}=\dfrac{\pi}{6}$.
(6) $\tan^{-1}1=\dfrac{\pi}{4}$.
(7) $\tan^{-1}\dfrac{1}{5}=A$, $\tan^{-1}\dfrac{2}{3}=B$ とおく. $\tan^{-1}x$ は真に単調増加であるから, $0<\dfrac{1}{5}<\dfrac{2}{3}<1$ より $0<A<B<\dfrac{\pi}{4}$ で, $-\dfrac{\pi}{2}<A+B<\dfrac{\pi}{2}\cdots$ (i) である. さらに, $\tan(A+B)=\dfrac{\tan A+\tan B}{1-\tan A\cdot\tan B}=\dfrac{\dfrac{1}{5}+\dfrac{2}{3}}{1-\dfrac{1}{5}\dfrac{2}{3}}=1\cdots$ (ii) を得る.「(i), (ii) $\iff \tan^{-1}1=A+B$」であるから, $A+B=\dfrac{\pi}{4}$ となる.

演習 A 次の値を求めよ.
(1) $\sin^{-1}\dfrac{1}{2}$ (2) $\sin^{-1}\left(-\dfrac{1}{\sqrt{2}}\right)$ (3) $\cos^{-1}\left(-\dfrac{\sqrt{3}}{2}\right)$
(4) $\cos^{-1}\dfrac{1}{2}$ (5) $\tan^{-1}(-\sqrt{3})$ (6) $\tan^{-1}\dfrac{1}{7}+\tan^{-1}\dfrac{3}{4}$

演習 B (1) $\sin^{-1}\dfrac{3}{5}+\sin^{-1}\dfrac{7}{25}=\sin^{-1}\dfrac{4}{5}$ を示せ.
(2) $\tan^{-1}\dfrac{\sqrt{3}-1}{\sqrt{3}+1}=\dfrac{\pi}{12}$ を示せ.
(3) $\cos(\sin^{-1}x)=\sqrt{1-x^2}$ であることを示せ.
(4) $0\leqq x\leqq \pi$ のとき, $\sin^{-1}(\cos x)=\dfrac{\pi}{2}-x$ を示せ.

例題 2-3 微分

定義に従って，次の関数を微分せよ．
(1) x^n（ n は自然数）　　(2) $\cos x$　　(3) e^x

[考え方]　$f'(x) = \lim_{h \to 0} \dfrac{f(x+h) - f(x)}{h}$ （定義）

(1) 因数分解 $a^n - b^n = (a-b)(a^{n-1} + \cdots + a^{n-k}b^{k-1} + \cdots + b^{n-1})$ を用いる．

(2) $\lim_{x \to 0} \dfrac{\sin x}{x} = 1$ （総合問題 2-16 を参照），加法定理を用いる．

(3) $\lim_{h \to 0} \dfrac{e^h - 1}{h} = 1$ （総合問題 2-16，演習 A (4) の解答を参照），指数法則を用いる．

[解答] (1) $(x+h)^n - x^n$ を因数分解することによって，$\dfrac{(x+h)^n - x^n}{h} = (x+h)^{n-1} + \cdots + (x+h)^{n-k}x^{k-1} + \cdots + x^{n-1}$ を得る．$\lim_{h \to 0}((x+h)^{n-k} \cdot x^{k-1}) = x^{n-k} \cdot x^{k-1} = x^{n-1}$ （$k = 1, 2, \cdots n$）より，$\lim_{h \to 0} \dfrac{(x+h)^n - x^n}{h} = \lim_{h \to 0}(x+h)^{n-1} + \cdots + \lim_{h \to 0}(x+h)^{n-k}x^{k-1} + \cdots + \lim_{h \to 0} x^{n-1} = nx^{n-1}$ である．$(x^n)' = nx^{n-1}$ が得られた．

(2) $\cos A - \cos B = -2\sin\dfrac{A+B}{2}\sin\dfrac{A-B}{2}$ より，$\cos(x+h) - \cos x = -2\sin\left(x + \dfrac{h}{2}\right)\sin\dfrac{h}{2}$ である．したがって，$\lim_{h \to 0} \dfrac{\cos(x+h) - \cos x}{h} = -\lim_{h \to 0}\left(\sin\left(x + \dfrac{h}{2}\right) \cdot \dfrac{\sin\frac{h}{2}}{\frac{h}{2}}\right) = -\sin x \cdot 1$．$(\cos x)' = -\sin x$ が得られた．

(3) 指数法則 $e^{x+h} = e^x \cdot e^h$ より，$\lim_{h \to 0} \dfrac{e^{x+h} - e^x}{h} = \lim_{h \to 0} \dfrac{e^x \cdot (e^h - 1)}{h} = e^x \cdot \lim_{h \to 0} \dfrac{e^h - 1}{h} = e^x \cdot 1$ である．$(e^x)' = e^x$ が得られた．

演習 A　次の関数を微分せよ．
(1) $x^3 + 3x^2 + 2$　　(2) $\dfrac{1}{x}$　　(3) $\sqrt{3}\cos x + \sin x$　　(4) $2x^{\frac{3}{2}} + 3x^{\frac{2}{3}}$

(5) $\sqrt{x}$　$(x > 0)$　　(6) $\sqrt[3]{x}$　　(7) $3e^x - 5\sin^{-1} x$　　(8) $\dfrac{1}{1+x^2} + \tan^{-1} x$

演習 B　定義に従って，次の関数を微分せよ．
(1) $\sqrt{x}$　$(x > 0)$　　(2) $\sin x$　　(3) e^{-x}　　(4) $x \cdot |x|$

例題 2-4　積の微分

次の関数を微分せよ．
(1) $e^x \sin x$　　(2) $(3x^2+1)\sqrt{x}$　　(3) $(2x^2+2x-1)\log x$　　(4) $x \cdot \sin^{-1} x$

[考え方]　積の微分公式：$(f(x)g(x))' = f'(x)g(x) + f(x)g'(x)$
(丁寧に計算をして，慣れてきたら少しずつ省略を試みる．)

[解答]　(1) $(e^x \sin x)' = (e^x)' \sin x + e^x (\sin x)' = e^x \cdot \sin x + e^x \cos x = e^x(\sin x + \cos x)$
(2) $((3x^2+1)\sqrt{x})' = (3x^2+1)'\sqrt{x} + (3x^2+1)(\sqrt{x})' = 6x\sqrt{x} + (3x^2+1)\dfrac{1}{2\sqrt{x}} = \dfrac{12x^2 + 3x^2 + 1}{2\sqrt{x}} = \dfrac{15x^2+1}{2\sqrt{x}}$
(3) $((2x^2+2x-1)\log x)' = (2x^2+2x-1)'\log x + (2x^2+2x-1)(\log x)' = (4x+2)\log x + (2x^2+2x-1)\dfrac{1}{x} = (4x+2)\log x + 2x + 2 - \dfrac{1}{x}$
(4) $(x \cdot \sin^{-1} x)' = (x)' \sin^{-1} x + x(\sin^{-1} x)' = \sin^{-1} x + \dfrac{x}{\sqrt{1-x^2}}$

演習 A　次の関数を微分せよ．
(1) $(x^3 + 5x^2 - 2x + 2)(x^4 - x^3 - 2x + 1)$　　(2) $e^x \tan^{-1} x$　　(3) $x^2(2\sin x + \sin^{-1} x)$
(4) $(e^x + 3x^2)\log x$　　(5) $\sin^{-1} x \cdot \tan^{-1} x$

演習 B　(1) $\{f(x)g(x)h(x)\}' = f'(x)g(x)h(x) + f(x)g'(x)h(x) + f(x)g(x)h'(x)$ を示せ．
(2) $x^{\frac{1}{3}} \cdot x^{\frac{1}{3}} \cdot x^{\frac{1}{3}} = x$ の両辺を微分することで，$x^{\frac{1}{3}}$ の導関数を求めよ．
(3) $x^n \cdot x^{-n} = 1$ の両辺を微分することで，微分公式 $(x^{-n})' = -nx^{-n-1}$ を導け．
(4) $f(x) = \sin^2 x + \cos^2 x$ とおき，$f'(x) = 0$ を示すことで，公式 $\sin^2 x + \cos^2 x = 1$ を導け．

例題 2-5 商の微分

次の関数を微分せよ．
(1) $\dfrac{x-a}{x+b}$ (2) $\dfrac{\sin x}{\cos x}$ (3) $\dfrac{2x+1}{x^2+2}$ (4) $\dfrac{x}{\log x}$

[考え方] 商の微分公式：$\left(\dfrac{f(x)}{g(x)}\right)' = \dfrac{f'(x)g(x) - f(x)g'(x)}{g(x)^2}$

[解答] (1) $\left(\dfrac{x-a}{x+b}\right)' = \dfrac{(x-a)'(x+b) - (x-a)(x+b)'}{(x+b)^2} = \dfrac{x+b-(x-a)}{(x+b)^2} = \dfrac{a+b}{(x+b)^2}$

(2) $\left(\dfrac{\sin x}{\cos x}\right)' = \dfrac{(\sin x)' \cdot \cos x - \sin x \cdot (\cos x)'}{\cos^2 x} = \dfrac{\cos x \cdot \cos x - \sin x \cdot (-\sin x)}{\cos^2 x}$
$= \dfrac{\cos^2 x + \sin^2 x}{\cos^2 x} = \dfrac{1}{\cos^2 x} (= 1 + \tan^2 x)$

(3) $\left(\dfrac{2x+1}{x^2+2}\right)' = \dfrac{(2x+1)'(x^2+2) - (2x+1)(x^2+2)'}{(x^2+2)^2} = \dfrac{2(x^2+2) - (2x+1)2x}{(x^2+2)^2}$
$= \dfrac{-2x^2 - 2x + 4}{(x^2+2)^2}$

(4) $\left(\dfrac{x}{\log x}\right)' = \dfrac{(x)' \log x - x(\log x)'}{(\log x)^2} = \dfrac{\log x - 1}{(\log x)^2}$

演習 A 次の関数を微分せよ．
(1) $\dfrac{3x-5}{x^2+1}$ (2) $\dfrac{e^x}{\cos x}$ (3) $\dfrac{x}{\sqrt{x}+1}$ (4) $\dfrac{\sin x}{\cos x + 1}$ (5) $\dfrac{\sqrt{x}}{e^x + 1}$ (6) $\dfrac{x}{x + \sin x}$

演習 B 次の関数を微分せよ．
(1) $\dfrac{\tan^{-1} x}{1-x}$ (2) $\dfrac{\sin x + \cos x}{\sin x - \cos x}$ (3) $\dfrac{a + b\log x}{x^n}$ (4) $\dfrac{\log x}{x^2 + 2x + 1}$ (5) $\dfrac{\sin^{-1} x}{1 - x^2}$

[注意1] $f'(x),\ g'(x)$ が関数の割り算になりそうなとき（$(\log x)' = \dfrac{1}{x}$, $(\sin^{-1} x)' = \dfrac{1}{\sqrt{1-x^2}}$ など）は，最初から $\left(\dfrac{f(x)}{g(x)}\right)' = \dfrac{1}{g(x)^2}(f'(x)g(x) - f(x)g'(x))$ として計算すると，間違いを減らすことができる．

[注意2] $\left(\dfrac{f(x)}{g(x)}\right)' = \left(f(x) \cdot \dfrac{1}{g(x)}\right)'$ として，積の微分公式に持ち込むのが有効な場合もある．だが，$\left(\dfrac{f(x)}{g(x)}\right)' = 0$ の解を求めるときなど，あとで通分する羽目になるのでは処理の手間がふえただけということになる．

例題 2-6 逆関数の微分

> 次の関数 $f(x)$ に関して，(i) $f^{-1}(x)$ を求め，(ii) $(f^{-1}(x))'$ を逆関数の微分公式を用いて求めよ．
> (1) x^2 ($0 < x$)   (2) $\log x$ (3) $a \sin x$ $\left(-\dfrac{\pi}{2} < x < \dfrac{\pi}{2}\ \text{かつ}\ 0 < a\right)$

[考え方] 逆関数の微分公式：$(f^{-1}(x))' = \dfrac{1}{f'(f^{-1}(x))}$
(i) $y = f^{-1}(x) \iff x = f(y)$ から $f^{-1}(x)$ を求める．
(ii) $f'(y)$ を計算して，(i) で求めた $y = f^{-1}(x)$ を代入し，逆数をとる．

[解答] (1) (i) $y = f^{-1}(x) \iff x = f(y) = y^2$ より，$y = f^{-1}(x) = x^{\frac{1}{2}}$ である．
(ii) $f'(y) = 2y \Rightarrow f'(f^{-1}(x)) = 2x^{\frac{1}{2}}$ より，$(x^{\frac{1}{2}})' = \dfrac{1}{2x^{\frac{1}{2}}} = \dfrac{1}{2}x^{\frac{1}{2}-1}$ が得られた．
(2) (i) $y = f^{-1}(x) \iff x = f(y) = \log y$ より，$y = f^{-1}(x) = e^x$ である．
(ii) $f'(y) = \dfrac{1}{y}$ より，$f'(f^{-1}(x)) = \dfrac{1}{e^x}$ である．したがって，$(e^x)' = e^x$ が得られた．
(3) (i) $y = f^{-1}(x) \iff x = f(y) = a \sin y$ より，$y = f^{-1}(x) = \sin^{-1}\dfrac{x}{a}$ である．
(ii) $f'(y) = a \cos y$ より，$f'(f^{-1}(x)) = a\cos(\sin^{-1}\dfrac{x}{a})$ となるが例題 2-2, 演習 B (3) により，$a\cos\left(\sin^{-1}\dfrac{x}{a}\right) = a\sqrt{1 - \left(\dfrac{x}{a}\right)^2} = \sqrt{a^2 - x^2}$ となる．$\left(\sin^{-1}\dfrac{x}{a}\right)' = \dfrac{1}{\sqrt{a^2 - x^2}}$ である．

演習 A　逆関数を求め，さらにその微分を求めよ．
(1) $x^3 - 1$ ($x \neq 0$)   (2) $\log\left|\dfrac{x-1}{x}\right|$ ($0 < x < 1$)
(3) $\log\left|\dfrac{x-1}{x}\right|$ ($x < 0$ または $1 < x$)

演習 B　次の関数 $f(x)$ に関し，逆関数の微分を求めよ．
(1) $2x + \cos x$ (2) $x\log x - x$ ($x > 1$)   (3) $\dfrac{1}{2}(x\sqrt{x^2+1} + \log(x + \sqrt{x^2+1}))$

例題 2-7　合成関数の微分 I

次の関数を微分せよ．
(1) $(x^2 - x + 1)^7$　　(2) $e^{\frac{1}{x}}$　　(3) $\sqrt{x^2 + 2x + 2}$

[考え方]　合成関数の微分公式：$(g \circ f)'(x) = g'(f(x)) \cdot f'(x)$
(1) $y = g(u) = u^7$, $u = f(x) = x^2 - x + 1$ の合成関数．　　(2) $y = g(u) = e^u$, $u = f(x) = \frac{1}{x}$ の合成関数．　　(3) $y = g(u) = \sqrt{u}$, $u = f(x) = x^2 + 2x + 2$ の合成関数．

[解答]　(1) $g'(u) = 7u^6$ より $g'(f(x)) = 7(x^2 - x + 1)^6$，$f'(x) = 2x - 1$．これらを掛ければよい．$((x^2 - x + 1)^7)' = 7(x^2 - x + 1)^6(2x - 1)$．

別解：$(x^2-x+1)^7 = (x^2-x)^7 + 7(x^2-x)^6 + 21(x^2-x)^5 + 35(x^2-x)^4 + 35(x^2-x)^3 + 21(x^2-x)^2 + 7(x^2-x) + 1 = x^7(x^7 - 7x^6 + 21x^5 - 35x^4 + 35x^3 - 21x^2 + 7x - 1) + \cdots = x^{14} - 7x^{13} + 28x^{12} - 77x^{11} + 161x^{10} - 266x^9 + 357x^8 - 393x^7 + 357x^6 - 266x^5 + 161x^4 - 77x^3 + 28x^2 - 7x + 1$ より，$((x^2-x+1)^7)' = 14x^{13} - 91x^{12} + 336x^{11} - 847x^{10} + 1610x^9 - 2394x^8 + 2856x^7 - 2751x^6 + 2142x^5 - 1330x^4 + 644x^3 - 231x^2 + 56x - 7$．

(2) $g'(u) = e^u$, $g'(f(x)) = e^{\frac{1}{x}}$ と $f'(x) = -\frac{1}{x^2}$ より，$\left(e^{\frac{1}{x}}\right)' = e^{\frac{1}{x}}\left(-\frac{1}{x^2}\right) = -\frac{1}{x^2}e^{\frac{1}{x}}$．

(3) $g'(u) = \frac{1}{2\sqrt{u}}$, $g'(f(x)) = \frac{1}{2\sqrt{x^2+2x+2}}$ と $f'(x) = 2x + 2$ より，$(\sqrt{x^2+2x+2})' = \frac{x+1}{\sqrt{x^2+2x+2}}$．

演習 A　次の関数を微分せよ．
(1) $(x^3 - 2x^2 + 1)^4$　　(2) $\sin(2x + 3)$　　(3) e^{x^2}　　(4) $\sin^3 x$　　(5) $\log(x^2 + 1)$
(6) $\sqrt[3]{3x - 1}$　　(7) $(x^2 - 2\sqrt{x})^3$　　(8) $\sin^{-1}\dfrac{3x - 2}{2}$　　(9) $\tan^{-1}\dfrac{2x + 1}{3}$

演習 B　次の関数を微分せよ．
(1) $-2\sin\dfrac{1}{5}x + 3\cos 5x$　　(2) $\left(\dfrac{x}{x-2}\right)^5$　　(3) xe^{x^2}　　(4) $\log\left|\tan\dfrac{x}{2}\right|$
(5) $\log(x + \sqrt{x^2 + 1})$　　(6) $((x^2+1)^6 + 1)^3$　　(7) $\cos(\sqrt{x^2 + 3})$　　(8) $\sin^{-1}(\sqrt{1 - x^2})$
(9) $x\tan^{-1}(\log x)$

例題 2-8　合成関数の微分 II

次の関数を微分せよ ((3) は媒介変数の微分).

(1) $(x+1)^x$ 　(2) $\displaystyle\int_0^{x^2} \frac{1}{1+t}\,dt$ 　(3) $x=t^2,\ y=2t+t^3\ \ (t>0)$

[考え方] (1) $a^b = e^{b\log a}\ \ (0<a)$ を用いる (第 I 章 復習と準備, 指数の計算の項参照).

(2) 関数 $\displaystyle\int_b^{f(x)} g(t)\,dt$ は, $y=G(u)=\displaystyle\int_b^u g(t)\,dt,\ u=f(x)$ との合成関数 $G(f(x))=\displaystyle\int_b^{f(x)} g(t)\,dt$ である.

(3) $x=\varphi(t),\ y=\psi(t)$ の媒介変数による微分は, $\dfrac{dy}{dx}=\dfrac{\frac{dy}{dt}}{\frac{dx}{dt}}$ ただし $t=\varphi^{-1}(x)$ として計算する.

[解答] (1) $y=(x+1)^x = e^{x\log(x+1)}$ を, $y=g(u)=e^u,\ u=f(x)=x\log(x+1)$ の合成関数と考える. $g'(u)=e^u$ より $g'(f(x))=e^{x\log(x+1)}=(x+1)^x$. $f'(x)=\log(x+1)+\dfrac{x}{x+1}$. とあわせて, $\{(x+1)^x\}' = (x+1)^x\left\{\log(x+1)+\dfrac{x}{x+1}\right\}$ である.

(2) $y=\displaystyle\int_0^{x^2} \dfrac{dt}{1+t}$ を $y=G(u)=\displaystyle\int_0^u \dfrac{1}{1+t}\,dt,\ u=f(x)=x^2$ の合成関数と考える. $f'(x)=2x,\ G'(u)=\dfrac{1}{1+u}$ であるから合成関数の微分公式により, $\left(\displaystyle\int_0^{x^2} \dfrac{1}{1+t}\,dt\right)' = G'(f(x))f'(x) = \dfrac{2x}{1+x^2}$ を得る (直接にやれば, $\displaystyle\int_0^{x^2} \dfrac{1}{1+t}\,dt = [\log(1+t)]_0^{x^2} = \log(1+x^2)$ より, $\left(\displaystyle\int_0^{x^2} \dfrac{1}{1+t}\,dt\right)' = (\log(1+x^2))' = \dfrac{2x}{1+x^2}$).

(3) $\dfrac{dy}{dx} = \dfrac{2+3t^2}{2t} = \dfrac{1}{\sqrt{x}} + \dfrac{3}{2}\sqrt{x}\ \ (t=\sqrt{x})$.

演習 A 次の関数を微分せよ.

(1) $a^x\ (a>0)$ 　(2) $e^{\tan^{-1} x}$ 　(3) $\displaystyle\int_0^{\sin x} te^{t^2}\,dt$

演習 B 次の関数を微分せよ ((3) は媒介変数の微分).

(1) x^α 　(2) $\dfrac{e^{\tan^{-1} x}}{1+x^2}$ 　(3) $x=\theta-\sin\theta,\ y=1-\cos\theta$

演習 C (1) $(\sin x)^{\tan x}$ を微分せよ.

(2) 演習 B (3) の曲線 (サイクロイド) は上に凸であることを示せ.

(3) $\dfrac{1}{f'(f^{-1}(x))}$ を微分せよ.

例題 2-9　高階導関数

n 階導関数を求めよ．
(1) 2^x　　(2) $\log(1-3x)$　　(3) $\cos(2x-1)$

[考え方]　$(e^x)^{(n)} = e^x$, $\left(\dfrac{1}{x}\right)^{(n)} = (-1)^{(n)}\dfrac{n!}{x^{n+1}}$, $(\sin x)^{(n)} = \sin\left(x + \dfrac{n}{2}\pi\right)$ は基本．$f^{(n)}(x)$ を求めるには；(i) 上の基本型が使えるように，工夫して $f(x)$ を分解，変形する，(ii) f', f'', f''', $\cdots$ を少し計算して (i) に持ち込むか，あるいは直接 n 階導関数の形を推察して帰納法に持ち込む，(iii) 関数の積であればライプニッツの定理，(iv) 漸化式を利用する，等の方法をとる．(1), (2), (3) ともに (ii) を用いる．

[解答]　(1) $f(x) = 2^x = e^{x\log 2}$, $f'(x) = (\log 2)\cdot f(x)$, $f''(x) = (\log 2)\cdot f'(x) = (\log 2)^2 \cdot f(x), \cdots$ より $(2^x)^{(n)} = (\log 2)^n \cdot 2^x$ と推量．$n=1$ のとき確かに成り立つ．$n=k$ のときこれが成り立つと仮定する．$(2^x)^{(k+1)} = ((2^x)^{(k)})' = ((\log 2)^k \cdot 2^x)' = (\log 2)^k \cdot (\log 2) \cdot 2^x = (\log 2)^{k+1} \cdot 2^x$ となるが，これは確かに推量した公式に $k+1$ を代入したものになっている．

(2) $f(x) = \log(1-3x)$, $f'(x) = -3\cdot\dfrac{1}{1-3x} = 3\cdot\dfrac{1}{3x-1}$. 基本型 $\left(\dfrac{1}{x}\right)^{(n)} = (-1)^n\dfrac{n!}{x^{n+1}}$ は x を $3x-1$ で取り替えると，3^n 倍だけずれて成り立つ．ゆえに，$(\log(1-3x))^{(n)} = 3\left(\dfrac{1}{3x-1}\right)^{(n-1)} = (-1)^{n-1}\dfrac{3^n(n-1)!}{(3x-1)^n}$ である．証明をよく見れば，$(\log|1-3x|)^{(n)} = (-1)^{n-1}\dfrac{3^n(n-1)!}{(3x-1)^n}$ であることも明らか．

(3) $f(x) = \cos(2x-1)$, $f'(x) = 2(-\sin(2x-1)) = 2\cos\left((2x-1)+\dfrac{1}{2}\pi\right)$, $f''(x) = 2\cdot(\cos((2x-1)+\dfrac{1}{2}\pi))' = 2\cdot 2\cos\left(\left((2x-1)+\dfrac{1}{2}\pi\right)+\dfrac{1}{2}\pi\right), \cdots$. よって，$(\cos(2x-1))^{(n)} = 2^n\cos\left(2x-1+\dfrac{n}{2}\pi\right)$ が得られる (帰納法略)．

演習 A　n 階導関数を求めよ．
(1) e^{3x}　　(2) $\dfrac{1}{15-2x-x^2}$　　(3) $\sqrt{x}$　　(4) $x^2\sin x$　　(5) $(1+x)\log(1+x)$
(6) $\cos x \cdot \sin x$　　(7) $e^{-x}\cos x$　　(8) $\cos 3x \cdot \sin 2x$

演習 B　$f(x) = \tan^{-1}x$ とおけば，$f'(x) = \dfrac{1}{1+x^2}$ より，$(1+x^2)f'(x) = 1$ である．
(1) この恒等式の両辺を $n-1$ 回微分せよ．(ライプニッツの公式を使え)
(2) $a_n = f^{(n)}(0)$ を第 n 項とする数列の漸化式 $a_n = -(n-1)(n-2)a_{n-2}$ を求めよ．
(3) $(\tan^{-1})^{(n)}(0)$ を求めよ．

例題 2-10　Taylor の定理

(1) $x=1$ の近傍で $n=5$ とし，x^4+1 に Taylor の定理を適用せよ．
(2) $x=1$ の近傍で $n=3$ とし，$\sqrt{x}$ に Taylor の定理を適用せよ．
(3) $x=\pi$ の近傍で $n=4$ とし，$\sin x$ に Taylor の定理を適用せよ．また $\displaystyle\lim_{x\to\pi}\frac{\sin x+x-\pi}{(x-\pi)^3}$ を計算せよ．

[考え方]　(1) n 次の多項式関数 $f(x)$ について，$f^{(n+1)}(x)=0$ であるから剰余項が消えて，$f(x)=n$ 次近似多項式，となる．
(3) $f(x)$ が C^∞ 級であるなら，「基本事項 8., (2)」によりいつも $R_{n+1}(x)=o((x-a)^n)$ となる．これを用いる．

[解答]　(1) $f(x)=x^4+1, f'(x)=4x^3, f''(x)=12x^2, f'''(x)=24x$ より $f(1)=2, f'(1)=4, f''(1)=12, f'''(1)=24, f^{(4)}(1)=24$．$R_5(x)=\dfrac{f^{(5)}(1+\theta(x-1))}{5!}(x-1)^5=0$ であるから，すべての x について $x^4+1=2+4(x-1)+6(x-1)^2+4(x-1)^3+(x-1)^4$ が成り立つ．

(2) $f(x)=\sqrt{x}, f'(x)=\dfrac{1}{2\sqrt{x}}, f''(x)=-\dfrac{1}{4x\sqrt{x}}, f'''(x)=\dfrac{3}{8x^2\sqrt{x}}$．よって，$\sqrt{x}=1+\dfrac{1}{2}(x-1)-\dfrac{1}{8}(x-1)^2+R_3(x)$, $R_3(x)=\dfrac{1}{16(1+\theta\cdot(x-1))^{\frac{5}{2}}}(x-1)^3$　$(0<\theta<1)$．

(3) $\sin x=\sin\pi+\cos\pi\cdot(x-\pi)+\dfrac{-\sin\pi}{2!}\cdot(x-\pi)^2+\dfrac{-\cos\pi}{3!}\cdot(x-\pi)^3+R_4(x)=-x+\pi+\dfrac{1}{6}\cdot(x-\pi)^3+R_4(x)$, $R_4(x)=\dfrac{\sin(\pi+\theta(x-\pi))}{4!}(x-\pi)^4$　$(0<\theta<1)$．
$\displaystyle\lim_{x\to\pi}\frac{\sin x+x-\pi}{(x-\pi)^3}=\lim_{x\to\pi}\left(\dfrac{1}{6}+\dfrac{R_4(x)}{(x-\pi)^3}\right)=\dfrac{1}{6}$　$(\because R_4(x)=o((x-\pi)^3))$．

演習 A　(1) $x=-1$ の近傍で $n=4$ とし，x^3+5x+5 に Taylor の定理を適用せよ．
(2) $x=1$ の近傍において，2^x に Taylor の定理を適用せよ．
(3) $\sin x-\cos x$ の $x=\dfrac{\pi}{4}$ の近傍における 1 次近似式を求め，$\displaystyle\lim_{x\to\frac{\pi}{4}}\frac{\sin x-\cos x}{(x-\frac{\pi}{4})}$ を計算せよ．

演習 B　(1) $x=\dfrac{\pi}{2}$ の近傍で $n=3$ として，$x^2\cos x$ に Taylor の定理を適用せよ．
(2) $x=1$ の近傍で $n=3$ として，$e^x\log x$ に Taylor の定理を適用せよ．
(3) $x=2$ の近傍において，$\log(x-1)$ に Taylor の定理を適用せよ．

演習 C　$x=1$ の近傍において，$x\log x$ に Taylor の定理を適用せよ．

例題 2-11 Maclaurin の定理

(1) $n=4$ として $\sin x$ に Maclaurin の定理を適用せよ.
(2) $n=5$ として $e^x \cos x$ に Maclaurin の定理を適用せよ.
(3) $n=3$ として $\sqrt{1+x}$ に Maclaurin の定理を適用せよ.

[考え方] $f(x)$ が 0 の近くで n 回微分可能であるとき，次が成り立つ.
$$f(x) = f(0) + f'(0)x + \frac{f''(0)}{2!}x^2 + \cdots + \frac{f^{(n-1)}(0)}{(n-1)!}x^{n-1} + R_n(x),$$
$$R_n(x) = \frac{f^{(n)}(\theta \cdot x)}{n!}x^n, \quad (0 < \theta < 1)$$

[解答] (1) $\sin x = \sin 0 + \cos 0 \cdot x + \frac{-\sin 0}{2!}x^2 + \frac{-\cos 0}{3!}x^3 + R_4(x) = x - \frac{1}{6}x^3 + R_4(x)$, $R_4(x) = \frac{\sin \theta x}{4!}x^4$, $(0 < \theta < 1)$.

(2) $f(x) = e^x \cos x$, $f'(x) = e^x(\cos x - \sin x) = \sqrt{2}e^x\left(\cos x \cos\frac{\pi}{4} - \sin x \sin\frac{\pi}{4}\right) = \sqrt{2}e^x \cos\left(x + \frac{\pi}{4}\right)$, $\cdots$, $f^{(k)}(x) = 2^{\frac{k}{2}}e^x \cos\left(x + \frac{k}{4}\pi\right)$ である. $f(0) = 1$, $f'(0) = 1$, $f''(0) = 0$, $f'''(0) = -2$, $f^{(4)}(0) = -4$ より, $e^x \cos x = 1 + x + \frac{-2}{3!}x^3 + \frac{-4}{4!}x^4 + R_5(x) = 1 + x - \frac{1}{3}x^3 - \frac{1}{6}x^4 + R_5(x)$, $R_5(x) = \frac{e^{\theta x}\cos(\theta x + \frac{5}{4}\pi)}{15\sqrt{2}}x^5$, $(0 < \theta < 1)$ を得る.

(3) $f(x) = \sqrt{1+x}$, $f'(x) = \frac{1}{2}(1+x)^{-\frac{1}{2}}$, $f''(x) = -\frac{1}{4}(1+x)^{-\frac{3}{2}}$, $f'''(x) = \frac{3}{8}(1+x)^{-\frac{5}{2}}$ より, $\sqrt{1+x} = 1 + \frac{1}{2}x - \frac{1}{8}x^2 + R_3(x)$, $R_3(x) = \frac{1}{16}(1+\theta x)^{-\frac{5}{2}}x^3$, $(0 < \theta < 1)$.

演習 A (1) $n=3$ として $\cos x$ に Maclaurin の定理を適用し, $\lim_{x \to 0}\frac{1 - \cos x}{x^2}$ を求めよ.
(2) $n=5$ として a^x $(a > 0, a \neq 1)$ に Maclaurin の定理を適用せよ.
(3) $n=4$ として $\log(1+x)$ に Maclaurin の定理を適用せよ.

演習 B Maclaurin の定理を用いて次の問いに答えよ.
(1) $\log(\cos x)$ の 4 次近似式を求めよ.
(2) $\sqrt{1+x}$ の n 次近似式を求めよ. (例題 2-9, 演習 A (3) を参照)
(3) $(1+x)^n$ の n 次近似式を求めよ.

演習 C Maclaurin の定理を用いて次の問いに答えよ.
(1) $(1+x)\log(1+x)$ の n 次近似式を求めよ. (例題 2-9, 演習 A (5) を参照)
(2) $\tan^{-1} x$ の n 次近似式を求めよ. (例題 2-9, 演習 B (3) を参照)
(3) $e^{\tan^{-1} x}$ の 3 次近似式を求めよ. 4 次近似式はどうか.

例題 2-12 不等式

次の不等式を導け.
(1) $e^x > 1 + x + \dfrac{1}{2!}x^2 + \cdots + \dfrac{1}{n!}x^n$ $(0 < x)$ (2) $1 + \alpha x < (1+x)^\alpha$ $(1 < \alpha, 0 < x)$
(3) $1 - \dfrac{x^2}{2} < \cos x < 1 - \dfrac{x^2}{2} + \dfrac{x^4}{24}$ $\left(-\dfrac{\pi}{2} < x < \dfrac{\pi}{2}, x \neq 0\right)$

[考え方] $f(x) = n$ 次多項式 $+ R_{n+1}(x)$ (Maclaurin の定理) において, $R_{n+1}(x) > 0$ ならば $f(x) > n$ 次多項式, $R_{n+1}(x) < 0$ ならば $f(x) < n$ 次多項式 である.

[解答] (1) $f(x) = e^x$, $f^{(n)}(x) = e^x$ より, $e^x = 1 + x + \dfrac{1}{2!}x^2 + \cdots + \dfrac{1}{n!}x^n + R_{n+1}(x)$, $R_{n+1}(x) = \dfrac{e^{\theta x}}{(n+1)!}x^{n+1} > 0$. よって, $e^x > 1 + x + \dfrac{1}{2!}x^2 + \cdots + \dfrac{1}{n!}x^n$ を得る.
(2) $f(x) = (1+x)^\alpha$, $f'(x) = \alpha(1+x)^{\alpha-1}$, $f''(x) = \alpha(\alpha-1)(1+x)^{\alpha-2}$, $f(0) = 1$, $f'(0) = \alpha$ より, $(1+x)^\alpha = 1 + \alpha x + R_2(x)$, $R_2(x) = \dfrac{\alpha(\alpha-1)(1+\theta x)^{\alpha-2}}{2!}x^2$ $(0 < \theta < 1)$ である. $\theta, x > 0$ により剰余項 $R_2(x)$ は正である. $1 + \alpha x < 1 + \alpha x + R_2(x) = (1+x)^\alpha$.
(3) $f(x) = f^{(4)}(x) = \cos x$, $f'(x) = f^{(5)}(x) = -\sin x$, $f''(x) = f^{(6)}(x) = -\cos x$, $f'''(x) = \sin x$ より, $\cos x = 1 - \dfrac{1}{2}x^2 + R_4(x)$, $R_4(x) = \dfrac{\cos \theta x}{4!}x^4$ $(0 < \theta < 1)$ である. $-\dfrac{\pi}{2} < x < \dfrac{\pi}{2} \Rightarrow -\dfrac{\pi}{2} < \theta x < \dfrac{\pi}{2} \Rightarrow 0 < \cos \theta x$ より, 剰余項 $R_4(x)$ は正, よって $1 - \dfrac{x^2}{2} < \cos x$ が得られる. また, $\cos x = 1 - \dfrac{1}{2}x^2 + \dfrac{1}{24}x^4 + R_6(x)$, $R_6(x) = -\dfrac{\cos \theta_1 x}{6!}x^6$ $(0 < \theta_1 < 1)$ であるが, $R_4(x)$ と同じ理由で剰余項 $R_6(x)$ は負になる. $\cos x < 1 - \dfrac{x^2}{2} + \dfrac{x^4}{24}$ を得る.

演習 A 次の不等式を導け.
(1) $0 < e - \left(1 + 1 + \dfrac{1}{2!} + \cdots + \dfrac{1}{n!}\right) < \dfrac{3}{(n+1)!}$
(2) $x < \tan x$ $\left(0 < x < \dfrac{\pi}{2}\right)$ (3) $1 - x < e^{-x} < 1 - x + \dfrac{1}{2}x^2$ $(0 < x)$

演習 B 次の不等式を導け.
(1) $x - \dfrac{1}{6}x^3 < \sin x < x$ $\left(0 < x < \dfrac{\pi}{2}\right)$ (2) $x - \dfrac{1}{2}x^2 < \log(1+x) < x$ $(0 < x)$
(3) $e^x \cos x < 1 + x - \dfrac{1}{3}x^3$ $\left(-\dfrac{\pi}{2} < x < \dfrac{\pi}{2}, x \neq 0\right)$

演習 C 次の不等式を導け.
(1) $1 + \dfrac{1}{2}x - \dfrac{1}{8}x^2 < \sqrt{1+x} < 1 + \dfrac{1}{2}x$ $(0 < x)$
(2) $1 - \dfrac{1}{2}x < \dfrac{1}{\sqrt{1+x}} < 1 - \dfrac{1}{2}x + \dfrac{3}{8}x^2$
(3) $\max\left\{x - \dfrac{1}{2}x^2, \dfrac{x}{1+x}\right\} < \log(1+x) < x - \dfrac{x^2}{2(1+x)}$ $(0 < x)$

例題 2-13 de l'Hospital の定理 (1)

de l'Hospital の定理を用いて極限値を求めよ．
(1) $\displaystyle\lim_{x\to 1}\frac{\sqrt{6}-\sqrt{x+5}}{x-1}$ (2) $\displaystyle\lim_{x\to\infty}\frac{\log(1+e^x)}{x}$ (3) $\displaystyle\lim_{x\to\pi}\frac{\sin x+x-\pi}{(x-\pi)^3}$

[考え方] $\displaystyle\lim_{x\to a}\frac{f(x)}{g(x)}$ が $\dfrac{0}{0},\dfrac{\infty}{\infty}$ 形の不定形であるとき（まずこれを確認），その極限値 $\displaystyle\lim_{x\to a}\frac{f(x)}{g(x)}$ を求めるには，分子分母を別々に微分し $f'(x),g'(x)$ を求めておいて，極限値 $\displaystyle\lim_{x\to a}\frac{f'(x)}{g'(x)}$ を計算する．これが再び不定形になるときは，この不定形の極限にたいしてさらに de l'Hospital の定理を適用する．これを不定形でなくなるまで繰返して極限値を求める．

[解答] (1) $\displaystyle\lim_{x\to 1}(\sqrt{6}-\sqrt{x+5})=0,\ \lim_{x\to 1}(x-1)=0$ であるから $\dfrac{0}{0}$ 形の不定形．$\dfrac{(\sqrt{6}-\sqrt{x+5})'}{(x-1)'}$
$=\dfrac{-\frac{1}{2\sqrt{x+5}}}{1}\to -\dfrac{1}{2\sqrt{6}}\ (x\to 1)$ より，$\displaystyle\lim_{x\to 1}\dfrac{\sqrt{6}-\sqrt{x+5}}{x-1}=-\dfrac{1}{2\sqrt{6}}$ である．

(2) $\displaystyle\lim_{x\to\infty}(\log(1+e^x))=\infty,\ \lim_{x\to\infty}x=\infty$ であるから $\dfrac{\infty}{\infty}$ 形の不定形．$\dfrac{(\log(1+e^x))'}{(x)'}=$
$\dfrac{\frac{e^x}{1+e^x}}{1}=\dfrac{1}{\frac{1}{e^x}+1}\to\dfrac{1}{0+1}=1\ (x\to\infty)$ より，$\displaystyle\lim_{x\to\infty}\dfrac{\log(1+e^x)}{x}=1$

(3) $\displaystyle\lim_{x\to\pi}(\sin x+x-\pi)=0,\ \lim_{x\to\pi}(x-\pi)^3=0$ であるから $\dfrac{0}{0}$ 形の不定形．$\dfrac{(\sin x+x-\pi)'}{((x-\pi)^3)'}=$
$\dfrac{\cos x+1}{3(x-\pi)^2}$ ところがこれも $\dfrac{0}{0}$ 形の不定形 $\left(\displaystyle\lim_{x\to\pi}(\cos x+1)=0,\lim_{x\to\pi}(3(x-\pi)^2)=0\right)$.
$\dfrac{(\cos x+1)'}{(3(x-\pi)^2)'}=\dfrac{-\sin x}{6(x-\pi)}$，さらにこれも $\dfrac{0}{0}$ 形の不定形 $\left(\displaystyle\lim_{x\to\pi}(-\sin x)=0,\lim_{x\to\pi}6(x-\pi)=0\right)$.
$\displaystyle\lim_{x\to\pi}\dfrac{(-\sin x)'}{(6(x-\pi))'}=\lim_{x\to\pi}\dfrac{-\cos x}{6}=\dfrac{1}{6}$ であるから de l'Hospital の定理によって，$\displaystyle\lim_{x\to\pi}\dfrac{-\sin x}{6(x-\pi)}=$
$\dfrac{1}{6}$．再び de l'Hospital の定理によって，$\displaystyle\lim_{x\to\pi}\dfrac{(\cos x+1)'}{(3(x-\pi)^2)'}=\lim_{x\to\pi}\dfrac{-\sin x}{6(x-\pi)}=\dfrac{1}{6}$ より
$\displaystyle\lim_{x\to\pi}\dfrac{\cos x+1}{3(x-\pi)^2}=\dfrac{1}{6}$．さらに de l'Hospital の定理によって，$\displaystyle\lim_{x\to\pi}\dfrac{(\sin x+x-\pi)'}{((x-\pi)^3)'}$
$=\displaystyle\lim_{x\to\pi}\dfrac{\cos x+1}{3(x-\pi)^2}=\dfrac{1}{6}$ より $\displaystyle\lim_{x\to\pi}\dfrac{\sin x+x-\pi}{(x-\pi)^3}=\dfrac{1}{6}$ が得られた．

演習 A de l'Hospital の定理を用いて極限値を求めよ．
(1) $\displaystyle\lim_{x\to\frac{\pi}{4}}\dfrac{\cos x-\sin x}{x-\frac{\pi}{4}}$ (2) $\displaystyle\lim_{x\to 0}\dfrac{\log(1-x)-\log(1+x)}{x}$ (3) $\displaystyle\lim_{x\to\infty}\dfrac{x}{2x+\log x}$

演習 B 極限値を求めよ．
(1) $\displaystyle\lim_{x\to 0}\dfrac{\sin(\sin x)}{\tan x}$ (2) $\displaystyle\lim_{x\to 0}\dfrac{\log(1+x)-x}{x^2}$ (3) $\displaystyle\lim_{x\to\infty}\dfrac{x}{2x+\cos x}$

演習 C de l'Hospital の定理を用いて極限値を求めよ．
(1) $\displaystyle\lim_{x\to 0}\dfrac{x^2+2\log(\cos x)}{x^4}$ (2) $\displaystyle\lim_{x\to 2}\dfrac{2\sqrt{x-1}-x}{x^2-4x+4}$ (3) $\displaystyle\lim_{x\to 0}\dfrac{x\cos x-\sin x}{x-\sin x}$

例題 2-14 de l'Hospital の定理 (2)

不定形の極限値を求めよ．

(1) $\lim_{x \to 0} \sin x \cdot \log |x|$ (2) $\lim_{x \to 0} \left(\dfrac{1}{x} - \dfrac{1}{\log(1+x)} \right)$ (3) $\lim_{x \to \infty} (1+e^{-x})^x$

(4) $\lim_{x \to 0} |x|^{\sin x}$ (5) $\lim_{x \to 0} \left(\dfrac{1}{|x|} \right)^x$

[考え方] 形式的にみると極限値は，(1) $0 \cdot \infty$，(2) $\infty - \infty$，(3) 1^∞，(4) 0^0，(1) ∞^0，のように見えるので，それぞれ $0 \cdot \infty$ 形，$\infty - \infty$ 形，1^∞ 形，0^0 形，∞^0 形の不定形という．以下の解答のように，さまざまな工夫をして $\dfrac{0}{0}, \dfrac{\infty}{\infty}$ 形の不定形に変形して極限値を求める．

[解答] (1) $\sin x \log |x| = \dfrac{\log |x|}{\frac{1}{\sin x}}$: $\dfrac{\infty}{\infty}$ 形．$\dfrac{(\log |x|)'}{(\frac{1}{\sin x})'} = \dfrac{\frac{1}{x}}{\frac{-\cos x}{(\sin x)^2}} = -\dfrac{\sin^2 x}{x \cos x} = -\left(\dfrac{\sin x}{x} \right)^2 \cdot \dfrac{x}{\cos x} \to 0$ $(x \to 0)$．de l'Hospital の定理により，$\lim_{x \to 0} \sin x \cdot \log |x| = 0$．

(2) $\dfrac{1}{x} - \dfrac{1}{\log(1+x)} = \dfrac{\log(1+x) - x}{x \log(1+x)}$: $\dfrac{0}{0}$ 形．$\dfrac{(\log(1+x) - x)'}{(x \log(1+x))'} = \dfrac{\frac{1}{1+x} - 1}{\log(1+x) + \frac{x}{1+x}}$: $\dfrac{0}{0}$ 形．$\dfrac{(\frac{1}{1+x} - 1)'}{(\log(1+x) + \frac{x}{1+x})'} = \dfrac{-\frac{1}{(1+x)^2}}{\frac{1}{1+x} + \frac{1}{(1+x)^2}} = -\dfrac{1}{1+x+1} \to -\dfrac{1}{2}$ $(x \to 0)$．de l'Hospital の定理を 2 度用いて，$\lim_{x \to 0} \left(\dfrac{1}{x} - \dfrac{1}{\log(1+x)} \right) = -\dfrac{1}{2}$．

(3) $(1+e^{-x})^x = e^{x \log(1+e^{-x})}$．$x \log(1+e^{-x}) = \dfrac{\log(1+e^{-x})}{\frac{1}{x}}$: $\dfrac{0}{0}$ 形．$\dfrac{(\log(1+e^{-x}))'}{(\frac{1}{x})'} = \dfrac{\frac{-e^{-x}}{1+e^{-x}}}{-\frac{1}{x^2}} = \dfrac{x^2 e^{-x}}{1+e^{-x}} = \dfrac{x^2}{e^x + 1}$: $\dfrac{\infty}{\infty}$ 形．$\dfrac{(x^2)'}{(e^x+1)'} = \dfrac{2x}{e^x}$: $\dfrac{\infty}{\infty}$ 形．$\dfrac{(2x)'}{(e^x)'} = \dfrac{2}{e^x} \to 0$ $(x \to \infty)$．de l'Hospital の定理を 3 回用いて，$\lim_{x \to \infty} x \log(1 + e^{-x}) = 0$ が得られる．指数関数は連続であるから「基本事項 2., (2)」により，$\lim_{x \to \infty} e^{x \log(1+e^{-x})} = e^0 = 1$．したがって，$\lim_{x \to \infty} (1+e^{-x})^x = 1$．

(4) $|x|^{\sin x} = e^{\sin x \cdot \log |x|}$．(1) より $\lim_{x \to 0} \sin x \cdot \log |x| = 0$ であった．指数関数の連続性によって，$\lim_{x \to 0} |x|^{\sin x} = \lim_{x \to 0} e^{\sin x \log |x|} = e^0 = 1$．

(5) $\left(\dfrac{1}{|x|} \right)^x = e^{x \log \frac{1}{|x|}} = e^{-x \log |x|}$．$x \log |x| = \dfrac{\log |x|}{\frac{1}{x}}$: $\dfrac{(-)\infty}{\infty}$ 形．$\dfrac{(\log |x|)'}{(\frac{1}{x})'} = \dfrac{\frac{1}{x}}{-\frac{1}{x^2}} = -x \to 0$ $(x \to 0)$．de l'Hospital の定理により，$\lim_{x \to 0} x \log |x| = 0$．指数関数の連続性により，$\lim_{x \to 0} \left(\dfrac{1}{|x|} \right)^x = \lim_{x \to 0} e^{-x \log |x|} = e^0 = 1$．

演習 A 不定形の極限値を求めよ．

(1) $\lim_{x \to \infty} x(e^{\frac{1}{x}} - 1)$ (2) $\lim_{x \to \infty} x \log \dfrac{x-2}{x+2}$ (3) $\lim_{x \to \infty} x \cos(\tan^{-1} x)$

(4) $\lim_{x \to 0} \left(\dfrac{1}{x^2} - \dfrac{\sin x}{x^3} \right)$ (5) $\lim_{x \to \frac{\pi}{2}} \left(2x \tan x - \dfrac{\pi}{\cos x} \right)$ (6) $\lim_{x \to 1} x^{\frac{1}{x-1}}$

(7) $\lim_{x\to\infty}(1+be^{-x})^{e^x}$ (b は定数) (8) $\lim_{x\to 0}(\cos x)^{\frac{1}{x^2}}$ (9) $\lim_{x\to 0}|\tan x|^{\sin x}$
(10) $\lim_{x\to 0}|x|^x$ (11) $\lim_{x\to 0}|x|^{\log(1+x)}$ (12) $\lim_{x\to 0}(-\log|x|)^x$

ニュートン (Sir Issac Newton, 1642-1727)

　イギリスの数学者，物理学者．ウールスソープの自作農の子として1642年のクリスマスに生まれた．未熟児であった．この年はガリレオ・ガリレイが死んだ年でもある．父親はニュートンが生まれる前に亡くなり，母親はニュートンが3歳のときに再婚したため，祖母の手によって育てられた．ニュートンは早熟ではなかったと言われているが，後年の実験的天才はすでに子供時代の遊びの工夫に現れていて並々ならぬ才能を発揮した．1661年にケンブリッジ大学のトリニティ・カレッジに入学，幾何学の教授バローに強く影響されて，ケプラーの光学とデカルトの幾何学を勉強した．1665年に2項定理を発見，同年ペストの流行を避けて，帰郷中に光のスペクトル分解，万有引力の法則，微分積分法の3大発見をした．1667年に大学に戻り，翌年には反射望遠鏡を発明，光の粒子説を説いた．この間，バローの後任として教授となり，光学を講じた．微積分の研究を進めて，微積分の基本定理を得る．ライプニッツはやや遅れて同じ定理を得て，両者の間に微積分法の優先権論争が生じた．両者の発見は独立であり，ライプニッツの方が記号法が優れていたため，微積分学のその後の発展はライプニッツの業績に負うところが大きい．地動説の力学的解明はその著書「プリンキピア」において実現され，ケプラーの惑星の運動法則，ガリレイの運動論，ホイヘンスの振動論などを統合するニュートン力学が生まれた．後年は錬金術の研究にのめりこんだ．ケンブリッジ大学選出の国会議員になり，1695年ロンドンに移って造幣局長官，王立協会会長を歴任した．「私は，自分が世間の目にどう映っているかは知らない．けれども自分自身としては，海辺に遊んでいて，ときおり普通よりもなめらかな石や貝を見つけて楽しんでいる子供にすぎない．しかも真理の大海はまるで未知のままに私の目の前に横たわっている．」これが，ニュートンの生涯の終わりに自分自身に下した評価であった．

総合問題 (1) 2-15

$$\lim_{n\to\infty} \frac{1}{\log n} = 0 \text{ を示せ.}$$

[考え方] $a_n \geq 0$ である数列 $\{a_n\}_{n=1,2,\cdots}$ は,「どんなに小さな正の数 ε を持ってきても,ある番号より大きな添え字の a_n 全部がその ε よりも小さくなるとき」0 に収束する.

[解答] (1) どんなに小さな正の数 ε を持ってきても, $e^{\frac{1}{\varepsilon}}$ は有限の数である.これより大きな自然数 N が存在する.このとき,$N < n$ である自然数 n に対して $\dfrac{1}{\log n} < \dfrac{1}{\log N} < \dfrac{1}{\log e^{\frac{1}{\varepsilon}}} = \varepsilon$ となる.よって,$\displaystyle\lim_{n\to\infty}\frac{1}{\log n} = 0$ である.

演習 A 数列 $\{a_n\}_{n=1,2,\cdots}$, $\{b_n\}_{n=1,2,\cdots}$ を, $a_n = \left(1+\dfrac{1}{n}\right)^n$, $b_n = 1 + 1 + \dfrac{1}{2!} + \cdots + \dfrac{1}{n!}$ で定義する.

(1) $\{b_n\}_{n=1,2,\cdots}$ は単調増加列で,$b_n < 3$ であることを示せ(したがって,この数列は収束する.定理を確認せよ).

(2) a_n を 2 項定理を用いて $a_n = 1 + 1 + \dfrac{1}{2!}c_2 + \cdots + \dfrac{1}{k!}c_k + \cdots + \dfrac{1}{n!}c_n$ の形にしたとき,$1 - \dfrac{(k-1)k}{2n} \leq c_k < 1 \quad (2 \leq n)$ が成り立つことを示せ.左側の不等式には,次の補題の (ii) を用いよ.

補題 (i) $0 < A, B$ であるとき,$1 - (A+B) < (1-A)(1-B)$ を示せ.
(ii) $0 < p_1, p_2, \cdots, p_\ell < 1$ ならば,$1 - (p_1 + p_2 + \cdots + p_\ell) < (1-p_1)(1-p_2)\cdots(1-p_\ell)$ が成り立つことを数学的帰納法を用いて証明せよ.

(3) $b_n - \dfrac{1}{2n}b_{n-2} \leq a_n < b_n$ を示し,$\displaystyle\lim_{n\to\infty} a_n = \lim_{n\to\infty} b_n$ を証明せよ(この極限値が自然対数の底 e である).

[参考] (1) $\{a_n\}_{n=1,2,\cdots}$, $\{b_n\}_{n=1,2,\cdots}$ は単調増加列であることを示せ.

(2) a_n を 2 項定理を用いて $a_n = 1+1+\dfrac{1}{2!}c_2^n+\cdots+\dfrac{1}{k!}c_k^n+\cdots+\dfrac{1}{n!}c_n^n$ の形にし,$a_n \leq b_n < 3$ であることを示せ.したがって,これらの数列は収束し $\displaystyle\lim_{n\to\infty} a_n \leq \lim_{n\to\infty} b_n$ となる.

(3) 数列 $\{a[n]_m\}_{m=n,n+1,\cdots}$ を $a[n]_m = 1+1+\dfrac{1}{2!}c_2^m+\cdots+\dfrac{1}{k!}c_k^m+\cdots+\dfrac{1}{n!}c_n^m$ で定義する.$a[n]_m \leq a_m$, $\displaystyle\lim_{m\to\infty} a[n]_m = b_n$ を示し $\displaystyle\lim_{n\to\infty} b_n \leq \lim_{n\to\infty} a_n$ を証明せよ.

総合問題 (2) 2-16

次を示せ.
$$\lim_{x \to 0} \frac{\sin x}{x} = 1$$

[考え方] 「補題 $0 < x < \frac{\pi}{2}$ のとき, $0 < \sin x < x < \tan x$ が成り立つ」を用いる.

[解答] 補題の三辺の逆数に $\sin x$ を掛ければ, 不等式 $1 > \frac{\sin x}{x} > \cos x$ が得られる. 偶関数のあいだの不等式であるから $0 < |x| < \frac{\pi}{2}$ で成り立つ. 挟みうちの原理により, $\lim_{x \to 0} \frac{\sin x}{x} = 1$ である.

参考までに補題を証明しておく. 長さ 1 の線分 OB を O を中心として反時計回りに x だけ回転させ, できた扇型を AOB とする. A から直線 OB に下ろした垂線の足を H, A を通り OA 直交する直線が OB と交わる点を C とする. $\sin x = $ AH, $\tan x = $ AC, $x = $ 弧 BA の長さ, である. 弧 BA の分割 $\Delta : B = A_0, A_1, \cdots, A_n = A$ をとる ($A_0, A_1, \cdots, A_n$ は, 弧 BA 上に反時計回りに順にとる). 分割点を結ぶ折れ線の長さ $\ell(\Delta) = A_0A_1 + A_1A_2 + \cdots + A_{n-1}A_n$ の上限が x である. 直線 OA_i と AC との交点を A_i' とおけば, $A_{i-1}A_i < A_{i-1}'A_i'$ が成り立つ (ピタゴラスの定理によって $OA_i' < OA_{i-1}'$ であるから線分 OA_{i-1} 上に $OA_i' = OA_{i-1}''$ なる点 A_{i-1}'' をとれば, この点は A_{i-1} と A_{i-1}' の間にある. △$A_i'A_{i-1}''A_{i-1}'$ において ∠R < ∠$A_i'A_{i-1}''A_{i-1}'$ より $(A_{i-1}A_i <) A_{i-1}''A_i' < A_{i-1}'A_i'$ である). $A_{i-1}A_i < A_{i-1}'A_i'$ を全部加えれば $\ell(\Delta) < $ AC となる. よって, $\sin x = $ AH $<$ AB $< \ell(\Delta) < $ AC $= \tan x$ となる. 上限を取ることにより $\sin x < x \leqq \tan x$ が得られる. $x = x_1 + x_2$, $0 < x_1, x_2 < \frac{\pi}{4}$ とおけば, $\tan x_1 + \tan x_2 < \frac{\tan x_1 + \tan x_2}{1 - \tan x_1 \tan x_2} = \tan x$ (この不等式は幾何学的考察からもでる) より $x = x_1 + x_2 \leqq \tan x_1 + \tan x_2 < \tan x$ である.

演習 A 次を示せ.

(1) $\lim_{x \to \pm\infty} \left(1 + \frac{1}{x}\right)^x = e$ (2) $\lim_{x \to 0} (1 + x)^{\frac{1}{x}} = e$

(3) $\lim_{x \to 0} \frac{1}{x} \log(1 + x) = 1$ (4) $\lim_{x \to 0} \frac{e^x - 1}{x} = 1$

第 II 章 微分 演習解答

例題 2-1 極限・連続・数列

演習 A (1) $\lim_{x \to \frac{\pi}{4}} \sqrt{1 + \cos x} = \sqrt{1 + \cos \frac{\pi}{4}} = \sqrt{1 + \frac{1}{\sqrt{2}}}$

(2) $\lim_{x \to 0} \frac{x}{\sqrt{1+x} - \sqrt{1-x}} = \lim_{x \to 0} \frac{x}{\sqrt{1+x} - \sqrt{1-x}} \cdot \frac{\sqrt{1+x} + \sqrt{1-x}}{\sqrt{1+x} + \sqrt{1-x}}$
$= \lim_{x \to 0} \frac{\sqrt{1+x} + \sqrt{1-x}}{2} = 1$

[(3), (4) **考え方**] $\lim_{x \to 0} \frac{\sin x}{x} = 1$

(3) $\lim_{x \to 0} \frac{1 - \cos 2x}{x^2} = \lim_{x \to 0} \frac{1 - (1 - 2\sin^2 x)}{x^2} = 2 \lim_{x \to 0} \left(\frac{\sin x}{x}\right)^2 = 2$

(4) $\lim_{x \to 0} \frac{\sin x}{\tan 5x} = \lim_{x \to 0} \frac{\sin x}{\frac{\sin 5x}{\cos 5x}} = \lim_{x \to 0} \frac{\sin x \cdot \cos 5x}{\sin 5x} = \lim_{x \to 0} \frac{\sin x}{x} \frac{1}{\frac{\sin 5x}{5x}} \frac{1}{5} \cos 5x = \frac{1}{5}$

(5) $\lim_{n \to \infty} \left(\frac{1}{1 + hn}\right) = \lim_{n \to \infty} \left(\frac{\frac{1}{n}}{\frac{1}{n} + h}\right) = \frac{0}{0 + h} = 0$

(6) $\lim_{n \to \infty} \left(\frac{2}{n^2 + 1} n\right) = \lim_{n \to \infty} 2 \frac{\frac{1}{n}}{1 + \frac{1}{n^2}} = 0$, より, $\lim_{n \to \infty} \frac{1}{1 + \frac{2}{n^2+1} n} = \frac{1}{1 + 0} = 1$,

$\lim_{n \to \infty} \left(\frac{n+1}{n^2 + 1} n\right) = \lim_{n \to \infty} \frac{1 + \frac{1}{n}}{1 + \frac{1}{n^2}} = 1$, より, $\lim_{n \to \infty} \frac{1}{1 + \frac{n+1}{n^2+1} n} = \frac{1}{1+1} = \frac{1}{2}$,

$\lim_{n \to \infty} \frac{1}{1 + \frac{-n+1}{n^2+1} n} = \lim_{n \to \infty} \frac{n^2 + 1}{n^2 + 1 - n^2 + n} = \lim_{n \to \infty} \frac{n + \frac{1}{n}}{1 + \frac{1}{n}} = \infty$

(7) $\lim_{n \to \infty} (\log(n+1) - \log n) = \lim_{n \to \infty} \log \frac{n+1}{n} = \lim_{n \to \infty} \log \left(1 + \frac{1}{n}\right) = \log 1 = 0$

(8) $\lim_{n \to \infty} \frac{1}{\sqrt{n}} = \lim_{n \to \infty} \sqrt{\frac{1}{n}} = \sqrt{0} = 0$

演習 B (1) $a = 0$, $a = 1$, $a = -1$ のときはそれぞれ $\lim_{n \to \infty} a^n = 0, 1$, 発散 ($\pm 1$ を振動). $-1 < a < 1$ のとき. $\frac{1}{|a|} = 1 + h$, $h > 0$ とおく. $\frac{1}{|a|^n} = (1+h)^n \geqq 1 + nh$ (右辺は 2 項定理の最初の 2 項). よって, $0 < |a^n| \leqq \frac{1}{1 + nh}$, と $\lim_{n \to \infty} \frac{1}{1 + nh} = 0$ (演習 A, (5)) より $\lim_{n \to \infty} |a^n| = 0$ (挟みうちの原理). 「基本事項 1., (1)'」により $\lim_{n \to \infty} a^n = 0$ を得る. $|a| > 1$ のとき. $|a| = 1 + h$, $h > 0$ とおけば, $|a^n| = (1+h)^n \geqq 1 + nh$ である. $\lim_{n \to \infty} (1 + nh) = \infty$ であるがこれは, 単調増加列 $\{1 + hn\}_{n=1,2,\cdots}$ が有界ではないことを意味する. 単調増加列 $\{|a^n|\}_{n=1,2,\cdots}$ はなおさら有界ではなく, $\lim_{n \to \infty} |a^n|$ は無限大に発散する. 「基本事項 1., (3)' [$\lim_{n \to \infty} a^n$:収束 $\Rightarrow \lim_{n \to \infty} |a^n|$:収束]」の対偶によって, $\lim_{n \to \infty} a^n$ は発散する.

(2) $x = 0$ のとき, $\frac{nx^2}{1 + nx^2} = 0 \to 0$, $(n \to \infty)$, $x \neq 0$ のとき, $\frac{nx^2}{1 + nx^2} = \frac{x^2}{\frac{1}{n} + x^2} \to$

1, $(n \to \infty)$. ゆえに, $f(x) = \begin{cases} 0, & x = 0 \\ 1, & x \neq 0 \end{cases}$ である. $f(x) = 1$ $(x \neq 0)$ であるから, 「基本事項 1., (3)」によって $\lim_{x \to 0} f(x) = \lim_{x \to 0} 1 = 1 \neq 0 = f(0)$ となり, $x = 0$ はこの関数の不連

続点である．

演習 C (1) $a = 1 + n \cdot \dfrac{a-1}{n} \leq \left(1 + \dfrac{a-1}{n}\right)^n$ より，$1 < \sqrt[n]{a} \leq 1 + \dfrac{a-1}{n}$ である．$\displaystyle\lim_{n\to\infty}\left(1 + \dfrac{a-1}{n}\right) = 1 + (a-1)\lim_{n\to\infty}\dfrac{1}{n} = 1 + (a-1)\cdot 0 = 1$ によって $\displaystyle\lim_{n\to\infty}\sqrt[n]{a} = 1$ が得られる（挟みうちの原理）．$a = 1$ のとき $\displaystyle\lim_{n\to\infty}\sqrt[n]{a} = 1$ は明らか．$0 < a < 1$ のときは，$\sqrt[n]{a} = \dfrac{1}{\sqrt[n]{\frac{1}{a}}}$ で，$1 < \dfrac{1}{a}$ となり分母が 1 に収束することから，このときも成り立つ．

例題 2-2　逆三角関数

演習 A (1) $\sin^{-1}\dfrac{1}{2} = \dfrac{\pi}{6}$　　(2) $\sin^{-1}\left(-\dfrac{1}{\sqrt{2}}\right) = -\dfrac{\pi}{4}$　　(3) $\cos^{-1}\left(-\dfrac{\sqrt{3}}{2}\right) = \dfrac{5\pi}{6}$
(4) $\cos^{-1}\dfrac{1}{2} = \dfrac{\pi}{3}$　　(5) $\tan^{-1}(-\sqrt{3}) = -\dfrac{\pi}{3}$　　(6) $\tan^{-1}\dfrac{1}{7} = A$, $\tan^{-1}\dfrac{3}{4} = B$ とおく．$-1 < \dfrac{1}{7} < \dfrac{3}{4}$ より，$-\dfrac{\pi}{4} < A < B < \dfrac{\pi}{4}$ で，さらに $-\dfrac{\pi}{2} < A + B < \dfrac{\pi}{2}$ となる．$\tan(A+B) = \dfrac{\tan A + \tan B}{1 - \tan A \cdot \tan B} = 1$ より，$A + B = \dfrac{\pi}{4}$ を得る．

演習 B (1) $\sin^{-1}\dfrac{3}{5} = A$, $\sin^{-1}\dfrac{7}{25} = B$, $\sin^{-1}\dfrac{4}{5} = C$ とおく．$-\dfrac{1}{\sqrt{2}} < \dfrac{7}{25} < \dfrac{3}{5} < \dfrac{1}{\sqrt{2}}$ と $\sin^{-1} x$ が真に単調増加であることから，$-\dfrac{\pi}{4} < B < A < \dfrac{\pi}{4}$ よって $-\dfrac{\pi}{2} < A + B < \dfrac{\pi}{2}$ となる．$\sin(A+B) = \sin A \cos B + \cos A \sin B = \dfrac{3}{5}\dfrac{\sqrt{25^2 - 7^2}}{25} + \dfrac{4}{5}\dfrac{7}{25} = \dfrac{100}{125} = \dfrac{4}{5}$ より，$\sin^{-1}\dfrac{3}{5} + \sin^{-1}\dfrac{7}{25} = \sin^{-1}\dfrac{4}{5}$ である．

(2) $0 < \dfrac{\sqrt{3}-1}{\sqrt{3}+1} < 1$ より $0 < \tan^{-1}\dfrac{\sqrt{3}-1}{\sqrt{3}+1} < \dfrac{\pi}{4}$ ($\because \tan^{-1}$ は真に単調増加)．これより $0 < 2\tan^{-1}\dfrac{\sqrt{3}-1}{\sqrt{3}+1} < \dfrac{\pi}{2} \cdots$ (i)．$\tan$ の倍角の公式より，$\tan\left(2\tan^{-1}\dfrac{\sqrt{3}-1}{\sqrt{3}+1}\right) = \dfrac{2\frac{\sqrt{3}-1}{\sqrt{3}+1}}{1 - \left(\frac{\sqrt{3}-1}{\sqrt{3}+1}\right)^2} = \dfrac{2(3-1)}{(\sqrt{3}+1)^2 - (\sqrt{3}-1)^2} = \dfrac{1}{\sqrt{3}} \cdots$ (ii)．(i), (ii) によって $2\tan^{-1}\dfrac{\sqrt{3}-1}{\sqrt{3}+1} = \dfrac{\pi}{6}$ となった．$\tan^{-1}\dfrac{\sqrt{3}-1}{\sqrt{3}+1} = \dfrac{\pi}{12}$ である．

(3) $-\dfrac{\pi}{2} \leq \sin^{-1} x \leq \dfrac{\pi}{2}$ より，$0 \leq \cos(\sin^{-1} x)$ である．これと $\cos^2(\sin^{-1} x) + \sin^2(\sin^{-1} x) = 1$ より $\cos(\sin^{-1} x) = \sqrt{1 - \sin^2(\sin^{-1} x)}$ となる．$\sin^2(\sin^{-1} x) = (\sin(\sin^{-1} x))^2 = x^2$ であるから，$\cos(\sin^{-1} x) = \sqrt{1 - \sin^2(\sin^{-1} x)} = \sqrt{1 - x^2}$ となる．

[(4) 考え方]　「$-\dfrac{\pi}{2} \leq A \leq \dfrac{\pi}{2} \Rightarrow \sin^{-1}(\sin A) = A$」の十分条件を吟味．

解答　$\sin^{-1}(\cos x) = \sin^{-1}\left(\sin\left(\dfrac{\pi}{2} - x\right)\right)$ である．条件 $0 \leq x \leq \pi$ に -1 を掛けると，$-\pi \leq -x \leq 0$．$\dfrac{\pi}{2}$ を加えると，$-\dfrac{\pi}{2} \leq \dfrac{\pi}{2} - x \leq \dfrac{\pi}{2}$ となり，確かに $\dfrac{\pi}{2} - x$ は $\sin x$ の制限さ

れた定義域の中に入っているので, $\sin^{-1}(\cos x) = \sin^{-1}\left(\sin\left(\frac{\pi}{2} - x\right)\right) = \frac{\pi}{2} - x$ である. たとえば $x = -\frac{\pi}{4}$ をとると, $\frac{\pi}{2} - x = \frac{3\pi}{4}$ より, $\sin^{-1}(\cos x) = \sin^{-1}\frac{1}{\sqrt{2}} = \frac{\pi}{4} \neq \frac{3\pi}{4}$ である. この場合, 等号は成り立たない.

例題 2-3　微分

演習 A　(1) $(x^3 + 3x^2 + 2)' = 3x^2 + 3 \cdot 2x + 0 = 3x^2 + 6x$.

(2) $\lim_{h \to 0} \dfrac{\frac{1}{x+h} - \frac{1}{x}}{h} = \lim_{h \to 0} \dfrac{1}{h} \dfrac{-h}{(x+h)x} = -\lim_{h \to 0} \dfrac{1}{(x+h)x} = -\dfrac{1}{x^2}$.

(3) $(\sqrt{3}\cos x + \sin x)' = \sqrt{3}(\cos x)' + (\sin x)' = \sqrt{3} \cdot (-\sin x) + \cos x = -\sqrt{3}\sin x + \cos x$.

(4) $(2x^{\frac{3}{2}} + 3x^{\frac{2}{3}})' = 2 \cdot \dfrac{3}{2} x^{\frac{3}{2} - 1} + 3 \cdot \dfrac{2}{3} x^{\frac{2}{3} - 1} = 3x^{\frac{1}{2}} + 2x^{-\frac{1}{3}}$　　(5) $(\sqrt{x})' = (x^{\frac{1}{2}})' = \dfrac{1}{2} x^{\frac{1}{2} - 1} = \dfrac{1}{2\sqrt{x}}$　　(6) $(\sqrt[3]{x})' = (x^{\frac{1}{3}})' = \dfrac{1}{3} x^{\frac{1}{3} - 1} = \dfrac{1}{3(\sqrt[3]{x})^2}$　　(7) $(3e^x - 5\sin^{-1} x)' = 3e^x - \dfrac{5}{\sqrt{1-x^2}}$

(8) $\left(\dfrac{1}{1+x^2} + \tan^{-1} x\right)' = \dfrac{-2x}{(1+x^2)^2} + \dfrac{1}{1+x^2} = \dfrac{(1-x)^2}{(1+x^2)^2}$

演習 B　(1) $\lim_{h \to 0} \dfrac{\sqrt{x+h} - \sqrt{x}}{h} = \lim_{h \to 0} \dfrac{(\sqrt{x+h} - \sqrt{x})(\sqrt{x+h} + \sqrt{x})}{h(\sqrt{x+h} + \sqrt{x})} = \lim_{h \to 0} \dfrac{1}{\sqrt{x+h} + \sqrt{x}}$
$= \dfrac{1}{2\sqrt{x}}$　　(2) $\sin A - \sin B = 2\cos \dfrac{A+B}{2} \sin \dfrac{A-B}{2}$ より, $\lim_{h \to 0} \dfrac{\sin(x+h) - \sin x}{h}$
$= \lim_{h \to 0} 2\cos\left(x + \dfrac{h}{2}\right) \dfrac{\sin \frac{h}{2}}{h} = \lim_{h \to 0} \cos\left(x + \dfrac{h}{2}\right) \dfrac{\sin \frac{h}{2}}{\frac{h}{2}} = \cos x$　　(3) $\lim_{h \to 0} \dfrac{e^{-(x+h)} - e^{-x}}{h} =$
$\lim_{h \to 0} \dfrac{e^{-x} \cdot e^{-h} - e^{-x}}{h} = \lim_{h \to 0} e^{-x} \cdot e^{-h} \cdot \left(-\dfrac{e^h - 1}{h}\right) = e^{-x} \cdot 1 \cdot (-1) = -e^{-x}$

(4) $x = 0$ のとき, $\lim_{h \to 0} \dfrac{h|h|}{h} = 0$ である. $x \neq 0$ のときは, $\lim_{h \to 0} \dfrac{(x+h)|x+h| - x|x|}{h} =$
$\lim_{h \to 0} \left(x \dfrac{|x+h| - |x|}{h} + |x+h|\right) = \lim_{h \to 0} x \dfrac{(|x+h| - |x|)(|x+h| + |x|)}{h(|x+h| + |x|)} + \lim_{h \to 0} |x+h|$
$= \lim_{h \to 0} x \dfrac{(2x+h)}{|x+h| + |x|} + |x| = \dfrac{2x^2}{2|x|} + |x| = 2|x|$. したがって, $(x \cdot |x|)' = 2|x|$ である.

例題 2-4　積の微分

演習 A　(1) $((x^3 + 5x^2 - 2x + 2)(x^4 - x^3 - 2x + 1))' = (x^3 + 5x^2 - 2x + 2)'(x^4 - x^3 - 2x + 1) + (x^3 + 5x^2 - 2x + 2)(x^4 - x^3 - 2x + 1)' = (3x^2 + 10x - 2)(x^4 - x^3 - 2x + 1) + (x^3 + 5x^2 - 2x + 2)(4x^3 - 3x^2 - 2)$

(2) $(e^x \tan^{-1} x)' = (e^x)' \tan^{-1} x + e^x (\tan^{-1} x)' = e^x \tan^{-1} x + e^x \cdot \dfrac{1}{1+x^2}$
$= e^x \left(\tan^{-1} x + \dfrac{1}{1+x^2}\right)$

(3) $(x^2(2\sin x + \sin^{-1} x))' = (x^2)'(2\sin x + \sin^{-1} x) + x^2(2\sin x + \sin^{-1} x)' = 2x(2\sin x + \sin^{-1} x) + x^2 \left(2\cos x + \dfrac{1}{\sqrt{1-x^2}}\right) = 2x^2 \cos x + 4x \sin x + 2x \sin^{-1} x + \dfrac{x^2}{\sqrt{1-x^2}}$

(4) $((e^x + 3x^2)\log x)' = (e^x + 3x^2)'\log x + (e^x + 3x^2)(\log x)' = (e^x + 6x)\log x + \dfrac{1}{x}e^x + 3x$

(5) $(\sin^{-1} x \cdot \tan^{-1} x)' = (\sin^{-1} x)' \cdot \tan^{-1} x + \sin^{-1} x \cdot (\tan^{-1} x)' = \dfrac{\tan^{-1} x}{\sqrt{1-x^2}} + \dfrac{\sin^{-1} x}{1+x^2}$

演習 B (1) $\{f(x)g(x)h(x)\}' = (f(x) \cdot \{g(x)h(x)\})' = f'(x)\{g(x)h(x)\} + f(x)\{g(x)h(x)\}' = f'(x)g(x)h(x) + f(x)\{g'(x)h(x) + g(x)h'(x)\} = f'(x)g(x)h(x) + f(x)g'(x)h(x) + f(x)g(x)h'(x)$

(2) 左辺 $= (x^{\frac{1}{3}} \cdot x^{\frac{1}{3}} \cdot x^{\frac{1}{3}})' = (x^{\frac{1}{3}})' \cdot x^{\frac{1}{3}} \cdot x^{\frac{1}{3}} + x^{\frac{1}{3}} \cdot (x^{\frac{1}{3}})' \cdot x^{\frac{1}{3}} + x^{\frac{1}{3}} \cdot x^{\frac{1}{3}} \cdot (x^{\frac{1}{3}})' = 3(x^{\frac{1}{3}})' x^{\frac{2}{3}}$,
右辺 $= x' = 1$ より, $3(x^{\frac{1}{3}})' x^{\frac{2}{3}} = 1$. よって, $(x^{\frac{1}{3}})' = \dfrac{1}{3x^{\frac{2}{3}}} = \dfrac{1}{3}x^{-\frac{2}{3}}$ である.

(3) 左辺 $= (x^n \cdot x^{-n})' = (x^n)' \cdot x^{-n} + x^n \cdot (x^{-n})' = nx^{n-1} \cdot x^{-n} + x^n \cdot (x^{-n})'$, 右辺 $= 0$.
よって, $(x^{-n})' = -n\dfrac{x^{n-1} \cdot x^{-n}}{x^n} = -nx^{-n-1}$ である.

(4) $f'(x) = (\sin x \cdot \sin x)' + (\cos x \cdot \cos x)' = \cos x \cdot \sin x + \sin x \cdot \cos x + (-\sin x)\cos x + \cos x \cdot (-\sin x) = 0$ である. したがって, $f(x) = C$ （定数）であるが, $f(0) = 0^2 + 1^2 = 1$ より恒等式 $f(x) = \sin^2 x + \cos^2 x = 1$ が得られる.

例題 2-5　商の微分

演習 A (1) $\left(\dfrac{3x-5}{x^2+1}\right)' = \dfrac{(3x-5)'(x^2+1) - (3x-5)(x^2+1)'}{(x^2+1)^2}$
$= \dfrac{3(x^2+1) - (3x-5)(2x)}{(x^2+1)^2} = \dfrac{-3x^2 + 10x + 3}{(x^2+1)^2}$

(2) $\left(\dfrac{e^x}{\cos x}\right)' = \dfrac{(e^x)' \cos x - e^x (\cos x)'}{\cos^2 x} = \dfrac{e^x \cos x + e^x \sin x}{\cos^2 x} = \dfrac{e^x(\cos x + \sin x)}{\cos^2 x}$

(3) $\left(\dfrac{x}{\sqrt{x}+1}\right)' = \dfrac{1}{(\sqrt{x}+1)^2}((x)'(\sqrt{x}+1) - x(\sqrt{x}+1)') = \dfrac{1}{(\sqrt{x}+1)^2}\left(\sqrt{x}+1 - x \cdot \dfrac{1}{2\sqrt{x}}\right)$
$= \dfrac{\sqrt{x}+2}{2(\sqrt{x}+1)^2}$

(4) $\left(\dfrac{\sin x}{\cos x + 1}\right)' = \dfrac{(\sin x)'(\cos x + 1) - \sin x(\cos x + 1)'}{(\cos x + 1)^2}$
$= \dfrac{\cos x(\cos x + 1) - \sin x(-\sin x)}{(\cos x + 1)^2} = \dfrac{\cos^2 x + \cos x + \sin^2 x}{(\cos x + 1)^2} = \dfrac{1}{\cos x + 1}$

(5) $\left(\dfrac{\sqrt{x}}{e^x + 1}\right)' = \dfrac{1}{(e^x+1)^2}\{(\sqrt{x})'(e^x+1) - \sqrt{x}(e^x+1)'\}$
$= \dfrac{1}{(e^x+1)^2}\left(\dfrac{1}{2\sqrt{x}}(e^x+1) - \sqrt{x}e^x\right) = \dfrac{e^x + 1 - 2xe^x}{2\sqrt{x}(e^x+1)^2}$

(6) $\left(\dfrac{x}{x + \sin x}\right)' = \dfrac{(x)'(x+\sin x) - x(x+\sin x)'}{(x+\sin x)^2} = \dfrac{x + \sin x - x(1+\cos x)}{(x+\sin x)^2}$
$= \dfrac{\sin x - x\cos x}{(x+\sin x)^2}$

演習 B (1) $\left(\dfrac{\tan^{-1} x}{1-x}\right)' = \dfrac{1}{(1-x)^2}\{(\tan^{-1} x)'(1-x) - (\tan^{-1} x)(1-x)'\}$
$= \dfrac{1}{(1-x)^2}\left\{\dfrac{1}{1+x^2}(1-x) - (\tan^{-1} x)(-1)\right\} = \dfrac{1 - x + (1+x^2)\tan^{-1} x}{(1-x)^2(1+x^2)}$

(2) $\left(\dfrac{\sin x + \cos x}{\sin x - \cos x}\right)' = \dfrac{(\sin x + \cos x)'(\sin x - \cos x) - (\sin x + \cos x)(\sin x - \cos x)'}{(\sin x - \cos x)^2}$

$= \dfrac{(\cos x - \sin x)(\sin x - \cos x) - (\sin x + \cos x)(\cos x + \sin x)}{(\sin x - \cos x)^2}$

$= \dfrac{-1 + 2\sin x \cos x - (1 + 2\sin x \cos x)}{(\sin x - \cos x)^2} = \dfrac{-2}{1 - \sin 2x}$

(3) $\left(\dfrac{a + b\log x}{x^n}\right)' = \dfrac{(a + b\log x)' x^n - (a + b\log x) n x^{n-1}}{x^{2n}} = \dfrac{b\frac{1}{x} x^n - (a + b\log x) n x^{n-1}}{x^{2n}}$

$= \dfrac{(b - an) + (-bn)\log x}{x^{n+1}}$

(4) $\left(\dfrac{\log x}{x^2 + 2x + 1}\right)' = \dfrac{1}{(x^2 + 2x + 1)^2}\{(\log x)'(x^2 + 2x + 1) - (\log x)(x^2 + 2x + 1)'\} =$

$\dfrac{1}{(x^2 + 2x + 1)^2}\left\{\dfrac{1}{x}(x^2 + 2x + 1) - (2x + 2)\log x\right\} = \dfrac{x^2 + 2x + 1 - 2x(x + 1)\log x}{x(x^2 + 2x + 1)^2}$

$= \dfrac{x + 1 - 2x \log x}{x(x+1)^3}$

(5) $\left(\dfrac{\sin^{-1} x}{1 - x^2}\right)' = \dfrac{1}{(1 - x^2)^2}\{(\sin^{-1} x)'(1 - x^2) - (\sin^{-1} x)(1 - x^2)'\}$

$= \dfrac{1}{(1 - x^2)^2}\left\{\dfrac{1}{\sqrt{1 - x^2}}(1 - x^2) - (\sin^{-1} x)(-2x)\right\} = \dfrac{\sqrt{1 - x^2} + 2x \sin^{-1} x}{(1 - x^2)^2}$

例題 2-6 逆関数の微分

演習 A (1) $y = f^{-1}(x) \iff x = f(y) = y^3 - 1$ より, $y = (x + 1)^{\frac{1}{3}} = f^{-1}(x)$.
$f'(y) = 3y^2$, $f'(f^{-1}(x)) = 3((x+1)^{\frac{1}{3}})^2 = 3(x+1)^{\frac{2}{3}}$ であるから, $(f^{-1})'(x) = \dfrac{1}{3}(x+1)^{-\frac{2}{3}}$.

(2) $y = f^{-1}(x) \iff x = f(y) = \log\left|\dfrac{y - 1}{y}\right| = \log\left(-\dfrac{y - 1}{y}\right)$ $(\because 0 < y < 1)$ より,
$-1 + \dfrac{1}{y} = e^x$, よって $y = \dfrac{1}{1 + e^x} = f^{-1}(x)$. $f'(y) = \dfrac{y}{y - 1}\dfrac{1}{y^2} = \dfrac{1}{y(y - 1)}$, $f'(f^{-1}(x)) =$
$\dfrac{1}{\frac{1}{1+e^x}\left(\frac{1}{1+e^x} - 1\right)} = -\dfrac{(1 + e^x)^2}{e^x}$ であるから, $(f^{-1})'(x) = -\dfrac{e^x}{(1 + e^x)^2}$. (3) $y =$
$f^{-1}(x) \iff x = f(y) = \log\left|\dfrac{y - 1}{y}\right| = \log\left(\dfrac{y - 1}{y}\right)$ より, $y = \dfrac{1}{1 - e^x} = f^{-1}(x)$.
$f'(y) = \dfrac{y}{y - 1}\dfrac{1}{y^2} = \dfrac{1}{y(y - 1)}$, $f'(f^{-1}(x)) = \dfrac{1}{\frac{1}{1-e^x}\left(\frac{1}{1-e^x} - 1\right)} = \dfrac{(1 - e^x)^2}{e^x}$ であるから,
$(f^{-1})'(x) = \dfrac{e^x}{(1 - e^x)^2}$. (注意: $f^{-1}(x)$ の定義域は $\{x | x \neq 0\}$, 像は $\{y | y < 0$ または $1 < y\}$ である.)

演習 B [考え方] 多くの場合 $f(y) = x$ を逆に解いて, $y = f^{-1}(x)$ を具体的な既知の関数で書くことはできないが, $f'(y) \neq 0$ の区間では真に単調であり, (区間毎に) 理屈としては解くことができる. 逆関数の微分公式はこのときも成り立つ.

(1) $y = f^{-1}(x) \iff x = f(y) = 2y + \cos y$ より, $f'(y) = 2 - \sin y$, $f'(f^{-1}(x)) = 2 - \sin(f^{-1}(x))$. したがって, $(f^{-1})'(x) = \dfrac{1}{2 - \sin(f^{-1}(x))}$. (2) $y = f^{-1}(x) \iff x =$

$f(y) = y \log y - y$ より, $f'(y) = (y \log y - y)' = \log y$, $f'(f^{-1}(x)) = \log(f^{-1}(x))$. よって, $(f^{-1})'(x) = \dfrac{1}{\log(f^{-1}(x))}$. (3) $y = f^{-1}(x) \iff x = f(y) = \dfrac{1}{2}(y\sqrt{y^2+1} + \log(y + \sqrt{y^2+1}))$ より, $f'(y) = \left(\dfrac{1}{2}(y\sqrt{y^2+1} + \log(y + \sqrt{y^2+1}))\right)' = \sqrt{y^2+1}$, $f'(f^{-1}(x)) = \sqrt{1 + (f^{-1}(x))^2}$. これより, $(f^{-1})'(x) = \dfrac{1}{\sqrt{1 + (f^{-1}(x))^2}}$.

例題 2-7 合成関数の微分 I

演習 A (1) $((x^3 - 2x^2 + 1)^4)' = 4(3x^2 - 4x)(x^3 - 2x^2 + 1)^3$. $y = (x^3 - 2x^2 + 1)^4$ は $y = g(u) = u^4$, $u = f(x) = x^3 - 2x^2 + 1$ の合成関数. $g'(u) = (u^4)' = 4u^3$ より $g'(f(x)) = 4(x^3 - 2x^2 + 1)^3$. $f'(x) = (x^3 - 2x^2 + 1)' = 3x^2 - 4x$.
(2) $(\sin(2x + 3))' = \cos(2x + 3) \cdot 2 = 2\cos(2x + 3)$. $y = \sin(2x + 3)$ は $y = g(u) = \sin u$, $u = f(x) = 2x + 3$ の合成関数. (3) $(e^{x^2})' = e^{x^2} \cdot 2x = 2xe^{x^2}$. $y = e^{x^2}$ は $y = g(u) = e^u$, $u = f(x) = x^2$ の合成関数. (4) $(\sin^3 x)' = 3\sin^2 x \cdot \cos x$. $y = \sin^3 x$ は $y = g(u) = u^3$, $u = f(x) = \sin x$ の合成関数. $g'(f(x)) = 3\sin^2 x$ ($g'(u) = 3u^2$), $f'(x) = \cos x$. (5) $(\log(x^2 + 1))' = \dfrac{2x}{x^2 + 1}$. $y = \log(x^2 + 1)$ は $y = g(u) = \log u$, $u = f(x) = x^2 + 1$ の合成関数. $g'(f(x)) = \dfrac{1}{x^2 + 1}$ ($g'(u) = \dfrac{1}{u}$), $f'(x) = 2x$. (6) $(\sqrt[3]{3x - 1})' = (3x - 1)^{-\frac{2}{3}}$. $y = \sqrt[3]{3x - 1}$ は $y = g(u) = u^{\frac{1}{3}}$, $u = f(x) = 3x - 1$ の合成関数. (7) $((x^2 - 2\sqrt{x})^3)' = 3(x^2 - 2\sqrt{x})^2 \left(2x - \dfrac{1}{\sqrt{x}}\right)$. $y = (x^2 - 2\sqrt{x})^3$ は $y = g(u) = u^3$, $u = f(x) = x^2 - 2\sqrt{x}$ の合成関数. (8) $\left(\sin^{-1} \dfrac{3x - 2}{2}\right)' = \dfrac{1}{\sqrt{\frac{4}{3}x - x^2}}$. $y = \sin^{-1} \dfrac{3x - 2}{2}$ は $y = g(u) = \sin^{-1} u$, $u = f(x) = \dfrac{3x - 2}{2}$ の合成関数. $g'(f(x)) = \dfrac{1}{\sqrt{1 - (\frac{3x-2}{2})^2}}$ $\left(g'(u) = \dfrac{1}{\sqrt{1 - u^2}}\right)$, $f'(x) = \dfrac{3}{2}$.
(9) $\left(\tan^{-1} \dfrac{2x + 1}{3}\right)' = \dfrac{3}{2} \dfrac{1}{x^2 + x + \frac{5}{2}}$. $y = \tan^{-1} \dfrac{2x + 1}{3}$ は $y = g(u) = \tan^{-1} u$, $u = f(x) = \dfrac{2x + 1}{3}$ の合成関数. $g'(f(x)) = \dfrac{1}{1 + (\frac{2x+1}{3})^2}$ $\left(g'(u) = \dfrac{1}{1 + u^2}\right)$, $f'(x) = \dfrac{2}{3}$.

演習 B (1) $\left(-2\sin \dfrac{1}{5}x + 3\cos 5x\right)' = -\dfrac{2}{5}\cos \dfrac{1}{5}x - 15\sin 5x$. (2) $\left(\left(\dfrac{x}{x - 2}\right)^5\right)' = -10 \cdot \dfrac{x^4}{(x - 2)^6}$. $y = \left(\dfrac{x}{x - 2}\right)^5$ は $y = g(u) = u^5$, $u = f(x) = \dfrac{x}{x - 2}$ の合成関数. $g'(f(x)) = 5\left(\dfrac{x}{x - 2}\right)^4$ ($g'(u) = 5u^4$), $f'(x) = \dfrac{x - 2 - x}{(x - 2)^2}$. (3) $(xe^{x^2})' = (2x^2 + 1)e^{x^2}$. (4) $\left(\log \left|\tan \dfrac{x}{2}\right|\right)' = \dfrac{1}{\sin x}$. $y = \log \left|\tan \dfrac{x}{2}\right|$ は $y = g(u) = \log |u|$, $u = f(x) = \tan \dfrac{x}{2}$ の合成関数. $g'(f(x)) = \dfrac{1}{\tan \frac{x}{2}}$ $\left(g'(u) = \dfrac{1}{u}\right)$, $f'(x) = \dfrac{1}{\cos^2 \frac{x}{2}} \dfrac{1}{2}$.

[(5), (7), (8) 考え方]　　$(\sqrt{f(x)})' = \dfrac{f'(x)}{2\sqrt{f(x)}}$ を用いる．　　(5) $(\log(x+\sqrt{x^2+1}))' = \dfrac{1}{\sqrt{x^2+1}}$．　$y = \log(x+\sqrt{x^2+1})$ は $y = g(u) = \log u$, $u = f(x) = x+\sqrt{x^2+1}$ の合成関数．$g'(f(x)) = \dfrac{1}{x+\sqrt{x^2+1}}$ $\left(g'(u) = \dfrac{1}{u}\right)$, $f'(x) = 1+\dfrac{2x}{2\sqrt{x^2+1}}$．　　(6) $(((x^2+1)^6+1)^3)' = 36x(x^2+1)^5((x^2+1)^6+1)^2$．　$(((x^2+1)^6+1)^3)' = 3((x^2+1)^6+1)^2((x^2+1)^6+1)' = 3((x^2+1)^6+1)^2 \cdot 6(x^2+1)^5 \cdot 2x = 36x(x^2+1)^5((x^2+1)^6+1)^2$．　　(7) $(\cos\sqrt{x^2+3})' = -\dfrac{x}{\sqrt{x^2+3}}\sin\sqrt{x^2+3}$．　$(\cos\sqrt{x^2+3})' = -\sin\sqrt{x^2+3} \cdot (\sqrt{x^2+3})' = -\sin\sqrt{x^2+3} \cdot \dfrac{(x^2+3)'}{2\sqrt{x^2+3}} = -\dfrac{x}{\sqrt{x^2+3}}\sin\sqrt{x^2+3}$．　　(8) $(\sin^{-1}(\sqrt{1-x^2}))' = -\dfrac{x}{|x|\sqrt{1-x^2}}$．　$(\sin^{-1}(\sqrt{1-x^2}))' = \dfrac{1}{\sqrt{1-(\sqrt{1-x^2})^2}}(\sqrt{1-x^2})' = \dfrac{1}{|x|}\dfrac{-2x}{2\sqrt{1-x^2}}$ より．

(9) $(x\tan^{-1}(\log x))' = \tan^{-1}(\log x) + \dfrac{1}{1+(\log x)^2}$．　$(x\tan^{-1}(\log x))' = \tan^{-1}(\log x) + x(\tan^{-1}(\log x))' = \tan^{-1}(\log x) + x \cdot \dfrac{1}{1+(\log x)^2}\dfrac{1}{x} = \tan^{-1}(\log x) + \dfrac{1}{1+(\log x)^2}$．

例題 2-8　合成関数の微分 II

演習 A　(1) $a^x = e^{x\log a}$．$(e^{x\log a})' = (\log a)e^{x\log a} = a^x \log a$．　　(2) $y = e^{\tan^{-1} x}$ は $u = \tan^{-1} x = f(x)$, $y = e^u = g(u)$ の合成関数である．よって，$(e^{\tan^{-1} x})' = g'(f(x))f'(x) = e^{\tan^{-1} x} \cdot \dfrac{1}{1+x^2}$ である．　　(3) $\displaystyle\int_0^{\sin x} te^{t^2} dt$ は $G(u) = \displaystyle\int_0^u te^{t^2} dt$, $u = f(x) = \sin x$ の合成関数．$G'(u) = ue^{u^2}$, $f'(x) = \cos x$ より，$\left(\displaystyle\int_0^{\sin x} te^{t^2} dt\right)' = G'(f(x))f'(x) = \sin x e^{\sin^2 x} \cos x = e^{\sin^2 x}\sin x \cos x$．

演習 B　(1) $x^\alpha = e^{\alpha \log x}$ は $u = \alpha \log x = f(x)$, $y = e^u = g(u)$ の合成関数．$(x^\alpha)' = e^{\alpha \log x} \cdot \alpha \dfrac{1}{x} = \alpha x^\alpha \cdot x^{-1} = \alpha x^{\alpha-1}$．　　(2) $\left(\dfrac{e^{\tan^{-1} x}}{1+x^2}\right)' = \dfrac{(e^{\tan^{-1} x})'(1+x^2) - e^{\tan^{-1} x}(1+x^2)'}{(1+x^2)^2}$ (商の微分公式)．合成関数の微分公式より，$(e^{\tan^{-1} x})' = e^{\tan^{-1} x}\dfrac{1}{1+x^2}$ であるから，$\left(\dfrac{e^{\tan^{-1} x}}{1+x^2}\right)' = \dfrac{e^{\tan^{-1} x} - e^{\tan^{-1} x}2x}{(1+x^2)^2} = e^{\tan^{-1} x} \cdot \dfrac{1-2x}{(1+x^2)^2}$ である．　　(3) $\dfrac{dy}{dx} = \dfrac{\sin\theta}{1-\cos\theta}$ ただし $x = \theta - \sin\theta$．

演習 C　(1) $y = (\sin x)^{\tan x} = e^{\tan x \log \sin x}$ は $u = \tan x \log \sin x = f(x)$, $y = e^u = g(u)$ の合成関数である．$g'(u) = e^u$, $f'(x) = (1+\tan^2 x)\log \sin x + \tan x \cdot \dfrac{\cos x}{\sin x} = (1+\tan^2 x)\log \sin x + 1$, $g'(f(x)) = (\sin x)^{\tan x}$ より，$((\sin x)^{\tan x})' = (\sin x)^{\tan x}(1 + (1+\tan^2 x)\log \sin x)$ である．　　(2) $\dfrac{d^2 y}{dx^2} = \left(\dfrac{\sin(\varphi^{-1}(x))}{1-\cos(\varphi^{-1}(x))}\right)' =$

$$\frac{\cos(\varphi^{-1}(x))(\varphi^{-1}(x))' \cdot (1 - \cos(\varphi^{-1}(x))) - \sin(\varphi^{-1}(x)) \cdot \sin(\varphi^{-1}(x))(\varphi^{-1}(x))'}{(1 - \cos(\varphi^{-1}(x)))^2} =$$

$$\frac{-1}{1 - \cos(\varphi^{-1}(x))} \cdot (\varphi^{-1}(x))' = \frac{-1}{(1 - \cos(\varphi^{-1}(x)))^2} < 0.$$ よって上に凸.

(別解) $x = \theta - \sin\theta, z = \dfrac{\sin\theta}{1 - \cos\theta}$ とすれば $\dfrac{d^2 y}{dx^2}$ は媒介変数の微分であるとみなされる．

$$\frac{d^2 y}{dx^2} = \frac{\frac{dz}{d\theta}}{\frac{dx}{d\theta}} = \frac{\cos\theta \cdot (1 - \cos\theta) - \sin^2\theta}{(1 - \cos\theta)^2} \cdot \frac{1}{1 - \cos\theta} = \frac{-1}{(1 - \cos\theta)^2} < 0,$$ よって上に凸.

(合成関数の微分が公式の中に解消されているので，意識せずにすむ分だけ簡明になる．)

(3) $\dfrac{1}{f'(f^{-1}(x))} = (f^{-1})'(x)$ の導関数はまず商の微分公式により，$(f^{-1})''(x) = \left(\dfrac{1}{f'(f^{-1}(x))}\right)' = -\dfrac{(f'(f^{-1}(x))'}{(f'(f^{-1}(x))^2}$ である．分子は，$u = f^{-1}(x), y = f'(u)$ の合成関数の微分．$(f'(u))' = f''(u), (f^{-1}(x))' = \dfrac{1}{f'(f^{-1}(x))}$ より，分子 $= f''(f^{-1}(x)) \cdot \dfrac{1}{f'(f^{-1}(x))} = \dfrac{f''(f^{-1}(x))}{f'(f^{-1}(x))}$ となる．従って，$(f^{-1})''(x) = -\dfrac{f''(f^{-1}(x))}{f'(f^{-1}(x))^3}$ ．

例題 2-9 高階導関数

演習 A (1) $f(x) = e^{3x}, f'(x) = 3e^{3x}, f''(x) = 3^2 e^{3x}, \cdots$ より，$f^{(n)}(x) = 3^n e^{3x}$．

(2) 部分分数に展開する．$\dfrac{1}{15 - 2x - x^2} = \dfrac{1}{(5 + x)(3 - x)} = \dfrac{1}{8}\left(\dfrac{1}{5 + x} + \dfrac{1}{3 - x}\right) = \dfrac{1}{8}\left(\dfrac{1}{x + 5} - \dfrac{1}{x - 3}\right)$．$\{k \cdot f(x)\}^{(n)} = k \cdot f^{(n)}(x), \{f(x) \pm g(x)\}^{(n)} = f^{(n)}(x) \pm g^{(n)}(x)$ を用いて変形する．$\left(\dfrac{1}{15 - 2x - x^2}\right)^{(n)} = \dfrac{1}{8}\left\{\left(\dfrac{1}{x + 5}\right)^{(n)} - \left(\dfrac{1}{x - 3}\right)^{(n)}\right\} = \dfrac{1}{8}\left\{(-1)^n \dfrac{n!}{(x + 5)^{n+1}} - (-1)^n \dfrac{n!}{(x - 3)^{n+1}}\right\}$． (3) $f(x) = \sqrt{x} = x^{\frac{1}{2}}, f'(x) = \dfrac{1}{2}x^{-\frac{1}{2}}, f''(x) = \dfrac{1}{2} \cdot \left(-\dfrac{1}{2}\right) x^{-\frac{3}{2}}, f'''(x) = \dfrac{1}{2} \cdot \left(-\dfrac{1}{2}\right) \cdot \left(-\dfrac{3}{2}\right) x^{-\frac{5}{2}}, \cdots$．$-1, \dfrac{1}{2}$ の個数はすぐに数えられる．x のべき乗は $-\dfrac{2n - 1}{2}$ であるらしい．

よって，$(\sqrt{x})^{(n)} = (-1)^{n-1} \dfrac{1 \cdot 3 \cdot 5 \cdot \cdots \cdot (2n - 3)}{2^n} x^{-\frac{2n-1}{2}}$ が得られる (数学的帰納法を省略).

[(4) **考え方**：$x^2 \sin x$ については，$(x^2)^{(k)} = 0$ $(k \geq 3)$ に着目．ライプニッツの公式の足し算が，このときは短い．]

(4) $(x^2 \sin x)^{(n)} = \displaystyle\sum_{k=0}^{n} {}_n C_k (x^2)^{(n-k)} \sin^{(k)} x = \sum_{k=n-2}^{n} {}_n C_k (x^2)^{(n-k)} \sin^{(k)} x =$

${}_n C_{n-2} (x^2)^{(2)} \sin^{(n-2)} x + {}_n C_{n-1} (x^2)^{(1)} \sin^{(n-1)} x + {}_n C_n (x^2)^{(0)} \sin^{(n)} x =$

$\dfrac{n(n-1)}{2} \cdot 2 \sin^{(n-2)} x + n \cdot 2x \sin^{(n-1)} x + x^2 \sin^{(n)} x =$

$n(n-1) \sin\left(x + \dfrac{n-2}{2}\pi\right) + 2nx \sin\left(x + \dfrac{n-1}{2}\pi\right) + x^2 \sin\left(x + \dfrac{n}{2}\pi\right)$ である．

(5) $f(x) = (1 + x) \log(1 + x), f'(x) = \log(1 + x) + (1 + x)\dfrac{1}{1 + x} = \log(1 + x) +$

1, $f''(x) = \dfrac{1}{x+1}, \cdots, f^{(n)}(x) = \left(\dfrac{1}{x+1}\right)^{(n-2)} = (-1)^{n-2}\dfrac{(n-2)!}{(x+1)^{n-1}}$ （基本型：$\left(\dfrac{1}{x}\right)^{(n)} = (-1)^n\dfrac{n!}{x^{n+1}}$）．

[(6) **考え方**：$\cos x \cdot \sin x$ にライプニッツの公式を適用すると，結果がでることはでるが，すっきりした単純な式にならない．$\cos x \cdot \sin x = \dfrac{1}{2}\sin 2x$ であることに着目．1 回微分するごとに 2 倍になること，にだけ注意．]

(6) $(\cos x \cdot \sin x)^{(n)} = \dfrac{1}{2}2^n \sin\left(2x + \dfrac{n}{2}\pi\right) = 2^{n-1}\sin\left(2x + \dfrac{n}{2}\pi\right)$ である．

(7) $f(x) = e^{-x}\cos x$, $f'(x) = -e^{-x}\cos x + e^{-x}(-\sin x) = -e^{-x}(\cos x + \sin x) = -e^{-x}\sqrt{2}\left(\cos x \cdot \cos \dfrac{-\pi}{4} - \sin x \cdot \sin \dfrac{-\pi}{4}\right) = -2^{\frac{1}{2}}e^{-x}\cos\left(x - \dfrac{1}{4}\pi\right)$, $f''(x) = (-1)^2 2^{\frac{2}{2}}e^{-x}\cos\left(x - \dfrac{2}{4}\pi\right)$, $f'''(x) = (-1)^3 2^{\frac{3}{2}}e^{-x}\cos\left(x - \dfrac{3}{4}\pi\right), \cdots$ より，$f^{(n)}(x) = (-1)^n 2^{\frac{n}{2}}e^{-x}\cos\left(x - \dfrac{n}{4}\pi\right)$ を得る．

(8) $\sin(A+B) - \sin(A-B) = 2\cos A \sin B$ より，$\cos 3x \cdot \sin 2x = \dfrac{1}{2}(\sin 5x - \sin x)$ である．よって，$(\cos 3x \cdot \sin 2x)^{(n)} = \dfrac{1}{2}\left\{5^n \sin\left(5x + \dfrac{n}{2}\pi\right) - \sin\left(x + \dfrac{n}{2}\pi\right)\right\}$．

演習 B (1) $((1+x^2)f'(x))^{(n-1)} = (1+x^2)(f')^{(n-1)}(x) + {}_{n-1}C_1 \cdot 2x(f')^{(n-2)}(x) + {}_{n-1}C_2 \cdot 2(f')^{(n-3)}(x)$, $(1+x^2)f^{(n)}(x) + 2(n-1)xf^{(n-1)}(x) + (n-1)(n-2)f^{(n-2)}(x) = 0$, $(n \geq 2)$．
(2) $a_1 = 1$, $a_2 = 0$ で，(1) で得た恒等式に $x = 0$ を代入すれば，$a_n = -(n-1)(n-2)a_{n-2}$ となる． (3) 偶数項は $a_2 = 0$ より全て 0 である．$a_1 = 1$ より，$a_{2n-1} = -(2n-2)(2n-3)a_{2n-3} = (-1)^2(2n-2)(2n-3)(2n-4)(2n-5)a_{2n-5} = \cdots = (-1)^{n-1}(2n-2)!$ である．すなわち，$(\tan^{-1})^{(2n)}(0) = 0$, $(\tan^{-1})^{(2n-1)}(0) = (-1)^{n-1}(2n-2)!$ が得られた．

例題 2-10 Taylor の定理

演習 A (1) $f(x) = x^3 + 5x + 5$, $f'(x) = 3x^2 + 5$, $f''(x) = 6x$, $f'''(x) = 6$, $f^{(4)}(x) = 0$ より，$f(-1) = -1$, $f'(-1) = 8$, $f''(-1) = -6$, $f'''(-1) = 6$ である．従って，$f(x) = -1 + 8(x+1) + \dfrac{-6}{2!}(x+1)^2 + \dfrac{6}{3!}(x+1)^3 = (x+1)^3 - 3(x+1)^2 + 8(x+1) - 1$ を得る．
(2) $f^{(n)}(x) = (2^x)^{(n)} = 2^x(\log 2)^n$ (例題 2-9 (1)) より，$f^{(n)}(1) = 2(\log 2)^n$ であるから，$f(x) = 2 + 2\log 2 \cdot (x-1) + \dfrac{2(\log 2)^2}{2!}(x-1)^2 + \cdots + \dfrac{2(\log 2)^{n-1}}{(n-1)!}(x-1)^{n-1} + R_n(x)$, $R_n(x) = \dfrac{(\log 2)^n}{n!}2^{1+\theta(x-1)}(x-1)^n$ $(0 < \theta < 1)$． (3) $f(x) = \sin x - \cos x$ の 1 次近似式は $f\left(\dfrac{\pi}{4}\right) + f'\left(\dfrac{\pi}{4}\right)\left(x - \dfrac{\pi}{4}\right) = \sqrt{2}\left(x - \dfrac{\pi}{4}\right)$．[考え方 (3)] より，$\sin x - \cos x = \sqrt{2}\left(x - \dfrac{\pi}{4}\right) + R_2(x)$, $R_2(x) = o\left(x - \dfrac{\pi}{4}\right)$．$\lim_{x \to \frac{\pi}{4}}\dfrac{\sin x - \cos x}{x - \frac{\pi}{4}} = \lim_{x \to \frac{\pi}{4}}\left(\sqrt{2} + \dfrac{o(x - \frac{\pi}{4})}{x - \frac{\pi}{4}}\right) = \sqrt{2}$．

演習 B (1) $f(x) = x^2 \cos x$, $f'(x) = 2x\cos x - x^2\sin x$, $f''(x) = (2-x^2)\cos x - 4x\sin x$, $f'''(x) = -6x\cos x + (x^2 - 6)\sin x$, $f\left(\dfrac{\pi}{2}\right) = 0$, $f'\left(\dfrac{\pi}{2}\right) = -\dfrac{\pi^2}{4}$, $f''\left(\dfrac{\pi}{2}\right) = -2\pi$ よ

り, $x^2\cos x = -\dfrac{\pi^2}{4}(x-\dfrac{\pi}{2}) - \pi(x-\dfrac{\pi}{2})^2 + R_3(x)$, $R_3(x) = \dfrac{f'''(\frac{\pi}{2}+\theta(x-\frac{\pi}{2}))}{3!}\left(x-\dfrac{\pi}{2}\right)^3$ ($0 < \theta < 1$) である ($f'''\left(\dfrac{\pi}{2}+\theta\left(x-\dfrac{\pi}{2}\right)\right) = -6\left(\dfrac{\pi}{2}+\theta\left(x-\dfrac{\pi}{2}\right)\right)\cos\left(\dfrac{\pi}{2}+\theta\left(x-\dfrac{\pi}{2}\right)\right) + \left\{\left(\dfrac{\pi}{2}+\theta\left(x-\dfrac{\pi}{2}\right)\right)^2 - 6\right\}\sin\left(\dfrac{\pi}{2}+\theta\left(x-\dfrac{\pi}{2}\right)\right)$).

(2) $f(x) = e^x\log x$, $f'(x) = e^x(\log x + \dfrac{1}{x})$, $f''(x) = e^x\left(\log x + \dfrac{2}{x} - \dfrac{1}{x^2}\right)$, $f'''(x) = e^x\left(\log x + \dfrac{3}{x} - \dfrac{3}{x^2} + \dfrac{2}{x^3}\right)$, $f(1) = 0$, $f'(1) = e$, $f''(1) = e$ より, $e^x\log x = e(x-1) + \dfrac{e}{2}(x-1)^2 + R_3(x)$, $R_3(x) = \dfrac{f'''(1+\theta(x-1))}{3!}(x-1)^3$, ($0 < \theta < 1$) である.

(3) $f^{(n)}(x) = (\log(x-1))^{(n)} = (-1)^{n-1}\dfrac{(n-1)!}{(x-1)^n}$ (例題 2-9 (2)) より, $f(2) = 0$, $f^{(n)}(2) = (-1)^{n-1}(n-1)!$ である. $f(x) = (x-2) - \dfrac{1}{2}(x-2)^2 + \cdots + \dfrac{(-1)^{n-2}}{n-1}(x-2)^{n-1} + R_n(x)$, $R_n(x) = \dfrac{(-1)^{n-1}}{n}\dfrac{(x-2)^n}{(1+\theta(x-2))^n}$ ($0 < \theta < 1$) を得る.

演習 C $f(x) = x\log x$, $f'(x) = \log x + 1$, $f^{(k)}(x) = \left(\dfrac{1}{x}\right)^{(k-2)} = (-1)^{k-2}\dfrac{(k-2)!}{x^{k-1}}$ ($k \geqq 2$), $f(1) = 0$, $f'(1) = 1$, $f^{(k)}(1) = (-1)^{k-2}(k-2)!$ ($k \geqq 2$) である. よって, $x\log x = (x-1) + \sum_{k=2}^{n-1}(-1)^{k-2}\dfrac{1}{k(k-1)}(x-1)^k + R_n(x)$, $R_n(x) = (-1)^{n-2}\dfrac{1}{n(n-1)(1+\theta(x-1))^{n-1}}(x-1)^n$ を得る.

例題 2-11 Maclaurin の定理

演習 A (1) $\cos x = 1 + (-\sin 0)x + \dfrac{-\cos 0}{2!}x^2 + R_3(x) = 1 - \dfrac{1}{2}x^2 + R_3(x)$, $R_3(x) = \dfrac{\sin\theta x}{3!}x^3 = o(x^2)$ より, $\lim_{x\to 0}\dfrac{1-\cos x}{x^2} = \lim_{x\to 0}\dfrac{\frac{1}{2}x^2 - R_3(x)}{x^2} = \dfrac{1}{2}$ である.   (2) 例題 2-9 (1) と同様にして, $f^{(k)}(x) = (a^x)^{(k)} = a^x(\log a)^k$ である. $f^{(k)}(0) = (\log a)^k$ より, $a^x = 1 + (\log a)x + \dfrac{(\log a)^2}{2!}x^2 + \dfrac{(\log a)^3}{3!}x^3 + \dfrac{(\log a)^4}{4!}x^4 + R_5(x) = 1 + x\log a + \dfrac{(x\log a)^2}{2!} + \dfrac{(x\log a)^3}{3!} + \dfrac{(x\log a)^4}{4!} + R_5(x)$, $R_5(x) = \dfrac{a^{\theta x}}{5!}(x\log a)^5$ を得る.

(3) $f(x) = \log(1+x)$, $f'(x) = \dfrac{1}{1+x}$, $f''(x) = -\dfrac{1}{(1+x)^2}$, $f'''(x) = \dfrac{2}{(1+x)^3}$, $f^{(4)}(x) = -\dfrac{6}{(1+x)^4}$ より, $\log(1+x) = x - \dfrac{1}{2}x^2 + \dfrac{1}{3}x^3 + R_4(x)$, $R_4(x) = -\dfrac{1}{4(1+\theta x)^4}x^4$.

演習 B [考え方 演習 B, C 通して, 登場する関数はすべて C^∞ 級であるから $R_{n+1}(x) = o(x^n)$]   (1) $f(x) = \log(\cos x)$, $f'(x) = -\dfrac{\sin x}{\cos x}$, $f''(x) = -\dfrac{1}{\cos^2 x}$, $f'''(x) = -2\cdot\dfrac{\sin x}{\cos^3 x}$, $f^{(4)}(x) = -2\cdot\dfrac{\cos^2 x + 3\sin^2 x}{\cos^4 x}$, $f(0) = 0$, $f'(0) = 0$, $f''(0) = -1$, $f'''(0) = 0$, $f^{(4)}(0) = -2$ より, $\log(\cos x)$ の 4 次近似式は $-\dfrac{1}{2}x^2 - \dfrac{1}{12}x^4$ である.   (2) $f(x) = (1+x)^{\frac{1}{2}}$, $f'(x) =$

$\frac{1}{2}(1+x)^{-\frac{1}{2}}$, $f''(x) = \frac{1}{2}\left(-\frac{1}{2}\right)(1+x)^{-\frac{3}{2}}$, $f'''(x) = \frac{1}{2}\left(-\frac{1}{2}\right)\left(-\frac{3}{2}\right)(1+x)^{-\frac{5}{2}}$, $\cdots$, $f^{(n)}(x) = (-1)^{n-1}\frac{1\cdot 3\cdot 5 \cdots (2n-3)}{2^n}(1+x)^{-\frac{2n-1}{2}}$, $f(0) = 1$, $f'(0) = \frac{1}{2}$, $f''(0) = -\frac{1}{4}$, $f'''(0) = \frac{3}{8}$, $\cdots$, $f^{(n)}(0) = (-1)^{n-1}\frac{1\cdot 3\cdot 5 \cdots (2n-3)}{2^n}$ より, $\sqrt{1+x}$ の n 次近似式は $1+\frac{1}{2}x-\frac{1}{8}x^2+\frac{1}{16}x^3+\cdots+(-1)^{n-1}\frac{1\cdot 3\cdot 5 \cdots (2n-3)}{2^n n!}x^n$ である. (3) $f(x) = (1+x)^n$, $f'(x) = n(1+x)^{n-1}$, $f''(x) = n(n-1)(1+x)^{n-2}$, $\cdots$, $f^{(k)}(x) = n(n-1)\cdots(n-k+1)(1+x)^{n-k}$, $\cdots$, $f^{(n)}(x) = n!$, $f^{(n+1)}(x) = 0$, $\frac{f^{(k)}(0)}{k!} = \frac{n(n-1)\cdots(n-k+1)\cdot(n-k)!}{k!(n-k)!} = {}_nC_k$ ($k=0,1,\cdots,n$) である. $R_{n+1}(x) = 0$ であるから, $(1+x)^n$ はその n 次近似式と一致する. $(1+x)^n = 1+nx+\cdots+{}_nC_k x^k+\cdots+x^n$ である. これは 2 項定理そのものである.

演習 C (1) $f(x) = (1+x)\log(1+x)$, $f'(x) = \log(1+x)+1$, $f''(x) = \frac{1}{1+x}$, $\cdots$, $f^{(n)}(x) = (-1)^{n-2}\frac{(n-2)!}{(1+x)^{n-1}}$, $f(0) = 0$, $f'(0) = 1$, $f''(0) = 1$, $f'''(0) = -1$, $\cdots$, $f^{(n)}(0) = (-1)^{n-2}(n-2)!$ より, $(1+x)\log(1+x)$ の n 次近似式は $x+\frac{1}{2}x^2-\frac{1}{6}x^3+\cdots+(-1)^{n-2}\frac{1}{n(n-1)}x^n$ である. (2) $f(x) = \tan^{-1}x$ の n 次導関数は不明だが, 例題 2-9, 演習 B (3) で $f^{(2n)}(0) = 0$, $f^{(2n-1)}(0) = (-1)^{n-1}(2n-2)!$ であった. n 次近似式は, $x-\frac{1}{3}x^3+\frac{1}{5}x^5-\cdots+(-1)^{\frac{n-1}{2}}\frac{1}{n}x^n$ (n: 奇数), $x-\frac{1}{3}x^3+\frac{1}{5}x^5-\cdots+(-1)^{\frac{n-2}{2}}\frac{1}{n-1}x^{n-1}$ (n: 偶数) である (n が偶数のとき x^n の係数は 0 である). (3) $f(x) = e^{\tan^{-1}x}$, $f'(x) = e^{\tan^{-1}x}\cdot\frac{1}{1+x^2}$, $f''(x) = e^{\tan^{-1}x}\cdot\frac{1}{1+x^2}\cdot\frac{1}{1+x^2} + e^{\tan^{-1}x}\cdot\frac{-2x}{(1+x^2)^2} = e^{\tan^{-1}x}\cdot\frac{1-2x}{(1+x^2)^2}$, $f'''(x) = e^{\tan^{-1}x}\cdot\frac{1}{1+x^2}\cdot\frac{1-2x}{(1+x^2)^2} + e^{\tan^{-1}x}\cdot\frac{-2(1+x^2)^2-(1-2x)2(1+x^2)2x}{(1+x^2)^4} = e^{\tan^{-1}x}\cdot\frac{-1-6x+6x^2}{(1+x^2)^3}$, $f(0) = 1$, $f'(0) = 1$, $f''(0) = 1$, $f'''(0) = -1$ より, $e^{\tan^{-1}x}$ の 3 次近似式は $1+x+\frac{1}{2}x^2-\frac{1}{6}x^3$ である. $f^{(4)}(x) = e^{\tan^{-1}x}\cdot\frac{-7+12x+36x^2-24x^3}{(1+x^2)^4}$ より, 4 次近似式は $1+x+\frac{1}{2}x^2-\frac{1}{6}x^3-\frac{7}{24}x^4$ である.

例題 2-12 不等式

演習 A (1) 「例題 2-12 (1)」の解答より, $e^x = 1+x+\frac{1}{2!}x^2+\cdots+\frac{1}{n!}x^n+R_{n+1}(x)$, $R_{n+1}(x) = \frac{e^{\theta x}}{(n+1)!}x^{n+1}$ であった. $x=1$ のとき, $0 < e - \left(1+1+\frac{1}{2!}+\cdots+\frac{1}{n!}\right) = R_{n+1}(1) = \frac{e^\theta}{(n+1)!} < \frac{e^1}{(n+1)!} < \frac{3}{(n+1)!}$ を得る (この式は自然対数の底 e を $1+1+\frac{1}{2!}+\cdots+\frac{1}{n!}$ で計算すれば, 誤差は $\frac{3}{(n+1)!}$ より小であるということを示している). (2) $f(x) = \tan x$, $f'(x) = \frac{1}{\cos^2 x}$, $f''(x) = \frac{2\sin x}{\cos^3 x}$, $f(0) = 0$, $f'(0) = 1$ より, $\tan x = x +$

$R_2(x)$, $R_2(x) = \dfrac{\sin\theta x}{\cos^3\theta x}x^2$ $(0 < \theta < 1)$ である．$0 < \theta x < x < \dfrac{\pi}{2}$ により剰余項は正であるから，$x < \tan x$ を得る．　　(3) $f(x) = e^{-x}$, $f'(x) = -e^{-x}$, $f''(x) = e^{-x}$, $f'''(x) = -e^{-x}$, $f^{(n)}(x) = (-1)^n e^{-x}$ より，$e^{-x} = 1 - x + \dfrac{e^{-\theta x}}{2!}x^2$ $(0 < \theta < 1)$ で，剰余項は正であるから $1-x < e^{-x}$ を得る．また，$e^{-x} = 1 - x + \dfrac{1}{2!}x^2 + R_3(x)$, $R_3(x) = -\dfrac{e^{-\theta_1 x}}{6}x^3$ $(0 < \theta_1 < 1)$ であるが，剰余項は $0 < x$ より負であるから，$e^{-x} < 1 - x + \dfrac{1}{2}x^2$ が得られる．

演習 B　(1) $f(x) = f^{(4)}(x) = \sin x$, $f'(x) = \cos x$, $f''(x) = -\sin x$, $f'''(x) = -\cos x$, $f(0) = 0$, $f'(0) = 1$, $f''(0) = 0$, $f'''(0) = -1$ より，$\sin x = x + R_2(x)$, $R_2(x) = -\dfrac{\sin\theta x}{2}x^2$ $(0 < \theta < 1)$ であるが，剰余項は負である $(\because 0 < \sin\theta x)$．よって，$\sin x < x$ が得られる．また，$\sin x = x - \dfrac{1}{6}x^3 + R_4(x)$, $R_4(x) = \dfrac{\sin\theta_1 x}{24}x^4$ $(0 < \theta_1 < 1)$ となるが，剰余項は正である．したがって，$x - \dfrac{1}{6}x^3 < \sin x$ を得る．　　(2) $f(x) = \log(1+x)$, $f'(x) = \dfrac{1}{1+x}$, $f''(x) = -\dfrac{1}{(1+x)^2}$, $f'''(x) = \dfrac{2}{(1+x)^3}$, $f(0) = 0$, $f'(0) = 1$, $f''(0) = -1$ より，$\log(1+x) = x + R_2(x)$, $R_2(x) = -\dfrac{1}{2(1+\theta x)^2}x^2$ $(0 < \theta < 1)$ で，剰余項が負であるから $\log(1+x) < x$ を得る．また，$\log(1+x) = x - \dfrac{1}{2}x^2 + R_3(x)$, $R_3(x) = \dfrac{1}{3(1+\theta_1 x)^3}x^3$ $(0 < \theta_1 < 1)$ でこのときの剰余項は正であるから，$x - \dfrac{1}{2}x^2 < \log(1+x)$ を得る．　　(3) $f(x) = e^x \cos x$, $f'(x) = e^x \cos x + e^x(-\sin x)$, $f''(x) = -2e^x \sin x$, $f'''(x) = -2e^x \sin x - 2e^x \cos x$, $f^{(4)}(x) = -4e^x \cos x$, $f(0) = 1$, $f'(0) = 1$, $f''(0) = 0$, $f'''(0) = -2$ より，$e^x \cos x = 1 + x - \dfrac{1}{3}x^3 + R_4(x)$, $R_4(x) = -\dfrac{e^{\theta x}\cos\theta x}{6}x^4$．$-\dfrac{\pi}{2} < x < \dfrac{\pi}{2} \Rightarrow -\dfrac{\pi}{2} < \theta x < \dfrac{\pi}{2} \Rightarrow 0 < \cos\theta x$ より剰余項は負．ゆえに，$e^x \cos x < 1 + x - \dfrac{1}{3}x^3$ が得られる．

演習 C　(1) $f(x) = \sqrt{1+x}$, $f'(x) = \dfrac{1}{2}(1+x)^{-\frac{1}{2}}$, $f''(x) = -\dfrac{1}{4}(1+x)^{-\frac{3}{2}}$, $f'''(x) = \dfrac{3}{8}(1+x)^{-\frac{5}{2}}$, $f(0) = 1$, $f'(0) = \dfrac{1}{2}$, $f''(0) = -\dfrac{1}{4}$ より，$\sqrt{1+x} = 1 + \dfrac{1}{2}x + R_2(x)$, $R_2(x) = -\dfrac{1}{8(1+\theta x)^{\frac{3}{2}}}x^2$ $(0 < \theta < 1)$ で，剰余項は負であるから $\sqrt{1+x} < 1 + \dfrac{1}{2}x$ を得る．また，$\sqrt{1+x} = 1 + \dfrac{1}{2}x - \dfrac{1}{8}x^2 + R_3(x)$, $R_3(x) = \dfrac{1}{16(1+\theta_1 x)^{\frac{5}{2}}}x^3$, $(0 < \theta_1 < 1)$ であるから不等式 $1 + \dfrac{1}{2}x - \dfrac{1}{8}x^2 < \sqrt{1+x}$ が得られる．　　(2) $f(x) = \dfrac{1}{\sqrt{1+x}}$, $f'(x) = -\dfrac{1}{2}(1+x)^{-\frac{3}{2}}$, $f''(x) = \dfrac{3}{4}(1+x)^{-\frac{5}{2}}$, $f'''(x) = -\dfrac{15}{8}(1+x)^{-\frac{7}{2}}$, $f(0) = 1$, $f'(0) = -\dfrac{1}{2}$, $f''(0) = \dfrac{3}{4}$ より，$\dfrac{1}{\sqrt{1+x}} = 1 - \dfrac{1}{2}x + R_2(x)$, $R_2(x) = \dfrac{3}{8(1+\theta x)^{\frac{5}{2}}}x^2$ $(0 < \theta < 1)$ で，剰余項は正．よって，$1 - \dfrac{1}{2}x < \dfrac{1}{\sqrt{1+x}}$ を得る．また，$\dfrac{1}{\sqrt{1+x}} = 1 - \dfrac{1}{2}x + \dfrac{3}{8}x^2 + R_3(x)$, $R_3(x) = -\dfrac{5}{16(1+\theta_1 x)^{\frac{7}{2}}}x^3$, $(0 < \theta_1 < 1)$ となり，剰余項は負であるから，$\dfrac{1}{\sqrt{1+x}} < 1 - \dfrac{1}{2}x + \dfrac{3}{8}x^2$ を

得る．　(3) すでに $x - \frac{1}{2}x^2 < \log(1+x) < x$,　$(0 < x)$ があるが，もっと精密な不等式が得られる．$f(x) = (1+x)\log(1+x)$ とおく．$f'(x) = \log(1+x) + 1$, $f''(x) = \frac{1}{1+x}$, $f'''(x) = -\frac{1}{(1+x)^2}$, $f(0) = 0$, $f'(0) = 1$, $f''(0) = 1$ より，$(1+x)\log(1+x) = x + R_2(x)$, $R_2(x) = \frac{1}{2(1+\theta x)}x^2$ $(0 < \theta < 1)$ で，この剰余項は正だから $x < (1+x)\log(1+x)$ すなわち $\frac{x}{1+x} < \log(1+x)$ が得られる．また，$(1+x)\log(1+x) = x + \frac{1}{2}x^2 + R_3(x)$, $R_3(x) = -\frac{1}{6(1+\theta_1 x)^2}x^3$ $(0 < \theta_1 < 1)$ であり，剰余項が負より $(1+x)\log(1+x) < x + \frac{1}{2}x^2$ すなわち，$\log(1+x) < \frac{x + x^2 - \frac{1}{2}x^2}{1+x} = x - \frac{x^2}{2(1+x)}$ を得る．

例題 2-13　de l'Hospital の定理 (1)

演習 A　(1) $\lim_{x \to \frac{\pi}{4}}(\cos x - \sin x) = 0$, $\lim_{x \to \frac{\pi}{4}}\left(x - \frac{\pi}{4}\right) = 0$ であるから $\frac{0}{0}$ 形の不定形．$\frac{(\cos x - \sin x)'}{(x - \frac{\pi}{4})'} = \frac{-\sin x - \cos x}{1} \to -\frac{1}{\sqrt{2}} - \frac{1}{\sqrt{2}} = -\sqrt{2}$, $\left(x \to \frac{\pi}{4}\right)$ より，$\lim_{x \to \frac{\pi}{4}} \frac{\cos x - \sin x}{x - \frac{\pi}{4}} = -\sqrt{2}$ である．　(2) $\lim_{x \to 0}(\log(1-x) - \log(1+x)) = 0$, $\lim_{x \to 0} x = 0$ であるから $\frac{0}{0}$ 形の不定形．$\frac{(\log(1-x) - \log(1+x))'}{(x)'} = \frac{\frac{-1}{1-x} - \frac{1}{1+x}}{1} \to -2$, $(x \to 0)$ より，$\lim_{x \to 0} \frac{\log(1-x) - \log(1+x)}{x} = -2$ である．　(3) $\lim_{x \to \infty} x = \infty$, $\lim_{x \to \infty}(2x + \log x) = \infty$ であるから $\frac{\infty}{\infty}$ 形の不定形．$\frac{x'}{(2x + \log x)'} = \frac{1}{2 + \frac{1}{x}} \to \frac{1}{2}$, $(x \to \infty)$ より，$\lim_{x \to \infty} \frac{x}{2x + \log x} = \frac{1}{2}$ である．

演習 B　(1) $\lim_{x \to 0} \sin(\sin x) = 0$, $\lim_{x \to 0} \tan x = 0$ であるから $\frac{0}{0}$ 形の不定形．$\frac{(\sin(\sin x))'}{(\tan x)'} = \frac{\cos(\sin x) \cdot \cos x}{\frac{1}{\cos^2 x}} \to 1$, $(x \to 0)$ より，$\lim_{x \to 0} \frac{\sin(\sin x)}{\tan x} = 1$ である．　(2) $\lim_{x \to 0}(\log(1+x) - x) = 0$, $\lim_{x \to 0} x^2 = 0$ であるから $\frac{0}{0}$ 形の不定形．$\frac{(\log(1+x) - x)'}{(x^2)'} = \frac{\frac{1}{1+x} - 1}{2x}$ も $\frac{0}{0}$ 形の不定形である．$\frac{(\frac{1}{1+x} - 1)'}{(2x)'} = \frac{-\frac{1}{(1+x)^2}}{2} = -\frac{1}{2(1+x)^2} \to -\frac{1}{2}$, $(x \to 0)$ となる．de l'Hospital の定理により，$\lim_{x \to 0} \frac{(\log(1+x) - x)'}{(x^2)'} = -\frac{1}{2}$ である．再び de l'Hospital の定理を使い，$\lim_{x \to 0} \frac{\log(1+x) - x}{x^2} = -\frac{1}{2}$ を得る．　(3) $\frac{\infty}{\infty}$ 形の不定形であるが，de l'Hospital の定理は適用できない．$\frac{x'}{(2x + \cos x)'} = \frac{1}{2 - \sin x}$ とすれば不定形ではなくなったが，$x \to \infty$ とするとき分母が一定の値に収束しないのである（$\lim_{x \to \infty} \frac{x}{2x + \cos x} = \lim_{x \to \infty} \frac{1}{2 + \frac{\cos x}{x}} = \frac{1}{2}$ として求めることができる．de l'Hospital の定理は非常に強力ではあるが万能ではない，という

例である).

演習 C (1) $\frac{0}{0}$ 形の不定形. $\frac{(x^2+2\log\cos x)'}{(x^4)'} = \frac{2x+2\frac{-\sin x}{\cos x}}{4x^3}$, これも $\frac{0}{0}$ 形の不定形であるからもう一度繰返す. $\frac{(x-\tan x)'}{(2x^3)'} = \frac{1-1-\tan^2 x}{6x^2} = -\frac{1}{6\cos^2 x}\left(\frac{\sin x}{x}\right)^2 \to -\frac{1}{6}$ $(x\to 0)$ となる. de l'Hospital の定理を二度用いて, $\lim_{x\to 0}\frac{x^2+2\log\cos x}{x^4} = -\frac{1}{6}$ を得る. (2) $\frac{0}{0}$ 形の不定形. $\frac{(2\sqrt{x-1}-x)'}{(x^2-4x+4)'} = \frac{\frac{1}{\sqrt{x-1}}-1}{2x-4}$ も $x\to 2$ のとき $\frac{0}{0}$ 形の不定形である. $\frac{(\frac{1}{\sqrt{x-1}}-1)'}{(2x-4)'} = \frac{\frac{-1}{2(x-1)\sqrt{x-1}}}{2} = -\frac{1}{4(x-1)\sqrt{x-1}} \to -\frac{1}{4}$ $(x\to 2)$ となる. de l'Hospital の定理により $\lim_{x\to 2}\frac{(2\sqrt{x-1}-x)'}{(x^2-4x+4)'} = -\frac{1}{4}$, もう一度 de l'Hospital の定理を用いて, $\lim_{x\to 2}\frac{2\sqrt{x-1}-x}{x^2-4x+4} = -\frac{1}{4}$ が得られる. (3) $\frac{0}{0}$ 形の不定形. $\frac{(x\cos x-\sin x)'}{(x-\sin x)'} = \frac{\cos x+x(-\sin x)-\cos x}{1-\cos x}$ も $\frac{0}{0}$ 形の不定形. さらに $\frac{(-x\sin x)'}{(1-\cos x)'} = \frac{-\sin x-x\cos x}{\sin x} = -1-\frac{\cos x}{\frac{\sin x}{x}} \to -1-\frac{1}{1} = -2$ $(x\to 0)$ より de l'Hospital の定理を二度用いて, $\lim_{x\to 0}\frac{x\cos x-\sin x}{x-\sin x} = -2$ を得る.

例題 2-14 de l'Hospital の定理 (2)

演習 A [(1), (2), (3) は $0\cdot\infty$ 形の不定形] (1) $x(e^{\frac{1}{x}}-1) = \frac{e^{\frac{1}{x}}-1}{\frac{1}{x}}$: $\frac{0}{0}$ 形の不定形. $\frac{(e^{\frac{1}{x}}-1)'}{(\frac{1}{x})'} = \frac{e^{\frac{1}{x}}(-\frac{1}{x^2})}{-\frac{1}{x^2}} = e^{\frac{1}{x}} \to 1$ $(x\to\infty)$ より, de l'Hospital の定理によって $\lim_{x\to\infty}x(e^{\frac{1}{x}}-1) = 1$ である. (2) $x\log\frac{x-2}{x+2} = \frac{\log\frac{x-2}{x+2}}{\frac{1}{x}}$: $\frac{0}{0}$ 形の不定形. $\frac{(\log\frac{x-2}{x+2})'}{(\frac{1}{x})'} = \frac{\frac{1}{x-2}-\frac{1}{x+2}}{-\frac{1}{x^2}} = -4\frac{x^2}{x^2-2^2} \to -4$ $(x\to\infty)$ より, de l'Hospital の定理によって $\lim_{x\to\infty}x\log\frac{x-2}{x+2} = -4$ である. (3) $x\cos(\tan^{-1}x) = \frac{\cos(\tan^{-1}x)}{\frac{1}{x}}$: $\frac{0}{0}$ 形の不定形. $\frac{(\cos(\tan^{-1}x))'}{(\frac{1}{x})'} = \frac{-\sin(\tan^{-1}x)\cdot\frac{1}{1+x^2}}{-\frac{1}{x^2}} = \sin(\tan^{-1}x)\cdot\frac{x^2}{1+x^2} \to 1$ $(x\to\infty)$. したがって de l'Hospital の定理によって $\lim_{x\to\infty}x\cos(\tan^{-1}x) = 1$ である.

[(4), (5) は $\infty-\infty$ 形の不定形] (4) $\frac{1}{x^2}-\frac{\sin x}{x^3} = \frac{x-\sin x}{x^3}$: $\frac{0}{0}$ 形の不定形. $\frac{(x-\sin x)'}{(x^3)'} = \frac{1-\cos x}{3x^2}$: $\frac{0}{0}$ 形の不定形. $\frac{(1-\cos x)'}{(3x^2)'} = \frac{\sin x}{6x} \to \frac{1}{6}$ $(x\to 0)$ より, de l'Hospital の定理を 2 度用いて $\lim_{x\to 0}\left(\frac{1}{x^2}-\frac{\sin x}{x^3}\right) = \frac{1}{6}$ が得られる. (5) $2x\tan x-\frac{\pi}{\cos x} = \frac{2x\sin x-\pi}{\cos x}$: $\frac{0}{0}$ 形の不定形. $\frac{(2x\sin x-\pi)'}{(\cos x)'} = \frac{2\sin x+2x\cos x}{-\sin x} \to$

-2 $\left(x \to \frac{\pi}{2}\right)$ より, de l'Hospital の定理を用いて, $\lim_{x \to \frac{\pi}{2}}\left(2x\tan x - \frac{\pi}{\cos x}\right) = -2$ が得られる.

[(6), (7), (8) は 1^∞ 形の不定形]　(6) $x^{\frac{1}{x-1}} = e^{\frac{1}{x-1}\log x}$. $\frac{\log x}{x-1}$ は $\frac{0}{0}$ 形の不定形.
$\frac{(\log x)'}{(x-1)'} = \frac{1}{x} \to 1$　$(x \to 1)$ より, $\lim_{x \to 1}\frac{1}{x-1}\log x = 1$ (de l'Hospital の定理). 指数関数の連続性により, $\lim_{x \to 1}x^{\frac{1}{x-1}} = e^1 = e$ である.　(7) $(1+be^{-x})^{e^x} = e^{e^x \log(1+be^{-x})}$.
$\frac{\log(1+be^{-x})}{e^{-x}}$: $\frac{0}{0}$ 型. $\frac{(\log(1+be^{-x}))'}{(e^{-x})'} = \frac{\frac{-be^{-x}}{1+be^{-x}}}{-e^{-x}} = \frac{b}{1+be^{-x}} \to b$　$(x \to \infty)$ より, $\lim_{x \to \infty}\frac{\log(1+be^{-x})}{e^{-x}} = b$ である (de l'Hospital の定理). 指数関数の連続性により, $\lim_{x \to \infty}(1+be^{-x})^{e^x} = e^b$ となる.　(8) $(\cos x)^{\frac{1}{x^2}} = e^{\frac{\log(\cos x)}{x^2}}$. $\frac{\log(\cos x)}{x^2}$: $\frac{0}{0}$ 形の不定形. $\frac{(\log(\cos x))'}{(x^2)'} = \frac{-\frac{\sin x}{\cos x}}{2x} \to -\frac{1}{2}$　$(x \to 0)$ より, de l'Hospital の定理を用いて, $\lim_{x \to 0}\frac{\log(\cos x)}{x^2} = -\frac{1}{2}$ である. 指数関数の連続性によって, $\lim_{x \to 0}(\cos x)^{\frac{1}{x^2}} = e^{-\frac{1}{2}}$ が得られる.

[(9), (10), (11) は 0^0 形の不定形]　(9) $|\tan x|^{\sin x} = e^{\sin x \cdot \log|\tan x|} = e^{\frac{\log|\tan x|}{\frac{1}{\sin x}}}$.
$\lim_{x \to 0}\frac{\log|\tan x|}{\frac{1}{\sin x}}$: $\frac{\infty}{\infty}$ 形の不定形. $\frac{(\log|\tan x|)'}{(\frac{1}{\sin x})'} = \frac{\frac{\cos x}{\sin x}\frac{1}{\cos^2 x}}{-\frac{\cos x}{\sin^2 x}} = -\frac{\sin x}{\cos^2 x} \to 0$　$(x \to 0)$
より, de l'Hospital の定理を用いて, $\lim_{x \to 0}\frac{\log|\tan x|}{\frac{1}{\sin x}} = 0$ を得る. 指数関数の連続性により, $\lim_{x \to 0}|\tan x|^{\sin x} = e^0 = 1$ である.

(10) $|x|^x = e^{x \log|x|}$ であるから, $\frac{(-)\infty}{\infty}$ 型の不定形 $\frac{\log|x|}{\frac{1}{x}}$ について, $\frac{(\log|x|)'}{(\frac{1}{x})'} = \frac{\frac{1}{x}}{\frac{-1}{x^2}} = -x \to 0$　$(x \to 0)$ となるから, de l'Hospital の定理によって $\lim_{x \to 0}x\log|x| = 0$ が得られる. 指数関数の連続性により, $\lim_{x \to 0}|x|^x = 1$ である.　(11) $|x|^{\log(1+x)} = e^{\log(1+x) \cdot \log|x|} = e^{\frac{\log(1+x)}{x}\log|x|^x}$
である. $x \to 0$ のとき, $\frac{\log(1+x)}{x}$ は $\frac{0}{0}$ 形の不定形. $\frac{(\log(1+x))'}{(x)'} = \frac{1}{1+x} \to 1$　$(x \to 0)$
より, $\frac{\log(1+x)}{x} \to 1$　$(x \to 0)$ (de l'Hospital の定理). (10) と対数関数の連続性によって $\log|x|^x$ は $\log 1 = 0$ に収束する. よって, $\lim_{x \to 0}\log(1+x) \cdot \log|x| = 0$ である. 指数関数の連続性により, $\lim_{x \to 0}|x|^{\log(1+x)} = e^0 = 1$.

[(12) は ∞^0 形の不定形]　(12) $(-\log|x|)^x = e^{x\log(-\log|x|)} = e^{\frac{\log(-\log|x|)}{\frac{1}{x}}}$. $\lim_{x \to 0}\frac{\log(-\log|x|)}{\frac{1}{x}}$:
$\frac{\infty}{\infty}$ 形の不定形. $\frac{(\log(-\log|x|))'}{(\frac{1}{x})'} = \frac{\frac{1}{\log|x|}\frac{1}{x}}{-\frac{1}{x^2}} = \frac{-x}{\log|x|} \to 0$　$(x \to 0)$ より, de l'Hospital の定理によって $\lim_{x \to 0}\frac{\log(-\log|x|)}{\frac{1}{x}} = 0$ である. 指数関数の連続性により, $\lim_{x \to 0}(-\log|x|)^x = e^0 = 1$
が得られた.

総合問題(1) 2-15

演習 A (1) $b_n = b_{n-1} + \dfrac{1}{n!}$, $0 < \dfrac{1}{n!}$ より, $b_{n-1} < b_n$：(真に) 単調増加. $(k-1)k \leq k! \Rightarrow$ $\dfrac{1}{k!} \leq \dfrac{1}{(k-1)k} = \dfrac{1}{k-1} - \dfrac{1}{k} \Rightarrow b_n \leq 1 + 1 + \left(1 - \dfrac{1}{2}\right) + \left(\dfrac{1}{2} - \dfrac{1}{3}\right) + \cdots + \left(\dfrac{1}{n-1} - \dfrac{1}{n}\right) = 3 - \dfrac{1}{n} < 3$. (2) $a_n = \cdots + {}_nC_k \dfrac{1}{n^k} + \cdots = \cdots + \dfrac{1}{k!} c_k + \cdots$, ${}_nC_k = \dfrac{n!}{k!(n-k)!}$ より, $c_k = \dfrac{n!}{(n-k)! \cdot n^k} = \dfrac{(n-k+1)(n-k+2)\cdots n}{n \cdot n \cdots n} = \left(\dfrac{n-k+1}{n}\right)\left(\dfrac{n-k+2}{n}\right)\cdots \left(\dfrac{n-k+(k-1)}{n}\right)\left(\dfrac{n-k+k}{n}\right) = \left(1 - \dfrac{k-1}{n}\right)\left(1 - \dfrac{k-2}{n}\right)\cdots\left(1 - \dfrac{1}{n}\right) < 1$ となる. $p_1 = \dfrac{1}{n}$, $p_2 = \dfrac{2}{n}$, $\cdots$, $p_{k-1} = \dfrac{k-1}{n}$ とおいて, 補題を適用する. $c_k \geq 1 - \left(\dfrac{1}{n} + \dfrac{2}{n} + \cdots + \dfrac{k-1}{n}\right) = 1 - \dfrac{\frac{(k-1)k}{2}}{n}$.

補題の証明. (i) 右辺 − 左辺 $= AB > 0$. (ii) $\ell = 2$ のときは (i) により成り立つ. $\ell - 1$ まで成り立つと仮定する, i. e. $1 - (p_1 + p_2 + \cdots + p_{\ell-1}) < (1 - p_1)(1 - p_2) \cdots (1 - p_{\ell-1})$. $A = p_1 + p_2 + \cdots + p_{\ell-1}$, $B = p_\ell$ として i) を用いると, 左辺 $< (1 - (p_1 + p_2 + \cdots + p_{\ell-1}))(1 - p_\ell)$. $0 < 1 - p_\ell$ と仮定により, 左辺 $< (1 - (p_1 + p_2 + \cdots + p_{\ell-1}))(1 - p_\ell) < (1 - p_1)(1 - p_2) \cdots (1 - p_{\ell-1})(1 - p_\ell) =$ 右辺. (3) $1 - \dfrac{(k-1)k}{2n} \leq c_k < 1$ $(2 \leq k \leq n)$ の三辺に $\dfrac{1}{k!}$ を掛けて全部足し, さらに $1+1$ を加える. $1 + 1 + \left(\dfrac{1}{2!} - \dfrac{1}{2n} \cdot 1\right) + \left(\dfrac{1}{3!} - \dfrac{1}{2n} \cdot 1\right) + \cdots + \left(\dfrac{1}{n!} - \dfrac{1}{2n} \cdot \dfrac{1}{(n-2)!}\right) \leq a_n < b_n$ である. $b_n - \dfrac{1}{2n} b_{n-2} \leq a_n < b_n$ が示された. $\displaystyle\lim_{n \to \infty} \left(b_n - \dfrac{1}{2n} b_{n-2}\right) = \lim_{n \to \infty} b_n - \lim_{n \to \infty} \left(\dfrac{1}{2n} \cdot b_{n-2}\right) = \lim_{n \to \infty} b_n - \lim_{n \to \infty} \dfrac{1}{2n} \cdot \lim_{n \to \infty} b_{n-2} = \lim_{n \to \infty} b_n - 0 \cdot \lim_{n \to \infty} b_n = \lim_{n \to \infty} b_n$ を得る. 挟みうちの原理により $\displaystyle\lim_{n \to \infty} a_n = \lim_{n \to \infty} b_n$ である.

総合問題(2) 2-16

演習 A (1) [考え方 $\displaystyle\lim_{n \to \infty} \left(1 + \dfrac{1}{n}\right)^n = e$ を用いて $\displaystyle\lim_{x \to \infty} \left(1 + \dfrac{1}{x}\right)^x = e$ を示す. 一般に「$\displaystyle\lim_{y \to (\pm)\infty} g(y) = B$ かつ $\displaystyle\lim_{x \to c} f(x) = (\pm)\infty$ ならば $\displaystyle\lim_{x \to c} g(f(x)) = B$ である ($c = \pm\infty$ でもよい)」が成り立つ. これを用いて $\displaystyle\lim_{x \to -\infty} \left(1 + \dfrac{1}{x}\right)^x = e$ を示す.] x 以下最大整数をガウス記号 $[x]$ で表す. $[x] \leq x < [x] + 1$ と指数関数 a^x の (真の) 単調性により, $\left(1 + \dfrac{1}{[x]+1}\right)^{[x]} < \left(1 + \dfrac{1}{x}\right)^x < \left(1 + \dfrac{1}{[x]}\right)^{[x]+1}$ である. $\left(1 + \dfrac{1}{n+1}\right)^n = \dfrac{(1 + \frac{1}{n+1})^{n+1}}{1 + \frac{1}{n+1}}$, $\left(1 + \dfrac{1}{n}\right)^{n+1} = \left(1 + \dfrac{1}{n}\right)^n \cdot \left(1 + \dfrac{1}{n}\right)$ であるから $n \to \infty$ とするときいずれも e に収束する. よって, いかなる正数 ε に対しても N が存在し, $N < n$ ならば $e - \varepsilon < \left(1 + \dfrac{1}{n+1}\right)^n$, $\left(1 + \dfrac{1}{n}\right)^{n+1} < e + \varepsilon$

となる．$N+1 < x$ とすれば $N < [x]$ であるから $e - \varepsilon < \left(1 + \dfrac{1}{x}\right)^x < e + \varepsilon$ である．したがって，$\displaystyle\lim_{x \to \infty} \left(1 + \dfrac{1}{x}\right)^x = e$ である．$g(y) = \left(1 + \dfrac{1}{y}\right)^{y+1}$, $f(x) = -x - 1$ とおけば $\displaystyle\lim_{y \to \infty} g(y) = \lim_{y \to \infty} \left(1 + \dfrac{1}{y}\right)^y \left(1 + \dfrac{1}{y}\right) = e$, $\displaystyle\lim_{x \to -\infty} f(x) = \infty$ である．$g(f(x)) = \left(1 + \dfrac{1}{x}\right)^x$ であるから，$\displaystyle\lim_{x \to -\infty} \left(1 + \dfrac{1}{x}\right)^x = e$ が示された．　　(2) $g(y) = \left(1 + \dfrac{1}{y}\right)^y$, $f(x) = \dfrac{1}{x}$ とおけば (1) より $\displaystyle\lim_{y \to \pm\infty} g(y) = e$, $\displaystyle\lim_{x \to 0} f(x) = \pm\infty$, $g(f(x)) = (1+x)^{\frac{1}{x}}$ である．(1) の [考え方] の後半により，$\displaystyle\lim_{x \to 0}(1+x)^{\frac{1}{x}} = e$ である．　　(3) $\log y$ は $y = e$ で連続で，(2) より $\displaystyle\lim_{x \to 0}(1+x)^{\frac{1}{x}} = e$ であるから，$\displaystyle\lim_{x \to 0} \log(1+x)^{\frac{1}{x}} = \log e = 1$．$\displaystyle\lim_{x \to 0} \dfrac{1}{x} \log(1+x) = 1$ である．　　(4) [考え方　$g(y)$ が $y = A$ で連続でないときでも「c に十分近い x に関して $f(x) \neq A$ であるとき，$\displaystyle\lim_{y \to A} g(y) = B$ かつ $\displaystyle\lim_{x \to c} f(x) = A$ ならば $\displaystyle\lim_{x \to c} g(f(x)) = B$ である」が成り立つ．これを用いる．]　　$g(y) = \dfrac{y}{\log(1+y)}$, $f(x) = e^x - 1$ とおけば $g(f(x)) = \dfrac{e^x - 1}{x}$．(3) より $\displaystyle\lim_{y \to 0} \dfrac{y}{\log(1+y)} = 1$ また $\displaystyle\lim_{x \to 0} f(x) = 0$．指数関数は真に単調であるから $f(x) = e^x - 1 \neq 0 \quad (x \neq 0)$ である．したがって，$\displaystyle\lim_{x \to 0} \dfrac{e^x - 1}{x} = 1$ が得られる．

III

級　数

基本事項

1. 無限級数

数列 $\{a_n\}$ に対し,

$$a_1 + a_2 + \cdots + a_n + \cdots \quad \text{(形式和)}$$

を無限級数といい, $\displaystyle\sum_{n=1}^{\infty} a_n$ で表す.

部分和：級数の第 1 項から第 n 項までの和を, (この級数の第 n 項までの) 部分和という.

級数の和：部分和のつくる数列 $\{S_n\}$ が A に収束するとき, 級数 $\displaystyle\sum_{n=1}^{\infty} a_n$ は収束するという.

A を級数 $\displaystyle\sum_{n=1}^{\infty} a_n$ の和といい, $\displaystyle\sum_{n=1}^{\infty} a_n$ で表す.

和・スカラー倍： $\displaystyle\sum_{n=1}^{\infty} a_n, \sum_{n=1}^{\infty} b_n$ は収束するとする. このとき,

$$\sum_{n=1}^{\infty}(a_n + b_n) = \sum_{n=1}^{\infty} a_n + \sum_{n=1}^{\infty} b_n$$

$$\sum_{n=1}^{\infty} ca_n = c\sum_{n=1}^{\infty} a_n \quad (c \text{ は定数})$$

部分和のつくる数列 $\{S_n\}$ が発散するとき, 級数 $\displaystyle\sum_{n=1}^{\infty} a_n$ は発散するという.

2. 正項級数

級数 $\displaystyle\sum_{n=1}^{\infty} a_n$ は, $a_n \geqq 0$ がすべての n に対し成立するとき, 正項級数という.

- 級数 $\displaystyle\sum_{n=1}^{\infty} a_n$ が正項級数ならば, $\{S_n\}$ は単調増加数列である.
- 正項級数は収束すれば, その項の順序を入れ換えた級数も収束し, その和は変らない.

3. 収束・発散の判定

(1) 正項級数の収束・発散

(i) 正項級数 $\sum_{n=1}^{\infty} a_n$ が収束するための必要十分条件は，$\{S_n\}$ が上に有界であることである．

(ii) 比較判定法：正項級数 $\sum_{n=1}^{\infty} a_n$ と $\sum_{n=1}^{\infty} b_n$ に対し $a_n \leqq b_n$ であるとき，

[1] $\sum_{n=1}^{\infty} b_n$ が収束するならば $\sum_{n=1}^{\infty} a_n$ も収束する．

[2] $\sum_{n=1}^{\infty} a_n$ が発散するならば $\sum_{n=1}^{\infty} b_n$ も発散する．

「等比級数 $\sum_{n=1}^{\infty} r^n$ が収束するための必要十分条件は，$|r|<1$ である．」と比較判定法により，次の (iii)(iv) を得る．

(iii) d'Alembert の判定法：$\sum a_n$ が正項級数で，$\lim_{n \to \infty} \dfrac{a_{n+1}}{a_n} = l$ が存在するとき，

$l<1$ ならば $\sum_{n=1}^{\infty} a_n$ は収束し，$l>1$ ならば $\sum_{n=1}^{\infty} a_n$ は発散する．

(iv) Cauchy の判定法：$\sum_{n=1}^{\infty} a_n$ が正項級数で，$\lim_{n \to \infty} \sqrt[n]{a_n} = l$ が存在するとき，

$l<1$ ならば $\sum_{n=1}^{\infty} a_n$ は収束し，$l>1$ ならば $\sum_{n=1}^{\infty} a_n$ は発散する．

(2) 交項級数：$\sum_{n=1}^{\infty} (-1)^n a_n, a_n > 0$，のように項の符号が正負交互の級数を交項級数という．

- 交項級数 $\sum_{n=1}^{\infty} (-1)^n a_n$ は，$a_1 \geqq a_2 \geqq \cdots \geqq a_n \geqq \cdots$ かつ $\lim_{n \to \infty} a_n = 0$ のとき収束する．

(3) 一般の級数の収束・発散

- 級数 $\sum_{n=1}^{\infty} a_n$ は，収束するならば $\lim_{n \to \infty} a_n = 0$ である．

絶対収束：級数 $\sum_{n=1}^{\infty} a_n$ は，各項をその絶対値にとって得られる級数 $\sum_{n=1}^{\infty} |a_n|$ が収束するとき，絶対収束するという．

- 級数は絶対収束すれば収束する．
- 級数は絶対収束すれば，その項の順序を入れ換えた級数も収束し，その和は変わらない．
- 積：$\sum_{n=0}^{\infty} a_n$ と $\sum_{n=0}^{\infty} b_n$ がともに絶対収束するとき，$c_n = \sum_{k=0}^{n} a_k b_{n-k}$ とすると，

$\sum_{n=0}^{\infty} c_n$ も絶対収束し，$\sum_{n=0}^{\infty} c_n = \left(\sum_{n=0}^{\infty} a_n\right) \cdot \left(\sum_{n=0}^{\infty} b_n\right)$ である．

4. べき級数

$\sum_{n=0}^{\infty} a_n(x-a)^n = a_0 + a_1(x-a) + a_2(x-a)^2 + \cdots$ の形の級数を $x-a$ に関するべき級数 (整数級) という．

［注意］ $X = x - a$ とおくと $\sum_{n=0}^{\infty} a_n X^n$ となり X に関するべき級数となる．

［注意］ $\sum_{n=0}^{\infty} a_n x^n$ は，$x = 0$ のとき $\sum_{n=0}^{\infty} a_n x^n = a_0$ であり常に収束する．

(1) べき級数の収束：

- $\sum_{n=0}^{\infty} a_n x^n$ が $x = c$ で収束するならば，$|x| < |c|$ であるすべての x で収束する．

 ($\sum_{n=0}^{\infty} a_n x^n$ が $x = c$ で発散するならば，$|c| < |x|$ であるすべての x で発散する．)

(2) べき級数の収束半径 R：

べき級数 $\sum_{n=0}^{\infty} a_n x^n$ は，

[1] $x = 0$ でのみ収束するとき，$R = 0$ とする

[2] 任意の x に対して収束するとき，$R = \infty$ とする

[3] これら以外のときには，

$|x| < R$ ならば (絶対) 収束し，$R < |x|$ ならば発散するような R $(0 < R < \infty)$ がただ 1 つ存在する．

R を $\sum_{n=0}^{\infty} a_n x^n$ の収束半径という．

(3) 収束半径の計算：

[1] $\lim_{n \to \infty} \left| \dfrac{a_{n+1}}{a_n} \right| = \rho$ ならば $R = \dfrac{1}{\rho}$ である．

[2] $\lim_{n \to \infty} \sqrt[n]{|a_n|} = \rho$ ならば $R = \dfrac{1}{\rho}$ である．

5. べき級数で定義される関数

べき級数 $\sum_{n=0}^{\infty} a_n x^n$ の収束半径が R であるとき，$|x| < R$ なる x に値 $\sum_{n=0}^{\infty} a_n x^n$ を対応させることにより $|x| < R$ を定義域とする関数 $f(x)$ が定義される．$f(x) = \sum_{n=0}^{\infty} a_n x^n$ で表す．

(1) 項別微分：$f(x) = \sum_{n=0}^{\infty} a_n x^n$ (収束半径 R) は区間 $(-R, R)$ で微分可能であり，その導関数 $f'(x)$ は

$$f'(x) = \sum_{n=1}^{\infty} n a_n x^{n-1} \qquad (収束半径\ R)$$

よって，$f(x)$ は C^∞ 級である．

(2) 項別積分：$f(x) = \sum_{n=0}^{\infty} a_n x^n$ (収束半径 R) は区間 $(-R, R)$ で積分可能であり，

$$\int_0^x f(t)\, dt = \sum_{n=0}^{\infty} a_n \frac{x^{n+1}}{n+1} \qquad (収束半径 R)$$

(3) 一意性：$\sum_{n=0}^{\infty} a_n x^n, \sum_{n=0}^{\infty} b_n x^n$ がともに 0 でない収束半径を持ち，0 の近傍で等しければ，$a_n = b_n, n = 0, 1, 2, \cdots$，である．

(4) 和・差・積：$g(x) = \sum_{n=0}^{\infty} a_n x^n, h(x) = \sum_{n=0}^{\infty} b_n x^n$ (共に収束半径 R) ならば，

$$cg(x) \pm dh(x) = \sum_{n=0}^{\infty} (ca_n \pm db_n) x^n,$$

$$g(x) \cdot h(x) = \sum_{n=0}^{\infty} c_n x^n, \quad ただし, \quad c_n = \sum_{k=0}^{n} a_k b_{n-k}$$

6. 関数のべき級数展開

(1) Taylor 級数：関数 $f(x)$ が a のある近傍で C^{∞} 級であり，Taylor の定理における剰余項 R_n が $\lim_{n\to\infty} R_n = 0$ を満たすような x については，

$$f(x) = \sum_{n=0}^{\infty} \frac{f^{(n)}(a)}{n!} (x-a)^n$$

$$= f(a) + f'(a)(x-a) + \frac{f''(a)}{2!}(x-a)^2 + \cdots + \frac{f^{(n)}(a)}{n!}(x-a)^n + \cdots$$

(2) Maclaurin 級数：関数 $f(x)$ が 0 のある近傍で C^{∞} 級であり，Maclaurin の定理における剰余項 R_n が $\lim_{n\to\infty} R_n = 0$ を満たすような x については，

$$f(x) = \sum_{n=0}^{\infty} \frac{f^{(n)}(0)}{n!} x^n = f(0) + f'(0)x + \frac{f''(0)}{2!}x^2 + \cdots + \frac{f^{(n)}(0)}{n!}x^n + \cdots$$

【主な MacLaurin 級数展開】

$$e^x = \sum_{n=0}^{\infty} \frac{x^n}{n!} = 1 + x + \frac{x^2}{2!} + \frac{x^3}{3!} + \cdots + \frac{x^n}{n!} + \cdots \quad (|x| < \infty)$$

$$\log(1+x) = \sum_{n=1}^{\infty} (-1)^{n-1} \frac{x^n}{n} = x - \frac{x^2}{2} + \frac{x^3}{3} - \cdots + (-1)^{n-1} \frac{x^n}{n} + \cdots \quad (-1 < x \leq 1)$$

$$\log \frac{1+x}{1-x} = 2\sum_{n=1}^{\infty} \frac{x^{2n-1}}{2n-1} = 2x + \frac{2x^3}{3} + \frac{2x^5}{5} + \cdots + \frac{2x^{2n-1}}{2n-1} + \cdots \quad (-1 < x < 1)$$

$$\sin x = \sum_{n=0}^{\infty} (-1)^n \frac{x^{2n+1}}{(2n+1)!} = x - \frac{x^3}{3!} + \frac{x^5}{5!} - \cdots + (-1)^n \frac{x^{2n+1}}{(2n+1)!} + \cdots \quad (|x| < \infty)$$

$$\cos x = \sum_{n=0}^{\infty} (-1)^n \frac{x^{2n}}{(2n)!} = 1 - \frac{x^2}{2!} + \frac{x^4}{4!} - \cdots + (-1)^n \frac{x^{2n}}{(2n)!} + \cdots \quad (|x| < \infty)$$

$$\tan x = x + \frac{1}{3}x^3 + \frac{2}{15}x^5 + \frac{17}{315}x^7 + \cdots \quad \left(-\frac{\pi}{2} < x < \frac{\pi}{2}\right)$$

$$\sin^{-1} x = x + \sum_{n=1}^{\infty} \frac{1 \cdot 3 \cdots (2n-1)}{2 \cdot 4 \cdots (2n)} \frac{x^{2n+1}}{2n+1}$$

$$= x + \frac{1}{2} \frac{x^3}{3} + \frac{1 \cdot 3}{2 \cdot 4} \frac{x^5}{5} + \cdots + \frac{1 \cdot 3 \cdots (2n-1)}{2 \cdot 4 \cdots (2n)} \frac{x^{2n+1}}{2n+1} + \cdots \quad (|x| \leq 1)$$

$$\cos^{-1} x = \frac{\pi}{2} - x - \sum_{n=1}^{\infty} \frac{1 \cdot 3 \cdots (2n-1)}{2 \cdot 4 \cdots (2n)} \frac{x^{2n+1}}{2n+1} \quad (|x| \leq 1)$$

$$\tan^{-1} x = \sum_{n=0}^{\infty} (-1)^n \frac{x^{2n+1}}{2n+1} = x - \frac{x^3}{3} + \frac{x^5}{5} - \cdots + (-1)^n \frac{x^{2n+1}}{2n+1} + \cdots \quad (|x| \leq 1)$$

$$(1+x)^{\alpha} = \sum_{n=0}^{\infty} \binom{\alpha}{n} x^n \quad (|x| < 1) \quad \text{二項級数}$$

ただし, $\binom{\alpha}{n} = \begin{cases} \dfrac{\alpha(\alpha-1)\cdots(\alpha-n+1)}{n!} & (n \geq 1) \\ 1 & (n = 0) \end{cases}$

$$\frac{1}{1+x} = \sum_{n=0}^{\infty} (-1)^n x^n = 1 - x + x^2 - \cdots + (-1)^n x^n + \cdots \quad (|x| < 1)$$

$$\frac{1}{1-x} = \sum_{n=0}^{\infty} x^n = 1 + x + x^2 + \cdots + x^n + \cdots \quad (|x| < 1) \quad \text{無限等比級数}$$

$$\sqrt{1+x} = 1 + \frac{1}{2}x + \sum_{n=2}^{\infty} (-1)^{n-1} \frac{1 \cdot 3 \cdots (2n-3)}{2 \cdot 4 \cdots (2n-2)} \frac{x^n}{2n} \quad (|x| < 1)$$

$$\frac{1}{\sqrt{1+x}} = 1 + \sum_{n=1}^{\infty} (-1)^n \frac{1 \cdot 3 \cdots (2n-1)}{2 \cdot 4 \cdots (2n)} x^n \quad (|x| < 1)$$

$$\frac{1}{\sqrt{1-x}} = 1 + \sum_{n=1}^{\infty} \frac{1 \cdot 3 \cdots (2n-1)}{2 \cdot 4 \cdots (2n)} x^n \quad (|x| < 1)$$

$$\frac{1}{\sqrt{1-x^2}} = 1 + \sum_{n=1}^{\infty} \frac{1 \cdot 3 \cdots (2n-1)}{2 \cdot 4 \cdots (2n)} x^{2n} \quad (|x| < 1)$$

例題 3-1 部分和 (1)

[1] $n=1,2,3,4$ に対し，次の無限級数の第 n 項までの部分和 S_n を求めよ．
(1) $1-3+4-1+\cdots$　　(2) $\displaystyle\sum_{k=1}^{\infty} k!$

[2] 次の無限級数の第 n 項までの部分和 S_n を求めよ．
(1) $\displaystyle\sum_{k=1}^{\infty} \frac{1}{k(k+1)}$　　(2) $\displaystyle\sum_{k=1}^{\infty} \frac{1}{\sqrt{k}+\sqrt{k+1}}$　　(3) $\displaystyle\sum_{k=1}^{\infty} \frac{1}{k(k+1)(k+2)}$

[考え方]　**[1]** (1) $S_1=a_1, S_n=S_{n-1}+a_n \ (n \geq 2)$ より，順次 S_1,S_2,S_3,S_4 を求める．
(2) a_n が n の式で表されているときは，$n=1,2,3,4$ を順次代入し，a_1,a_2,a_3,a_4 の値を計算して得る．後は (1) と同様にする．
[2] S_n が n により比較的簡単に表される場合である．
一般項が分数式または無理式のとき，各項を「差の形」に変形すると求まることが多い．
例えば，差の形が $\displaystyle\sum_{k=1}^{\infty}(b_k - b_{k+1})$ のとき，

$$S_n = \sum_{k=1}^{\infty}(b_k - b_{k+1}) = (b_1-b_2)+(b_2-b_3)+(b_3-b_4)+\cdots+(b_n-b_{n+1}) = b_1-b_{n+1}$$

[解答]　**[1]** (1) $S_1=1, S_2=1-3=-2, S_3=-2+4=2, S_4=2-1=1$.
(2) $S_1=1, S_2=1+2!=3, S_3=3+3!=9, S_4=9+4!=33$.

[2] (1) $a_k = \dfrac{1}{k} - \dfrac{1}{k+1}$ より，
$S_n = \left(\dfrac{1}{1}-\dfrac{1}{2}\right)+\left(\dfrac{1}{2}-\dfrac{1}{3}\right)+\cdots+\left(\dfrac{1}{n}-\dfrac{1}{n+1}\right) = 1-\dfrac{1}{n+1}$.
(2) $a_k = \dfrac{\sqrt{k}-\sqrt{k+1}}{(\sqrt{k}+\sqrt{k+1})(\sqrt{k}-\sqrt{k+1})} = \sqrt{k+1}-\sqrt{k}$ より，$S_n = \sqrt{n+1}-1$.
(3) $a_k = \dfrac{1}{2}\left(\dfrac{1}{k(k+1)} - \dfrac{1}{(k+1)(k+2)}\right)$ より，
$S_n = \dfrac{1}{2}\left(\dfrac{1}{2} - \dfrac{1}{(n+1)(n+2)}\right) = \dfrac{1}{4} - \dfrac{1}{2(n+1)(n+2)}$.

演習 A　$n=1,2,3,4$ に対し，次の無限級数の第 n 項までの部分和 S_n を求めよ．
(1) $2+3-7+2\cdots$　　(2) $\displaystyle\sum_{k=1}^{\infty}(k+2^k)$

演習 B　次の無限級数の第 n 項までの部分和 S_n を求めよ．
(1) $\displaystyle\sum_{k=1}^{\infty}\frac{1}{k(k+2)}$　　(2) $\displaystyle\sum_{k=1}^{\infty}\frac{1}{(2k-1)(2k+1)}$　　(3) $\displaystyle\sum_{k=1}^{\infty}k!\,k$　　(4) $\displaystyle\sum_{k=1}^{\infty}\frac{k}{(k+1)!}$

演習 C　次の無限級数の第 n 項までの部分和 S_n を求めよ．
(1) $\displaystyle\sum_{k=1}^{\infty}\frac{k2^{k-1}}{(k+1)(k+2)}$　　(2) $\displaystyle\sum_{k=1}^{\infty}\frac{k^2+k-1}{(k+2)!}$　　(3) $\displaystyle\sum_{k=1}^{\infty}\frac{2k-1}{k(k+1)(k+2)}$

例題 3-2　部分和 (2)

> 次の無限級数の部分和 S_n を求めよ．
> (1) $\displaystyle\sum_{k=1}^{\infty} ar^{k-1}$　　(2) $\displaystyle\sum_{k=1}^{\infty} kr^{k-1}$　　(3) $\displaystyle\sum_{k=1}^{\infty} (-1)^{k-1} k^2$

[考え方]　(1) と (2) は $S_n - rS_n$ (r は定数) が n を用いて簡単に表されるタイプ．
(1) は初項 a, 公比 r の無限等比級数である．
$\displaystyle\sum_{k=1}^{\infty} r^{k-1}$ の部分和: $r = 1$ のとき, $S_n = n$, $r \neq 1$ のとき, $S_n = \dfrac{1-r^n}{1-r}$
(3) $\displaystyle\sum_{k=1}^{\infty} (-1)^{k-1} a_k = (a_1 - 0) + (a_2 - 2a_2) + (a_3 - 0) + (a_4 - 2a_4) + \cdots$ と変形し,
$\displaystyle\sum_{k=1}^{n} k = \frac{1}{2}n(n+1)$, $\displaystyle\sum_{k=1}^{n} k^2 = \frac{1}{6}n(n+1)(2n+1)$, $\displaystyle\sum_{k=1}^{n} k^3 = \frac{1}{4}n^2(n+1)^2$ 等を用いる．

[解答]　(1) $\displaystyle\sum_{k=1}^{n} ar^{k-1} = a\sum_{k=1}^{n} r^{k-1}$. よって, $r = 1$ のとき, $S_n = an$ で, $r \neq 1$ のとき,
$S_n = a\dfrac{1-r^n}{1-r}$.
(2) $S_n = 1 + 2r + 3r^2 + \cdots + nr^{n-1}$. ゆえに, $S_n - rS_n = 1 + r + r^2 + \cdots + r^{n-1} - nr^n$.
よって, $r \neq 1$ のとき, $(1-r)S_n = \dfrac{1-r^n}{1-r} - nr^n$. ゆえに, $S_n = \dfrac{1-r^n}{(1-r)^2} - \dfrac{nr^n}{1-r}$.
$r = 1$ のとき, $S_n = \displaystyle\sum_{k=1}^{n} k = \dfrac{n(n+1)}{2}$.
(3) $\displaystyle\sum_{k=1}^{\infty} (-1)^{k-1} k^2 = (1 - 0) + (2^2 - 2 \cdot 2^2) + (3^2 - 0) + (4^2 - 2 \cdot 4^2) + \cdots$.
$S_n = \displaystyle\sum_{k=1}^{n} k^2 - 2^3 \sum_{k=1}^{m} k^2 = \frac{1}{6}n(n+1)(2n+1) - 2^3 \cdot \frac{1}{6}m(m+1)(2m+1)$.
ただし, n が奇数のとき, $m = \dfrac{n-1}{2}$. n が偶数のとき, $m = \dfrac{n}{2}$.
よって, n が奇数のとき, $S_n = \dfrac{1}{2}n(n+1)$, n が偶数のとき, $S_n = -\dfrac{1}{2}n(n+1)$.

演習 A　次の無限等比級数の第 n 項までの部分和 S_n を求めよ．
(1) $1 - 1 + 1 - \cdots$　　(2) $9 - 6 + 4 - \cdots$　　(3) $2 + 2\sqrt{2} + 4 + \cdots$　　(4) $0.3 + 0.24 + 0.192 + \cdots$

演習 B　次の無限級数の第 n 項までの部分和 S_n を求めよ．
(1) $\displaystyle\sum_{k=1}^{\infty} ar^{2k}$　　(2) $\displaystyle\sum_{k=1}^{\infty} k(k+3)$　　(3) $\displaystyle\sum_{k=1}^{\infty} (-1)^{k-1} k$

演習 C　次の無限級数の第 n 項までの部分和を求めよ．
(1) $\displaystyle\sum_{k=1}^{\infty} k\tan^{k-1}\theta$ $\left(-\dfrac{\pi}{2} < \theta < \dfrac{\pi}{2}\right)$　　(2) $\displaystyle\sum_{k=1}^{\infty} (a+kd) r^{k-1}$　　(3) $\displaystyle\sum_{k=1}^{\infty} (-1)^{k-1} k^3$

例題 3-3　級数の和

次の無限級数の和 S を求めよ．$(a > 0)$

(1) $\displaystyle\sum_{n=1}^{\infty} \frac{1}{n(n+1)}$　　(2) $\displaystyle\sum_{n=1}^{\infty} ar^{n-1}$　　(3) $\displaystyle\sum_{n=1}^{\infty} \frac{3^n + 4}{9^n}$

(4) $1 - 1 + \dfrac{1}{2} - \dfrac{1}{2} + \dfrac{1}{3} - \dfrac{1}{3} + \cdots + \dfrac{1}{n} - \dfrac{1}{n} + \cdots$

[考え方]　(1) まず部分和 S_n を求めてみよう．S_n が求まれば，和は $S = \lim_{n\to\infty} S_n$.

(2) 無限級数の和：
$$\sum_{n=1}^{\infty} r^n = \begin{cases} \dfrac{r}{1-r} & (|r| < 1) \\ 発散 & (|r| \geq 1) \end{cases}$$

(3) $\displaystyle\sum_{n=1}^{\infty} a_n = A,\ \sum_{n=1}^{\infty} b_n = B$ のとき，$\displaystyle\sum_{n=1}^{\infty}(ca_n + db_n) = cA + dB$

(4) $\lim_{n\to\infty} S_{2m-1} = \lim_{n\to\infty} S_{2m} = A$ ならば $S = A$.

[解答]　(1) $S_n = \displaystyle\sum_{k=1}^{n} \frac{1}{k(k+1)} = \sum_{k=1}^{n} \left(\frac{1}{k} - \frac{1}{k+1}\right) = 1 - \frac{1}{n+1} \to 1\ (n\to\infty)$.　$S = 1$.

(2) $|r| < 1$ のとき，$S_n = a\dfrac{1-r^n}{1-r} \to \dfrac{a}{1-r}\ (n\to\infty)$.

$r > 1$ のとき，$S_n = a\dfrac{1-r^n}{1-r} \to \infty\ (n\to\infty)$. $r \leq -1$ のとき，$\{S_n\}$ は振動する．よって，発散する．$r = 1$ のとき，$S_n = na \to \infty\ (n\to\infty)$.

(3) $\displaystyle\sum_{n=1}^{\infty} \frac{3^n + 4}{9^n} = \sum_{n=1}^{\infty} \left\{\left(\frac{1}{3}\right)^n + 4\left(\frac{1}{9}\right)^n\right\}$

$= \displaystyle\sum_{n=1}^{\infty} \left(\frac{1}{3}\right)^n + 4\sum_{n=1}^{\infty}\left(\frac{1}{9}\right)^n = \frac{1}{3} \cdot \frac{1}{1-\frac{1}{3}} + 4 \cdot \frac{1}{9} \cdot \frac{1}{1-\frac{1}{9}} = \frac{1}{2} + \frac{1}{2} = 1$.

(4) $S_{2m} = 0\ (m \geq 1)$.　$S_{2m-1} = S_{2m} + \dfrac{1}{m} = \dfrac{1}{m}\ (m \geq 1)$.

よって，$\lim_{m\to\infty} S_{2m-1} = \lim_{m\to\infty} S_{2m} = 0$ より $S = 0$.

演習 A　次の無限等比級数の和を求めよ．

(1) $1 - 1 + 1 - \cdots$　　(2) $0.3 + 0.24 + 0.192 + \cdots$　　(3) $(1 + 2\sqrt{2}) + (-2 + 3\sqrt{2}) + \cdots$

演習 B　次の無限級数の和を求めよ．ただし，$|r| < 1$ のとき $\lim_{n\to\infty} nr^n = 0$ である．

(1) $\displaystyle\sum_{n=1}^{\infty} \frac{1}{\sqrt{n} + \sqrt{n+1}}$　　(2) $\displaystyle\sum_{n=1}^{\infty} \frac{1}{n(n+1)(n+2)}$　　(3) $\displaystyle\sum_{n=1}^{\infty} nr^{n-1}$

演習 C　次の無限級数の和を求めよ．

(1) $\displaystyle\sum_{n=1}^{\infty} (-1)^{n-1} n^2$　　(2) $\displaystyle\sum_{n=1}^{\infty} n \sin^{2n+2}\theta\ (0 \leq \theta < 2\pi)$　　(3) $\displaystyle\sum_{n=1}^{\infty} (a + nd)r^{n-1}$

例題 3-4 正項級数の収束・発散の判定—比較判定法

次の正項級数の収束・発散を判定せよ．
(1) $\displaystyle\sum_{n=1}^{\infty}\frac{1}{n!}$ (2) $\displaystyle\sum_{n=1}^{\infty}\frac{1}{\sqrt{n}(n+1)}$ (3) $\displaystyle\sum_{n=1}^{\infty}\frac{n+2}{n(n+1)}$ (4) $\displaystyle\sum_{n=1}^{\infty}\frac{\sqrt{n}}{n^2+1}$

[考え方] 比較判定法：正項級数 $\displaystyle\sum_{n=1}^{\infty}a_n$ と $\displaystyle\sum_{n=1}^{\infty}b_n$ に対し，$a_n \leqq b_n$ であるとき，$\displaystyle\sum_{n=1}^{\infty}b_n$ が収束するならば $\displaystyle\sum_{n=1}^{\infty}a_n$ も収束し，$\displaystyle\sum_{n=1}^{\infty}a_n$ が発散するならば $\displaystyle\sum_{n=1}^{\infty}b_n$ も発散する．

参考：直接的に部分和から収束・発散を調べるのではなく，比較する相手の級数がうまく見つかれば，その判定ができるというものである．相手の級数をうまく見つける一般的な方法はない．d'Alembert の判定法や Cauchy の判定法などで判定を試み，それで駄目なときは，比較判定法が用いられることが多い．

参考：主に比較に用いられる級数の例：
[1] 無限等比級数 **注意**：「d'Alembert の判定法」，「Cauchy の判定法」などはこれを用いた方法．
[2] $\displaystyle\sum_{n=1}^{\infty}\frac{1}{n^\alpha}$ は $\alpha > 1$ のとき収束，$\alpha \leqq 1$ のとき発散．

特に [2]′ $\displaystyle\sum_{n=1}^{\infty}\frac{1}{n}$ は発散，[2]″ $\displaystyle\sum_{n=1}^{\infty}\frac{1}{n^2}$ 収束．
(1)，(2)，(3)，(4) には，それぞれ [1]，[2]，[2]′，[2]″ を適用せよ．

[解答] (1) $n \geqq 2$ のとき，$2^{n-1} = 1 \cdot 2 \cdot 2 \cdots 2 \leqq 1 \cdot 2 \cdot 3 \cdots n = n!$ より，$\dfrac{1}{n!} \leqq \dfrac{1}{2^{n-1}}$．
無限等比級数 $\displaystyle\sum_{n=1}^{\infty}\frac{1}{2^{n-1}}$ は 2 に収束するので，比較判定法により，$\displaystyle\sum_{n=1}^{\infty}\frac{1}{n!}$ は (2 以下の正の値に) 収束する (**参考**：この級数の和は $e-1$ である)．

(2) $\sqrt{n}(n+1) > \sqrt{n} \cdot n = n^{\frac{3}{2}}$．よって，$0 < \dfrac{1}{\sqrt{n}(n+1)} < n^{-\frac{3}{2}}$．$\displaystyle\sum_{n=1}^{\infty}n^{-\frac{3}{2}}$ は収束するので，比較判定法により，$\displaystyle\sum_{n=1}^{\infty}\frac{1}{\sqrt{n}(n+1)}$ は収束する．

(3) $\dfrac{n+2}{n(n+1)} > \dfrac{n+1}{n(n+1)} = \dfrac{1}{n} > 0$．$\displaystyle\sum_{n=1}^{\infty}\frac{1}{n}$ は (∞ に) 発散するので，比較判定法により，$\displaystyle\sum_{n=1}^{\infty}\frac{n+2}{n(n+1)}$ は発散する．

(4) $\dfrac{\sqrt{n}}{n^2+1} < \dfrac{\sqrt{n}}{n^2} = \dfrac{1}{n^{\frac{3}{2}}} \cdot \dfrac{3}{2} > 1$ より，$\displaystyle\sum_{n=1}^{\infty}\frac{1}{n^{\frac{3}{2}}}$ は収束するので，比較判定法により，$\displaystyle\sum_{n=1}^{\infty}\frac{\sqrt{n}}{n^2+1}$ も収束する．

演習 A 次の正項級数の収束・発散を判定せよ．

(1) $\sum_{n=1}^{\infty} \left(\dfrac{n}{2n+1}\right)^n$ (2) $\sum_{n=1}^{\infty} \dfrac{1}{\sqrt{n(n+1)}}$ (3) $\sum_{n=1}^{\infty} \dfrac{1}{n^2(n+1)^2}$ (4) $\sum_{n=1}^{\infty} \dfrac{n}{n+1}$

演習 B 次の正項級数の収束・発散を判定せよ．

(1) $\sum_{n=1}^{\infty} \dfrac{1}{(an+b)^2}$ $(a, b > 0)$ (2) $\sum_{n=1}^{\infty} \dfrac{1}{an+b}$ $(a, b > 0)$ (3) $\sum_{n=1}^{\infty} \dfrac{\sin^2 n}{n^{\frac{3}{2}}}$

演習 C $\log x < \sqrt{x} \le x$ $(x \ge 1)$ を用いて，次の正項級数の収束・発散を判定せよ．

(1) $\sum_{n=2}^{\infty} \dfrac{1}{\log n}$ (2) $\sum_{n=1}^{\infty} \dfrac{\log n}{n^2}$

ライプニッツ (Gottfried Wilhelm Leibniz, 1646-1716)

ドイツの百科全書的な天才．哲学の大学教授の子としてライプツィヒに生まれる．「何でも屋に名人なし」という諺には他の諺と同様に際立った例外がある．ライプニッツがその例外である．数学はライプニッツが卓越した才能を示した多くの領域のひとつにすぎない．法律学，宗教，哲学，政治，歴史，論理学など，ライプニッツの貢献に負うところがあり，そのどのひとつをとっても，彼の名声を後世に伝えるのに十分であると思われる．15歳でライプツィヒ大学の法科に入学，17歳のとき，学士を取得した．1672年までは，ライプニッツは当時の進んだ数学をほとんど知らなかった．ホイヘンスの手で数学教育が始まったのは26歳のときである．ホイヘンスは有名な物理学者であるが，数学者としても優秀であった．ライプニッツとは滞在中のパリで知り合った．1673年ロンドンに出かける．このとき王立協会の会合に出席して自分の計算器を展覧会に供した．このことや他の業績によって，王立協会の外国会員に選ばれた．このころから数学に没頭して1676年ブラウンシュバイク・リューネブルク公に仕えることになり，パリからハノーヴァーに行く前に微積分の基本公式をいくつか作り上げた．「微積分学の基本定理」の発見は，1675年のことである．これはニュートンの未発表の発見に遅れること11年で，1677年に出版された．ニュートンが発表したのは，ライプニッツのこの著作が現れてから後のことである．このあと微積分学の発見の名誉を賭けたニュートンとライプニッツの激しい論争に発展していく．現在われわれが用いている微積分の記号の便利さはライプニッツに負うところが大きい．

例題 3-5 正項級数の収束・発散の判定 – d'Alembert の判定法

次の正項級数の収束・発散を調べよ．
(1) $\displaystyle\sum_{n=1}^{\infty} \frac{a^n}{n!}$ $(a > 0)$ (2) $\displaystyle\sum_{n=1}^{\infty} \frac{1 \cdot 3 \cdots (2n-1)}{3 \cdot 6 \cdots (3n)}$ (3) $\displaystyle\sum_{n=1}^{\infty} \frac{n^{n-1}}{(n-1)!}$

[考え方] $\displaystyle\sum_{n=1}^{\infty} a_n$ が正項級数で，$\displaystyle\lim_{n \to \infty} \frac{a_{n+1}}{a_n} = l$ が存在するとき，

$l < 1$ ならば $\displaystyle\sum_{n=1}^{\infty} a_n$ は収束し，$l > 1$ ならば $\displaystyle\sum_{n=1}^{\infty} a_n$ は発散する．

たとえば，a_n が a^n, $n!$ やその逆数などの積の形になっている場合，$\dfrac{a_{n+1}}{a_n}$ は求めやすい．

(1), (2), (3) では $\dfrac{a_{n+1}}{a_n}$ を求め，それの $n \to \infty$ のときの極限値を求める．

(3) では $\left(1 + \dfrac{1}{n}\right)^n \to e$ $(n \to \infty)$ であることに注意．

[解答] (1) $a_n = \dfrac{a^n}{n!}$ とする．$\dfrac{a_{n+1}}{a_n} = \dfrac{a}{n+1} \to 0 \ (<1) \quad (n \to \infty)$.

d'Alembert の判定法により $\displaystyle\sum_{n=1}^{\infty} a_n$ は収束する．

(2) $a_n = \dfrac{1 \cdot 3 \cdots (2n-1)}{3 \cdot 6 \cdots (3n)}$ とする．$\dfrac{a_{n+1}}{a_n} = \dfrac{2n+1}{3n+3} \to \dfrac{2}{3} \ (<1) \quad (n \to \infty)$.

d'Alembert の判定法により $\displaystyle\sum_{n=1}^{\infty} a_n$ は収束する．

(3) $a_n = \dfrac{n^{n-1}}{(n-1)!}$ とする．$\dfrac{a_{n+1}}{a_n} = \dfrac{(n-1)!}{n^{n-1}} \cdot \dfrac{(n+1)^n}{n!} = \left(\dfrac{n+1}{n}\right)^n \to e \ (>1) \quad (n \to \infty)$.

d'Alembert の判定法により $\displaystyle\sum_{n=1}^{\infty} a_n$ は発散する．

演習 A 次の正項級数の収束・発散を調べよ．

(1) $\displaystyle\sum_{n=1}^{\infty} \frac{1}{n!}$ (2) $\displaystyle\sum_{n=1}^{\infty} \frac{n!}{2^n}$ (3) $\displaystyle\sum_{n=1}^{\infty} \frac{1 \cdot 3 \cdots (2n-1)}{1 \cdot 2 \cdots n}$

演習 B 次の正項級数の収束・発散を調べよ．

(1) $\displaystyle\sum_{n=1}^{\infty} \frac{(n!)^2}{(2n)!}$ (2) $\displaystyle\sum_{n=1}^{\infty} n \sin \frac{\pi}{2^n}$

演習 C 次の正項級数の収束・発散を調べよ．

(1) $\displaystyle\sum_{n=1}^{\infty} \frac{n^\alpha}{n!}$ (2) $\displaystyle\sum_{n=1}^{\infty} \frac{(a+c)(2a+c)\cdots(na+c)}{(b+c)(2b+c)\cdots(nb+c)}$ $(a, b > 0)$

例題 3-6　正項級数の収束・発散の判定–Cauchy の判定法

次の正項級数の収束・発散を調べよ.
(1) $\displaystyle\sum_{n=1}^{\infty}\left(\frac{3n-1}{2n+1}\right)^n$ 　　(2) $\displaystyle\sum_{n=2}^{\infty}\frac{1}{(\log n)^n}$ 　　(3) $\displaystyle\sum_{n=1}^{\infty}\left(\frac{n}{n+1}\right)^{n^2}$

[考え方]　Cauchy の判定法：$\displaystyle\sum_{n=1}^{\infty}a_n$ が正項級数で, $\displaystyle\lim_{n\to\infty}\sqrt[n]{a_n}=l$ が存在するとき,
$l<1$ ならば $\displaystyle\sum_{n=1}^{\infty}a_n$ は収束し, $l>1$ ならば $\displaystyle\sum_{n=1}^{\infty}a_n$ は発散する.
a_n が n 乗の形であれば $\sqrt[n]{a_n}$ で n 乗部分をとり, $n\to\infty$ のときの極限値を求める.

[解答]　(1) $a_n=\left(\dfrac{3n-1}{2n+1}\right)^n$ とする. $\sqrt[n]{a_n}=\dfrac{3n-1}{2n+1}\to\dfrac{3}{2}\ (>1)\quad(n\to\infty).$

Cauchy の判定法により, $\displaystyle\sum_{n=1}^{\infty}a_n$ は発散する.

(2) $a_n=\dfrac{1}{(\log n)^n}$ とする. $\sqrt[n]{a_n}=\dfrac{1}{\log n}\to 0\ (<1)\quad(n\to\infty).$

Cauchy の判定法により, $\displaystyle\sum_{n=2}^{\infty}a_n$ は収束する.

(3) $a_n=\left(\dfrac{n}{n+1}\right)^{n^2}$ とする. $\sqrt[n]{a_n}=\left(\dfrac{n}{n+1}\right)^n\to e^{-1}\ (<1)\quad(n\to\infty).$

Cauchy の判定法により, $\displaystyle\sum_{n=1}^{\infty}a_n$ は収束する.

演習 A　次の正項級数の収束・発散を調べよ.
(1) $\displaystyle\sum_{n=1}^{\infty}\frac{1}{n^n}$ 　　(2) $\displaystyle\sum_{n=1}^{\infty}\left(\frac{n}{2n+1}\right)^n$ 　　(3) $\displaystyle\sum_{n=1}^{\infty}\left(\frac{n+1}{n}\right)^{n^2}2^{-n}$

演習 B　次の正項級数の収束・発散を調べよ.
(1) $\displaystyle\sum_{n=1}^{\infty}a^{n^2}b^n\ (0<a,b)$ 　　(2) $\displaystyle\sum_{n=1}^{\infty}\left(\frac{n}{n+1}\right)^{n^2}a^n\ (a>0)$ 　　(3) $\displaystyle\sum_{n=1}^{\infty}\left(\frac{n}{n+2}\right)^{n^2}e^n$

演習 C　次の正項級数の収束・発散を調べよ. ただし, $\sqrt[n]{n}\to 1\ (n\to\infty)$ である.
(1) $\displaystyle\sum_{n=1}^{\infty}\frac{2^n}{n}$ 　　(2) $\displaystyle\sum_{n=1}^{\infty}\frac{n^{n^2-1}}{(n+1)^{n^2}}$

例題 3-7 一般の級数および交項級数の収束・発散の判定

[1] 次の級数が発散することを示せ.
(1) $\displaystyle\sum_{n=1}^{\infty}\frac{n}{n+2}$ (2) $\displaystyle\sum_{n=1}^{\infty}nr^n$ ($|r|\geq 1$) (3) $\displaystyle\sum_{n=1}^{\infty}n\sin\frac{\pi}{n}$

[2] 次の級数が絶対収束するか否かを調べよ.
(1) $\displaystyle\sum_{n=1}^{\infty}(-1)^n\left(\frac{2n+1}{3n-1}\right)^n$ (2) $\displaystyle\sum_{n=1}^{\infty}\frac{\sin\frac{n}{\sqrt{2}}\pi}{n^2}$

[3] 次の交項級数の収束・発散を調べよ.
(1) $\displaystyle\sum_{n=1}^{\infty}(-1)^n\frac{1}{n}$ (2) $\displaystyle\sum_{n=1}^{\infty}(-1)^n\sin\frac{\pi}{n+1}$

[考え方] [1] 級数 $\displaystyle\sum_{n=1}^{\infty}a_n$ の収束・発散の判定には,

「$\displaystyle\lim_{n\to\infty}a_n\neq 0 \Longrightarrow \sum_{n=1}^{\infty}a_n$ は発散する」をまず用いて, 発散するかを調べるとよい.

[注意] $\displaystyle\lim_{n\to\infty}a_n\neq 0$ は, 数列 $\{a_n\}$ が発散するか, あるいは, 0 以外の値に収束することを意味する.

[2] 級数 $\displaystyle\sum_{n=1}^{\infty}|a_n|$ をとり, 正項級数の収束・発散の判定法を用いる.

[3] 交項級数 $\displaystyle\sum_{n=1}^{\infty}(-1)^na_n$ に関しては, 基本事項 3. (2) 参照.

[解答] [1] (1) $\displaystyle\lim_{n\to\infty}\frac{n}{n+2}=1\neq 0$. よって, 発散する.

(2) $|r|\geq 1$ より, $\displaystyle\lim_{n\to\infty}nr^n$ は発散. よって, 発散する.

(3) $\displaystyle\lim_{n\to\infty}n\sin\frac{\pi}{n}=\lim_{n\to\infty}\pi\frac{\sin\frac{\pi}{n}}{\frac{\pi}{n}}=\pi\neq 0$. よって, 発散する.

[2] (1) $\displaystyle\sqrt[n]{\left|(-1)^n\left(\frac{2n-1}{3n+1}\right)^n\right|}=\frac{2n-1}{3n+1}\to\frac{2}{3}<1$. Cauchy の判定により, 絶対収束する.

(2) $0\leq\left|\dfrac{\sin\frac{n}{\sqrt{2}}\pi}{n^2}\right|<\dfrac{1}{n^2}$. $\displaystyle\sum_{n=1}^{\infty}\frac{1}{n^2}$ は収束するので, 比較判定法により, 絶対収束する.

[3] (1) 数列 $\left\{\dfrac{1}{n}\right\}$ は $\dfrac{1}{n}>0$ かつ単調減少で 0 に収束. よって, 収束する.

(2) 数列 $\left\{\sin\dfrac{\pi}{n+1}\right\}$ は $\sin\dfrac{\pi}{n+1}>0$ かつ単調減少で, 0 に収束する. よって, 収束する.

演習 A 次の級数の収束・発散を調べよ.

(1) $\displaystyle\sum_{n=1}^{\infty}e^{\sin\frac{\pi}{n}}$ (2) $\displaystyle\sum_{n=1}^{\infty}\frac{a^n}{n!}$ (3) $\displaystyle\sum_{n=2}^{\infty}(-1)^n\frac{1}{\log n}$ (4) $\displaystyle\sum_{n=1}^{\infty}n^{\frac{1}{n}}$

例題 3-8　べき級数の収束半径 (1)

次のべき級数の収束半径を求めよ．
(1) $\displaystyle\sum_{n=0}^{\infty} \frac{n!}{2^n} x^n$　　(2) $\displaystyle\sum_{n=2}^{\infty} \frac{1}{(\log n)^n} x^n$　　(3) $\displaystyle\sum_{n=0}^{\infty} (-2)^n x^{2n}$

[考え方] 収束半径は，

[1] $\displaystyle\lim_{n\to\infty} \left|\frac{a_{n+1}}{a_n}\right| = \rho$　ならば　$R = \dfrac{1}{\rho}$　である

[2] $\displaystyle\lim_{n\to\infty} \sqrt[n]{|a_n|} = \rho$　ならば　$R = \dfrac{1}{\rho}$　である

で求める．

[1] は，べき級数の絶対級数に d'Alembert の判定法を，[2] は Cauchy の判定法を適用したものである．

(1) では係数が定数のべき乗と n の階乗の積であるので，d'Alembert の判定法の考え方の [1] を用いてみよ．

(2) と (3) は，係数がべき乗の形であるので，[1] と [2] のどちらも適用できる可能性がある．

［注意］　(3) では，$\displaystyle\sum_{n=0}^{\infty} a_n x^n$ の収束半径が R であるならば，

$\displaystyle\sum_{n=0}^{\infty} a_n x^{2n}, \sum_{n=0}^{\infty} a_n x^{2n-1}$ の収束半径は $\sqrt{R}$ であることに注意．

[解答]　(1) $a_n = \dfrac{n!}{2^n}$ とする．$\left|\dfrac{a_{n+1}}{a_n}\right| = \dfrac{n+1}{2} \to \infty$　$(n\to\infty)$．よって，収束半径 $R = 0$．

(2) $a_n = \dfrac{1}{(\log n)^n}$ とする．$\sqrt[n]{|a_n|} = \dfrac{1}{\log n} \to 0$　$(n\to\infty)$．よって，収束半径 $R = \infty$．

(3) $a_n = (-2)^n$ とする．$\left|\dfrac{a_{n+1}}{a_n}\right| = 2$．よって，収束半径 $R = \dfrac{1}{\sqrt{2}}$．

演習 A　次のべき級数の収束半径を求めよ．
(1) $\displaystyle\sum_{n=0}^{\infty} n! x^n$　　(2) $\displaystyle\sum_{n=0}^{\infty} n x^n$　　(3) $\displaystyle\sum_{n=1}^{\infty} \frac{x^n}{n(n+1)}$　　(4) $\displaystyle\sum_{n=0}^{\infty} \frac{a^n}{n!} x^n$

演習 B　次のべき級数の収束半径を求めよ．
(1) $\displaystyle\sum_{n=1}^{\infty} \frac{1}{n^n} x^n$　　(2) $\displaystyle\sum_{n=0}^{\infty} \left(\frac{3n-1}{2n+1}\right)^n x^n$　　(3) $\displaystyle\sum_{n=0}^{\infty} a^{n^2} x^n$　$(a>0)$

演習 C　次のべき級数の収束半径を求めよ．
(1) $\displaystyle\sum_{n=1}^{\infty} \frac{n^\alpha}{n!} x^n$　　(2) $\displaystyle\sum_{n=1}^{\infty} \left(\frac{n}{n+1}\right)^{n^2} x^n$　　(3) $\displaystyle\sum_{n=0}^{\infty} \frac{n}{2^n} x^n$

例題 3-9 べき級数の収束半径 (2)

次のべき級数の収束範囲を求めよ．
(1) $\displaystyle\sum_{n=1}^{\infty} \frac{x^n}{n}$ (2) $\displaystyle\sum_{n=1}^{\infty} \frac{x^{2n}}{n}$ (3) $\displaystyle\sum_{n=0}^{\infty} \frac{1}{n+1} \cos\left(\frac{\pi}{2n+2}\right) \cdot x^n$

[考え方] $\displaystyle\sum_{n=0}^{\infty} a_n x^n$ の収束半径 R を求める．

[1] $R = 0$ のときは，$\displaystyle\sum_{n=0}^{\infty} a_n x^n$ の収束範囲は $x = 0$．

[2] $R = \infty$ のときは，$-\infty < x < \infty$ が収束範囲である．

[3] $0 < R < \infty$ のときは，$\displaystyle\sum_{n=0}^{\infty} a_n x^n$ は $-R < x < R$ で収束し，$x < -R$ と $R < x$ で発散する．

次に，$x = \pm R$ での $\displaystyle\sum_{n=0}^{\infty} a_n x^n$，

つまり，$\displaystyle\sum_{n=0}^{\infty} a_n R^n$ および $\displaystyle\sum_{n=0}^{\infty} a_n (-R)^n \left(= \sum_{n=0}^{\infty} (-1)^n a_n R^n \right)$ の収束・発散を調べる．

[解答] (1) $a_n = \dfrac{1}{n}$ とおくと，$\left|\dfrac{a_{n+1}}{a_n}\right| = \dfrac{n}{n+1} \to 1$．よって，収束半径 $R = 1$．

$x = 1$ のとき $\displaystyle\sum_{n=1}^{\infty} \frac{1}{n}$ で発散する．$x = -1$ のとき，$\displaystyle\sum_{n=1}^{\infty} \frac{(-1)^n}{n}$ で，収束する (例題 3-7 [3] (1))．
よって，収束範囲は $-1 \leqq x < 1$．

(2) $\left|\dfrac{a_{n+1}}{a_n}\right| = \dfrac{n}{n+1} \to 1$．よって，収束半径 $R = 1$．$x = \pm 1$ のとき，$\displaystyle\sum_{n=1}^{\infty} \frac{1}{n}$ で発散する．
よって，収束範囲は $-1 < x < 1$．

(3) $a_n = \dfrac{1}{n+1} \cdot \cos\left(\dfrac{\pi}{2n+2}\right)$ とおく．$\left|\dfrac{a_{n+1}}{a_n}\right| = \dfrac{n+1}{n+2} \cdot \left|\dfrac{\cos\dfrac{\pi}{2n+4}}{\cos\dfrac{\pi}{2n+2}}\right| \to 1 \quad (n \to \infty)$．

よって，収束半径 $R = 1$．

$x = 1$ のとき，$\displaystyle\sum_{n=0}^{\infty} \frac{1}{n+1} \cos\frac{\pi}{2n+2}$ は正項級数で，$\dfrac{1}{n+1} \cos\dfrac{\pi}{2n+2} \geqq \dfrac{1}{n+1} \cos\dfrac{\pi}{4} \quad (n \geqq 1)$

が成り立つ．$\displaystyle\sum_{n=0}^{\infty} \frac{1}{n+1} \cos\frac{\pi}{4}$ は発散する正項級数であるから，比較判定法により

$\displaystyle\sum_{n=0}^{\infty} \frac{1}{n+1} \cos\frac{\pi}{2n+2}$ も発散する．$x = -1$ のとき，$\dfrac{1}{n+1} \cos\dfrac{\pi}{2n+2}$ は $n \geqq 1$ について単調に 0 に減少する (なぜなら，関数 $x \cos x$ は $0 < x < \dfrac{\pi}{4}$ で単調に増加するから)．したがって，

交項級数 $\displaystyle\sum_{n=0}^{\infty} (-1)^n \frac{1}{n+1} \cos\frac{\pi}{2n+2}$ は収束する．
よって，収束範囲は $-1 \leqq x < 1$．

演習 A 次のべき級数の収束範囲を求めよ．

(1) $\displaystyle\sum_{n=1}^{\infty}(-1)^n\frac{x^n}{n}$ (2) $\displaystyle\sum_{n=1}^{\infty}\frac{x^n}{\sqrt{n}}$ (3) $\displaystyle\sum_{n=1}^{\infty}(-1)^n\frac{n+2}{n(n+1)}x^n$

演習 B 次のべき級数の収束範囲を求めよ．

(1) $\displaystyle\sum_{n=0}^{\infty}(\sqrt{n+1}-\sqrt{n})x^n$ (2) $\displaystyle\sum_{n=0}^{\infty}\frac{(n!)^2}{(2n)!}x^{2n}$ (3) $\displaystyle\sum_{n=1}^{\infty}\frac{\sqrt{n}}{3^n(n^2+1)}x^n$

オイラー (Leonhard Euler, 1707-1783)

スイスのバーゼルで牧師の子として生まれた偉大な数学者．「オイラーは，人が呼吸するように，鷲が風に身を任せるように，傍目には何の苦労もなく計算した．」(アラゴのことば) とは，数学史上，最も多産な数学者オイラーを語る上で決して誇張ではない．しかも数学のあらゆる分野にわたる研究をしていて，18 世紀の数学の中心にいたといっても過言ではない．父親は牧師でありながら優れた数学者で，ヤコブ・ベルヌーイの弟子であった．息子に自分と同じ牧師になることを望んだが，数学を教えるという間違いを犯した．オイラーはバーゼル大学に入学して，当初は神学とヘブライ語を勉強した．数学でもヨハンネス・ベルヌーイが個人的に教えて，その才能はベルヌーイ一族の認めるところとなり，彼らと交わるようになった．最初の数学の論文は 19 歳のときに書かれた．1729 年にロシアのペテルスブルグのアカデミーからの招待で同地へ移り，1741 年まで滞在した．その後プロシアのフリードリッヒ大王の招待で，その年にベルリンに移り，1766 年までベルリンのアカデミーで活躍して，その年にペテルスブルグへ戻った．この間の 1752 年には，有名なオイラーの公式が発見されている．そして没年の 1783 年までペテルスブルグで研究を続けた．なお 1735 年に右眼を失明し，1766 年にペテルスブルグへ戻って間もなく左眼も失明したが，それでも研究心は衰えなかった．

例題 3-10　項別微分と項別積分

次のべき級数で定まる関数 $y = f(x)$ について，
[1] $f(x)$ の定義域，[2] $f'(x), f''(x), \int_0^x f(t)\,dt$ のべき級数表示を求めよ．

(1) $\displaystyle\sum_{n=0}^{\infty} x^n$　(2) $\displaystyle\sum_{n=0}^{\infty} \frac{(\sqrt{2})^n}{n!} x^n$

[考え方]　(1) 収束範囲を調べよ．

(2) $f(x) = \displaystyle\sum_{n=0}^{\infty} a_n x^n$ の項別微分，項別積分を用いよ (基本事項 5. p.85～86，を参照)．

[解答]　(1) [1] $\displaystyle\sum_{n=0}^{\infty} x^n$ は公比 x の無限等比級数であるから，収束範囲は $-1 < x < 1$．よって，$f(x)$ の定義域は $(-1, 1)$．[2] $a_n = 1$ とする．項別微分により，$-1 < x < 1$ で

$$f'(x) = \sum_{n=1}^{\infty} n a_n x^{n-1} = \sum_{n=1}^{\infty} n x^{n-1},\ f''(x) = \sum_{n=2}^{\infty} (n-1)n a_n x^{n-2} = \sum_{n=2}^{\infty} (n-1)n x^{n-2}.$$

である．項別積分により，

$$\int_0^x f(t)\,dt = \sum_{n=0}^{\infty} a_n \frac{x^{n+1}}{n+1} = \sum_{n=0}^{\infty} \frac{x^{n+1}}{n+1} \quad (-1 < x < 1).$$

[参考]　$f(x) = \dfrac{1}{1-x},\ f'(x) = \dfrac{1}{(1-x)^2},\ f''(x) = \dfrac{2}{(1-x)^3}$ $(-1 < x < 1)$ である．

(2) [1] $a_n = \dfrac{(\sqrt{2})^n}{n!}$ とする．$\left|\dfrac{a_{n+1}}{a_n}\right| = \dfrac{\sqrt{2}}{n+1} \to 0$ $(n \to \infty)$ より，$\displaystyle\sum_{n=0}^{\infty} \frac{(\sqrt{2})^n}{n!} x^n$ の収束半径は ∞．よって，$f(x)$ の定義域は $-\infty < x < \infty$．

[2] $f'(x) = \displaystyle\sum_{n=1}^{\infty} n a_n x^{n-1} = \sum_{n=1}^{\infty} n \frac{(\sqrt{2})^n}{n!} x^{n-1} = \sqrt{2} \sum_{n=0}^{\infty} \frac{(\sqrt{2})^n}{n!} x^n$　$(-\infty < x < \infty)$．

$f''(x) = \displaystyle\sum_{n=2}^{\infty} (n-1) n a_n x^{n-2} = \sum_{n=2}^{\infty} (n-1) n \frac{(\sqrt{2})^n}{n!} x^{n-2} = 2 \sum_{n=0}^{\infty} \frac{(\sqrt{2})^n}{n!} x^n$　$(-\infty < x < \infty)$．

$\displaystyle\int_0^x f(t)\,dt = \sum_{n=0}^{\infty} a_n \frac{x^{n+1}}{n+1} = \sum_{n=0}^{\infty} \frac{(\sqrt{2})^n}{n!} \frac{x^{n+1}}{n+1}$　$(-\infty < x < \infty)$

[参考]　$f(x) = e^{\sqrt{2}x},\ f'(x) = \sqrt{2} e^{\sqrt{2}x},\ f''(x) = 2 e^{\sqrt{2}x},\ \displaystyle\int_0^x f(t)\,dt = \frac{1}{\sqrt{2}}(e^{\sqrt{2}x} - 1)$ である．

演習 A　次のべき級数で定まる関数 $y = f(x)$ について，[1] $f(x)$ の定義域，および [2] $f'(x), f''(x), \displaystyle\int_0^x f(t)\,dt$ を求めよ．

(1) $\displaystyle\sum_{n=0}^{\infty} \frac{x^n}{n!}$　(2) $\displaystyle\sum_{n=0}^{\infty} (-1)^n \frac{x^{2n}}{(2n)!}$　(3) $\displaystyle\sum_{n=0}^{\infty} (-1)^n \frac{2^{2n} x^{2n}}{(n!)^2}$　(4) $\displaystyle\sum_{n=0}^{\infty} \frac{(\sqrt{2})^n \sin\left(\frac{\pi}{4} n\right)}{n!} x^n$

例題 3-11　Taylor 級数

次の関数の与えられた点における Taylor 級数展開を求めよ．
(1) $x^2 + 3x + 1$　$(x=2)$　　(2) e^x　$(x=1)$　　(3) $e^{(x-3)^2}$　$(x=3)$

[考え方] 1. Taylor の定理から直接求める方法：$R_n = f^{(n)}(a+\theta(x-a))\dfrac{(x-a)^n}{n!} \to 0$ $(n \to \infty)$ を示す．これが成立する x の範囲を調べ，$f(x) = \sum_{n=0}^{\infty} f^{(n)}(a)\dfrac{(x-a)^n}{n!}$ を得ればよい．

2. Taylor 展開が既知の関数から求める方法：

⟨1⟩ $x=a$ における Taylor 級数展開が既知の関数の和，差，積には基本事項 5. (4) を用いる．
⟨2⟩ $f(x)$ が Maclaurin 級数展開が既知の関数 $\Phi(u)$ の u を $(x-a)^m$ で置き換えたもの；

$$f(x) = \Phi((x-a)^m), \Phi(u) = \sum_{n=0}^{\infty} d_u u^n \implies f(x) = \sum_{n=0}^{\infty} d_u (x-a)^{mn} \quad |x-a| < \sqrt[m]{R}$$

(1) 1. を用いる．x に関する整関数が $x-2$ に関する整関数に書き換えられることになる．x に関する 2 次の整関数であるから，求める $x=2$ における Taylor 級数展開も 2 次となる．
(2) 1. でも 2. でも求まる．2. が使えれば，その方が楽かもしれない．$e^x = e \cdot e^{x-1}$，
(3) 2. を用いよ．

[解答] (1) $f(2) = 11$. $f'(x) = 2x+3$, $f'(2) = 7$, $f''(x) = 2 = f''(2)$, $f'''(x) = 0$.
よって，$f(x) = 11 + 7(x-2) + \dfrac{2(x-2)^2}{2!} = 11 + 7(x-2) + (x-2)^2$．

(2) (1. のやり方) $f^{(n)}(x) = e^x$. 任意の定数 $M > 0$ に対し $\lim_{n\to\infty} \dfrac{M^n}{n!} = 0$ であるから，

$$0 \leq |R_n| = \left|\dfrac{e^{1+\theta(x-1)}}{n!}(x-1)^n\right| < e^{1+|x-1|} \cdot \left|\dfrac{(x-1)^n}{n!}\right| \to 0 \quad (n \to \infty)$$

よって，$e^x = \sum_{n=0}^{\infty} \dfrac{f^{(n)}(1)}{n!}(x-1)^n = e\sum_{n=0}^{\infty} \dfrac{(x-1)^n}{n!}$．

(2. のやり方) $e \cdot e^{x-1} = e\sum_{n=0}^{\infty} \dfrac{(x-1)^n}{n!}$．

(3) $e^u = \sum_{n=0}^{\infty} \dfrac{u^n}{n!}$ だから，$u = (x-3)^2$ と置き換えて，$e^{(x-3)^2} = \sum_{n=0}^{\infty} \dfrac{(x-3)^{2n}}{n!}$．

演習 A　次の関数の与えられた点における Taylor 級数展開を求めよ．
(1) $2x^2 - 13x + 36$　$(x=3)$　　(2) $3(x-1) + 2e^x$　$(x=1)$　　(3) $\sin x^3$　$(x=0)$

演習 B　次の関数の与えられた点における Taylor 級数展開を求めよ．
(1) $\cos x$　$\left(x = \dfrac{\pi}{3}\right)$　　(2) e^x　$(x=2)$　　(3) $x^2 + 3x + 1 + e^x$　$(x=2)$

100　第 III 章　級　数

例題 3-12　Maclaurin 級数

次の関数の Maclaurin 級数展開を求めよ．
(1) $\log(1+x^2)$　　　(2) $(1+x)e^x$　　　(3) $2(1+2x^2)e^{x^2}$

[考え方]　1. Maclaurin の定理から直接に求める方法：
[1] $R_n = f^{(n)}(\theta x)\dfrac{x^n}{n!} \to 0$　$(n \to \infty)$ を示す (このようになる x の範囲をチェックする)．
[2] $f^{(n)}(0)$ の値を求め，$f(x) = \displaystyle\sum_{n=0}^{\infty}\dfrac{f^{(n)}(0)}{n!}x^n$ を得ればよい．

2. Maclaurin 級数展開が既知の関数から求める：
⟨1⟩ Maclaurin 級数展開が既知の関数の和，差，積には，基本事項 5. (4) を用いる．
⟨2⟩ $f(x) = \Phi(x^m)$, $\Phi(u) = \displaystyle\sum_{n=0}^{\infty} d_n u^n \implies f(x) = \displaystyle\sum_{n=0}^{\infty} d_n x^{mn}$, $|x| < \sqrt[m]{R}$
⟨3⟩ 項別微分，項別積分による方法：基本事項 5. (1), 5. (2) 参照．
(1) 2. の ⟨2⟩ を用いよ．　　(2) 2. の ⟨1⟩，または ⟨3⟩ を用いよ．

[解答]　(1) $\log(1+u) = \displaystyle\sum_{n=1}^{\infty}(-1)^{n-1}\dfrac{u^n}{n}$ だから $u = x^2$ とおいて

$\log(1+x^2) = \displaystyle\sum_{n=1}^{\infty}(-1)^{n-1}\dfrac{x^{2n}}{n}$　$(-1 \leqq x \leqq 1)$

(2) $\dfrac{1}{n!} + \dfrac{1}{(n-1)!} = \dfrac{n+1}{n!}$, $n \geq 1$, より $(1+x)e^x = \displaystyle\sum_{n=0}^{\infty}\dfrac{x^n}{n!} + x\displaystyle\sum_{n=0}^{\infty}\dfrac{x^n}{n!} =$

$\displaystyle\sum_{n=0}^{\infty}\dfrac{x^n}{n!} + \displaystyle\sum_{n=1}^{\infty}\dfrac{x^n}{(n-1)!} = 1 + \displaystyle\sum_{n=1}^{\infty}(n+1)\dfrac{x^n}{n!}$　$(|x| < \infty)$

(3) $(e^{x^2})'' = 2(1+2x^2)e^{x^2}$ だから $e^{x^2} = \displaystyle\sum_{n=0}^{\infty}\dfrac{x^{2n}}{n!}$　$(|x| < \infty)$ より項別微分を 2 回用いて,

$(e^{x^2})'' = \{(e^{x^2})'\}' = \left(\displaystyle\sum_{n=1}^{\infty}\dfrac{2}{(n-1)!}x^{2n-1}\right)' = \displaystyle\sum_{n=1}^{\infty}\dfrac{2(2n-1)}{(n-1)!}x^{2n-2}$　$(|x| < \infty)$．

演習 A　次の関数の Maclaurin 級数展開を求めよ．

(1) $3xe^x$　　(2) e^{-x}　　(3) $x^2\log(1+x)$　　(4) $\log(1+3x)$　　(5) $\sin 2x$

(6) $\sinh x$　　(7) $\cosh x$

演習 B　次の関数の Maclaurin 級数展開を求めよ．

(1) $\log(2+x^2)$　　(2) $\{\log(1+x)\}^2$　　(3) $\sin\left(x + \dfrac{\pi}{4}\right)$　　(4) $\sin^3 x$　　(5) $\cos^3 x$

演習 C　次の関数の Maclaurin 級数展開を求めよ．

(1) $e^x \sin(x+a)$　　(2) $e^x \cos(x+a)$

例題 3-13　二項級数

二項級数展開を用いて，次の関数の Maclaurin 級数展開を求めよ．
(1) $\dfrac{1}{\sqrt{1+x^2}}$　$(|x|<1)$　　(2) $\dfrac{x+2}{2x^2+5x+3}$　$\left(|x|<\dfrac{3}{2}\right)$
(3) $\log(x+\sqrt{1+x^2})$　$(|x|<1)$

[考え方]　例題 3-12　Maclaurin 級数 [考え方] に準ずる．
(1) 2. の ⟨2⟩ を用いよ．
(2) 部分分数分解し，それぞれの分数式の Maclaurin 級数展開を求める．
(3) $\log(x+\sqrt{1+x^2}) = \displaystyle\int_0^x \dfrac{1}{\sqrt{1+t^2}}\,dt$ より 2. の ⟨3⟩ 項別積分を用いよ．

[解答]　(1) $\dfrac{1}{\sqrt{1+x^2}} = (1+x^2)^{-\frac{1}{2}}$

$= 1 + \left(-\dfrac{1}{2}\right)x^2 + \dfrac{\left(-\dfrac{1}{2}\right)\left(-\dfrac{1}{2}-1\right)}{2!}x^4 + \cdots + \dfrac{\left(-\dfrac{1}{2}\right)\left(-\dfrac{1}{2}-1\right)\cdots\left(-\dfrac{1}{2}-n+1\right)}{n!}x^{2n}$
$+\cdots$

$= 1 + \displaystyle\sum_{n=1}^{\infty}(-1)^n \dfrac{1\cdot 3\cdot\cdots\cdot(2n-1)}{2\cdot 4\cdot\cdots\cdot(2n)}x^{2n}$　$(|x|<1)$

(2) $\dfrac{x+2}{2x^2+5x+3} = \dfrac{x+2}{(2x+3)(x+1)} = \dfrac{1}{x+1} - \dfrac{1}{2x+3} = \dfrac{1}{x+1} - \dfrac{1}{3}\left(\dfrac{1}{\dfrac{2}{3}x+1}\right)$

$= \displaystyle\sum_{n=0}^{\infty}(-1)^n x^n - \dfrac{1}{3}\sum_{n=0}^{\infty}(-1)^n\left(\dfrac{2}{3}\right)^n x^n = \sum_{n=0}^{\infty}(-1)^n\left\{1 - \dfrac{1}{3}\left(\dfrac{2}{3}\right)^n\right\}x^n.$

(3) $\log(x+\sqrt{1+x^2}) = \displaystyle\int_0^x \dfrac{1}{\sqrt{1+t^2}}\,dt$．よって，(1) の結果を項別積分して，

$$x + \sum_{n=1}^{\infty}(-1)^n \dfrac{1\cdot 3\cdot\cdots\cdot(2n-1)}{2\cdot 4\cdot\cdots\cdot(2n)} \dfrac{x^{2n+1}}{2n+1} \qquad (|x|<1)$$

演習 A　次の関数の二項級数展開を求めよ．$(|x|<1)$
(1) $\dfrac{1}{1-x}$　　(2) $\sqrt{2+x}$　　(3) $(1+x)^{\frac{3}{2}}$　　(4) $\sqrt{1+x^2}$

演習 B　二項級数展開を用いて，次の関数の与えられた点 a における Taylor 級数展開を求めよ．

(1) $\dfrac{1}{(1+x)^2}$　$(|x|<1)$　$[a=0]$

(2) $\dfrac{1}{x^2+x-1}$　$\left(-\dfrac{1}{2}-\dfrac{\sqrt{5}}{2}<x<-\dfrac{1}{2}+\dfrac{\sqrt{5}}{2}\right)$　$\left[a=-\dfrac{1}{2}\right]$

第 III 章 級数　演習解答

例題 3-1　部分和 (1)

演習 A　(1) $S_1 = 2,\ S_2 = 5,\ S_3 = -2,\ S_4 = 0$

(2) $S_1 = 3,\ S_2 = 9,\ S_3 = 20,\ S_4 = 40$

演習 B　(1) $\dfrac{1}{k(k+2)} = \dfrac{1}{2}\left(\dfrac{1}{k} - \dfrac{1}{k+2}\right)$ よって，$S_n = \dfrac{1}{2}\left(\dfrac{1}{1} + \dfrac{1}{2} - \dfrac{1}{n+1} - \dfrac{1}{n+2}\right) = \dfrac{3}{4} - \dfrac{1}{2(n+1)} - \dfrac{1}{2(n+2)}$.

(2) $\dfrac{1}{(2k-1)(2k+1)} = \dfrac{1}{2}\left(\dfrac{1}{2k-1} - \dfrac{1}{2k+1}\right)$ よって，$S_n = \dfrac{1}{2}\left(1 - \dfrac{1}{2n+1}\right) = \dfrac{n}{2n+1}$.

(3) $k!k = (k+1)! - k!$. よって，$S_n = (n+1)! - 1$.

(4) $\dfrac{k}{(k+1)!} = \dfrac{1}{k!} - \dfrac{1}{(k+1)!}$ よって，$S_n = \dfrac{1}{1!} - \dfrac{1}{(n+1)!} = 1 - \dfrac{1}{(n+1)!}$.

演習 C　(1) $\dfrac{k2^{k-1}}{(k+1)(k+2)} = \dfrac{2^k}{k+2} - \dfrac{2^{k-1}}{k+1}$. よって，$S_n = \dfrac{2^n}{n+2} - \dfrac{2^0}{1+1} = \dfrac{2^n}{n+2} - \dfrac{1}{2}$.

(2) $\dfrac{k^2 + k - 1}{(k+2)!} = \dfrac{k}{(k+1)!} - \dfrac{k+1}{(k+2)!}$. よって，$S_n = \dfrac{1}{(1+1)!} - \dfrac{n+1}{(n+2)!} = \dfrac{1}{2} - \dfrac{n+1}{(n+2)!}$.

(3) $\dfrac{2k-1}{k(k+1)(k+2)} = \dfrac{3k - k - 1}{k(k+1)(k+2)} = \dfrac{3}{(k+1)(k+2)} - \dfrac{1}{k(k+2)} = 3\left(\dfrac{1}{k+1} - \dfrac{1}{k+2}\right) - \dfrac{1}{2}\left(\dfrac{1}{k} - \dfrac{1}{k+2}\right)$. よって，$S_n = 3\left(\dfrac{1}{1+1} - \dfrac{1}{n+2}\right) - \dfrac{1}{2}\left(\dfrac{1}{1} + \dfrac{1}{2} - \dfrac{1}{n+1} - \dfrac{1}{n+2}\right) = \dfrac{3}{4} + \dfrac{1}{2(n+1)} - \dfrac{5}{2(n+2)}$.

例題 3-2　部分和 (2)

演習 A　(1) 初項 1，公比 -1 の無限等比級数．よって，$S_n = \dfrac{1 - (-1)^n}{1 - (-1)} = \begin{cases} 1 & (n \text{ が奇数のとき}) \\ 0 & (n \text{ が偶数のとき}) \end{cases}$

(2) 初項 9，公比 $-\dfrac{2}{3}$．$S_n = \dfrac{9\left\{1 - \left(-\dfrac{2}{3}\right)^n\right\}}{1 - \left(-\dfrac{2}{3}\right)} = \dfrac{27}{5}\left\{1 + (-1)^{n+1}\left(\dfrac{2}{3}\right)^n\right\}$.

(3) 初項 2，公比 $\sqrt{2}$．$S_n = 2 \times \dfrac{1 - (\sqrt{2})^n}{1 - \sqrt{2}}$.

(4) 初項 0.3，公比 0.8．$S_n = 0.3 \times \dfrac{1 - (0.8)^n}{1 - 0.8} = \dfrac{3}{2}\left\{1 - \left(\dfrac{4}{5}\right)^n\right\}$

演習 B　[1] (1) 初項 ar^2，公比 r^2 の無限等比級数．$r = \pm 1$ のとき，$\displaystyle\sum_{k=1}^{n} ar^{2k} = \sum_{k=1}^{n} a = na$．$r \neq \pm 1$ のとき，$\displaystyle\sum_{k=1}^{n} ar^{2k} = \sum_{k=1}^{n} a(r^2)^k = ar^2 \dfrac{1 - (r^2)^n}{1 - r^2} = ar^2 \dfrac{1 - r^{2n}}{1 - r^2}$.

(2) $\displaystyle\sum_{k=1}^{n} k(k+3) = \sum_{k=1}^{n}(k^2 + 3k) = \sum_{k=1}^{n} k^2 + 3\sum_{k=1}^{n} k = \dfrac{1}{6}n(n+1)(2n+1) + \dfrac{3}{2}n(n+1) = \dfrac{1}{3}n(n+1)(n+5)$.

(3) $S_n = \sum_{k=1}^{n} k - 2\sum_{k=1}^{m} 2k$. ただし，$n$ が奇数のとき，$m = \dfrac{n-1}{2}$，n が偶数のとき，$m = \dfrac{n}{2}$.
よって，n が奇数のとき，$S_n = \dfrac{1}{2}n(n+1) - 2 \times 2 \times \dfrac{1}{2}m(m+1) = m+1 = \dfrac{n+1}{2}$，$n$ が偶数のとき，$S_n = \dfrac{1}{2}n(n+1) - 2 \times 2 \times \dfrac{1}{2}m(m+1) = -m = -\dfrac{n}{2}$

演習 C (1) 例題 3-2 (2) より，$\tan\theta \neq 1 \left(\text{つまり } \theta \neq \dfrac{\pi}{4}\right)$ のとき，$S_n = \dfrac{1-\tan^n\theta}{(1-\tan\theta)^2} - \dfrac{n\tan^n\theta}{1-\tan\theta}$，$\tan\theta = 1 \left(\text{つまり } \theta = \dfrac{\pi}{4}\right)$ のとき，$S_n = \dfrac{1}{2}n(n+1)$.

(2) $S_n = \sum_{k=1}^{n}(a+kd)r^{k-1} = \sum_{k=1}^{n}(ar^{k-1} + dkr^{k-1}) = a\sum_{k=1}^{n}r^{k-1} + d\sum_{k=1}^{n}kr^{k-1}$. 例題 3-2 (1), (2) より，$r \neq 1$ のとき，$S_n = a\dfrac{1-r^n}{1-r} + d\left\{\dfrac{1-r^n}{(1-r)^2} - \dfrac{nr^n}{1-r}\right\}$，$r = 1$ のとき，$S_n = an + \dfrac{1}{2}dn(n+1)$.

(3) $S_n = \sum_{k=1}^{n} k^3 - 2\sum_{k=1}^{m}(2k)^3 = \dfrac{1}{4}n^2(n+1)^2 - 2^4 \times \dfrac{1}{4}m^2(m+1)^2$. ただし，$n$ が奇数のとき，$m = \dfrac{n-1}{2}$，n が偶数のとき，$m = \dfrac{n}{2}$. よって，n が奇数のとき，$S_n = \dfrac{1}{4}n^2(n+1)^2 - 2^4 \times \dfrac{1}{4}\left(\dfrac{n-1}{2}\right)^2\left(\dfrac{n-1}{2}+1\right)^2 = \dfrac{1}{4}(n+1)^2\{n^2 - (n-1)^2\} = \dfrac{1}{4}(n+1)^2(2n-1)$. n が偶数のとき，$S_n = \dfrac{1}{4}n^2(n+1)^2 - 2^4 \times \dfrac{1}{4}\left(\dfrac{n}{2}\right)^2\left(\dfrac{n}{2}+1\right)^2 = \dfrac{1}{4}n^2(n+1)^2 - \dfrac{1}{4}n^2(n+2)^2 = -\dfrac{1}{4}n^2(2n+3)$.

例題 3-3 級数の和

演習 A [1] (1) 初項 1，公比 -1. ゆえに，発散 [参照：3-2 A (1)]

(2) 初項 0.3，公比 0.8 (<1). $S = \dfrac{0.3}{1-0.8} = 1.5$ [参照：3-2 A (4)]

(3) 初項 $1+2\sqrt{2}$，公比 $\dfrac{-2+3\sqrt{2}}{1+2\sqrt{2}} = 2-\sqrt{2}$ (<1). $S = \dfrac{1+2\sqrt{2}}{1-2+\sqrt{2}} = 5+3\sqrt{2}$.

演習 B

(1) 例題 3-1 [2] (2) より，$S_n = \sqrt{n+1} - 1 \to \infty$ ($n \to \infty$). 発散.

(2) 例題 3-1 [2] (3) より，$S_n = \dfrac{1}{4} - \dfrac{1}{2(n+1)(n+2)} \to \dfrac{1}{4}$ ($n \to \infty$). $S = \dfrac{1}{4}$.

(3) 例題 3-2 (2) より，$r = 1$ のとき，$S_n = \dfrac{1}{2}n(n+1) \to \infty$ ($n \to \infty$). 発散. $|r| < 1$ のとき，$S_n = \dfrac{1-r^n}{(1-r)^2} - \dfrac{nr^n}{1-r}$. $r^n \to 0$ ($n \to \infty$)，$nr^n \to 0$ ($n \to \infty$) より，$S_n \to \dfrac{1}{(1-r)^2}$ ($n \to \infty$). $S = \dfrac{1}{(1-r)^2}$. $|r| > 1$ のとき，$\lim_{n\to\infty} nr^{n-1}$ は 0 とならない．ゆえに発散する．$r = -1$ のときも同様に発散する．

演習 C (1) 例題 3-2 (3) より，$S_{2m+1} = \dfrac{1}{2}(2m+1)(2m+2) \to \infty$ ($m \to \infty$)，$S_{2m} = -\dfrac{1}{2}(2m)(2m+1) \to -\infty$ ($m \to \infty$). よって，発散する．

(2) $\sum_{n=1}^{\infty} n \sin^{2n+2}\theta = \sum_{n=1}^{\infty} \sin^4\theta \cdot n \cdot \sin^{2n-2}\theta = \sin^4\theta \sum_{n=1}^{\infty} n(\sin^2\theta)^{n-1}$. 演習 B (3) より,
$\sin^2\theta \ne 1 \left(\theta \ne \dfrac{\pi}{2}, \dfrac{3}{2}\pi\right)$ のとき,$\sin^2\theta < 1$ より,$S = \dfrac{\sin^4\theta}{(1-\sin^2\theta)^2} = \dfrac{\sin^4\theta}{\cos^4\theta} = \tan^4\theta$.
$\sin^2\theta = 1 \left(\theta = \dfrac{\pi}{2}, \dfrac{3}{2}\pi\right)$ のとき,発散.

(3) 例題 3-2 演習 C (2) より,$S_n = a\dfrac{1-r^n}{1-r} + d\left\{\dfrac{1-r^n}{(1-r)^2} - \dfrac{nr^n}{1-r}\right\}$, $(r \ne 1)$. $|r| < 1$ のとき,$S_n \to a\dfrac{1}{1-r} + d\cdot\dfrac{1}{(1-r)^2}$. $|r| \geqq 1$ のとき発散. ($r=1$ のとき,$S_n = an + \dfrac{1}{2}dn(n+1) \to \infty$ または $-\infty$ $(n \to \infty)$. ただし,a, d のうち少なくとも一方は 0 でないとする)

例題 3-4 正項級数の収束・発散の判定 − 比較判定法

演習 A (1) $0 < \dfrac{n}{2n+1} < \dfrac{1}{2}$ より,$0 < \left(\dfrac{n}{2n+1}\right)^n < \left(\dfrac{1}{2}\right)^n$. $\sum_{n=1}^{\infty}\left(\dfrac{1}{2}\right)^n$ は収束するので,比較判定法により,$\sum_{n=1}^{\infty}\left(\dfrac{n}{2n+1}\right)^n$ も収束する.

(2) $\dfrac{1}{\sqrt{n(n+1)}} > \dfrac{1}{\sqrt{(n+1)(n+1)}} = \dfrac{1}{n+1} > 0$. $\sum_{n=1}^{\infty}\dfrac{1}{n+1}$ は発散するので,比較判定法により,$\sum_{n=1}^{\infty}\dfrac{1}{\sqrt{n(n+1)}}$ も発散.

(3) $0 < \dfrac{1}{n^2(n+1)^2} < \dfrac{1}{n^2 \cdot n^2} = \dfrac{1}{n^4}$. $4 > 1$ より,$\sum_{n=1}^{\infty}\dfrac{1}{n^4}$ は収束する. よって,比較判定法により,$\sum_{n=1}^{\infty}\dfrac{1}{n^2(n+1)^2}$ は収束する.

(4) $\lim_{n\to\infty}\dfrac{n}{n+1} = 1 \ne 0$. よって,$\sum_{n=1}^{\infty}\dfrac{n}{n+1}$ は発散.

演習 B (1) $a, b > 0$ より,$\dfrac{1}{(an+b)^2} < \dfrac{1}{(an)^2} = \dfrac{1}{a^2}\dfrac{1}{n^2}$. $\sum_{n=1}^{\infty}\dfrac{1}{(an)^2} = \dfrac{1}{a^2}\sum_{n=1}^{\infty}\dfrac{1}{n^2}$ は収束するので,比較判定法により,$\sum_{n=1}^{\infty}\dfrac{1}{(an+b)^2}$ も収束する.

(2) $0 < \dfrac{1}{an+b} = \dfrac{1}{a\left(n+\frac{b}{a}\right)}$ である. $\dfrac{b}{a} \leqq p$ なる正の整数 p を 1 つとると,$\dfrac{1}{an+b} \geqq \dfrac{1}{a(n+p)} > 0$. $\sum_{n=1}^{\infty}\dfrac{1}{a(n+p)} = \dfrac{1}{a}\cdot\sum_{n=1}^{\infty}\dfrac{1}{n+p}$ であるから,これは発散する. よって,比較判定法により,$\sum_{n=1}^{\infty}\dfrac{1}{an+b}$ も発散する.

(3) $0 \leqq \sin^2 x \leqq 1$ であるから $\dfrac{\sin^2 n}{n^{\frac{3}{2}}} \leqq \dfrac{1}{n^{\frac{3}{2}}}$. $\dfrac{3}{2} > 1$ より,$\sum_{n=1}^{\infty}\dfrac{1}{n^{\frac{3}{2}}}$ は収束するので,比較判

定法により，$\sum_{n=1}^{\infty} \frac{\sin^2 n}{n^{\frac{3}{2}}}$ は収束する．

演習 C (1) $n \geq 1$ より，$\frac{1}{\log n} > \frac{1}{n} > 0$．$\sum_{n=1}^{\infty} \frac{1}{n}$ は発散するので，比較判定法により，$\sum_{n=1}^{\infty} \frac{1}{\log n}$ も発散する．

(2) $\frac{\log n}{n^2} < \frac{\sqrt{n}}{n^2} = \frac{1}{n^{\frac{3}{2}}}$．$\sum_{n=1}^{\infty} \frac{1}{n^{\frac{3}{2}}}$ は収束．よって，比較判定法により，$\sum_{n=1}^{\infty} \frac{\log n}{n^2}$ も収束する．

例題 3-5　正項級数の収束・発散の判定 – d'Alembert の判定法

演習 A (1) $a_n = \frac{1}{n!}$．$\frac{a_{n+1}}{a_n} = \frac{1}{n+1} \to 0 \ (n \to \infty)$．$0 < 1$ より収束する．［参照：例題 3-4 (1)］

(2) $a_n = \frac{n!}{2^n}$．$\frac{a_{n+1}}{a_n} = \frac{n+1}{2} \to \infty \ (n \to \infty)$．よって，発散する．

(3) $a_n = \frac{1 \cdot 3 \cdots (2n-1)}{1 \cdot 2 \cdots n}$，$\frac{a_{n+1}}{a_n} = \frac{2n+1}{n+1} \to 2 \ (n \to \infty)$．$2 > 1$ より，発散する．

演習 B (1) $a_n = \frac{(n!)^2}{(2n)!}$，$\frac{a_{n+1}}{a_n} = \frac{(n+1)^2}{(2n+1)(2n+2)} \to \frac{1}{4} \ (<1) \ (n \to \infty)$．収束する．

(2) $a_n = n \sin \frac{\pi}{2^n}$，$\frac{a_{n+1}}{a_n} = \frac{(n+1) \sin \frac{\pi}{2^{n+1}}}{n \sin \frac{\pi}{2^n}} = \frac{(n+1) \sin \frac{\pi}{2^{n+1}}}{n \cdot 2 \sin \frac{\pi}{2^{n+1}} \cos \frac{\pi}{2^{n+1}}} \to \frac{1}{2} \ (<1) \ (n \to \infty)$．収束する．

演習 C (1) $a_n = \frac{n^\alpha}{n!}$，$\frac{a_{n+1}}{a_n} = \frac{(n+1)^\alpha}{(n+1)n^\alpha} = \frac{1}{n+1} \left(\frac{n+1}{n}\right)^\alpha \to 0 \ (<1) \ (n \to \infty)$．よって，収束する．

(2) $a_n = \frac{(a+c)(2a+c) \cdots (na+c)}{(b+c)(2b+c) \cdots (nb+c)}$，$\frac{a_{n+1}}{a_n} = \frac{(n+1)a+c}{(n+1)b+c} \to \frac{a}{b} \ (n \to \infty)$．$\frac{a}{b} < 1 \ (a < b)$ のとき，収束する．$\frac{a}{b} > 1 \ (a > b)$ のとき，発散する．$a = b$ のとき，$a_n = 1$ であり，$S_n = n$ となるから，発散する．

例題 3-6　正項級数の収束・発散の判定 – Cauchy の判定法

演習 A (1) $\sqrt[n]{\frac{1}{n^n}} = \frac{1}{n} \to 0 \ (n \to \infty)$．$0 < 1$ より収束．

(2) $\sqrt[n]{\left(\frac{n}{2n+1}\right)^n} = \frac{n}{2n+1} \to \frac{1}{2} \ (<1) \ (n \to \infty)$．ゆえに，収束．

(3) $\sqrt[n]{\frac{\left(\frac{n+1}{n}\right)^{n^2}}{2^n}} = \frac{\left(\frac{n+1}{n}\right)^n}{2} \to \frac{e}{2} \ (>1) \ (n \to \infty)$．ゆえに，発散．

演習 B (1) $\sqrt[n]{a^{n^2} b^n} = a^n b \to \begin{cases} \infty, & a > 1 \\ b, & a = 1 \\ 0, & a < 1 \end{cases}$　したがって，$a < 1$ または $a = 1$ かつ $b < 1$

のときは，収束する．$a=1$ かつ $b=1$ のときは，$a^n b \to 1$ となって，Cauchy の判定法では判定できないが，$a^{n^2} b^n = 1$ となるので，級数は発散する．

(2) $\sqrt[n]{\left(\dfrac{n}{n+1}\right)^{n^2} a^n} = \left(\dfrac{n}{n+1}\right)^n \cdot a \to \dfrac{a}{e} \ (n \to \infty)$. よって，$\dfrac{a}{e} < 1$ すなわち $a < e$ のとき，収束する．$\dfrac{a}{e} > 1$ すなわち $a > e$ のとき，発散する．$a = e$ の場合は，数列 $\left\{\left(1+\dfrac{1}{n}\right)^n\right\}$ が単調増加で，$\lim\left(1+\dfrac{1}{n}\right)^n = e$ であることから，$\left(1+\dfrac{1}{n}\right)^n < e$ である．よって，$\left(\dfrac{n}{n+1}\right)^{n^2} e^n = \dfrac{e^n}{\left(1+\frac{1}{n}\right)^{n^2}} > 1^n = 1$ となることから，比較判定法により発散する．

(3) $\sqrt[n]{\left(\dfrac{n}{n+2}\right)^{n^2} \cdot e^n} \to \dfrac{1}{e^2} \cdot e = \dfrac{1}{e}(<1) \ (n \to \infty)$. よって，収束する．

演習 C (1) $\sqrt[n]{\dfrac{2^n}{n}} = \dfrac{2}{\sqrt[n]{n}} \to 2 \ (>1) \ (n \to \infty)$. ゆえに，発散．

(2) $\sqrt[n]{\dfrac{n^{n^2-1}}{(n+1)^{n^2}}} = \dfrac{1}{\sqrt[n]{n}} \left(\dfrac{n}{n+1}\right)^n \to \dfrac{1}{e} \ (<1)$. ゆえに，収束．

例題 3-7 一般無限級数の収束・発散の判定

演習 A (1) $e^{\sin \frac{\pi}{n}} \to e^0 = 1 \neq 0 \ (n \to \infty)$. ゆえに，発散する．

(2) 絶対値級数は $\displaystyle\sum_{n=1}^{\infty} \dfrac{|a^n|}{n!}$. $a = 0$ のとき，収束し，和は 0．$a \neq 0$ のときも，例題 3-5 (1) より収束する．ゆえに，収束する．

(3) 交項級数である．$\log n > 0$ で，単調増加より，$\dfrac{1}{\log n}$ は単調減少である．$\log n \to \infty \ (n \to \infty)$ より，$\dfrac{1}{\log n} \to 0$. ゆえに，収束する．

(4) $n^{\frac{1}{n}} \geqq 1$ で $\displaystyle\lim_{n \to \infty} n^{\frac{1}{n}} \neq 0$. ゆえに，発散する．

例題 3-8 ベキ級数の収束半径 (1)

演習 A (1) $a_n = n!$. $\left|\dfrac{a_{n+1}}{a_n}\right| = n+1 \to \infty \ (n \to \infty)$. $\therefore R = 0$.

(2) $a_n = n$. $\left|\dfrac{a_{n+1}}{a_n}\right| = \dfrac{n+1}{n} \to 1 \ (n \to \infty)$. $\therefore R = 1$.

(3) $a_n = \dfrac{1}{n(n+1)}$. $\left|\dfrac{a_{n+1}}{a_n}\right| = \dfrac{n}{n+2} \to 1 \ (n \to \infty)$. $\therefore R = 1$.

(4) $a_n = \dfrac{a^n}{n!}$. $\left|\dfrac{a_{n+1}}{a_n}\right| = \dfrac{a}{n+1} \to 0 \ (n \to \infty)$. $\therefore R = \infty$.

演習 B (1) $a_n = \dfrac{1}{n^n}$. $\sqrt[n]{a_n} = \dfrac{1}{n} \to 0 \ (n \to \infty)$. $\therefore R = \infty$.

(2) $a_n = \left(\dfrac{3n-1}{2n+1}\right)^n$. $\sqrt[n]{a_n} = \dfrac{3n-1}{2n+1} \to \dfrac{3}{2} \ (n \to \infty)$. $\therefore R = \dfrac{2}{3}$.

(3) $a_n = a^{n^2}$, $\sqrt[n]{a_n} = a^n \to \begin{cases} 0 & (a < 1) & R = \infty \\ 1 & (a = 1) & R = 1 \\ \infty & (a > 1) & R = 0 \end{cases}$

演習 C (1) $a_n = \dfrac{n^\alpha}{n!}$. $\left|\dfrac{a_{n+1}}{a_n}\right| = \dfrac{\left(\frac{n+1}{n}\right)^\alpha}{n+1} \to 0 \ (n \to \infty)$. $\therefore R = \infty$.

(2) $a_n = \left(\dfrac{n}{n+1}\right)^{n^2}$. $\sqrt[n]{a_n} = \left(\dfrac{n}{n+1}\right)^n \to \dfrac{1}{e} \ (n \to \infty)$. $\therefore R = e$.

(3) $a_n = \dfrac{n}{2^n}$. $\left|\dfrac{a_{n+1}}{a_n}\right| = \dfrac{1}{2} \dfrac{n+1}{n} \to \dfrac{1}{2} \ (n \to \infty)$. $\therefore R = 2$.

例題 3-9　ベキ級数の収束半径 (2)

演習 A (1) $a_n = \dfrac{(-1)^n}{n}$, $\left|\dfrac{a_{n+1}}{a_n}\right| = \dfrac{n}{n+1} \to 1 \ (n \to \infty)$. $\therefore R = 1$.

$x = -1$ のとき, $\sum_{n=1}^{\infty} \dfrac{(-1)^n}{n}(-1)^n = \sum_{n=1}^{\infty} \dfrac{1}{n}$. よって, 発散. $x = 1$ のとき, $\sum_{n=1}^{\infty} \dfrac{(-1)^n}{n}$. よって, 収束. $\therefore -1 < x \leq 1$.

(2) $a_n = \dfrac{1}{\sqrt{n}}$, $\left|\dfrac{a_{n+1}}{a_n}\right| = \sqrt{\dfrac{n}{n+1}} \to 1 \ (n \to \infty)$. $\therefore R = 1$.

$x = -1$ のとき, $\sum_{n=1}^{\infty} \dfrac{(-1)^n}{\sqrt{n}}$ は交項級数で, $a_n \geq a_{n+1}$ かつ $\dfrac{1}{\sqrt{n}} \to 0 \ (n \to \infty)$. よって, 収束.

$x = 1$ のとき, $\sum_{n=1}^{\infty} \dfrac{1}{\sqrt{n}} = \sum_{n=1}^{\infty} \dfrac{1}{n^{\frac{1}{2}}}$. $\dfrac{1}{2} < 1$ より, これは発散. $\therefore -1 \leq x < 1$.

(3) $a_n = (-1)^n \dfrac{n+2}{n(n+1)}$. $\left|\dfrac{a_{n+1}}{a_n}\right| = \dfrac{n(n+3)}{(n+2)^2} \to 1 \ (n \to \infty)$.

$x = -1$ のとき, $\sum_{n=1}^{\infty} (-1)^n \dfrac{n+2}{n(n+1)}(-1)^n = \sum_{n=1}^{\infty} \dfrac{n+2}{n(n+1)}$ は発散 ($\because$ 例題3-4 (3)). $x = 1$ のとき, $\sum_{n=1}^{\infty} (-1)^n \dfrac{n+2}{n(n+1)}$ は交項級数で $\dfrac{n+2}{n(n+1)} > \dfrac{n+3}{(n+1)(n+2)}$. $\dfrac{n+2}{n(n+1)} \to 0 \ (n \to \infty)$ より収束. $-1 < x \leq 1$.

演習 B (1) $a_n = \sqrt{n+1} - \sqrt{n}$. $\left|\dfrac{a_{n+1}}{a_n}\right| = \dfrac{\sqrt{n+2} - \sqrt{n+1}}{\sqrt{n+1} - \sqrt{n}} = \dfrac{\sqrt{n} + \sqrt{n+1}}{\sqrt{n+1} + \sqrt{n+2}}$

$= \dfrac{1 + \sqrt{1 + \frac{1}{n}}}{\sqrt{1 + \frac{1}{n}} + \sqrt{1 + \frac{2}{n}}} \to \dfrac{2}{2} = 1 \ (n \to \infty)$. $R = 1$.

$x = 1$ のとき, $S_n = \sqrt{n+1} - 1 \to \infty \ (n \to \infty)$ で発散. $x = -1$ のとき, $\sum_{n=0}^{\infty} (\sqrt{n+1} - \sqrt{n})(-1)^n$ は交項級数で, $a_n > a_{n+1} > 0$ かつ $\sqrt{n+1} - \sqrt{n} \to 0 \ (n \to \infty)$ より収束する. $\therefore -1 \leq x < 1$.

(2) $a_n = \dfrac{(n!)^2}{(2n)!}$. $\left|\dfrac{a_{n+1}}{a_n}\right| = \dfrac{(n+1)^2}{(2n+1)(2n+2)} \to \dfrac{1}{4} \ (n \to \infty)$. $\therefore R = \sqrt{4} = 2$.

$x = \pm 2$ のとき, $\sum_{n=0}^{\infty} \frac{(n!)^2}{(2n)!} 2^{2n} = \sum_{n=0}^{\infty} \frac{2 \cdot 4 \cdots 2n}{1 \cdot 3 \cdots (2n-1)}$ で $\frac{2 \cdot 4 \cdots 2n}{1 \cdot 3 \cdots (2n-1)} > 1$ は $n \to \infty$ のとき, 0 に収束しない. よって, 発散する. $\therefore -2 < x < 2$.

(3) $a_n = \frac{\sqrt{n}}{3^n(n^2+1)}$. $\left|\frac{a_{n+1}}{a_n}\right| = \frac{1}{3}\sqrt{\frac{n+1}{n}} \frac{n^2+1}{(n+1)^2+1} \to \frac{1}{3}$ $(n \to \infty)$ $\therefore R = 3$.

$x = \pm 3$ のとき, $\sum_{n=1}^{\infty} \left|\frac{\sqrt{n}}{3^n(n^2+1)}(\pm 3)^n\right| = \sum_{n=1}^{\infty} \frac{\sqrt{n}}{n^2+1} \cdot \frac{\sqrt{n}}{n^2+1} < \frac{\sqrt{n}}{n^2} = \frac{1}{n^{\frac{3}{2}}} \cdot \sum_{n=1}^{\infty} \frac{1}{n^{\frac{3}{2}}}$ は収束, よって, 比較判定法により, $\sum_{n=1}^{\infty} \frac{\sqrt{n}}{3^n(n^2+1)}(\pm 3)^n$ は絶対収束. $\therefore -3 \leqq x \leqq 3$.

例題 3-10 項別微分と項別積分

演習 A (1) $\sum_{n=0}^{\infty} \frac{x^n}{n!}$. $a_n = \frac{1}{n!}$ とおくと, $\left|\frac{a_{n+1}}{a_n}\right| = \frac{1}{n+1} \to 0$ $(n \to \infty)$. よって, 収束範囲は, $-\infty < x < \infty$, ゆえに定義域は $(-\infty, \infty)$.

$y' = \sum_{n=1}^{\infty} n \cdot \frac{x^{n-1}}{n!} = \sum_{n=1}^{\infty} \frac{x^{n-1}}{(n-1)!} = \sum_{m=0}^{\infty} \frac{x^m}{m!}$. $(|x| < \infty)$

$y'' = \sum_{n=2}^{\infty} (n-1) \frac{x^{n-2}}{(n-1)!} = \sum_{n=2}^{\infty} \frac{x^{n-2}}{(n-2)!} = \sum_{p=0}^{\infty} \frac{x^p}{p!}$. $(|x| < \infty)$

$\int_0^x f(t)\,dt = \sum_{n=0}^{\infty} \frac{1}{n+1} \frac{x^{n+1}}{n!} = \sum_{n=0}^{\infty} \frac{x^{n+1}}{(n+1)!} = \sum_{m=0}^{\infty} \frac{x^m}{m!} - 1$. $(|x| < \infty)$

(2) $\sum_{n=0}^{\infty} \frac{(-1)^n}{(2n)!} x^{2n}$. $a_n = \frac{(-1)^n}{(2n)!}$ とおくと $\left|\frac{a_{n+1}}{a_n}\right| = \frac{1}{(2n+1)(2n+2)} \to 0$ $(n \to \infty)$. よって, 収束範囲は $-\infty < x < \infty$. ゆえに, $f(x)$ の定義域は $(-\infty, \infty)$.

$y' = \sum_{n=1}^{\infty} 2n \frac{(-1)^n}{(2n)!} x^{2n-1} = \sum_{n=1}^{\infty} \cdot \frac{(-1)^n}{(2n-1)!} x^{2n-1}$. $(|x| < \infty)$

$y'' = \sum_{n=1}^{\infty} (2n-1) \frac{(-1)^n}{(2n-1)!} x^{2n-2} = \sum_{n=1}^{\infty} \frac{(-1)^n}{(2n-2)!} x^{2n-2}$. $(|x| < \infty)$

$\int_0^x f(t)\,dt = \sum_{n=0}^{\infty} \frac{1}{2n+1} \frac{(-1)^n}{(2n)!} x^{2n+1} = \sum_{n=0}^{\infty} \frac{(-1)^n x^{2n+1}}{(2n+1)!}$. $(|x| < \infty)$

(3) $\sum_{n=0}^{\infty} \frac{(-1)^n}{(n!)^2} 2^{2n} x^{2n} = \sum_{n=0}^{\infty} \frac{(-1)^n}{(n!)^2} (2x)^{2n}$. $a_n = \frac{(-1)^n}{(n!)^2}$ とすると, $\left|\frac{a_{n+1}}{a_n}\right| = \frac{1}{(n+1)^2} \to 0$ $(n \to \infty)$. ゆえに, 収束範囲は, $-\infty < x < \infty$ ($2^{2n}(x)^{2n}$ を $(2x)^2$ の n 乗と見直したが, $R = \infty$ なので同じ収束半径 (範囲)). ゆえに, 定義域は $(-\infty, \infty)$.

$y' = \sum_{n=1}^{\infty} 2n \frac{(-1)^n}{(n!)^2} 2^{2n} x^{2n-1} = \sum_{n=1}^{\infty} 2^{2n+1} \frac{(-1)^n}{n!(n-1)!} x^{2n-1}$. $(|x| < \infty)$

$y'' = \sum_{n=1}^{\infty} \frac{(2n-1)(-1)^n}{n!(n-1)!} 2^{2n+1} x^{2n-2}$. $(|x| < \infty)$

$\int_0^x f(t)\,dt = \sum_{n=0}^{\infty} \frac{1}{2n+1} \frac{(-1)^n}{(n!)^2} 2^{2n} x^{2n+1}$. $(|x| < \infty)$

(4) $\sum_{n=0}^{\infty} \left| \frac{(\sqrt{2})^n \sin\left(\frac{\pi}{4}n\right)}{n!} x^n \right|$ と $\sum_{n=0}^{\infty} \frac{(\sqrt{2})^n}{n!} |x^n|$ を比較すると $\left| \frac{(\sqrt{2})^n \sin\left(\frac{\pi}{4}n\right)}{n!} \right| \leq \frac{(\sqrt{2})^n}{n!}$. そこで, $\sum_{n=0}^{\infty} \frac{(\sqrt{2})^n}{n!} x^n$ の収束半径を調べる. $b_n = \frac{(\sqrt{2})^n}{n!}$ とする. $\left| \frac{b_{n+1}}{b_n} \right| = \frac{\sqrt{2}}{n+1} \to 0$ より, $\sum_{n=0}^{\infty} \left\{ \frac{(\sqrt{2})^n}{n!} \right\} x^n$ の収束半径は ∞. よって, $\sum_{n=0}^{\infty} \left| \frac{(\sqrt{2})^n \sin\left(\frac{\pi}{4}n\right)}{n!} x^n \right|$ は $-\infty < x < \infty$ で収束. ゆえに, $\sum_{n=0}^{\infty} \frac{(\sqrt{2})^n \sin\left(\frac{\pi}{4}n\right)}{n!} x^n$ も $-\infty < x < \infty$ で収束する. $f(x)$ の定義域は $(-\infty, \infty)$.

$$y' = \sum_{n=1}^{\infty} n a_n x^{n-1} = \sum_{n=1}^{\infty} n \frac{(\sqrt{2})^n \sin\left(\frac{\pi}{4}n\right)}{n!} x^{n-1} = \sum_{n=1}^{\infty} \frac{(\sqrt{2})^n \sin\left(\frac{\pi}{4}n\right)}{(n-1)!} x^{n-1} \quad (|x| < \infty)$$

$$y'' = \sum_{n=2}^{\infty} (n-1) \frac{(\sqrt{2})^n \sin\left(\frac{\pi}{4}n\right)}{(n-1)!} x^{n-2} = \sum_{n=2}^{\infty} \frac{(\sqrt{2})^n \sin\left(\frac{\pi}{4}n\right)}{(n-2)!} x^{n-2} \quad (|x| < \infty)$$

$$\int_0^x f(t)\, dt = \sum_{n=0}^{\infty} \frac{(\sqrt{2})^n \sin\left(\frac{\pi}{4}n\right)}{n!} \cdot \frac{x^{n+1}}{n+1} = \sum_{n=0}^{\infty} \frac{(\sqrt{2})^n \sin\left(\frac{\pi}{4}n\right)}{(n+1)!} x^{n+1} \quad (|x| < \infty)$$

例題 3-11 **Taylor 級数**

演習 A (1) $f(x) = 2x^2 - 13x + 36$, $f(3) = 2\cdot 3^2 - 13\cdot 3 + 36 = 15$, $f'(x) = 4x - 13$, $f'(3) = -1$, $f''(x) = 4 = f''(3)$, ∴ $f(x) = 15 + (-1)(x-3) + \frac{4}{2!}(x-3)^2 = 15 - (x-3) + 2(x-3)^2$ $(|x| < \infty)$

(2) $f(x) = 3(x-1) + 2e^x$. 例題 3-11 (2) より, $f(x) = 3(x-1) + 2e \sum_{n=0}^{\infty} \frac{1}{n!}(x-1)^n = 2e + (3+2e)(x-1) + \sum_{n=2}^{\infty} \frac{2e}{n!}(x-1)^n$ $(|x| < \infty)$

(3) $f(x) = \sin x^3$. $X = x^3$ とすると, $\sin X = \sum_{m=0}^{\infty} (-1)^m \frac{X^{2m+1}}{(2m+1)!}$ $(|X| < \infty)$

$\sin x^3 = \sum_{m=0}^{\infty} (-1)^m \frac{(x^3)^{2m+1}}{(2m+1)!} = \sum_{m=0}^{\infty} (-1)^m \frac{x^{6m+3}}{(2m+1)!}$ $(|x| < \infty)$

演習 B (1) $f(x) = \cos x$, $f^{(n)}(x) = \cos\left(x + \frac{n}{2}\pi\right)$.

$R_n = \frac{\cos\left(\frac{\pi}{3} + \theta(x - \frac{\pi}{3}) + \frac{n}{2}\pi\right)}{n!} \left(x - \frac{\pi}{3}\right)^n \to 0 \quad (n \to \infty)$.

$f^{(n)}\left(\frac{\pi}{3}\right) = \cos\left(\frac{\pi}{3} + \frac{n}{2}\pi\right) = \begin{cases} (-1)^m \frac{1}{2} & (n = 2m) \\ (-1)^{m+1} \frac{\sqrt{3}}{2} & (n = 2m+1) \end{cases}$

∴ $\cos x = \sum_{m=0}^{\infty} \left(\frac{(-1)^m}{2(2m)!} \left(x - \frac{\pi}{3}\right)^{2m} + \frac{(-1)^{m+1}\sqrt{3}}{2(2m+1)!} \left(x - \frac{\pi}{3}\right)^{2m+1} \right)$ $(|x| < \infty)$

(2) $e^x = e^2 \cdot e^{x-2} = e^2 \sum_{n=0}^{\infty} \frac{(x-2)^n}{n!} = \sum_{n=0}^{\infty} \frac{e^2}{n!}(x-2)^n$ $(|x| < \infty)$

(3) $x^2 + 3x + 1 + e^x = 11 + 7(x-2) + (x-2)^2 + e^2 \sum_{n=0}^{\infty} \frac{(x-2)^n}{n!}$

$= (e^2 + 11) + (e^2 + 7)(x-2) + \left(\frac{e^2}{2} + 1\right)(x-2)^2 + \sum_{n=3}^{\infty} \frac{e^2}{n!}(x-2)^n \quad (|x| < \infty).$

例題 3-12 Maclaurin 級数

演習 A (1) $3xe^x = 3x \sum_{n=0}^{\infty} \frac{x^n}{n!} = \sum_{n=0}^{\infty} \frac{3}{n!} x^{n+1} \quad (|x| < \infty)$

(2) $e^{-x} = \sum_{n=0}^{\infty} \frac{(-x)^n}{n!} = \sum_{n=0}^{\infty} (-1)^n \frac{x^n}{n!} \quad (|x| < \infty)$

(3) $x^2 \log(1+x) = \sum_{n=1}^{\infty} (-1)^{n-1} \frac{x^{n+2}}{n} \quad (|x| < 1)$

(4) $\log(1+3x) = \sum_{n=1}^{\infty} (-1)^{n-1} \frac{(3x)^n}{n} = \sum_{n=1}^{\infty} \frac{(-1)^{n-1} 3^n}{n} x^n \quad \left(|3x| < 1 \quad \therefore |x| < \frac{1}{3}\right)$

(5) $\sin 2x = \sum_{m=0}^{\infty} \frac{(-1)^m}{(2m+1)!} (2x)^{2m+1} = \sum_{m=0}^{\infty} \frac{(-1)^m 2^{2m+1}}{(2m+1)!} x^{2m+1} \quad (|x| < \infty)$

(6) $\sinh x = \frac{1}{2}(e^x - e^{-x}) = \frac{1}{2}\left(\sum_{n=0}^{\infty} \frac{x^n}{n!} - \sum_{n=0}^{\infty} (-1)^n \frac{x^n}{n!}\right)$

$= \frac{1}{2} \sum_{n=0}^{\infty} \frac{1 - (-1)^n}{n!} x^n = \sum_{m=0}^{\infty} \frac{x^{2m+1}}{(2m+1)!} \quad (|x| < \infty)$

(7) $\cosh x = \frac{e^x + e^{-x}}{2} = \frac{1}{2}\left(\sum_{n=0}^{\infty} \frac{x^n}{n!} + \sum_{n=0}^{\infty} \frac{(-1)^n}{n!} x^n\right) = \frac{1}{2} \sum_{n=0}^{\infty} \frac{1 + (-1)^n}{n!} x^n = \sum_{m=0}^{\infty} \frac{x^{2m}}{(2m)!} \quad (|x| < \infty)$

演習 B (1) $\log(2 + x^2) = \log\left[2\left\{1 + \left(\frac{x}{\sqrt{2}}\right)^2\right\}\right] = \log 2 + \log\left\{1 + \left(\frac{x}{\sqrt{2}}\right)^2\right\}$

$= \log 2 + \sum_{n=1}^{\infty} \frac{(-1)^{n-1}}{n} \left(\frac{x}{\sqrt{2}}\right)^{2n} = \log 2 + \sum_{n=1}^{\infty} \frac{(-1)^{n-1}}{n} 2^{-n} \cdot x^{2n} \quad (|x| < 1)$

(2) $|x| < 1$ で $\log(1+x)$ は絶対収束するから, $\{\log(1+x)\}^2$

$= \left(x - \frac{1}{2}x^2 + \cdots + \frac{(-1)^{n-1}}{n} x^n + \cdots\right) \cdot \left(x - \frac{1}{2}x^2 + \cdots + \frac{(-1)^{n-1}}{n} x^n + \cdots\right)$

$= x^2 - x^3 + \left(\frac{1}{3} + \frac{1}{4} + \frac{1}{3}\right) x^4 - \cdots$

$+ (-1)^n \left(\frac{1}{n-1} + \frac{1}{2(n-2)} + \cdots + \frac{1}{(n-2)2} + \frac{1}{n-1}\right) x^n + \cdots \quad (|x| < 1)$

(3) $\sin\left(x + \frac{\pi}{4}\right) = \sin x \cdot \cos \frac{\pi}{4} + \sin \frac{\pi}{4} \cdot \cos x = \frac{\sqrt{2}}{2}(\sin x + \cos x)$

$= \frac{\sqrt{2}}{2} \left(\sum_{m=0}^{\infty} \frac{(-1)^m}{(2m+1)!} x^{2m+1} + \sum_{m=0}^{\infty} \frac{(-1)^m}{(2m)!} x^{2m}\right)$

$= \sum_{m=0}^{\infty} \left\{\frac{(-1)^m \sqrt{2}}{(2m)!2} x^{2m} + \frac{(-1)^m \sqrt{2}}{(2m+1)!2} x^{2m+1}\right\}$

(4) $\sin^3 x = \dfrac{1}{4}(3\sin x - \sin 3x) = \dfrac{3}{4}\displaystyle\sum_{m=0}^{\infty}\dfrac{(-1)^m}{(2m+1)!}x^{2m+1} - \dfrac{1}{4}\sum_{m=0}^{\infty}\dfrac{(-1)^m}{(2m+1)!}(3x)^{2m+1}$

$= \displaystyle\sum_{m=0}^{\infty}\dfrac{3}{4}(1-3^{2m})\dfrac{(-1)^m}{(2m+1)!}x^{2m+1}$ $(|x|<\infty)$

(5) $\cos^3 x = \dfrac{1}{4}(3\cos x + \cos 3x) = \dfrac{3}{4}\displaystyle\sum_{m=0}^{\infty}\dfrac{(-1)^m}{(2m)!}x^{2m} + \dfrac{1}{4}\sum_{m=0}^{\infty}\dfrac{(-1)^m}{(2m)!}(3x)^{2m}$

$= \displaystyle\sum_{m=0}^{\infty}\dfrac{3}{4}(1+3^{2m-1})\dfrac{(-1)^m}{(2m)!}x^{2m}$ $(|x|<\infty)$

演習 C (1) $f(x) = e^x \sin(x+a)$ とおく．

$f^{(n)}(x) = (\sqrt{2})^n e^x \sin\left(x+a+\dfrac{n}{4}\pi\right)$ $f^{(n)}(0) = (\sqrt{2})^n \sin\left(a+\dfrac{n}{4}\pi\right)$

$|R| = \left|\dfrac{x^n}{n!}(\sqrt{2})^n e^{\theta x}\sin\left(\theta x+a+\dfrac{n}{4}\pi\right)\right| \leq e^{\theta x}\dfrac{|\sqrt{2}x|^n}{n!} \to 0$ $(n\to\infty)$

$\therefore\ f(x) = \displaystyle\sum_{n=0}^{\infty}\dfrac{(\sqrt{2})^n}{n!}\sin\left(a+\dfrac{n}{4}\pi\right)\cdot x^n$ $(|x|<\infty)$

(2) $f(x) = e^x\cos(x+a)$ とおく．

$f^{(n)}(x) = (\sqrt{2})^n e^x \cos\left(x+a+\dfrac{n}{4}\pi\right)$ $f^{(n)}(0) = (\sqrt{2})^n \cos\left(a+\dfrac{n}{4}\pi\right)$

$|R| = \left|\dfrac{x^n}{n!}(\sqrt{2})^n e^{\theta x}\cos\left(\theta x+a+\dfrac{n}{4}\pi\right)\right| \leq e^{\theta x}\dfrac{|\sqrt{2}x|^n}{n!} \to 0$ $(n\to\infty)$

$\therefore\ f(x) = \displaystyle\sum_{n=0}^{\infty}\dfrac{(\sqrt{2})^n}{n!}\cos\left(a+\dfrac{n}{4}\pi\right)\cdot x^n$ $(|x|<\infty)$

例題 3-13

演習 A (1) $\dfrac{1}{1-x} = (1-x)^{-1} = \{1+(-1)x\}^{-1} = \displaystyle\sum_{n=0}^{\infty}\binom{-1}{n}x^n = \sum_{n=0}^{\infty}x^n$ $(|x|<1)$

(2) $(2+x)^{\frac{1}{2}} = \sqrt{2}\left(1+\dfrac{x}{2}\right)^{\frac{1}{2}} = \sqrt{2}\left(1+\displaystyle\sum_{n=1}^{\infty}(-1)^{n-1}\dfrac{1\cdot 3\cdots(2n-3)}{2\cdot 4\cdots(2n)}\left(\dfrac{x}{2}\right)^n\right)$

$= \sqrt{2} + \displaystyle\sum_{n=1}^{\infty}(-1)^n\sqrt{2}\dfrac{1\cdot 3\cdots(2n-3)}{2\cdot 4\cdots(2n)}2^{-n}x^n$ $(|x|<2)$

(3) $(1+x)^{\frac{3}{2}} = \displaystyle\sum_{n=0}^{\infty}\binom{\frac{3}{2}}{n}x^n = 1+\dfrac{3}{2}x+\dfrac{3}{8}x^2+\sum_{n=3}^{\infty}3\dfrac{(-1)^n\cdot 1\cdot 3\cdots(2n-5)}{2\cdot 4\cdots(2n)}x^n$ $(|x|<1)$

(4) $\sqrt{1+x^2} = 1+\displaystyle\sum_{n=1}^{\infty}(-1)^{n-1}\dfrac{1\cdot 3\cdots(2n-3)}{2\cdot 4\cdots(2n-2)}\dfrac{x^{2n}}{2n}$ $(|x|<1)$

演習 B (1) $\dfrac{1}{(1+x)^2} = (1+x)^{-2}$

$= \displaystyle\sum_{n=1}^{\infty}\binom{-2}{n}x^n$

$= 1+\displaystyle\sum_{n=1}^{\infty}\dfrac{(-1)^n(n+1)!}{n!}x^n = 1+\sum_{n=1}^{\infty}(-1)^n(n+1)x^n$ $(|x|<1)$

(2) $\dfrac{1}{x^2+x-1} = -\dfrac{4}{5}\dfrac{1}{1-\left\{\frac{2}{\sqrt{5}}\left(x+\frac{1}{2}\right)\right\}^2}$ $-1 < \dfrac{2}{\sqrt{5}}\left(x+\dfrac{1}{2}\right) < 1$

$= -\dfrac{4}{5}\displaystyle\sum_{n=0}^{\infty}\left\{\dfrac{2}{\sqrt{5}}\left(x+\dfrac{1}{2}\right)\right\}^{2n}$ $-\dfrac{\sqrt{5}}{2} < x+\dfrac{1}{2} < \dfrac{\sqrt{5}}{2}$

$= \displaystyle\sum_{n=0}^{\infty}(-1)\dfrac{4}{5}\dfrac{2^{2n}}{5^n}\left(x+\dfrac{1}{2}\right)^{2n}$ $-\dfrac{1}{2}-\dfrac{\sqrt{5}}{2} < x < -\dfrac{1}{2}+\dfrac{\sqrt{5}}{2}$

$= \displaystyle\sum_{n=0}^{\infty}(-1)\dfrac{2^{2n+2}}{5^{n+1}}\left(x+\dfrac{1}{2}\right)^{2n}$

IV 積分

基本事項

x の関数 $f(x)$ に対して，$F'(x) = f(x)$ を満たす $F(x)$ を $f(x)$ の**原始関数**または**不定積分**といい，$F(x) = \displaystyle\int f(x)\,dx$ で表す．$f(x)$ の不定積分を求めることを $f(x)$ を**積分する**といい，このとき $f(x)$ を**被積分関数**という．一般に $f(x)$ の原始関数 $F(x)$ は $F(x) = \displaystyle\int f(x)\,dx + C$ で表される．任意定数 C を**積分定数**という．

1. 主な原始関数 (C は積分定数)

(1) $\displaystyle\int x^\alpha \, dx = \frac{1}{\alpha+1} x^{\alpha+1} + C \quad (\alpha \neq -1)$

(2) $\displaystyle\int \frac{1}{x} \, dx = \log|x| + C$

(3) $\displaystyle\int e^{ax+b} \, dx = \frac{1}{a} e^{ax+b} + C \quad (a \neq 0)$

(4) $\displaystyle\int \log x \, dx = x \log x - x + C$

(5) $\displaystyle\int \sin(ax+b) \, dx = -\frac{1}{a} \cos(ax+b) + C \quad (a \neq 0)$

(6) $\displaystyle\int \cos(ax+b) \, dx = \frac{1}{a} \sin(ax+b) + C \quad (a \neq 0)$

(7) $\displaystyle\int \tan(ax+b) \, dx = -\frac{1}{a} \log|\cos(ax+b)| + C \quad (a \neq 0)$

(8) $\displaystyle\int \frac{1}{\cos^2 x} \, dx = \tan x + C$

(9) $\displaystyle\int \frac{1}{\sin^2 x} \, dx = -\frac{1}{\tan x} + C$

(10) $\displaystyle\int a^x \, dx = \frac{a^x}{\log a} + C \quad (a > 0, a \neq 1)$

(11) $\displaystyle\int \frac{1}{x^2 + a^2} \, dx = \frac{1}{a} \tan^{-1} \frac{x}{a} + C \quad (a > 0)$

(12) $\displaystyle\int \frac{1}{x^2 - a^2} \, dx = \frac{1}{2a} \log \left| \frac{x-a}{x+a} \right| + C \quad (a > 0)$

(13) $\displaystyle\int \frac{1}{\sqrt{a^2 - x^2}} \, dx = \sin^{-1} \frac{x}{a} + C \quad (a > 0)$

(14) $\displaystyle\int \sqrt{a^2-x^2}\,dx = \frac{1}{2}\left\{x\sqrt{a^2-x^2}+a^2\sin^{-1}\frac{x}{a}\right\}+C \quad (a>0)$

(15) $\displaystyle\int \frac{1}{\sqrt{x^2+A}}\,dx = \log\left|x+\sqrt{x^2+A}\right|+C \quad (A\neq 0)$

(16) $\displaystyle\int \sqrt{x^2+A}\,dx = \frac{1}{2}\left\{x\sqrt{x^2+A}+A\log\left|x+\sqrt{x^2+A}\right|\right\}+C \quad (A\neq 0)$

2. 置換積分

$x=g(t)$ とおくと $\displaystyle\int f(x)\,dx \Longrightarrow \int f(g(t))g'(t)\,dt$

$g(x)=t$ とおくと $\displaystyle\int f(g(x))g'(x)\,dx \Longrightarrow \int f(t)\,dt$

(1) $\displaystyle\int f(e^x)\,dx \Longrightarrow e^x=t$ と置換

(2) $\displaystyle\int f(ax^2+b)x\,dx \Longrightarrow ax^2+b=t$ と置換

(3) $\displaystyle\int f(\sin x)\cos x\,dx \Longrightarrow \sin x=t$ と置換

(4) $\displaystyle\int f(\cos x)\sin x\,dx \Longrightarrow \cos x=t$ と置換

(5) $\displaystyle\int f(\tan x)\sec^2 x\,dx \Longrightarrow \tan x=t$ と置換 $\left(\text{ただし}\sec x=\frac{1}{\cos x}\right)$

3. 部分積分

$f'(x)g(x)$ のかわりに $f(x)g'(x)$ の積分が計算可能

$\Longrightarrow$ 部分積分の公式 $\displaystyle\int f'(x)g(x)\,dx = f(x)g(x)-\int f(x)g'(x)\,dx$ を利用.

4. 有理関数の積分

$f(x), g(x)$ は x の整式で $(f(x)$ の 次数$)\geqq (g(x)$ の次数$)$ とする. 有理関数 $\dfrac{f(x)}{g(x)}$ は次のように部分分数に分けて積分する.

最初に $f(x)$ を $g(x)$ で割って商 $q(x)$ と余り $r(x)$ を求める. そのとき

$$\frac{f(x)}{g(x)}=q(x)+\frac{r(x)}{g(x)}$$

となるから, $\dfrac{r(x)}{g(x)}$ の積分ができればよい. このためにはまず
$g(x)=(x+a_1)^{n_1}(x+a_2)^{n_2}\cdots(x+a_k)^{n_k}((x-c_1)^2+d_1^2)^{m_1}((x-c_2)^2+d_2^2)^{m_2}\cdots((x-c_l)^2+d_l^2)^{m_l}$ と因数分解する. 次に

$$\frac{r(x)}{g(x)}=\sum_{j=1}^{n_1}\frac{A_j}{(x+a_1)^j}+\sum_{j=1}^{n_2}\frac{B_j}{(x+a_2)^j}+\cdots+\sum_{j=1}^{n_k}\frac{C_j}{(x+a_k)^j}$$

$$+\sum_{j=1}^{m_1}\frac{L_jx+M_j}{((x-c_1)^2+d_1^2)^j}+\cdots+\sum_{j=1}^{m_l}\frac{P_jx+Q_j}{((x-c_l)^2+d_l^2)^j}$$

と部分分数に分ける.

こうして $\dfrac{r(x)}{g(x)}$ の積分は次の形の和の積分に帰着できる．

(i) $\displaystyle\int \dfrac{1}{(x+a)^n}\,dx$ (ii) $I_n = \displaystyle\int \dfrac{1}{(x^2+A)^n}\,dx$ (iii) $\displaystyle\int \dfrac{x}{(x^2+A)^n}\,dx$

(i) の積分は
$$\int \dfrac{1}{(x+a)^n}dx = \dfrac{1}{-n+1}\dfrac{1}{(x+a)^{n-1}} + C \qquad (n \neq 1)$$
(ii) の積分は次の漸化式を利用
$$I_n = \dfrac{1}{A}\left(\dfrac{x}{(2n-2)(x^2+A)^{n-1}} + \dfrac{2n-3}{2n-2}I_{n-1}\right)$$
(iii) の積分は $x^2 + A = t$ と置換すればよい．

5. 無理関数の積分

$R(x, y, z)$ は x, y, z の有理関数とする．

(1) $\displaystyle\int R\left(x, \sqrt[n]{ax+b}\right) dx \Longrightarrow ax+b = t$ または $\sqrt[n]{ax+b} = t$ と置換

(2) $\displaystyle\int R\left(x, \sqrt[m]{ax+b}, \sqrt[n]{ax+b}\right) dx \Longrightarrow m$ と n の最小公倍数を k とすると $\sqrt[k]{ax+b} = t$ と置換

(3) $\displaystyle\int R\left(x, \sqrt[n]{\dfrac{ax+b}{cx+d}}\right) dx \Longrightarrow \sqrt[n]{\dfrac{ax+b}{cx+d}} = t$ と置換

(4) $\displaystyle\int R\left(x, \sqrt{\dfrac{ax+b}{cx+d}}\right) dx,\ ac < 0 \Longrightarrow \sqrt{\dfrac{ax+b}{cx+d}} = \dfrac{ax+b}{\sqrt{(ax+b)(cx+d)}}$ と変形して，分母の根号の中の 2 次式を平方完成の形に変形する．

(5) $\displaystyle\int R(x, \sqrt{ax^2+bx+c})\,dx,\ a > 0 \Longrightarrow \sqrt{a}x + \sqrt{ax^2+bx+c} = t$ と置換

(6) 二項積分 $\displaystyle\int x^{m-1}(ax^n+b)^p\,dx$, ここで $p = \dfrac{r}{s}$ は有理数で，r は整数，s は正の整数

  (i) $\dfrac{m}{n}$ が整数ならば $ax^n + b = t^s$ と置換
  (ii) $\dfrac{m}{n} + p$ が整数ならば $a + bx^{-n} = t^s$ と置換

6. 三角関数の有理式

(1) $\sin x, \cos x, \tan x$ の有理式の積分 $\Longrightarrow \tan\dfrac{x}{2} = t$ と置換すると
$$\sin x = \dfrac{2t}{1+t^2},\ \cos x = \dfrac{1-t^2}{1+t^2},\ dx = \dfrac{2}{1+t^2}\cdot dt\ \text{となって}\ t\ \text{の有理関数の積分に帰着．}$$
(2) $\sin^2 x, \cos^2 x, \tan^2 x$ の有理式の積分 $\Longrightarrow \tan x = t$ と置換すると
$$\sin^2 x = \dfrac{t^2}{1+t^2},\ \cos^2 x = \dfrac{1}{1+t^2},\ dx = \dfrac{1}{1+t^2}\cdot dt\ \text{となって}\ t\ \text{の有理関数の積分に帰着．}$$

7. 定積分

定積分の性質

(1) $\displaystyle\int_a^b f(x)\,dx = -\int_b^a f(x)\,dx$

(2) $\int_a^b f(x)\,dx = \int_a^c f(x)\,dx + \int_c^b f(x)\,dx$

(3) $\int_a^b kf(x)\,dx = k\int_a^b f(x)\,dx$

(4) $\int_a^b \{f(x) + g(x)\}\,dx = \int_a^b f(x)\,dx + \int_a^b g(x)\,dx$

(5) $f(x) \leqq g(x)$ ならば $\int_a^b f(x)\,dx \leqq \int_a^b g(x)\,dx \quad (a \leqq b)$

(6) $\left|\int_a^b f(x)\,dx\right| \leqq \int_a^b |f(x)|\,dx \quad (a \leqq b)$

8. よく使われる定積分

(1) $\int_0^{2\pi} \sin mx \sin nx\,dx = \int_0^{2\pi} \cos mx \cos nx\,dx = \begin{cases} 0 & (m \neq n) \\ \pi & (m = n \neq 0) \end{cases}$

(2) $\int_0^{2\pi} \sin mx \cos nx\,dx = 0$

(3) $\int_0^{\frac{\pi}{2}} \sin^n x\,dx = \int_0^{\frac{\pi}{2}} \cos^n x\,dx = \begin{cases} \dfrac{(n-1)(n-3)\cdots 3\cdot 1}{n\,(n-2)\cdots 4\cdot 2}\cdot \dfrac{\pi}{2} & (n\text{ が偶数}) \\ \dfrac{(n-1)(n-3)\cdots 4\cdot 2}{n\,(n-2)\cdots 5\cdot 3} & (n\text{ が奇数}) \end{cases}$

9. 広義積分

(1) 積分区間 $[a,b]$ で連続な関数 $f(x)$ の積分は
$$\int_a^b f(x)\,dx = \lim_{\varepsilon \to +0} \int_a^{b-\varepsilon} f(x)\,dx$$
積分区間 $[a,b]$ が被積分関数 $f(x)$ の不連続点や定義されない点 $x=c$ を含むとき,
$$\int_a^b f(x)\,dx = \lim_{\varepsilon \to +0} \int_a^{c-\varepsilon} f(x)\,dx + \lim_{\varepsilon' \to +0} \int_{c+\varepsilon'}^b f(x)\,dx$$

(2) 無限区間での積分は
$$\int_a^\infty f(x)\,dx = \lim_{R \to \infty} \int_a^R f(x)\,dx, \quad \int_{-\infty}^b f(x)\,dx = \lim_{R \to -\infty} \int_R^b f(x)\,dx$$
$$\int_{-\infty}^\infty f(x)\,dx = \lim_{\substack{a \to -\infty \\ b \to \infty}} \int_a^b f(x)\,dx$$
で定義される.

10. 広義積分の収束判定条件

$f(x) > 0$ とする.

(1) $a < x \leqq b$ に対して $0 \leqq f(x) \leqq g(x)$ で $\int_a^b g(x)\,dx$ が存在するならば, $\int_a^b f(x)\,dx$ が存在 (収束) する.

(2) $\alpha < 1$ かつ 十分小さい $\varepsilon > 0$ をうまく選んで $(a, a+\varepsilon)$ 上で $(x-a)^\alpha f(x)$ が有界になる

(特に $\lim_{x \to a+0}(x-a)^\alpha f(x)$ が存在する) ならば, $\int_a^b f(x)\,dx$ が存在 (収束) する.

(3) $0 \leq f(x) \leq g(x)$ で $\int_a^\infty g(x)\,dx$ が存在するならば, $\int_a^\infty f(x)\,dx$ が存在 (収束) する.

(4) $\alpha > 1$ かつ十分大きい R をとると $[R, \infty)$ 上で $x^\alpha f(x)$ が有界になる (特に $\lim_{x \to \infty} x^\alpha f(x)$ が存在する) ならば, $\int_a^\infty f(x)\,dx$ が存在 (収束) する.

(5) $|f(x)| \leq g(x)$ で $\int_a^\infty g(x)\,dx$ が存在すれば, $\int_a^\infty f(x)\,dx$ も存在する.

(略証) $f_+(x) = \max\{f(x), 0\}$ (すなわち $f(x)$ と 0 の小さくない方をとる) と定義する. 同様に $f_-(x) = \max\{-f(x), 0\} \geq 0$ と定義すると
$$f(x) = f_+(x) - f_-(x) \text{ かつ } |f(x)| = f_+(x) + f_-(x)$$
よって, $0 \leq f_+(x), f_-(x) \leq |f(x)| \leq g(x)$ だから上の 10(3) より, $\int_a^\infty f_+(x)\,dx$ と $\int_a^\infty f_-(x)\,dx$ が存在する.
よって
$$\int_a^\infty f(x)\,dx = \int_a^\infty f_+(x)\,dx - \int_a^\infty f_-(x)\,dx \text{ が存在する.}$$

11. 曲線の長さ

(1) $y = f(x), (a \leq x \leq b)$ の曲線の長さは $L = \int_a^b \sqrt{1 + f'(x)^2}\,dx$

(2) 媒介変数表示の曲線 $x = x(t), y = y(t), (\alpha \leq t \leq \beta)$ の長さは
$$L = \int_\alpha^\beta \sqrt{\left(\frac{dx}{dt}\right)^2 + \left(\frac{dy}{dt}\right)^2}\,dt$$

(3) 極座標で表された曲線 $r = r(\theta), (\alpha \leq \theta \leq \beta)$ の長さは $L = \int_\alpha^\beta \sqrt{r^2 + r'^2}\,d\theta$

12. 面積

(1) $y = f(x), y = g(x), (a \leq x \leq b)$ で囲まれた部分の面積
$\implies S = \int_a^b |f(x) - g(x)|\,dx$

(2) $y = f(x)$ とその漸近線との間の面積は広義積分で定義される.

(3) 極方程式で表された曲線 $r = f(\theta)$ と 2 直線 $\theta = \alpha, \theta = \beta$ $(\alpha \leq \beta)$ で囲まれた部分の面積は $S = \dfrac{1}{2} \int_\alpha^\beta f(\theta)^2\,d\theta$

13. 体積

(1) 回転体の体積 V $\implies$ $0 \leq y \leq f(x), a \leq x \leq b$ が x 軸のまわりに回転してできる回転体の体積 V $\implies V = \pi \int_a^b y^2\,dx = \pi \int_a^b f(x)^2\,dx$

(2) 非回転体の体積 V $\implies$ 切り口が簡単になるように刻んでその断面積を求める $\implies$ ある

方向に x 軸を選んで，x 軸と垂直の切り口の断面積が $S(x)$ $(a \leqq x \leqq b)$ の立体の体積 V

$\Longrightarrow V = \displaystyle\int_a^b S(x)\,dx$

14. 区分求積法

(1) $\displaystyle\int_0^1 f(x)\,dx = \lim_{n\to\infty} \frac{1}{n} \sum_{k=1}^n f\left(\frac{k}{n}\right)$

(2) $\displaystyle\int_0^1 f(x)\,dx$ を利用して $\displaystyle\lim_{n\to\infty} \sum_{k=1}^n g_n(k) \left(= \lim_{n\to\infty} \sum_{k=0}^{n-1} g_n(k)\right)$ を求める

$\Longrightarrow \dfrac{1}{n}$ をくくり出して $f\left(\dfrac{1}{n}\right) + f\left(\dfrac{2}{n}\right) + \cdots + f\left(\dfrac{k}{n}\right) + \cdots + f\left(\dfrac{n}{n}\right)$ を作る

$\Longrightarrow \displaystyle\int_0^1 f(x)\,dx$ の定義より

$\displaystyle\lim_{n\to\infty} \frac{1}{n} \left\{ f\left(\frac{1}{n}\right) + f\left(\frac{2}{n}\right) + \cdots + f\left(\frac{k}{n}\right) + \cdots + f\left(\frac{n}{n}\right) \right\} = \int_0^1 f(x)\,dx$

例題 4-1 基本的な不定積分 (1)

次の不定積分を求めよ．
(1) $\int \left(4x^{\frac{1}{3}} + 3x^{\frac{1}{2}} - x^{-\frac{1}{4}}\right) dx$　　(2) $\int \left(\frac{1}{\sqrt{x+2}} + \sqrt{2x+1}\right) dx$
(3) $\int \frac{x + x^{\frac{1}{3}}}{\sqrt{x}} dx$　　(4) $\int (x^2 y^2 + 2xy + x) \, dy$

[考え方] 関数の和の積分は　基本公式 $\int (f(x) + g(x)) dx = \int f(x) dx + \int g(x) dx$,
$\int cf(x) dx = c \int f(x) dx$ を使って，項別に積分する．
(1), (3) は $\int x^\alpha dx = \frac{1}{\alpha+1} x^{\alpha+1} + C \, (\alpha \neq -1)$ を用いる．
(2) は　さらに $\int f(t) dt = F(t) + C$ ならば $\int f(ax+b) dx = \frac{1}{a} F(ax+b) + C$ であることを利用．

[解答] (1) $\int \left(4x^{\frac{1}{3}} + 3x^{\frac{1}{2}} - x^{-\frac{1}{4}}\right) dx = 4 \int x^{\frac{1}{3}} dx + 3 \int x^{\frac{1}{2}} dx - \int x^{-\frac{1}{4}} dx$
$= 4 \times \frac{1}{\frac{1}{3}+1} x^{\frac{1}{3}+1} + 3 \times \frac{1}{\frac{1}{2}+1} x^{\frac{1}{2}+1} - \frac{1}{-\frac{1}{4}+1} x^{-\frac{1}{4}+1} + C = 3x^{\frac{4}{3}} + 2x^{\frac{3}{2}} - \frac{4}{3} x^{\frac{3}{4}} + C$
(2) $\int \left(\frac{1}{\sqrt{x+2}} + \sqrt{2x+1}\right) dx = \int \frac{1}{\sqrt{x+2}} dx + \int \sqrt{2x+1} \, dx$
$= 2\sqrt{x+2} + \frac{1}{2} \times \frac{2}{3} (2x+1)^{\frac{3}{2}} + C = 2\sqrt{x+2} + \frac{1}{3} \sqrt{(2x+1)^3} + C$
(3) $\int \frac{x + x^{\frac{1}{3}}}{\sqrt{x}} dx = \int \left(x^{\frac{1}{2}} + x^{-\frac{1}{6}}\right) dx = \int x^{\frac{1}{2}} dx + \int x^{-\frac{1}{6}} dx = \frac{2}{3} x^{\frac{3}{2}} + \frac{6}{5} x^{\frac{5}{6}} + C$
(4) 被積分関数は y の関数で x は定数であることに注意すると
$\int (x^2 y^2 + 2xy + x) \, dy = \frac{1}{3} x^2 y^3 + xy^2 + xy + C$

演習 A 次の関数の不定積分を求めよ．
(1) $3x^5 + x^2 + 3$　　(2) $x^6 + \frac{8}{3} x^3 - \frac{3}{2} x^2 + 1$　　(3) $(x+1)^8$　　(4) $(x+3)^7$
(5) $x^{\frac{2}{3}}$　　(6) $x^{-\frac{1}{3}}$　　(7) $(3x-1)^4$　　(8) $\left(\frac{1}{2}x + 1\right)^6$　　(9) $(x+1)^{\frac{1}{3}}$
(10) $(x+2)^{-\frac{3}{2}}$　　(11) $(2x+3)^{\frac{2}{3}}$　　(12) $(3x+1)^{\frac{3}{4}}$　　(13) $\sqrt{x}(x-1)$　　(14) $\frac{x^2 - 1}{x^{\frac{2}{3}}}$
(15) $\frac{1}{x+3}$　　(16) $\frac{1}{2x+3}$　　(17) $\frac{1}{-x+2}$　　(18) $\frac{1}{-3x+4}$　　(19) $\frac{2\sqrt{x} - 1}{\sqrt{x}}$

演習 B 次の関数の不定積分を求めよ．
(1) $\frac{x^2 + x + 2}{\sqrt{x}}$　　(2) $\frac{1}{\sqrt{x+1} - \sqrt{x-1}}$　　(3) $\frac{x}{\sqrt{x+1} + 1}$　　(4) $\frac{1}{\sqrt{2x+1} + \sqrt{2x}}$

例題 4-2　基本的な不定積分 (2)

次の不定積分を求めよ．
(1) $\int \cos^2 x \, dx$　　(2) $\int \sin 3x \cos 2x \, dx$　　(3) $\int \sin^3 x \, dx$　　(4) $\int 3^x \, dx$

[考え方]　(1)　　$\sin^2 mx, \cos^2 nx \Longrightarrow$ 倍角の公式
$$\sin^2 mx = \frac{1 - \cos 2mx}{2}, \quad \cos^2 nx = \frac{1 + \cos 2nx}{2}$$
を使って1次形に変形

(2) $\sin mx, \cos nx$ の1次式の積の積分　$\Longrightarrow$ 積を和に変える公式
$$\sin \alpha \cos \beta = \frac{1}{2}\{\sin(\alpha+\beta) + \sin(\alpha-\beta)\}$$
$$\sin \alpha \sin \beta = \frac{1}{2}\{\cos(\alpha-\beta) - \cos(\alpha+\beta)\}$$
$$\cos \alpha \cos \beta = \frac{1}{2}\{\cos(\alpha+\beta) + \cos(\alpha-\beta)\}$$
を応用して　1次形に変形．

(3) $\sin^3 mx, \cos^3 nx$ の積分 $\Longrightarrow$ 3倍角の公式
$$\sin 3\alpha = 3\sin \alpha - 4\sin^3 \alpha, \quad \cos 3\alpha = 4\cos^3 \alpha - 3\cos \alpha$$
を応用して　1次形に変形．または $\sin^3 x = \sin x(1-\cos^2 x)$ を使って置換　cf. 例題 4-8 演習 B(1)

(4) $\int a^x \, dx = \int e^{x \log a} \, dx = \frac{1}{\log a} a^x + C \quad (a > 0, a \neq 1)$ を用いる．

[解答]　(1) $\int \cos^2 x \, dx = \int \frac{1 + \cos 2x}{2} \, dx = \frac{x + \frac{1}{2}\sin 2x}{2} + C = \frac{1}{2}x + \frac{\sin 2x}{4} + C$

(2) $\int \sin 3x \cos 2x \, dx = \int \frac{1}{2}(\sin 5x + \sin x) \, dx = \frac{1}{2}\left(-\frac{1}{5}\cos 5x - \cos x\right) + C$
$= -\frac{1}{10}\cos 5x - \frac{1}{2}\cos x + C$

(3) $\sin 3x = 3\sin x - 4\sin^3 x$ だから $\sin^3 x = \frac{3\sin x - \sin 3x}{4}$ よって
$\int \sin^3 x \, dx = \frac{-3\cos x}{4} + \frac{1}{3}\frac{\cos 3x}{4} + C$

(4) $3^x = e^{x \log 3}$ だから　この右辺を積分すればよい．あるいは　[考え方](4) の公式を使って
$\int 3^x \, dx = \frac{1}{\log 3} e^{x \log 3} + C = \frac{1}{\log 3} 3^x + C$

演習 A　次の関数の不定積分を求めよ．
(1) $\sin 2x$　　(2) $\cos \frac{2x}{3}$　　(3) $\sin^2 x$　　(4) $\cos^2 \frac{x}{2}$　　(5) $\sin^2 3x$　　(6) $\sin^2 x \cos^2 x$
(7) $(\sin x + \cos x)^2$　　(8) $\sin 2x \sin 4x$　　(9) $\cos 2x \cos 3x$　　(10) $\sin 2x \cos 4x$
(11) $\cos 2x \sin x$　　(12) $\cos^3 x$　　(13) $\sin^3 2x$　　(14) $\cos^3 2x$　　(15) 2^x
(16) 5^x

例題 4-3　基本的な不定積分 (3)

次の不定積分を求めよ．
(1) $\displaystyle\int \cos(2x+1)\,dx$　　(2) $\displaystyle\int \frac{(x+1)^2}{x}\,dx$　　(3) $\displaystyle\int \frac{1}{x^2-4}\,dx$

[考え方]　基本的な公式が使えるように変形する．
(1) $\displaystyle\int f(ax+b)\,dx$ は置換積分　$\Longrightarrow$　$ax+b=t$ と置換すると $a\,dx=dt$ となって
$$\int f(ax+b)\,dx = \int \frac{1}{a}f(t)\,dt$$
(2)「分子の次数 $\geq$ 分母の次数」である分数式の積分　$\Longrightarrow$　割り算を実行して　整式と（分子の次数 < 分母の次数である）分数式との和の積分にする．
(3) $\displaystyle\int \frac{1}{x^2-a^2}\,dx = \frac{1}{2a}\log\left|\frac{x-a}{x+a}\right| + C$ を利用．

[解答]　(1) $2x+1=t$ とおくと $2\,dx=dt$ だから，置換積分して
$$\int \cos(2x+1)\,dx = \int \frac{1}{2}\cos t\,dt = \frac{1}{2}\sin t + C = \frac{1}{2}\sin(2x+1) + C$$
(2) $\displaystyle\int \frac{(x+1)^2}{x}\,dx = \int \frac{x^2+2x+1}{x}\,dx = \int \left(x+2+\frac{1}{x}\right)dx = \frac{1}{2}x^2+2x+\log|x|+C$

(3) $\displaystyle\int \frac{1}{x^2-4}\,dx = \int \frac{1}{(x-2)(x+2)}\,dx = \int \frac{1}{4}\left(\frac{1}{x-2}-\frac{1}{x+2}\right)dx$
$= \dfrac{1}{4}(\log|x-2|-\log|x+2|)+C = \dfrac{1}{4}\log\left|\dfrac{x-2}{x+2}\right|+C.$

演習 A　次の関数の不定積分を求めよ．
(1) $\cos\left(\dfrac{3}{2}x+1\right)$　　(2) $\sin(3x+2)$　　(3) e^{2x+1}　　(4) $e^{\frac{1}{3}x+2}$　　(5) $\dfrac{x^2+1}{x}$
(6) $\dfrac{x^3}{x-1}$　　(7) $\dfrac{x^3+x^2+1}{x}$　　(8) $\sin^2(3x+4)$　　(9) $\cos^2(2x+3)$
(10) $\sin^3(2x+1)$　　(11) 10^{x+5}　　(12) 2^{2x+1}　　(13) 3^{2x+7}
(14) $\dfrac{1}{x^2-1}$　　(15) $\dfrac{3}{x^2-9}$　　(16) $\dfrac{1}{4x^2-1}$　　(17) $\dfrac{6}{4x^2-9}$

例題 4-4　基本的な不定積分 (4)

次の不定積分を求めよ．
(1) $\displaystyle\int \frac{1}{4x^2+3}\,dx$　　(2) $\displaystyle\int \frac{1}{\sqrt{9-x^2}}\,dx$　　(3) $\displaystyle\int \sqrt{4-x^2}\,dx$
(4) $\displaystyle\int \frac{1}{\sqrt{15+4x-4x^2}}\,dx$

[考え方]　必要なら適当に置換して公式が利用できるように変形する．
(1) 公式 $\displaystyle\int \frac{1}{x^2+a^2}\,dx = \frac{1}{a}\tan^{-1}\frac{x}{a}+C$ を利用．
(2) 公式 $\displaystyle\int \frac{1}{\sqrt{a^2-x^2}}\,dx = \sin^{-1}\frac{x}{a}+C$ を利用．
(3) 公式 $\displaystyle\int \sqrt{a^2-x^2}\,dx = \frac{1}{2}\left\{x\sqrt{a^2-x^2}+a^2\sin^{-1}\frac{x}{a}\right\}+C$ を利用．
(4) $\sqrt{-ax^2+bx+c}$, $a>0 \Longrightarrow \sqrt{-ax^2+bx+c} = \sqrt{c+\dfrac{b^2}{4a}-\left(\sqrt{a}\,x-\dfrac{b}{2\sqrt{a}}\right)^2}$ と変形して上の公式を利用．

[解答]　(1) $\displaystyle\int \frac{1}{4x^2+3}\,dx = \int \frac{1}{4}\cdot\frac{1}{x^2+\frac{3}{4}}\,dx = \int \frac{1}{4}\cdot\frac{1}{x^2+\left(\frac{\sqrt{3}}{2}\right)^2}\,dx$

$\displaystyle = \frac{1}{4}\frac{1}{\frac{\sqrt{3}}{2}}\tan^{-1}\frac{x}{\frac{\sqrt{3}}{2}}+C = \frac{1}{2\sqrt{3}}\tan^{-1}\frac{2x}{\sqrt{3}}+C$

(2) $\displaystyle\int \frac{1}{\sqrt{9-x^2}}\,dx = \int \frac{1}{\sqrt{3^2-x^2}}\,dx = \sin^{-1}\frac{x}{3}+C$

(3) $\displaystyle\int \sqrt{4-x^2}\,dx = \int \sqrt{2^2-x^2}\,dx = \frac{1}{2}\left\{x\sqrt{2^2-x^2}+2^2\sin^{-1}\frac{x}{2}\right\}+C$

$\displaystyle = \frac{1}{2}\left\{x\sqrt{4-x^2}+4\sin^{-1}\frac{x}{2}\right\}+C$

(4) $\sqrt{15+4x-4x^2} = \sqrt{16-(2x-1)^2}$ と変形して $2x-1=t$ とおくと (2) の問題と同じ形になるから

$\displaystyle\int \frac{1}{\sqrt{15+4x-4x^2}}\,dx = \int \frac{1}{\sqrt{16-t^2}}\cdot\frac{1}{2}\,dt = \frac{1}{2}\sin^{-1}\frac{t}{4}+C = \frac{1}{2}\sin^{-1}\frac{2x-1}{4}+C$

演習 A　次の不定積分を求めよ．
(1) $\displaystyle\int \frac{1}{x^2+2}\,dx$　　(2) $\displaystyle\int \frac{1}{\sqrt{4-x^2}}\,dx$　　(3) $\displaystyle\int \sqrt{3-x^2}\,dx$

演習 B　次の不定積分を求めよ．
(1) $\displaystyle\int \frac{1}{x^2+2x+5}\,dx$　　(2) $\displaystyle\int \frac{1}{\sqrt{1+2x-x^2}}\,dx$　　(3) $\displaystyle\int \sqrt{2+2x-x^2}\,dx$

演習 C　次の不定積分を求めよ．
(1) $\displaystyle\int \frac{1}{4x^2+12x+13}\,dx$　　(2) $\displaystyle\int \frac{1}{\sqrt{1+4x-2x^2}}\,dx$　　(3) $\displaystyle\int \sqrt{-2+12x-9x^2}\,dx$

例題 4-5 基本的な不定積分 (5)

次の不定積分を求めよ．
(1) $\displaystyle\int \frac{1}{\sqrt{4x^2+3}}\,dx$　　(2) $\displaystyle\int \sqrt{3x^2+2}\,dx$　　(3) $\displaystyle\int \frac{1}{\sqrt{4x^2-4x+5}}\,dx$

[考え方] 必要なら適当に置換して公式が利用できるように変形する．
(1) $\displaystyle\int \frac{1}{\sqrt{x^2+A}}\,dx = \log\left|x+\sqrt{x^2+A}\right| + C$
(2) $\displaystyle\int \sqrt{x^2+A}\,dx = \frac{1}{2}\left\{x\sqrt{x^2+A} + A\log\left|x+\sqrt{x^2+A}\right|\right\} + C$
(3) $\sqrt{ax^2+bx+c},\ a>0 \Longrightarrow \sqrt{ax^2+bx+c} = \sqrt{\left(\sqrt{a}\,x + \dfrac{b}{2\sqrt{a}}\right)^2 - \dfrac{b^2}{4a} + c}$ または
$\sqrt{a}\sqrt{\left(x+\dfrac{b}{2a}\right)^2 + \dfrac{c}{a} - \dfrac{b^2}{4a^2}}$ と変形して上の公式を利用．

[解答] (1) $\displaystyle\int \frac{1}{\sqrt{4x^2+3}}\,dx = \int \frac{1}{2\sqrt{x^2+\frac{3}{4}}}\,dx = \frac{1}{2}\log\left|x+\sqrt{x^2+\frac{3}{4}}\right| + C$

(2) $\displaystyle\int \sqrt{3x^2+2}\,dx = \int \sqrt{3}\sqrt{x^2+\frac{2}{3}}\,dx$
$= \dfrac{\sqrt{3}}{2}\left(x\sqrt{x^2+\dfrac{2}{3}} + \dfrac{2}{3}\log\left|x+\sqrt{x^2+\dfrac{2}{3}}\right|\right) + C$

(3) $4x^2-4x+5 = (2x-1)^2 + 4$ だから $2x-1=t$ とおくと
$\displaystyle\int \frac{1}{\sqrt{4x^2-4x+5}}\,dx = \int \frac{1}{\sqrt{(2x-1)^2+4}}\,dx = \int \frac{1}{\sqrt{t^2+4}}\,\frac{1}{2}\,dt$
$= \dfrac{1}{2}\log\left|t+\sqrt{t^2+4}\right| + C = \dfrac{1}{2}\log\left|(2x-1)+\sqrt{(2x-1)^2+4}\right| + C$

演習 A 次の不定積分を求めよ．
(1) $\displaystyle\int \frac{1}{\sqrt{x^2+1}}\,dx$　　(2) $\displaystyle\int \frac{1}{\sqrt{x^2+9}}\,dx$　　(3) $\displaystyle\int \sqrt{x^2+1}\,dx$　　(4) $\displaystyle\int \sqrt{x^2+3}\,dx$

演習 B 次の不定積分を求めよ．
(1) $\displaystyle\int \frac{1}{\sqrt{9x^2+4}}\,dx$　　(2) $\displaystyle\int \sqrt{4x^2+3}\,dx$　　(3) $\displaystyle\int \frac{1}{\sqrt{x^2+2x+3}}\,dx$
(4) $\displaystyle\int \sqrt{x^2+4x+7}\,dx$

演習 C 次の不定積分を求めよ．
(1) $\displaystyle\int \frac{1}{\sqrt{4x^2+4x+3}}\,dx$　　(2) $\displaystyle\int \sqrt{9x^2+12x+7}\,dx$

例題 4-6　置換積分 (1)

次の不定積分を求めよ．
(1) $\displaystyle\int \frac{x^2}{x^3+1}\,dx$ 　　(2) $\displaystyle\int \frac{1}{x^2\sqrt{1-x^2}}\,dx$ 　　(3) $\displaystyle\int \frac{1}{\sqrt{(x^2+1)^3}}\,dx$

[考え方]　$x = g(t)$ とおくと $\displaystyle\int f(x)\,dx = \int f(g(t))g'(t)\,dt$

$g(x) = t$ とおくと $\displaystyle\int f(g(x))g'(x)\,dx = \int f(t)\,dt$

(2) のように $\sqrt{a^2 - x^2}$ を含む積分 $\implies x = a\sin t, \left(-\dfrac{\pi}{2} \leq t \leq \dfrac{\pi}{2}\right)$ と置換

(3) のように $\sqrt{a^2 + x^2}$ を含む積分 $\implies x = a\tan t, \left(-\dfrac{\pi}{2} < t < \dfrac{\pi}{2}\right)$ と置換

[解答]

(1) $x^3 + 1 = t$ と置換すると $3x^2\,dx = dt$ だから

$$\int \frac{x^2}{x^3+1}\,dx = \int \frac{1}{3}\frac{1}{t}\,dt = \frac{1}{3}\log|t| + C = \frac{1}{3}\log|x^3+1| + C$$

(2) $x = \sin t, \left(-\dfrac{\pi}{2} \leq t \leq \dfrac{\pi}{2}\right)$ と置換すると　$dx = \cos t\,dt$ だから

$$\int \frac{1}{x^2\sqrt{1-x^2}}\,dx = \int \frac{1}{\sin^2 t \sqrt{1-\sin^2 t}}\cos t\,dt = \int \frac{1}{\sin^2 t \cos t}\cos t\,dt$$

$$= \int \frac{1}{\sin^2 t}\,dt = -\frac{\cos t}{\sin t} + C = -\frac{\sqrt{1-x^2}}{x} + C$$

(3) $x = \tan t$ と置換すると　$1 + \tan^2 t = \dfrac{1}{\cos^2 t}$ であり，$dx = \dfrac{1}{\cos^2 t}\,dt$ だから

$$\int \frac{1}{\sqrt{(x^2+1)^3}}\,dx = \int \frac{1}{\sqrt{(\tan^2 t + 1)^3}}\frac{1}{\cos^2 t}\,dt = \int \frac{\cos^3 t}{\cos^2 t}\,dt$$

$$= \int \cos t\,dt = \sin t + C = \frac{x}{\sqrt{x^2+1}} + C$$

演習 A　次の不定積分を求めよ．
(1) $\displaystyle\int x\sqrt{1+x^2}\,dx$ 　　(2) $\displaystyle\int xe^{x^2}\,dx$ 　　(3) $\displaystyle\int x\sin\left(x^2 + \frac{\pi}{4}\right)\,dx$ 　　(4) $\displaystyle\int \sqrt{3x+2}\,dx$

演習 B　次の不定積分を求めよ．
(1) $\displaystyle\int x\sqrt{x+1}\,dx$ 　　(2) $\displaystyle\int \frac{1}{x\sqrt{x+1}}\,dx$ 　　(3) $\displaystyle\int x^2(x^3+1)^2\,dx$ 　　(4) $\displaystyle\int \frac{(\log x)^2}{x}\,dx$

演習 C　次の不定積分を求めよ．
(1) $\displaystyle\int \frac{\log x}{x((\log x)^2 - 1)}\,dx$ 　　(2) $\displaystyle\int \frac{x^4}{\sqrt{(1-x^2)^3}}\,dx$ 　　(3) $\displaystyle\int \frac{1}{(1-x^2)\sqrt{1+x^2}}\,dx$

例題 4-7 置換積分 (2) $\int f(e^x)\,dx,\ \int f(ax^2+b)x\,dx$ 型

次の不定積分を求めよ．
(1) $\displaystyle\int \frac{e^x}{e^x+1}\,dx$ (2) $\displaystyle\int \frac{x^5}{x^2+1}\,dx$

[考え方] 被積分関数が
$f(e^x)$ のときは $\Longrightarrow e^x = t$ と置換して，$e^x\,dx = dt$
$f(ax^2+b)x$ のときは $\Longrightarrow ax^2+b = t$ と置換して $2ax\,dx = dt$

[解答] (1) $e^x = t$ と置換すると $e^x\,dx = dt$ すなわち $dx = \dfrac{1}{t}\,dt$ だから

$$\int \frac{e^x}{e^x+1}\,dx = \int \frac{1}{t+1}\,dt = \log|t+1| + C = \log(e^x+1) + C$$

(2) $x^2+1 = t$ と置換すると $2x\,dx = dt$ だから

$$\int \frac{x^5}{x^2+1}\,dx = \int \frac{(x^2)^2}{x^2+1}x\,dx = \int \frac{(t-1)^2}{t}\frac{1}{2}\,dt = \frac{1}{2}\int\left(t - 2 + \frac{1}{t}\right)dt$$

$$= \frac{1}{2}\left(\frac{1}{2}t^2 - 2t + \log t\right) + C' = \frac{1}{2}\left(\frac{1}{2}(x^2+1)^2 - 2(x^2+1) + \log(x^2+1)\right) + C'$$

$$= \frac{1}{4}x^4 - \frac{1}{2}x^2 + \frac{1}{2}\log(x^2+1) + C \quad (\text{ここで} -\frac{3}{4} + C' = C \text{とおいた．})$$

(注) $\dfrac{x^5}{x^2+1} = x^3 - x + \dfrac{x}{x^2+1}$ と変形してもよい．cf. 例題 4-9

演習 A 次の不定積分を求めよ．
(1) $\displaystyle\int \frac{e^x}{e^{2x}+1}\,dx$ (2) $\displaystyle\int x(1-x^2)^3\,dx$ (3) $\displaystyle\int x\sqrt{1-x^2}\,dx$

演習 B 次の不定積分を求めよ．
(1) $\displaystyle\int \frac{e^{2x}}{e^x+1}\,dx$ (2) $\displaystyle\int \frac{x^3}{\sqrt{1-x^2}}\,dx$ (3) $\displaystyle\int (x^3+x)e^{(x^2+1)^2}\,dx$

演習 C 次の不定積分を求めよ．
(1) $\displaystyle\int \frac{1}{e^x+2e^{-x}+3}\,dx$ (2) $\displaystyle\int x^3\sqrt{x^2-1}\,dx$ (3) $\displaystyle\int \frac{x^3}{(x^2+4)^3}\,dx$

例題 4-8 置換積分 (3) $\displaystyle\int f(\sin x)\cos x\,dx$ 型

次の不定積分を求めよ．ただし $\sec x=\dfrac{1}{\cos x}$ である．

(1) $\displaystyle\int \dfrac{\cos x}{1+\sin^2 x}\,dx$ (2) $\displaystyle\int \dfrac{\sin^3 x}{\cos^2 x}\,dx$ (3) $\displaystyle\int \tan^3 x\sec^2 x\,dx$

[考え方] 被積分関数が $f(\sin x)\cos x$ のときは $\Longrightarrow \sin x=t$,
$f(\cos x)\sin x$ のときは $\Longrightarrow \cos x=t$,
$f(\tan x)\sec^2 x$ のときは $\Longrightarrow \tan x=t$
と置換して t の有理関数の積分に帰着させる．

[解答] (1) $\sin x=t$ と置換すると $\cos x\,dx=dt$ だから
$$\int \dfrac{\cos x}{1+\sin^2 x}\,dx=\int \dfrac{1}{1+t^2}\,dt=\tan^{-1}t+C=\tan^{-1}(\sin x)+C$$

(2) $\cos x=t$ と置換すると $-\sin x\,dx=dt$ だから
$$\int \dfrac{\sin^3 x}{\cos^2 x}\,dx=\int \dfrac{\sin x(1-\cos^2 x)}{\cos^2 x}\,dx=-\int \dfrac{1-t^2}{t^2}\,dt$$
$$=-\int \left(\dfrac{1}{t^2}-1\right)dt=\dfrac{1}{t}+t+C=\dfrac{1}{\cos x}+\cos x+C$$

(3) $\tan x=t$ と置換すると $\sec^2 x\,dx=dt$ だから
$$\int \tan^3 x\sec^2 x\,dx=\int t^3\,dt=\dfrac{1}{4}t^4+C=\dfrac{1}{4}\tan^4 x+C$$

演習 A 次の不定積分を求めよ．
(1) $\displaystyle\int \cos 2x\cos x\,dx$ (2) $\displaystyle\int \sin^2 x\cos x\,dx$ (3) $\displaystyle\int \sin x\cos^3 x\,dx$
(4) $\displaystyle\int \tan^2 x\sec^2 x\,dx$

演習 B 次の不定積分を求めよ．
(1) $\displaystyle\int \cos^3 x\,dx$ (2) $\displaystyle\int \sin^5 x\,dx$ (3) $\displaystyle\int \dfrac{\sec^2 x}{1-\tan^2 x}\,dx$

演習 C 次の不定積分を求めよ．
(1) $\displaystyle\int \sqrt{\cos x}\sin^3 x\,dx$ (2) $\displaystyle\int \dfrac{1}{\cos^2 x+2\sin^2 x}\,dx$

例題 4-9 置換積分 (4) $\int \dfrac{f'(x)}{f(x)} dx$ 型

次の不定積分を求めよ.
(1) $\displaystyle\int \dfrac{2x+1}{x^2+x+2} dx$ (2) $\displaystyle\int \dfrac{x^3+3x^2+1}{x^3+1} dx$ (3) $\displaystyle\int \dfrac{2\cos x}{\sin x + \cos x} dx$

[考え方] 分母の関数の導関数が分子の部分に現れているかをチェックして，必要なら適当に変形して公式

$$\int \dfrac{f'(x)}{f(x)} dx = \log|f(x)| + C$$

が使えるかを考える．

[解答] (1) $f(x) = x^2 + x + 2$ とおくと $f'(x) = 2x+1$ だから，上の公式がそのまま使える．よって，$x^2 + x + 2 > 0$ に注意して $\displaystyle\int \dfrac{2x+1}{x^2+x+2} dx = \log(x^2+x+2) + C$.

(2) $x^3 + 3x^2 + 1$ は $x^3 + 1$ の微分したものではないが，$(x^3+1)' = 3x^2$ に注意し，分子を $3x^2 + (x^3+1)$ とみると $\dfrac{x^3+3x^2+1}{x^3+1} = \dfrac{3x^2}{x^3+1} + 1$ と変形すればよいことに気がつく．よって

$$\int \dfrac{x^3+3x^2+1}{x^3+1} dx = \int \left(\dfrac{3x^2}{x^3+1} + 1\right) dx = \int \dfrac{3x^2}{x^3+1} dx + \int 1\, dx = \log|x^3+1| + x + C$$

(3) $(\sin x + \cos x)' = \cos x - \sin x$ だから $2\cos x = (\cos x - \sin x) + (\sin x + \cos x)$ と変形する．よって

$$\int \dfrac{2\cos x}{\sin x + \cos x} dx = \int \dfrac{(\cos x - \sin x) + (\sin x + \cos x)}{\sin x + \cos x} dx$$
$$= \int \left(\dfrac{\cos x - \sin x}{\sin x + \cos x} + 1\right) dx = \log|\sin x + \cos x| + x + C.$$

演習 A 次の不定積分を求めよ．
(1) $\displaystyle\int \dfrac{2x-1}{x^2-x+1} dx$ (2) $\displaystyle\int \dfrac{\cos x}{\sin x} dx$ (3) $\displaystyle\int \dfrac{1}{x \log x} dx$

演習 B 次の不定積分を求めよ．
(1) $\displaystyle\int \dfrac{x}{x^2+1} dx$ (2) $\displaystyle\int \dfrac{\sin x - \cos x}{\sin x + \cos x} dx$ (3) $\displaystyle\int \dfrac{x-1}{x^2+x} dx$

演習 C 次の不定積分を求めよ．
(1) $\displaystyle\int \dfrac{\sin 2x + 1}{\cos^2 x} dx$ (2) $\displaystyle\int \dfrac{2x+\sqrt{x^2+1}}{x^2+1} dx$ (3) $\displaystyle\int \dfrac{2\sin x}{\sin x - \cos x} dx$

例題 4-10　部分積分 (1)

次の不定積分を求めよ．
(1) $\displaystyle\int x^3 \log x\, dx$　　(2) $\displaystyle\int x^2 \sin x\, dx$

[考え方]　関数の積の積分　$\Longrightarrow$　部分積分の公式
$\displaystyle\int f'(x)g(x)\, dx = f(x)g(x) - \int f(x)g'(x)\, dx$ を利用．このときのポイントは $f'(x)g(x)$ のかわりに $f(x)g'(x)$ の積分が計算可能であることである．

[解答]　(1) $f'(x) = x^3$, $g(x) = \log x$ として部分積分の公式に当てはめると

$$\int x^3 \log x\, dx = \frac{1}{4}x^4 \log x - \int \frac{1}{4}x^4 (\log x)'\, dx = \frac{1}{4}x^4 \log x - \int \frac{1}{4}x^3\, dx$$

$$= \frac{1}{4}x^4 \log x - \frac{1}{16}x^4 + C$$

(2) $f'(x) = \sin x$, $g(x) = x^2$ として部分積分の公式に当てはめると

$$\int x^2 \sin x\, dx = x^2(-\cos x) - \int (x^2)'(-\cos x)\, dx = -x^2 \cos x + \int 2x \cos x\, dx$$

このとき　第 2 項の積分を部分積分して

$$\int x \cos x\, dx = x \sin x - \int (x)' \sin x\, dx = x \sin x - \int \sin x\, dx = x \sin x + \cos x + C$$

よって $\displaystyle\int x^2 \sin x\, dx = -x^2 \cos x + 2x \sin x + 2 \cos x + C$．

演習 A　次の不定積分を求めよ．
(1) $\displaystyle\int x \log x\, dx$　　(2) $\displaystyle\int x \sin x\, dx$　　(3) $\displaystyle\int x e^{2x}\, dx$

演習 B　次の不定積分を求めよ．
(1) $\displaystyle\int x^2 e^x\, dx$　　(2) $\displaystyle\int x \sin 2x\, dx$　　(3) $\displaystyle\int x \cos^2 x\, dx$

演習 C　次の不定積分を求めよ．
(1) $\displaystyle\int \cos x \log(\sin x)\, dx$　　(2) $\displaystyle\int \frac{\log x}{(x+1)^2}\, dx$　　(3) $\displaystyle\int e^{-x} \cos^2 x\, dx$

例題 4-11 部分積分 (2)　$1 \times (f(x))^n$ 型

(1) 不定積分 $\displaystyle\int (\log x)^2 \, dx$ を求めよ.

(2) $I_n = \displaystyle\int \cos^n x \, dx$ とおく.　$I_n = \dfrac{1}{n}(\sin x \cos^{n-1} x + (n-1)I_{n-2})$ を示せ.

[考え方]　(1) $\displaystyle\int (f(x))^n \, dx \implies \int f(x) \times (f(x))^{n-1} \, dx$ または $\displaystyle\int f(x)^2 \times (f(x))^{n-2} \, dx$ または $\displaystyle\int 1 \times (f(x))^n \, dx$ とみて部分積分.

(2) 積分の漸化式 $\implies$ 部分積分を使う.

[解答]　(1) $\displaystyle\int (\log x)^2 \, dx = \int 1 \times (\log x)^2 \, dx$

$$= x(\log x)^2 - \int x((\log x)^2)' \, dx = x(\log x)^2 - \int x \cdot 2(\log x)\dfrac{1}{x} \, dx$$

$$= x(\log x)^2 - 2\int \log x \, dx = x(\log x)^2 - 2(x\log x - x) + C$$

(2) $I_n = \displaystyle\int \cos x \cdot (\cos x)^{n-1} \, dx$

$$= \sin x (\cos x)^{n-1} - (n-1)\int \sin x \cdot (-\sin x)(\cos x)^{n-2} dx$$

$$= \sin x (\cos x)^{n-1} + (n-1)\int (1 - \cos^2 x)(\cos x)^{n-2} dx$$

$$= \sin x (\cos x)^{n-1} + (n-1)I_{n-2} - (n-1)I_n$$

よって $nI_n = \sin x \cos^{n-1} x + (n-1)I_{n-2}$ を得る. これより求める漸化式が得られる.

演習 A　(1) $\displaystyle\int \cos^{-1} x \, dx$ を求めよ.

(2) $I_n = \displaystyle\int (\log x)^n \, dx$ とおくとき,　$I_n = x(\log x)^n - nI_{n-1}$ を示せ.

演習 B　(1) 部分積分をして $\displaystyle\int \sqrt{1+x^2} \, dx$ を求めよ.

(2) $\displaystyle\int \tan^n x \, dx = \dfrac{\tan^{n-1} x}{n-1} - \int \tan^{n-2} x \, dx \quad (n \geq 2)$ を示せ.

演習 C　(1) $I_n = \displaystyle\int (\sin^{-1} x)^n \, dx$ とおく. $I_n = x(\sin^{-1} x)^n + n\sqrt{1-x^2}(\sin^{-1} x)^{n-1} - n(n-1)I_{n-2}$ を示せ.

(2) $I_n = \displaystyle\int (\cos^{-1} x)^n \, dx$ とおく.　$I_n = x(\cos^{-1} x)^n - n\sqrt{1-x^2}(\cos^{-1} x)^{n-1} - n(n-1)I_{n-2}$ を示せ.

例題 4-12　部分積分 (3)　$\int \frac{1}{(x^2+A)^n} dx$ 型

次の不定積分を求めよ．
(1) $\int \frac{1}{(t^2+4)^3} dt$ 　　(2) $\int \frac{16}{(x^2+2x+5)^3} dx$

[考え方] (1) $I_n = \int \frac{1}{(x^2+A)^n} dx \Longrightarrow$ 次の漸化式を利用

$$I_n = \frac{1}{A}\left(\frac{x}{(2n-2)(x^2+A)^{n-1}} + \frac{2n-3}{2n-2}I_{n-1}\right)$$

(2) $\int \frac{1}{(x^2+px+q)^n} dx \Longrightarrow x^2+px+q = \left(x+\frac{p}{2}\right)^2 + q - \frac{p^2}{4}$ と変形して上の漸化式を使う．

[解答] (1) $I_n = \int \frac{1}{(t^2+4)^n} dt$ とおくと $I_1 = \int \frac{1}{t^2+4} dt = \frac{1}{2}\tan^{-1}\frac{t}{2} + C,$

$I_2 = \int \frac{1}{(t^2+4)^2} dt = \frac{1}{4}\left(\frac{t}{2(t^2+4)} + \frac{1}{2}I_1\right) + C$ だから

$$I_3 = \int \frac{1}{(t^2+4)^3} dt = \frac{1}{4}\left(\frac{t}{4(t^2+4)^2} + \frac{3}{4}I_2\right)$$

$$= \frac{1}{4}\left(\frac{t}{4(t^2+4)^2} + \frac{3}{4}\left(\frac{t}{8(t^2+4)} + \frac{1}{16}\tan^{-1}\frac{t}{2}\right)\right) + C$$

$$= \frac{1}{16}\left(\frac{t}{(t^2+4)^2} + \frac{3}{8}\frac{t}{(t^2+4)} + \frac{3}{16}\tan^{-1}\frac{t}{2}\right) + C$$

(2) $x^2 + 2x + 5 = (x+1)^2 + 4$ だから $t = x+1$ とおいて，(1) の結果を使うと

$$\int \frac{16}{((x+1)^2+4)^3} dx = \int \frac{16}{(t^2+4)^3} dt = \frac{t}{(t^2+4)^2} + \frac{3}{8}\frac{t}{(t^2+4)} + \frac{3}{16}\tan^{-1}\frac{t}{2} + C$$

$$= \frac{x+1}{((x+1)^2+4)^2} + \frac{3}{8}\frac{x+1}{((x+1)^2+4)} + \frac{3}{16}\tan^{-1}\frac{x+1}{2} + C$$

演習 A　次の不定積分を求めよ．
(1) $\int \frac{1}{(x^2+1)^2} dx$ 　　(2) $\int \frac{1}{(x^2+2)^2} dx$ 　　(3) $\int \frac{1}{(x^2-1)^2} dx$

演習 B　次の不定積分を求めよ．
(1) $\int \frac{1}{(x^2+2)^3} dx$ 　　(2) $\int \frac{1}{(x^2-1)^3} dx$ 　　(3) $\int \frac{1}{(x^2+2x+2)^2} dx$

演習 C　次の不定積分を求めよ．
(1) $\int \frac{1}{(x^2+2x+2)^3} dx$ 　　(2) $\int \frac{64}{(4x^2-4x+3)^3} dx$ 　　(3) $\int \frac{6}{(x^2+1)^4} dx$

例題 4-13　有理関数 (1)

次の不定積分を求めよ．
(1) $\displaystyle\int \frac{x+1}{(x^2+1)^2}\, dx$　　(2) $\displaystyle\int \frac{4x+20}{(x^2+2x+5)^3}\, dx$

[考え方] $\displaystyle\int \frac{Bx+C}{(x^2+A)^n}\, dx = \int \frac{Bx}{(x^2+A)^n}\, dx + C\int \frac{1}{(x^2+A)^n}\, dx$ と変形する．第1項目の積分は $x^2+A=t$ と置換すると $2x\, dx = dt$ だから $\dfrac{1}{2}\displaystyle\int \frac{B}{t^n}\, dt$ となって積分できる．第2項目の積分も例題 4-12 部分積分 (3) のタイプだから積分できる．

[解答] (1) 例題 4-12 演習 A (1) の解答より $\displaystyle\int \frac{1}{(x^2+1)^2}\, dx$
$= \dfrac{x}{2(x^2+1)} + \dfrac{1}{2}\tan^{-1} x + C$ である．$x^2+1=t$ とおくと $2x\, dx = dt$ だから

$\displaystyle\int \frac{x+1}{(x^2+1)^2}\, dx = \int \frac{x}{(x^2+1)^2}\, dx + \int \frac{1}{(x^2+1)^2}\, dx$

$= \dfrac{1}{2}\displaystyle\int \frac{1}{t^2}\, dt + \int \frac{1}{(x^2+1)^2}\, dx = -\dfrac{1}{2t} + \dfrac{x}{2(x^2+1)} + \dfrac{1}{2}\tan^{-1} x + C$

$= -\dfrac{1}{2(x^2+1)} + \dfrac{x}{2(x^2+1)} + \dfrac{1}{2}\tan^{-1} x + C$

(2) $\displaystyle\int \frac{4x+20}{(x^2+2x+5)^3}\, dx = \int \frac{4x+4}{(x^2+2x+5)^3}\, dx + \int \frac{16}{(x^2+2x+5)^3}\, dx$

と変形できる．$x^2+2x+5=t$ とおくと $(2x+2)\, dx = dt$ だから

$\displaystyle\int \frac{4x+4}{(x^2+2x+5)^3}\, dx = \int \frac{2}{t^3}\, dt = -\dfrac{1}{t^2} + C = -\dfrac{1}{(x^2+2x+5)^2} + C$

一方，例題 4-12 (2) の解答より $\displaystyle\int \frac{16}{(x^2+2x+5)^3}\, dx$

$= \dfrac{x+1}{(x^2+2x+5)^2} + \dfrac{3}{8} \times \dfrac{x+1}{(x^2+2x+5)} + \dfrac{3}{16}\tan^{-1}\dfrac{x+1}{2} + C$ だから

$\displaystyle\int \frac{4x+20}{(x^2+2x+5)^3}\, dx = -\dfrac{1}{(x^2+2x+5)^2} + \dfrac{x+1}{(x^2+2x+5)^2}$
$+ \dfrac{3(x+1)}{8(x^2+2x+5)} + \dfrac{3}{16}\tan^{-1}\dfrac{x+1}{2} + C$

$= \dfrac{x}{(x^2+2x+5)^2} + \dfrac{3(x+1)}{8(x^2+2x+5)} + \dfrac{3}{16}\tan^{-1}\dfrac{x+1}{2} + C$

演習 A　次の不定積分を求めよ．
(1) $\displaystyle\int \frac{2x}{(x^2+2)^2}\, dx$　　(2) $\displaystyle\int \frac{x}{(x^2+1)^2}\, dx$　　(3) $\displaystyle\int \frac{2x}{(x^2+1)^3}\, dx$

演習 B　次の不定積分を求めよ．
(1) $\displaystyle\int \frac{2x+3}{(x^2+1)^2}\, dx$　　(2) $\displaystyle\int \frac{x-2}{(x^2+2)^2}\, dx$　　(3) $\displaystyle\int \frac{x+2}{(x^2-1)^2}\, dx$

演習 C　次の不定積分を求めよ．
(1) $\displaystyle\int \frac{\frac{2}{3}x+1}{(x^2+1)^3}\, dx$　　(2) $\displaystyle\int \frac{3x+2}{(x^2+2x+2)^2}\, dx$　　(3) $\displaystyle\int \frac{x-63}{(x^2+2x+5)^3}\, dx$

例題 4-14 　有理関数 (2)

次の不定積分を求めよ．
(1) $\displaystyle\int \frac{x^2+1}{(x+2)^3}\,dx$ 　　(2) $\displaystyle\int \frac{x^5-x^2}{(x^2+1)^3}\,dx$

[考え方] $\dfrac{r(x)}{(x+a)^n}$ （x の整式 $r(x)$ の次数 $<n$ とする）の積分

$\Longrightarrow \dfrac{r(x)}{(x+a)^n} = \dfrac{C_1}{x+a} + \dfrac{C_2}{(x+a)^2} + \cdots \dfrac{C_n}{(x+a)^n}$ と部分分数に分けて積分．

$\dfrac{r(x)}{((x-a)^2+b^2)^n}$ （$r(x)$ の次数 $<2n$ とする）の積分 $\Longrightarrow$

$\dfrac{r(x)}{((x-a)^2+b^2)^n}\,dx = \dfrac{A_1 x + B_1}{(x-a)^2+b^2} + \dfrac{A_2 x + B_2}{((x-a)^2+b^2)^2} + \cdots + \dfrac{A_n x + B_n}{((x-a)^2+b^2)^n}$
と部分分数に分けて積分．

[解答] (1) $\dfrac{x^2+1}{(x+2)^3} = \dfrac{1}{x+2} + \dfrac{-4}{(x+2)^2} + \dfrac{5}{(x+2)^3}$ と部分分数に分けれるから

$$\int \frac{x^2+1}{(x+2)^3}\,dx = \int \left(\frac{1}{x+2} + \frac{-4}{(x+2)^2} + \frac{5}{(x+2)^3} \right) dx$$

$$= \log|x+2| + \frac{4}{x+2} - \frac{5}{2(x+2)^2} + C$$

(2) $I_n = \displaystyle\int \dfrac{1}{(x^2+1)^n}\,dx$ とおく．そのとき $I_2 = \dfrac{x}{2(x^2+1)} + \dfrac{1}{2}\tan^{-1} x + C$ である．

$\dfrac{x^5-x^2}{(x^2+1)^3} = \dfrac{x}{x^2+1} - \dfrac{2x+1}{(x^2+1)^2} + \dfrac{x+1}{(x^2+1)^3}$ と部分分数に分けれるから

$\displaystyle\int \frac{x^5-x^2}{(x^2+1)^3}\,dx = \int \left(\frac{x}{x^2+1} - \frac{2x+1}{(x^2+1)^2} + \frac{x+1}{(x^2+1)^3} \right) dx$

$= \displaystyle\int \frac{x}{x^2+1}\,dx - \int \frac{2x}{(x^2+1)^2}\,dx - \int \frac{1}{(x^2+1)^2}\,dx + \int \frac{x}{(x^2+1)^3}\,dx + \int \frac{1}{(x^2+1)^3}\,dx$

$= \dfrac{1}{2}\log(x^2+1) + \dfrac{1}{x^2+1} - I_2 - \dfrac{1}{2} \times \dfrac{1}{2(x^2+1)^2} + I_3$

$= \dfrac{1}{2}\log(x^2+1) + \dfrac{1}{x^2+1} - I_2 - \dfrac{1}{4(x^2+1)^2} + \left(\dfrac{x}{4(x^2+1)^2} + \dfrac{3}{4} I_2 \right)$

$= \dfrac{1}{2}\log(x^2+1) + \dfrac{1}{x^2+1} - \dfrac{1}{4} I_2 - \dfrac{1}{4(x^2+1)^2} + \dfrac{x}{4(x^2+1)^2} + C$

$= \dfrac{1}{2}\log(x^2+1) + \dfrac{1}{x^2+1} - \dfrac{x}{8(x^2+1)} - \dfrac{1}{4(x^2+1)^2} + \dfrac{x}{4(x^2+1)^2} - \dfrac{1}{8}\tan^{-1} x + C$

演習 A 次の不定積分を求めよ．
(1) $\displaystyle\int \frac{x}{(x+1)^2}\,dx$ 　　(2) $\displaystyle\int \frac{-x+1}{(x+2)^2}\,dx$ 　　(3) $\displaystyle\int \frac{x^2}{(x+1)^3}\,dx$

演習 B 次の不定積分を求めよ．
(1) $\displaystyle\int \frac{x^3}{(x^2+4)^2}\,dx$ 　　(2) $\displaystyle\int \frac{x^2+x+1}{(x^2+1)^2}\,dx$ 　　(3) $\displaystyle\int \frac{x^4}{(x^2+1)^3}\,dx$

演習 C 次の不定積分を求めよ．

(1) $\displaystyle\int \frac{x^3}{(x-1)^4}\,dx$ (2) $\displaystyle\int \frac{x^3}{(x^2+x+1)^2}\,dx$

ラグランジュ (Joseph Louis Lagrange, 1736-1813)

　フランス人とイタリア人の混血児としてイタリアのトリノで生まれ，当時の優れた数学者同様，力学や数学のいろいろな分野に優れた業績を残した．1755 年にトリノの王立砲兵学校の数学の教授になり，11 年後にベルリン・アカデミーに招かれて数学部長になった．このベルリン滞在中に，近代代数学発展上から非常に重要な研究論文「数係数方程式の解法について」と，方程式の代数的可解性について一般的問題を扱った付録論文が書かれた．これは後のアーベルとガロアによる方程式の代数的可解性についての研究の先鞭をつけるものである．1786 年にプロシアのフリードリッヒ大王の死に伴って研究環境が悪化したため，1787 年に辞職してパリに移住した．パリでは温かく迎えられ，パリ科学アカデミーの会員になり，1795 年新設のエコールノルマルの教授，1797 年にはエコールポリテクニクの教授を併任した．ラグランジュの研究業績を分野別に分けてみると，代数学に関するものは少なく，力学，天体力学，解析学関係が多くを占めている．特にラグランジュの研究成果をまとめた著作「変分法」と「解析力学」は有名である．代数に関する研究はエコールノルマルの教授であった時代になされた．度量衡におけるメートル法の完成にも貢献している．使った名前はいろいろ変化した．まず，出生記録ではジュゼッペ・ロドヴィゴ・ラグランジアで，次第にフランス風の名前を使うようになった．1754 年に発表した論文では Luigi De la Grange Tournier と書いていて，その後は de la Grange と書いていた．1792 年には Joseph-Louis La Grange と書いた記録があり，死亡証明書には Joseph Louis Lagrange と書かれている．父親が投機に失敗したため，家は裕福ではなかった．貧乏の子沢山といえる 11 人兄弟で，若い頃は，生活をどうするかに心を奪われて，数学にはあまり興味がなかったと伝えられている．学校時代，最初興味を引かれたのは古典語であった．古典語を勉強していくうちにユークリッドやアルキメデスの幾何学上の業績を知るようになる．しかし，17 歳のとき，重要な数学に関する発見 (変分法の基礎を与えるもの) をし，数学の教職を得ることになり，数学の道を歩んだ．彼自身が後に語ったとする，「もしも裕福であったなら，私は数学を天職とはしなかったでしょう．」という言葉が伝えられている．

例題 4-15　有理関数 (3)

次の不定積分を求めよ.
$$\int \frac{2x^4+3x^3-x^2+5x-1}{(x-1)^3(x^2+1)^2}\,dx$$

[考え方] $f(x), g(x)$ は x の整式で「$f(x)$ の次数 $<$ $g(x)$ の次数」とする. そのとき $\int \dfrac{f(x)}{g(x)}\,dx$ の積分は

$g(x) = (x+a_1)^{n_1}(x+a_2)^{n_2}\cdots(x+a_k)^{n_k}((x-c_1)^2+d_1^2)^{m_1}((x-c_2)^2+d_2^2)^{m_2}\cdots((x-c_l)^2+d_l^2)^{m_l}$

と因数分解して $\dfrac{f(x)}{g(x)}$ を次のように部分分数に分けて積分する.

$$\frac{f(x)}{g(x)} = \frac{r_1(x)}{(x+a_1)^{n_1}} + \frac{r_2(x)}{(x+a_2)^{n_2}} + \cdots + \frac{r_k(x)}{(x+a_k)^{n_k}} + \frac{r'_1(x)}{((x-a_1)^2+b_1^2)^{m_1}} + \frac{r'_2(x)}{((x-a)^2+b^2)^{m_2}} + \cdots + \frac{r'_l(x)}{((x-a_l)^2+b_l^2)^{m_l}}$$

ここで $\dfrac{r(x)}{(x+a)^n}$ の形の式は $\dfrac{r(x)}{(x+a)^n} = \dfrac{C_1}{x+a} + \dfrac{C_2}{(x+a)^2} + \cdots + \dfrac{C_n}{(x+a)^n}$, $\dfrac{r'(x)}{((x-a)^2+b^2)^n}$ の形の式は $\dfrac{r'(x)}{((x-a)^2+b^2)^n} = \dfrac{A_1x+B_1}{(x-a)^2+b^2} + \dfrac{A_2x+B_2}{((x-a)^2+b^2)^2} + \cdots + \dfrac{A_nx+B_n}{((x-a)^2+b^2)^n}$
である. こうして [例題 4-14 有理関数 (2)] の計算の組み合わせに帰着する.

[解答] 部分分数に分けるために $\dfrac{2x^4+3x^3-x^2+5x-1}{(x-1)^3(x^2+1)^2} = \dfrac{A}{x-1} + \dfrac{B}{(x-1)^2} + \dfrac{C}{(x-1)^3} + \dfrac{Dx+E}{x^2+1} + \dfrac{Fx+G}{(x^2+1)^2}$ とおいて A, B, C, D, E, F, G を求めると $A = -1, B = 1, C = 2, D = 1, E = 0, F = 0, G = 1$ となる. よって

$$与式 = \int \left(\frac{-1}{x-1} + \frac{1}{(x-1)^2} + \frac{2}{(x-1)^3} + \frac{x}{x^2+1} + \frac{1}{(x^2+1)^2}\right)dx$$

$$= -\log|x-1| - \frac{1}{x-1} - \frac{1}{(x-1)^2} + \frac{1}{2}\log(x^2+1) + \left(\frac{x}{2(x^2+1)} + \frac{1}{2}\tan^{-1}x\right) + C$$

$$= -\log|x-1| - \frac{1}{x-1} - \frac{1}{(x-1)^2} + \frac{1}{2}\log(x^2+1) + \frac{1}{2}\tan^{-1}x + \frac{x}{2(x^2+1)} + C$$

演習 A　次の不定積分を求めよ.

(1) $\displaystyle\int \frac{1}{(x+2)(x+3)}\,dx$ 　　(2) $\displaystyle\int \frac{1}{(x^2+1)(x^2+3)}\,dx$ 　　(3) $\displaystyle\int \frac{-2x+1}{(x+2)(x^2+1)}\,dx$

演習 B　次の不定積分を求めよ.

(1) $\displaystyle\int \frac{2}{(x+1)^2(x^2+1)}\,dx$ 　　(2) $\displaystyle\int \frac{1}{(x+1)(x+2)^2}\,dx$ 　　(3) $\displaystyle\int \frac{x^2+5x+5}{(x+1)^2(x+2)^2}\,dx$

演習 C　次の不定積分を求めよ.

(1) $\displaystyle\int \frac{2x^3-2x^2-1}{(x+2)(x^2+1)^2}\,dx$ 　　(2) $\displaystyle\int \frac{4x}{x^4-1}\,dx$ 　　(3) $\displaystyle\int \frac{3x^2}{x^4-x^3-x+1}\,dx$

例題 4-16 有理関数 (4)

次の不定積分を求めよ.
$$\int \frac{(x^2+1)^4 - x^4 + x^2}{(x^2+1)^3} dx$$

[考え方] $f(x), g(x)$ は x の整式で $f(x)$ の次数 $\geqq g(x)$ の次数 $\Longrightarrow$ $f(x)$ を $g(x)$ で割って商 $q(x)$ と余り $r(x)$ を求める. そのとき $\int \frac{f(x)}{g(x)} dx$ の積分は $\int \left(q(x) + \frac{r(x)}{g(x)} \right) dx$ となるから, $\frac{r(x)}{g(x)}$ を部分分数に分けて積分する.

[解答] 分子を分母で割ると商が x^2+1, 余りが $-x^4+x^2$ である. よって与式は
$\int \left(x^2+1 + \frac{-x^4+x^2}{(x^2+1)^3} \right) dx$ となる.
$\frac{-x^4+x^2}{(x^2+1)^3} = \frac{Ax+B}{x^2+1} + \frac{Cx+D}{(x^2+1)^2} + \frac{Ex+F}{(x^2+1)^3}$ と部分分数に分ける. 分母を払うと $-x^4+x^2 = (Ax+B)(x^2+1)^2 + (Cx+D)(x^2+1) + (Ex+F)$ だから, 両辺において, x のべきについて同じ次数の係数を比較して $A=0, B=-1, C=0, D=3, E=0, F=-2$ を得る. したがって $x^2+1 + \frac{-x^4+x^2}{(x^2+1)^3} = x^2+1 + \frac{-1}{x^2+1} + \frac{3}{(x^2+1)^2} + \frac{-2}{(x^2+1)^3}$ 一方
$I_2 = \int \frac{1}{(x^2+1)^2} dx = \frac{x}{2(x^2+1)} + \frac{1}{2}\tan^{-1} x + C, I_3 = \int \frac{1}{(x^2+1)^3} dx = \frac{x}{4(x^2+1)^2} + \frac{3}{4} I_2$
だから
$\int \left(x^2+1 + \frac{-1}{x^2+1} + \frac{3}{(x^2+1)^2} + \frac{-2}{(x^2+1)^3} \right) dx$
$= \frac{1}{3}x^3 + x - \tan^{-1} x + 3I_2 - 2\left(\frac{x}{4(x^2+1)^2} + \frac{3}{4} I_2 \right)$
$= \frac{1}{3}x^3 + x - \tan^{-1} x + \frac{3}{2} I_2 - \frac{x}{2(x^2+1)^2}$
$= \frac{1}{3}x^3 + x - \tan^{-1} x + \frac{3}{2} \left(\frac{x}{2(x^2+1)} + \frac{1}{2}\tan^{-1} x \right) - \frac{x}{2(x^2+1)^2} + C$

演習 A 次の不定積分を求めよ.
(1) $\int \frac{x^2+3x+3}{x^2+3x+2} dx$ (2) $\int \frac{x^3+4x+1}{x^2+4} dx$ (3) $\int \frac{x^4+2x^3}{(x^2-1)(x+2)} dx$

演習 B 次の不定積分を求めよ.
(1) $\int \frac{x^3+x^2-1}{(x+1)^2} dx$ (2) $\int \frac{x^4-3x^2}{(x^2+1)(x+2)} dx$ (3) $\int \frac{x^5+8x^3+16x+4}{(x^2+4)^2} dx$

演習 C 次の不定積分を求めよ.
(1) $\int \frac{x^6+x^4-x^3+x^2}{(x+1)(x^2+1)^2} dx$ (2) $\int \frac{x^4+x^3+3x^2+2x-1}{x^4+x^3-x^2+x-2} dx$
(3) $\int \frac{x^5-2x^4+2x^3-4x^2}{(x^3+1)(x^2-x+1)} dx$

例題 4-17 三角関数 (1)

次の不定積分を求めよ．
(1) $\displaystyle\int \frac{1}{\sin x}\,dx$ 　　(2) $\displaystyle\int \frac{1}{1+\cos x}\,dx$

[考え方] $\sin x, \cos x, \tan x$ の有理式の積分 $\Longrightarrow$ $\tan\dfrac{x}{2}=t$ と置換すると $\sin x = \dfrac{2t}{1+t^2}$, $\cos x = \dfrac{1-t^2}{1+t^2}$, $dx = \dfrac{2}{1+t^2}\cdot dt$ だから t の有理関数の積分に帰着．

[解答] (1) $\tan\dfrac{x}{2}=t$ とおくと
$$\int \frac{1}{\sin x}\,dx = \int \frac{1+t^2}{2t}\cdot\frac{2}{1+t^2}\,dt = \int \frac{1}{t}\,dt = \log|t| + C = \log\left|\tan\dfrac{x}{2}\right| + C$$

(2) $\tan\dfrac{x}{2}=t$ とおくと
$$\int \frac{1}{1+\cos x}\,dx = \int \frac{1}{1+\frac{1-t^2}{1+t^2}}\cdot\frac{2}{1+t^2}\,dt = \int 1\,dt = t + C = \tan\dfrac{x}{2} + C$$

(注) (1) の積分は $\dfrac{1}{\sin x} = \dfrac{\sin x}{\sin^2 x} = \dfrac{\sin x}{1-\cos^2 x}$ だから，$\cos x = t$ と置換してもできる．
(2) の積分は $1+\cos x = 2\cos^2\dfrac{x}{2}$ と変形して $\displaystyle\int \dfrac{1}{2\cos^2\frac{x}{2}}\,dx$ としてもできる．

演習 A 次の不定積分を求めよ．
(1) $\displaystyle\int \frac{1}{\sin x - 1}\,dx$ 　　(2) $\displaystyle\int \frac{1}{\sin x + \cos x + 1}\,dx$ 　　(3) $\displaystyle\int \frac{1}{\cos x - 1}\,dx$

演習 B 次の不定積分を求めよ．
(1) $\displaystyle\int \frac{1}{4+5\cos x}\,dx$ 　　(2) $\displaystyle\int \frac{1}{1+2\cos x}\,dx$ 　　(3) $\displaystyle\int \frac{1}{\sin x + \cos x}\,dx$

演習 C 次の不定積分を求めよ．
(1) $\displaystyle\int \frac{1}{4+\cos x}\,dx$ 　　(2) $\displaystyle\int \frac{\sin x}{\sin x + 1}\,dx$ 　　(3) $\displaystyle\int \frac{1-\cos x}{1+\cos x}\,dx$

例題 4-18　三角関数 (2)

次の不定積分を求めよ．
(1) $\displaystyle\int \frac{1}{1-2\sin^2 x}\,dx$　　(2) $\displaystyle\int \frac{1}{\sin^2 x + 2\cos^2 x}\,dx$

[考え方] $\sin^2 x, \cos^2 x, \tan^2 x$ の有理式の積分　$\Longrightarrow$　$\tan x = t$ と置換すると $\sin^2 x = \dfrac{t^2}{1+t^2}$, $\cos^2 x = \dfrac{1}{1+t^2}$, $dx = \dfrac{1}{1+t^2}\cdot dt$ となって　t の有理関数の積分に帰着される．

[解答]　(1) $\tan x = t$ とおくと

$$\int \frac{1}{1-2\sin^2 x}\,dx = \int \frac{1}{1-2\cdot\frac{t^2}{1+t^2}}\frac{1}{1+t^2}\,dt = \int \frac{1}{1-t^2}\,dt$$

$$= \frac{1}{2}\int\left(\frac{1}{1-t} + \frac{1}{1+t}\right)dt = \frac{1}{2}(-\log|1-t| + \log|1+t|) + C$$

$$= \frac{1}{2}\log\left|\frac{1+t}{1-t}\right| + C = \frac{1}{2}\log\left|\frac{1+\tan x}{1-\tan x}\right| + C$$

(2) $\tan x = t$ とおく．公式 $\displaystyle\int \frac{1}{t^2+a^2}\,dt = \frac{1}{a}\tan^{-1}\frac{t}{a} + C$　を使って

$$\int \frac{1}{\sin^2 x + 2\cos^2 x}\,dx = \int \frac{1}{\frac{t^2}{1+t^2} + 2\frac{1}{1+t^2}}\cdot\frac{1}{1+t^2}\,dt = \int \frac{1}{t^2+2}\,dt$$

$$= \frac{1}{\sqrt{2}}\tan^{-1}\left(\frac{t}{\sqrt{2}}\right) + C = \frac{1}{\sqrt{2}}\tan^{-1}\left(\frac{\tan x}{\sqrt{2}}\right) + C$$

演習 A　次の不定積分を求めよ．
(1) $\displaystyle\int \frac{1}{\cos^4 x}\,dx$　　(2) $\displaystyle\int \frac{\tan^6 x}{\cos^4 x}\,dx$　　(3) $\displaystyle\int \frac{1}{4\sin^2 x + \cos^2 x}\,dx$

演習 B　次の不定積分を求めよ．
(1) $\displaystyle\int \frac{1}{1+\sin^2 x}\,dx$　　(2) $\displaystyle\int \tan^4 x\,dx$　　(3) $\displaystyle\int \frac{1}{1-3\cos^2 x}\,dx$

演習 C　次の不定積分を求めよ．
(1) $\displaystyle\int \frac{\sin^2 x}{\sin^2 x + 2\cos^2 x}\,dx$　　(2) $\displaystyle\int \frac{\sin^2 x}{1+3\cos^2 x}\,dx$　　(3) $\displaystyle\int \frac{\cos^2 x + 1}{-3\sin^2 x + 4}\,dx$

138　第 IV 章 積　分

例題 4-19　無理関数 (1)　$\int R(x, \sqrt[m]{ax+b}, \sqrt[n]{ax+b})\,dx$ 型

次の不定積分を求めよ．
(1) $\displaystyle\int \frac{\sqrt[4]{x+2}}{x+1}\,dx$　　(2) $\displaystyle\int \frac{\sqrt{2x+1}}{\sqrt[3]{2x+1}+1}\,dx$

[考え方]　(1) $\sqrt[n]{ax+b}$ 形 $\Longrightarrow ax+b=t$ または $\sqrt[n]{ax+b}=t$ とおく．
(2) $\int R(x, \sqrt[m]{ax+b}, \sqrt[n]{ax+b})\,dx \Longrightarrow m$ と n の最小公倍数を k とすると $\sqrt[k]{ax+b}=t$ と置換 $\Longrightarrow R(x, \sqrt[m]{ax+b}, \sqrt[n]{ax+b})$ は t の有理式となって例題 4-16 に帰着．

[解答]　(1) $\sqrt[4]{x+2}=t$ と置換すると $x+2=t^4,\quad dx=4t^3\,dt$ だから

$$\int \frac{\sqrt[4]{x+2}}{x+1}\,dx = \int \frac{t}{t^4-1}\cdot 4t^3\,dt = 4\int \frac{t^4}{t^4-1}\,dt$$

$$= 4\int\left(1+\frac{1}{t^4-1}\right)dt = 4\int\left(1+\frac{1}{2}\left(\frac{1}{t^2-1}-\frac{1}{t^2+1}\right)\right)dt$$

$$= 4\left[t+\frac{1}{2}\left(\frac{1}{2}\log\left|\frac{t-1}{t+1}\right|-\tan^{-1}t\right)\right]+C = 4t+\log\left|\frac{t-1}{t+1}\right|-2\tan^{-1}t+C$$

$$= 4\sqrt[4]{x+2}+\log\left|\frac{\sqrt[4]{x+2}-1}{\sqrt[4]{x+2}+1}\right|-2\tan^{-1}(\sqrt[4]{x+2})+C$$

(2) $\sqrt[6]{2x+1}=t$ と置換すると $2x+1=t^6\quad 2dx=6t^5\,dt$ だから

$$\int \frac{\sqrt{2x+1}}{\sqrt[3]{2x+1}+1}\,dx = \int \frac{t^3}{t^2+1}3t^5\,dt = 3\int\left(t^6-t^4+t^2-1+\frac{1}{t^2+1}\right)dt$$

$$= \frac{3}{7}t^7-\frac{3}{5}t^5+t^3-3t+3\tan^{-1}t+C$$

$$= \frac{3}{7}(\sqrt[6]{2x+1})^7-\frac{3}{5}(\sqrt[6]{2x+1})^5+(\sqrt[6]{2x+1})^3-3\sqrt[6]{2x+1}+3\tan^{-1}(\sqrt[6]{2x+1})+C$$

演習 A　次の不定積分を求めよ．
(1) $\displaystyle\int \frac{x}{\sqrt{x+1}+1}\,dx$　　(2) $\displaystyle\int x\sqrt[3]{x+2}\,dx$　　(3) $\displaystyle\int \frac{x^2}{\sqrt{x+1}}\,dx$

演習 B　次の不定積分を求めよ．
(1) $\displaystyle\int \frac{x}{\sqrt[3]{x+1}}\,dx$　　(2) $\displaystyle\int \frac{\sqrt[3]{x}+1}{\sqrt{x}}\,dx$　　(3) $\displaystyle\int \frac{1}{(x-3)\sqrt{x+1}}\,dx$

演習 C　次の不定積分を求めよ．
(1) $\displaystyle\int \frac{1}{\sqrt{2x+1}(\sqrt[3]{2x+1}+1)}\,dx$　　(2) $\displaystyle\int \frac{1}{\sqrt[3]{x+1}+\sqrt[4]{x+1}}\cdot\frac{1}{\sqrt{x+1}}\,dx$
(3) $\displaystyle\int \frac{x}{\sqrt{x+1}-\sqrt[3]{x+1}}\,dx$

例題 4-20　無理関数 (2)

次の不定積分を求めよ.
(1) $I_1 = \displaystyle\int \sqrt{\dfrac{1-x}{1+x}}\,dx$　　(2) $I_2 = \displaystyle\int x\sqrt{\dfrac{1-x}{1+x}}\,dx$

[考え方] $\sqrt{\dfrac{ax+b}{cx+d}}$ を含む関数の積分

$\Longrightarrow ac < 0$ の場合，$\sqrt{\dfrac{ax+b}{cx+d}} = \dfrac{ax+b}{\sqrt{(ax+b)(cx+d)}}$ と変形して，分母の根号の中の2次式を平方完成にする．

[解答]　(1) $\sqrt{\dfrac{1-x}{1+x}} = \dfrac{1-x}{\sqrt{1-x^2}}$ と変形して

$I_1 = \displaystyle\int \sqrt{\dfrac{1-x}{1+x}}\,dx = \int \dfrac{1-x}{\sqrt{1-x^2}}\,dx = \int\left(\dfrac{1}{\sqrt{1-x^2}} - \dfrac{x}{\sqrt{1-x^2}}\right)dx$

$= \sin^{-1} x + \sqrt{1-x^2} + C_1$

(2) $I_2 = \displaystyle\int x\sqrt{\dfrac{1-x}{1+x}}\,dx = \int x\cdot\dfrac{1-x}{\sqrt{1-x^2}}\,dx = \int\left(\dfrac{x}{\sqrt{1-x^2}} + \dfrac{-1+1-x^2}{\sqrt{1-x^2}}\right)dx$

$= \displaystyle\int\left(\dfrac{x}{\sqrt{1-x^2}} + \dfrac{-1}{\sqrt{1-x^2}} + \sqrt{1-x^2}\right)dx$

$= -\sqrt{1-x^2} - \sin^{-1} x + \dfrac{1}{2}\left(x\sqrt{1-x^2} + \sin^{-1} x\right) + C_2$

$= -\sqrt{1-x^2} - \dfrac{1}{2}\sin^{-1} x + \dfrac{1}{2}x\sqrt{1-x^2} + C_2.$

演習 A　次の不定積分を求めよ．
(1) $\displaystyle\int \sqrt{\dfrac{2-x}{2+x}}\,dx$　　(2) $\displaystyle\int \sqrt{\dfrac{3-x}{3+x}}\,dx$　　(3) $\displaystyle\int \sqrt{\dfrac{1+2x}{1-2x}}\,dx$

演習 B　次の不定積分を求めよ．
(1) $\displaystyle\int \sqrt{\dfrac{1-x}{x}}\,dx$　　(2) $\displaystyle\int \sqrt{\dfrac{1-4x}{x}}\,dx$　　(3) $\displaystyle\int \sqrt{\dfrac{x+1}{1-2x}}\,dx$

演習 C　次の不定積分を求めよ．
(1) $\displaystyle\int x\sqrt{\dfrac{1+2x}{1-2x}}\,dx$　　(2) $\displaystyle\int x\sqrt{\dfrac{2-x}{2+x}}\,dx$　　(3) $\displaystyle\int x\sqrt{\dfrac{3-x}{3+x}}\,dx$

例題 4-21 無理関数 (3) $\sqrt[n]{\dfrac{ax+b}{cx+d}} = t$

> $t = \sqrt{\dfrac{1-x}{1+x}}$ と置換して，次の積分を求めよ．
>
> (1) $I_3 = \displaystyle\int \sqrt{\dfrac{1-x}{1+x}}\, dx$　　(2) $I_4 = \displaystyle\int x\sqrt{\dfrac{1-x}{1+x}}\, dx$

[考え方] $\displaystyle\int R\left(x, \sqrt[n]{\dfrac{ax+b}{cx+d}}\right) dx$ は $\sqrt[n]{\dfrac{ax+b}{cx+d}} = t$ と置換すると $\dfrac{ax+b}{cx+d} = t^n$ で $ax+b = (cx+d)t^n$ だから $x = \dfrac{-dt^n + b}{ct^n - a}$ となって t の有理関数の積分に帰着できる．

(1) $t = \sqrt{\dfrac{1-x}{1+x}}$ より $t^2 = \dfrac{1-x}{1+x}$　x について解くと $x = \dfrac{1-t^2}{1+t^2}$ となる．　t で微分して $\dfrac{dx}{dt} = \dfrac{-2t(1+t^2) - 2t\cdot(1-t^2)}{(1+t^2)^2} = \dfrac{-4t}{(1+t^2)^2}$ を与式に代入すると t の有理式の積分に帰着

[解答] (1) $I_3 = \displaystyle\int t \cdot \dfrac{-4t}{(1+t^2)^2}\, dt = -4\int \left(\dfrac{1}{1+t^2} - \dfrac{1}{(1+t^2)^2}\right) dt$

$= -4\left(\tan^{-1} t - \left(\dfrac{t}{2(1+t^2)} + \dfrac{1}{2}\tan^{-1} t\right)\right) + C_3 = \dfrac{2t}{1+t^2} - 2\tan^{-1} t + C_3$

$= (1+x)\sqrt{\dfrac{1-x}{1+x}} - 2\tan^{-1}\left(\sqrt{\dfrac{1-x}{1+x}}\right) + C_3$

$= -2\tan^{-1}\left(\sqrt{\dfrac{1-x}{1+x}}\right) + \sqrt{1-x^2} + C_3$

(2) $I_4 = \displaystyle\int x\sqrt{\dfrac{1-x}{1+x}}\, dx = \int \dfrac{1-t^2}{1+t^2} \cdot t \cdot \dfrac{-4t}{(1+t^2)^2}\, dt = -4\int \dfrac{t^2(1-t^2)}{(1+t^2)^3}\, dt$

$= -4\displaystyle\int \left(\dfrac{-1}{t^2+1} + \dfrac{3}{(t^2+1)^2} + \dfrac{-2}{(t^2+1)^3}\right) dt$

$= 4\tan^{-1} t - 12\left(\dfrac{t}{2(t^2+1)} + \dfrac{1}{2}\tan^{-1} t\right)$

$+ 8\left(\dfrac{t}{4(t^2+1)^2} + \dfrac{3}{4}\left(\dfrac{t}{2(t^2+1)} + \dfrac{1}{2}\tan^{-1} t\right)\right) + C_4$

$= \tan^{-1} t - \dfrac{3t}{t^2+1} + \dfrac{2t}{(t^2+1)^2} + C_4$

$= \tan^{-1}\sqrt{\dfrac{1-x}{1+x}} - \dfrac{3}{2}\sqrt{1-x^2} + \dfrac{1}{2}\sqrt{(1-x)(1+x)^3} + C_4$

演習 A　次の不定積分を求めよ．

(1) $\displaystyle\int \dfrac{1}{x}\sqrt{\dfrac{1-4x}{x}}\, dx$　　(2) $\displaystyle\int \dfrac{1}{x}\sqrt{\dfrac{1-x}{x}}\, dx$　　(3) $\displaystyle\int \dfrac{1}{x+2}\sqrt{\dfrac{2x+3}{x+2}}\, dx$

演習 B 次の不定積分を求めよ．

(1) $\displaystyle\int \sqrt{\frac{1-4x}{x}}\,dx$ (2) $\displaystyle\int \sqrt{\frac{1-x}{x}}\,dx$ (3) $\displaystyle\int \sqrt{\frac{2x+3}{x+2}}\,dx$

注意． (1),(2) の解答と前々ページの**演習 B**(1),(2) の解答と比較せよ．

演習 C 次の不定積分を求めよ．

(1) $\displaystyle\int \frac{2}{1-x}\sqrt[3]{\frac{1+x}{1-x}}\,dx$

(2) 例題 4-20 の例題 (1) の積分 $I_1 = \sin^{-1} x + \sqrt{1-x^2} + C_1$ に現れる積分定数と例題 4-21 の I_3 の積分に現れる C_3 の関係を求めよ．

ラプラス (Pierre Simon Laplace, 1749-1827)

　フランスのノルマンジーの貧しい農家に生まれたが，幼少の時から豊かな才能を認められ，1767 年パリに出てダランベールの知遇を得て，のちにエコールポリテクニクの教授になった．ナポレオンの数学好きによって，その側近にはモンジュ，フーリエ，ルジャンドル，ポアソン，カルノなど数学史に名を残す有名数学者が集まったが，ラプラスもその一人であった．特にラプラスは，ナポレオンの信任が厚く，ナポレオン政府に参与して内務大臣を務め，伯爵を授けられた．ナポレオン失脚後はルイ 18 世にこびて再び伯爵を受け，政治的には節操を持たなかった．また数学上でも研究の先発権の問題などで公正を欠くところがあったので，社会的には最高の地位にありながら，晩年は人に親しまれず，寂しく死んだ．数学上の業績は 17 世紀に創始され 18 世紀の間ベルヌーイ家の数学者たちやオイラーらの手を経て展開された解析学の 1 つの最高峰を形作る．現在，彼の名はラプラス変換，ラプラス作用素，ラプラス方程式などで残っている．彼は解析学の方法を天体力学，ポテンシャル論，確率論などに応用して華々しい結果を得た．

例題 4-22　無理関数 (4)　　$\sqrt{a}x + \sqrt{ax^2+bx+c} = t$

> $x + \sqrt{x^2+x+1} = t$ と置換して，次の不定積分を求めよ．
> (1) $\displaystyle\int \frac{1}{\sqrt{x^2+x+1}}\,dx$　　(2) $\displaystyle\int \frac{1}{x\sqrt{x^2+x+1}}\,dx$

[考え方]　$\displaystyle\int R(x, \sqrt{ax^2+bx+c})\,dx, a>0 \Longrightarrow \sqrt{a}x + \sqrt{ax^2+bx+c} = t$ と置換．さらに $(\sqrt{ax^2+bx+c})^2 = (t - \sqrt{a}x)^2$ を計算して x を t で表す．

[解答]　$(\sqrt{x^2+x+1})^2 = (t-x)^2$ より $x^2+x+1 = t^2 - 2tx + x^2$．これより $x = \dfrac{t^2-1}{2t+1}$ だから $\dfrac{dx}{dt} = \dfrac{2(t^2+t+1)}{(2t+1)^2}$．以下において，これらを与式に代入する．

(1) $\dfrac{1}{\sqrt{x^2+x+1}}\,dx = \dfrac{1}{t-x} \cdot \dfrac{2(t^2+t+1)}{(2t+1)^2}\,dt = \dfrac{1}{t - \frac{t^2-1}{2t+1}} \cdot \dfrac{2(t^2+t+1)}{(2t+1)^2}\,dt$

$= \dfrac{2t+1}{t^2+t+1} \cdot \dfrac{2(t^2+t+1)}{(2t+1)^2}\,dt = \dfrac{2}{2t+1}\,dt$ となる．よって

$\displaystyle\int \dfrac{1}{\sqrt{x^2+x+1}}\,dx = \int \dfrac{2}{2t+1}\,dt = \log|2t+1| + C = \log|2x+1 + 2\sqrt{x^2+x+1}| + C$

(注)　$\sqrt{x^2+x+1} = \sqrt{(x+\frac{1}{2})^2 + \frac{3}{4}}$ と変形して $\displaystyle\int \dfrac{1}{\sqrt{y^2+A}}\,dy = \log|y + \sqrt{y^2+A}| + C$ を使っても求められる．

(2) 上の計算より

$\displaystyle\int \dfrac{1}{x\sqrt{x^2+x+1}}\,dx = \int \dfrac{1}{\frac{t^2-1}{2t+1}} \dfrac{2}{2t+1}\,dt = \int \dfrac{2}{t^2-1}\,dt$

$\displaystyle = \int \left(\dfrac{1}{t-1} - \dfrac{1}{t+1}\right)dt = \log\left|\dfrac{t-1}{t+1}\right| + C = \log\left|\dfrac{x+\sqrt{x^2+x+1}-1}{x+\sqrt{x^2+x+1}+1}\right| + C$

(注)　$x = \dfrac{1}{t}$ と置換すると与式は $\displaystyle\int \dfrac{-1}{\sqrt{1+t+t^2}}\,dt$ の形の積分に帰着．

演習 A　$x + \sqrt{x^2+x+2} = t$ と置換して次の不定積分を求めよ．
(1) $\displaystyle\int \dfrac{1}{\sqrt{x^2+x+2}}\,dx$　　(2) $\displaystyle\int \dfrac{1}{x\sqrt{x^2+x+2}}\,dx$　　(3) $\displaystyle\int \dfrac{1}{(1-x)\sqrt{x^2+x+2}}\,dx$

演習 B　次の不定積分を求めよ．
(1) $\displaystyle\int \dfrac{1}{(1-x)\sqrt{x^2+x+1}}\,dx$
(2) $\displaystyle\int \dfrac{x}{\sqrt{x^2+x+1}}\,dx$ について $x + \sqrt{x^2+x+1} = t$ と置換する方法と p.115 の公式 (15) を用いる方法の 2 通りで求めよ．

演習 C　次の不定積分を求めよ．
(1) $\displaystyle\int \sqrt{x + \sqrt{x^2+3}}\,dx$　　(2) $\displaystyle\int \dfrac{x}{(1+x)\sqrt{x^2-x+1}}\,dx$

例題 4-23　定積分

次の定積分を求めよ.
(1) $\displaystyle\int_0^1 x^5(x^3+1)^{\frac{3}{2}}\,dx$　　(2) $\displaystyle\int_0^1 (\sin^{-1}x)^2\,dx$

[考え方] $f(x)$ の原始関数の一つを $F(x)$ とする. そのとき定積分は $\displaystyle\int_a^b f(x)\,dx = F(b)-F(a)$ で計算できる. その右辺を $[F(x)]_a^b$ で表す.

(1) 二項積分　$\displaystyle\int x^{m-1}(ax^n+b)^p\,dx$, ここで $p=\dfrac{r}{s}$ は有理数で, r は整数, s は正の整数
$\Longrightarrow$ (i) $\dfrac{m}{n}$ が整数ならば $ax^n+b=t^s$ と置換
(ii) $\dfrac{m}{n}+p$ が整数ならば $a+bx^{-n}=t^s$ と置換

(2) $\sin^{-1}x$ (または $\cos^{-1}x$) を含む関数の積分　$\Longrightarrow$　$\sin^{-1}x=t$ (または $\cos^{-1}x=t$) と置換

[解答]　(1) $m=6, n=3, \dfrac{m}{n}=2$ の二項積分で $p=\dfrac{3}{2}$ だから $x^3+1=t^2$ と置換すると $3x^2\,dx=2t\,dt$ となるから

$$\int_0^1 x^5(x^3+1)^{\frac{3}{2}}\,dx = \int_1^{\sqrt{2}} (t^2-1)t^3\cdot\frac{2}{3}t\,dt = \frac{2}{3}\left[\frac{t^7}{7}-\frac{t^5}{5}\right]_1^{\sqrt{2}} = \frac{4}{105}(6\sqrt{2}+1)$$

(2) $\sin^{-1}x=t$ と置換すると $x=\sin t$ で $dx=\cos t\,dt$ だから　部分積分を使って
$$\int(\sin^{-1}x)^2\,dx = \int t^2\cdot\cos t\,dt = t^2\sin t - \int 2t\cdot\sin t\,dt$$
$$= t^2\sin t - 2\left[-t\cos t + \int\cos t\,dt\right] = t^2\sin t + 2t\cos t - 2\sin t + C \text{ よって}$$
$$\int_0^1(\sin^{-1}x)^2\,dx = \int_0^{\frac{\pi}{2}} t^2\cdot\cos t\,dt = \left[t^2\sin t + 2t\cos t - 2\sin t\right]_0^{\frac{\pi}{2}} = \frac{\pi^2}{4}-2$$

演習 A　(1) $\displaystyle\int_0^1 (\cos^{-1}x)^2\,dx$ を求めよ.

(2) $x=\dfrac{1}{t}$ と置換して $\displaystyle\int_{\frac{1}{2}}^1 \dfrac{1}{x\sqrt{3x^2+2x-1}}\,dx$ を求めよ.

演習 B　次の定積分を求めよ.
(1) $\displaystyle\int_{\frac{1}{2}}^1 \dfrac{1}{x^3(x^3+1)^{\frac{1}{3}}}\,dx$　　(2) $\displaystyle\int_0^{\frac{1}{\sqrt{2}}} \dfrac{\sin^{-1}x}{(1-x^2)^{\frac{3}{2}}}\,dx$　　(3) $\displaystyle\int_{\frac{2}{3}}^2 \dfrac{1}{x\sqrt{3x^2+4x-4}}\,dx$

演習 C　$I=\displaystyle\int_0^1 x\sin^{-1}x\,dx$ について次の問いに答えよ.
(1) 部分積分をして I の値を求めよ.
(2) $\sin^{-1}x=t$ と置換して I の値を求めよ.

例題 4-24　広義積分 (1)

次の積分の値を求めよ.
(1) $\displaystyle\int_0^1 \frac{x}{\sqrt{1-x}}\,dx$　　(2) $\displaystyle\int_{-1}^1 \frac{1}{\sqrt[3]{x^2}}\,dx$

[考え方]　積分区間 $[a,b]$ で連続な関数 $f(x)$ の積分は
$$\int_a^b f(x)\,dx = \lim_{\varepsilon\to+0}\int_a^{b-\varepsilon} f(x)\,dx$$
積分区間 $[a,b]$ が被積分関数 $f(x)$ の不連続点または定義されない点 $x=c$ を含むとき,
$$\int_a^b f(x)\,dx = \lim_{\varepsilon\to+0}\int_a^{c-\varepsilon} f(x)\,dx + \lim_{\varepsilon'\to+0}\int_{c+\varepsilon'}^b f(x)\,dx$$

[解答]　(1) 被積分関数は上端 $x=1$ で定義されないから広義積分である. $\sqrt{1-x}=t$ と置換すると

$$\int_0^1 \frac{x}{\sqrt{1-x}}\,dx = \lim_{\varepsilon\to+0}\int_0^{1-\varepsilon} \frac{x}{\sqrt{1-x}}\,dx = \lim_{\varepsilon\to+0}\int_1^{\sqrt{\varepsilon}} \frac{1-t^2}{t}(-2t)\,dt$$
$$= \lim_{\varepsilon\to+0}\int_1^{\sqrt{\varepsilon}} -2(1-t^2)\,dt = \lim_{\varepsilon\to+0}(-2)\left[t-\frac{t^3}{3}\right]_1^{\sqrt{\varepsilon}}$$
$$= -2\lim_{\varepsilon\to+0}\left[\sqrt{\varepsilon}-\frac{\varepsilon\sqrt{\varepsilon}}{3}-\left(1-\frac{1}{3}\right)\right] = \frac{4}{3}$$

(2) 被積分関数は $x=0$ で定義されないから,

$$\int_{-1}^1 \frac{1}{\sqrt[3]{x^2}}\,dx = \int_{-1}^0 \frac{1}{\sqrt[3]{x^2}}\,dx + \int_0^1 \frac{1}{\sqrt[3]{x^2}}\,dx = \int_{-1}^0 x^{-\frac{2}{3}}\,dx + \int_0^1 x^{-\frac{2}{3}}\,dx$$
$$= \lim_{\varepsilon\to-0}\left[3x^{\frac{1}{3}}\right]_{-1}^{\varepsilon} + \lim_{\varepsilon'\to+0}\left[3x^{\frac{1}{3}}\right]_{\varepsilon'}^1 = \lim_{\varepsilon\to-0} 3\left(\sqrt[3]{\varepsilon}+1\right) + \lim_{\varepsilon'\to+0} 3\left(1-\sqrt[3]{\varepsilon'}\right) = 6$$

演習 A　次の積分を計算せよ.
(1) $\displaystyle\int_2^3 \frac{1}{\sqrt{x-2}}\,dx$　　(2) $\displaystyle\int_0^1 \frac{1}{x}\,dx$　　(3) $\displaystyle\int_2^3 \frac{1}{x^2-4}\,dx$

演習 B　次の積分の値を求めよ.
(1) $\displaystyle\int_{-1}^1 \frac{1}{\sqrt{1-x^2}}\,dx$　　(2) $\displaystyle\int_0^1 \frac{1}{\sqrt{x(1-x)}}\,dx$　　(3) $\displaystyle\int_1^2 \frac{1}{\sqrt{x^2-1}}\,dx$

演習 C　次の積分を計算せよ.
(1) $\displaystyle\int_0^{\frac{\pi}{2}} \tan x\,dx$　　(2) $\displaystyle\int_0^2 \frac{1}{(x-1)^2}\,dx$　　(3) $\displaystyle\int_0^1 \sqrt{\frac{x}{1-x}}\,dx$

例題 4-25　広義積分 (2)

次の積分の値を求めよ．
(1) $\displaystyle\int_1^\infty \frac{1}{x(1+x^2)}\,dx$　　(2) $\displaystyle\int_{-\infty}^\infty xe^{-x^2}\,dx$　　(3) $\displaystyle\int_{-\infty}^\infty x\,dx$

[考え方] 無限区間での積分は
$$\int_a^\infty f(x)\,dx = \lim_{R\to\infty}\int_a^R f(x)\,dx, \quad \int_{-\infty}^b f(x)\,dx = \lim_{R\to-\infty}\int_R^b f(x)\,dx$$
$$\int_{-\infty}^\infty f(x)\,dx = \lim_{\substack{a\to-\infty\\ b\to\infty}}\int_a^b f(x)\,dx$$
で定義される．

[解答] (1) $\displaystyle\int \frac{1}{x(1+x^2)}\,dx = \int \left(\frac{1}{x} - \frac{x}{1+x^2}\right)dx$
$= \log|x| - \dfrac{1}{2}\log(1+x^2) + C = \log\dfrac{|x|}{\sqrt{1+x^2}} + C$

よって
$$\int_1^\infty \frac{1}{x(1+x^2)}\,dx = \lim_{R\to\infty}\int_1^R \frac{1}{x(1+x^2)}\,dx = \lim_{R\to\infty}\left(\log\frac{R}{\sqrt{1+R^2}} - \log\frac{1}{\sqrt{2}}\right) = \log\sqrt{2}$$

(2) $\displaystyle\int_{-\infty}^\infty xe^{-x^2}\,dx = \lim_{\substack{a\to-\infty\\ b\to\infty}}\int_a^b xe^{-x^2}\,dx = \lim_{\substack{a\to-\infty\\ b\to\infty}}\left[-\frac{1}{2}e^{-x^2}\right]_a^b$
$= \displaystyle\lim_{\substack{a\to-\infty\\ b\to\infty}} -\frac{1}{2}\left[e^{-b^2} - e^{-a^2}\right] = 0$

(3) $\displaystyle\int_{-\infty}^\infty x\,dx = \lim_{\substack{a\to-\infty\\ b\to\infty}}\int_a^b x\,dx = \lim_{\substack{a\to-\infty\\ b\to\infty}}\left[\frac{1}{2}x^2\right]_a^b = \lim_{\substack{a\to-\infty\\ b\to\infty}}\frac{1}{2}\left[b^2 - a^2\right]$

この極限は存在しないから，積分は収束しない．

演習 A 次の積分の値を求めよ．
(1) $\displaystyle\int_1^\infty \frac{1}{x^3}\,dx$　　(2) $\displaystyle\int_0^\infty \frac{2x}{(x^2+1)^2}\,dx$　　(3) $\displaystyle\int_{-\infty}^\infty \frac{1}{(x^2+1)^2}\,dx$

演習 B 次の積分の値を求めよ．
(1) $\displaystyle\int_0^\infty xe^{-x}\,dx$　　(2) $\displaystyle\int_1^\infty \frac{2x+1}{x^2+1}\,dx$　　(3) $\displaystyle\int_0^\infty (2x-x^2)e^{-x}\,dx$

演習 C 次の積分の値を求めよ．
(1) $\displaystyle\int_0^\infty \frac{1}{3e^x+e^{-x}}\,dx$　　(2) $\displaystyle\int_0^\infty \frac{1-x^2}{(x^2+1)^2}\,dx$　　(3) $\displaystyle\int_0^\infty \frac{1}{(x^2+1)(x^2+4)}\,dx$

例題 4-26　曲線の長さ

次の各曲線の長さ L を求めよ．
(1) $y = \dfrac{1}{2}(e^x + e^{-x})$, $(0 \leqq x \leqq 2)$
(2) $x = t^2$, $y = 2t$　において $t = 0$ から $t = 1$ までの部分の長さ
(3) $r = a\sin\theta$, $a > 0$ の全長

[考え方] (1) $y = f(x)$ の曲線の長さは $L = \displaystyle\int_a^b \sqrt{1 + f'(x)^2}\, dx$

(2) 媒介変数表示の曲線 $x = x(t), y = y(t)$ の長さは $L = \displaystyle\int_\alpha^\beta \sqrt{\left(\dfrac{dx}{dt}\right)^2 + \left(\dfrac{dy}{dt}\right)^2}\, dt$

(3) 極座標で表された曲線 $r = r(\theta)$ の長さは $L = \displaystyle\int_\alpha^\beta \sqrt{r^2 + r'^2}\, d\theta$

[解答] (1) $\sqrt{1 + y'^2} = \sqrt{1 + \dfrac{1}{4}(e^x - e^{-x})^2} = \dfrac{1}{2}(e^x + e^{-x})$ であるから上の公式より

$L = \displaystyle\int_0^2 \sqrt{1 + y'^2}\, dx = \int_0^2 \dfrac{1}{2}(e^x + e^{-x})\, dx = \left[\dfrac{1}{2}(e^x - e^{-x})\right]_0^2 = \dfrac{1}{2}(e^2 - e^{-2})$

(2) $L = \displaystyle\int_0^1 \sqrt{\left(\dfrac{dx}{dt}\right)^2 + \left(\dfrac{dy}{dt}\right)^2}\, dt = \int_0^1 \sqrt{4t^2 + 4}\, dt = 2\int_0^1 \sqrt{t^2 + 1}\, dt$

$= \left[t\sqrt{t^2 + 1} + \log\left(t + \sqrt{t^2 + 1}\right)\right]_0^1 = \sqrt{2} + \log(1 + \sqrt{2})$

(3) $L = \displaystyle\int_0^\pi \sqrt{r^2 + r'^2}\, d\theta = \int_0^\pi \sqrt{a^2\sin^2\theta + a^2\cos^2\theta}\, d\theta = a\int_0^\pi d\theta = \pi a$

(これは $x^2 + y^2 = ay$ なる半径 $\dfrac{a}{2}$ の円周である．)

演習 A　次の各曲線の長さ L を求めよ．
(1) $y = \dfrac{x^2}{2}$　$(0 \leqq x \leqq 1)$　　(2) $x = \dfrac{t^2}{2} - t$, $y = \dfrac{4}{3}t\sqrt{t}$　$(1 \leqq t \leqq 2)$
(3) 極座標で表された曲線 $r = \cos\theta$, $\left(0 \leqq \theta \leqq \dfrac{\pi}{2}\right)$

演習 B　次の各曲線の長さ L を求めよ．
(1) $y = \log(1 - x^2)$　$\left(0 \leqq x \leqq \dfrac{1}{2}\right)$　　(2) $x = 3t^2$, $y = 3t - t^3$　$(0 \leqq t \leqq \sqrt{3})$
(3) 極座標で表された曲線 $r = 2\theta$　$(0 \leqq \theta \leqq \pi)$

演習 C　次の各曲線の長さ L を求めよ．
(1) $y = e^x$　$(\log\sqrt{3} \leqq x \leqq \log 2\sqrt{2})$　　(2) $y = \log(\cos x)$　$\left(0 \leqq x \leqq \dfrac{\pi}{3}\right)$
(3) 極座標で表された曲線 $r = \cos^3\dfrac{\theta}{3}$　$(0 \leqq \theta \leqq \pi)$

総合問題(1) 4-27　面積

(1) $y = \dfrac{1}{x^2+1}$, $y = \dfrac{x^2}{2}$ で囲まれた部分の面積 S を求めよ．

(2) 曲線 $x^2 = \dfrac{8-4y}{y}$ とその漸近線との間の部分の面積 S を求めよ．

(3) 曲線 $(x^2+y^2)^2 = 4x^2y^2$ で囲まれた部分の面積 S を求めよ（極座標で考えよ）．

[考え方]　(1) $y = f(x), y = g(x)$　$(a \leq x \leq b)$ で囲まれた部分の面積 $\Longrightarrow$
$S = \displaystyle\int_a^b |f(x) - g(x)|\,dx$

(2) $y = f(x)$ とその漸近線との間の面積は広義積分で定義される．

(3) 極方程式で表された曲線 $r = f(\theta)$ と 2 直線 $\theta = \alpha, \theta = \beta$ で囲まれた部分の面積は
$S = \dfrac{1}{2}\displaystyle\int_\alpha^\beta f(\theta)^2\,d\theta$

[解答]　(1) $y = \dfrac{1}{x^2+1}$, $y = \dfrac{x^2}{2}$ の交点は $\dfrac{1}{x^2+1} = \dfrac{x^2}{2}$ を解いて $x = 1, -1$. よって
$S = \displaystyle\int_{-1}^1 \left(\dfrac{1}{x^2+1} - \dfrac{x^2}{2} \right) dx = \left[\tan^{-1} x - \dfrac{x^3}{6} \right]_{-1}^1 = \dfrac{\pi}{2} - \dfrac{1}{3}$.

(2) 漸近線は $y = 0$ であり，$x^2 = \dfrac{8-4y}{y}$ を y について解くと $y = \dfrac{8}{x^2+4}$ である．よって
$S = \displaystyle\int_{-\infty}^\infty \left(\dfrac{8}{x^2+4} - 0 \right) dx = \lim_{\substack{a \to -\infty \\ b \to \infty}} \left[8 \times \dfrac{1}{2} \tan^{-1} \dfrac{x}{2} \right]_a^b = 4\pi$.

(3) $x = r\cos\theta, y = r\sin\theta$ とおくと $x^2 + y^2 = r^2$ だから $r^4 = 4r^2 \cos^2\theta \sin^2\theta$. ゆえに $r^2 = \sin^2 2\theta$ を得る．$0 \leq \theta \leq \dfrac{\pi}{2}$ で $r = \sin 2\theta$ は 0 から増加して $\theta = \dfrac{\pi}{4}$ で r は最大，それから減少して $\theta = \dfrac{\pi}{2}$ で再び $r = 0$ となるから，周期性よりグラフは右図のようになる．よって求める面積は右図の網掛けの 8 倍だから
$S = 8 \times \dfrac{1}{2} \displaystyle\int_0^{\pi/4} r^2\,d\theta = 4 \int_0^{\pi/4} \sin^2 2\theta\,d\theta$
$= 4 \displaystyle\int_0^{\pi/4} \left(\dfrac{1 - \cos 4\theta}{2} \right) d\theta = 4 \left[\dfrac{\theta}{2} - \dfrac{\sin 4\theta}{8} \right]_0^{\pi/4} = 4\left(\dfrac{\pi}{8} - 0 \right) = \dfrac{\pi}{2}$
よって $S = \dfrac{\pi}{2}$

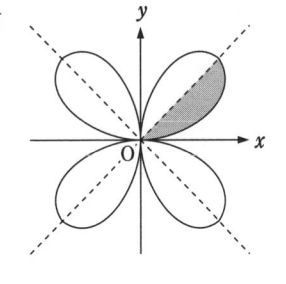

演習 A　(1) $y = \dfrac{8}{x^2+4}$, $y = \dfrac{x}{2}, x = 0$ で囲まれた部分の面積 S を求めよ．

(2) $0 \leq x \leq a$ の範囲で曲線 $y^2(a^2 - x^2) = a^2 x^2$, $a > 0$ と $x = a$ の間にある部分の面積 S を求めよ．

演習 B　次の極方程式で表された曲線で囲まれた部分の面積 S を求めよ．
(1) $r = 2\theta$,　$0 \leq \theta \leq \dfrac{\pi}{2}$ と y 軸とで囲まれた部分　　(2) $r^2 = 4\cos 2\theta$

演習 C　第 1 象限において　曲線　$x^3 + y^3 - 3xy = 0$　自身で囲まれた部分（いわゆる自閉曲線内の部分）の面積 S を求めよ（極座標で考えよ）．

148　第IV章　積　分

総合問題(2) 4-28　**体積**

(1) 曲線 $y^2 = x^3 - x^4$ を x 軸のまわりに回転してできる回転体の体積 V を求めよ．

(2) xyz-空間内で 放物柱面 $y^2 = 4 - x,\ x \geqq 0$ で囲まれた部分の体積で，平面 $y = z$ より下方にあり xy-平面より上方にある部分の体積 V を求めよ．

[考え方]　(1) 回転体の体積 V　$\implies$　$0 \leqq y \leqq f(x),\ a \leqq x \leqq b$ が x 軸のまわりに回転してできる回転体の体積 V　$\implies$　$V = \pi \int_a^b y^2\, dx = \pi \int_a^b f(x)^2\, dx$

(2) 非回転体の体積 V　$\implies$　切り口が簡単になるように刻んでその断面積を求める　$\implies$　切り口の断面積が $S(x)\ (a \leqq x \leqq b)$ の立体の体積 V　$\implies$　$V = \int_a^b S(x)\, dx$

[解答]　(1) $y^2 = x^3 - x^4 \geqq 0$ より $0 \leqq x \leqq 1$ の範囲に曲線が存在する．よって

$$V = \pi \int_0^1 y^2\, dx = \pi \int_0^1 (x^3 - x^4)\, dx = \pi \left[\frac{1}{4}x^4 - \frac{1}{5}x^5\right]_0^1 = \frac{\pi}{20}$$

(2) 平面 $x = a$ における切り口は直角二等辺三角形であり，等しい 2 辺の長さは $\sqrt{4-a}$ である．ゆえに断面積 $S(a)$ は $S(a) = \frac{1}{2}(\sqrt{4-a})^2 = \frac{1}{2}(4-a)$ である．よって

$$V = \int_0^4 S(x)\, dx = \int_0^4 \frac{1}{2}(4-x)\, dx = \frac{1}{2}\left[4x - \frac{1}{2}x^2\right]_0^4 = 4$$

演習 A　次の各曲線が x 軸のまわりに回転してできる回転体の体積 V を求めよ．

(1) $x^2 + \frac{y^2}{2} = 1$　　(2) $y^2 = 4x\ (0 \leqq x \leqq 1)$　　(3) $y = e^x - 1\ (0 \leqq x \leqq 1)$

演習 B　次の立体の体積 V を求めよ．

(1) $y^2(x-4) = x(x-3)\ (0 \leqq x \leqq 3)$ を x 軸のまわりに回転してできる回転体

(2) $x^2 + \frac{y^2}{4} + z^4 = 1$ で囲まれた立体の体積

演習 C　次の立体の体積 V を求めよ．

(1) $r = a(1 + \cos\theta)$ を原線のまわりに回転してできる回転体

(2) 直径が 2 の円柱と，対角線の長さが 2 の正方形を底とする四角柱が図のように軸が直交するとき，その共通部分の体積

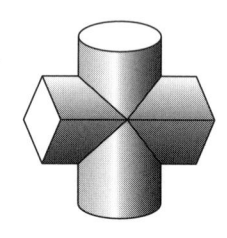

総合問題(3) 4-29　広義積分の収束判定

> $1 < \alpha < 2$ に対して $\int_0^\infty \left|\dfrac{\sin x}{x^\alpha}\right| dx$ は収束することを証明せよ．

[考え方]　広義積分の収束の判定条件として

(1) $x = a$ で広義積分になる場合：$a < x \leq b$ に対して $0 \leq f(x) \leq g(x)$ で $\int_a^b g(x)\,dx$ が存在 (収束) するならば，$\int_a^b f(x)\,dx$ が存在 (収束) する．

(2) $x = a$ で広義積分になる場合：$0 < f(x)$ で，$\alpha < 1$ かつ 十分小さい $\varepsilon > 0$ をうまく選んで $(a, a+\varepsilon)$ 上で $(x-a)^\alpha f(x)$ が有界になる (特に $\lim_{x \to a+0}(x-a)^\alpha f(x)$ が存在する) ならば，$\int_a^b f(x)\,dx$ が存在 (収束) する．

(3) $0 \leq f(x) \leq g(x)$ $(a \leq x)$ で $\int_a^\infty g(x)\,dx$ が存在 (収束) するならば，$\int_a^\infty f(x)\,dx$ が存在 (収束) する．

(4) $0 \leq f(x)$ で，$\alpha > 1$ かつ十分大きい R をとると $[R, \infty)$ 上で $x^\alpha f(x)$ が有界になる (特に $\lim_{x \to \infty} x^\alpha f(x)$ が存在する) ならば，$\int_a^\infty f(x)\,dx$ が存在 (収束) する．

(5) $|f(x)| \leq g(x)$ で $\int_a^\infty g(x)\,dx$ が存在すれば，$\int_a^\infty f(x)\,dx$ も存在する．

[解答]　$0 < x \leq 1$ に対しては $x = 0$ で広義積分となる．$x^{\alpha-1}\left|\dfrac{\sin x}{x^\alpha}\right| = \left|\dfrac{\sin x}{x}\right| \to 1\ (x \to 0)$ で $\alpha - 1 < 1$ だから上の判定法 (2) より $\int_0^1 \left|\dfrac{\sin x}{x^\alpha}\right| dx$ は収束する．$1 \leq x < \infty$ に対しては $x^\alpha \left|\dfrac{\sin x}{x^\alpha}\right| = |\sin x| \leq 1$ となって有界であり，$\alpha > 1$ だから上の判定法 (4) より $\int_1^\infty \left|\dfrac{\sin x}{x^\alpha}\right| dx$ は収束する．

よって $\int_0^\infty \left|\dfrac{\sin x}{x^\alpha}\right| dx = \int_0^1 \left|\dfrac{\sin x}{x^\alpha}\right| dx + \int_1^\infty \left|\dfrac{\sin x}{x^\alpha}\right| dx$ は収束する．

演習 A　次の広義積分の収束発散を判定せよ．

(1) $\int_0^1 \dfrac{1}{\sqrt[3]{1-x^3}}\,dx$　　(2) $\int_1^\infty \dfrac{x}{3x^4+x^2+1}\,dx$

演習 B　次の広義積分の収束発散を判定せよ．

(1) $\int_1^2 \dfrac{1}{\sqrt{x^4-1}}\,dx$　　(2) $\int_0^\infty \dfrac{\cos x}{x^2+1}\,dx$

演習 C　次の広義積分の収束発散を判定せよ．

(1) $\int_0^\pi \dfrac{1}{\sqrt{\sin x}}\,dx$　　(2) $\int_1^\infty \dfrac{1}{1+x^\alpha}\,dx$

総合問題(4) 4-30 区分求積法

次の極限を求めよ．
(1) $\displaystyle\lim_{n\to\infty}\sum_{k=0}^{n-1}\frac{1}{\sqrt{n^2-k^2}}$ 　　(2) $\displaystyle\lim_{n\to\infty}\left(\frac{n!}{n^n}\right)^{\frac{1}{n}}$

[考え方] $\displaystyle\int_0^1 f(x)\,dx$ を利用して $\displaystyle\lim_{n\to\infty}\sum_{k=1}^{n}g_n(k)\left(=\lim_{n\to\infty}\sum_{k=0}^{n-1}g_n(k)\right)$ を求める

$\Longrightarrow$ ① $\dfrac{1}{n}$ をくくり出す　(dx となる)

② $f\left(\dfrac{1}{n}\right)+f\left(\dfrac{2}{n}\right)+\cdots+f\left(\dfrac{k}{n}\right)+\cdots+f\left(\dfrac{n}{n}\right)$ を作る　　$\left(\dfrac{k}{n}\text{が}x\right)$

③ 次式を利用
$\displaystyle\lim_{n\to\infty}\frac{1}{n}\left\{f\left(\frac{1}{n}\right)+f\left(\frac{2}{n}\right)+\cdots+f\left(\frac{k}{n}\right)+\cdots+f\left(\frac{n}{n}\right)\right\}=\int_0^1 f(x)\,dx$

[解答] (1) $f(x)=\dfrac{1}{\sqrt{1-x^2}}$ とおくと

$\displaystyle\lim_{n\to\infty}\sum_{k=0}^{n-1}\frac{1}{\sqrt{n^2-k^2}}=\lim_{n\to\infty}\frac{1}{n}\sum_{k=0}^{n-1}\frac{1}{\sqrt{1-\left(\frac{k}{n}\right)^2}}=\lim_{n\to\infty}\frac{1}{n}\sum_{k=0}^{n-1}f\left(\frac{k}{n}\right)$

$=\displaystyle\int_0^1 f(x)\,dx=\int_0^1\frac{1}{\sqrt{1-x^2}}\,dx=[\sin^{-1}x]_0^1=\frac{\pi}{2}$

(2) $S_n=\left(\dfrac{n!}{n^n}\right)^{\frac{1}{n}}$ とおく．そのとき $f(x)=\log x$ とおくと

$\log S_n=\dfrac{1}{n}\left(\log\dfrac{1}{n}+\log\dfrac{2}{n}+\cdots+\log\dfrac{k}{n}+\cdots+\log\dfrac{n}{n}\right)$ だから

$\displaystyle\lim_{n\to\infty}\log S_n=\lim_{n\to\infty}\frac{1}{n}\sum_{k=1}^{n}f\left(\frac{k}{n}\right)=\int_0^1 f(x)\,dx=\lim_{\varepsilon\to+0}\int_\varepsilon^1\log x\,dx$

$=\displaystyle\lim_{\varepsilon\to+0}[x\log x-x]_\varepsilon^1=-1$　よって $\displaystyle\lim_{n\to\infty}S_n=e^{-1}=\frac{1}{e}$

演習 A 次の極限を求めよ．
(1) $\displaystyle\lim_{n\to\infty}\sum_{k=1}^{n}\frac{1}{n+k}$ 　　(2) $\displaystyle\lim_{n\to\infty}\frac{1}{n}\left(\frac{2n}{n}+\frac{2n+1}{n}+\frac{2n+2}{n}+\cdots+\frac{3n-1}{n}\right)$

演習 B 次の極限を求めよ．
(1) $\displaystyle\lim_{n\to\infty}\frac{1}{n}\sum_{k=1}^{n}\sin\frac{k\pi}{n}$ 　　(2) $\displaystyle\lim_{n\to\infty}\left(\frac{n^2}{n^3}+\frac{n^2}{(n+1)^3}+\frac{n^2}{(n+2)^3}+\cdots+\frac{n^2}{(2n-1)^3}\right)$

演習 C 次の極限を求めよ．
(1) $\displaystyle\lim_{n\to\infty}\frac{1}{n^2}\left(\sqrt{n^2-1}+\sqrt{n^2-2^2}+\cdots+\sqrt{n^2-(n-1)^2}\right)$
(2) $\displaystyle\lim_{n\to\infty}\frac{1}{n^4}\sum_{k=0}^{n-1}k^2\sqrt{n^2-k^2}$

総合問題(5) 4-31　定積分の不等式への応用

(1) 不等式 $\dfrac{15}{8} < \displaystyle\int_0^{\frac{1}{2}} \sqrt{1-x^4}\,dx < \dfrac{1}{2}$ を証明せよ.

(2) $\alpha > 0$ とする. $\dfrac{1}{1^\alpha} + \dfrac{1}{2^\alpha} + \dfrac{1}{3^\alpha} + \cdots + \dfrac{1}{n^\alpha} < 1 + \displaystyle\int_1^n \dfrac{1}{x^\alpha}\,dx$ を証明して無限級数 $\dfrac{1}{1^\alpha} + \dfrac{1}{2^\alpha} + \dfrac{1}{3^\alpha} + \cdots + \dfrac{1}{n^\alpha} + \cdots$ は $\alpha > 1$ のとき収束することを示せ.

[考え方] ① $f(x) \leqq g(x)\ (a \leqq x \leqq b) \Longrightarrow \displaystyle\int_a^b f(x)\,dx \leqq \int_a^b g(x)\,dx$ を利用する.

② $m < \displaystyle\int_a^b f(x)\,dx < M$ の証明 $\Longrightarrow a \leqq x \leqq b$ において $f(x)$ の最小値, 最大値に着目.

③ 数列の不等式 $\Longrightarrow$ グラフをかいて定積分 (面積) と較べる.

[解答] (1) $\sqrt{1-x^4}$ をはさむ 2 つの関数を考え出す.

$0 \leqq x \leqq \dfrac{1}{2}$ において $\sqrt{1-\left(\dfrac{1}{2}\right)^4} \leqq \sqrt{1-x^4} \leqq 1$ (等号はそれぞれ $x = \dfrac{1}{2}, x = 0$ のときである.) よって $\displaystyle\int_0^{\frac{1}{2}} \dfrac{\sqrt{15}}{4}\,dx < \int_0^{\frac{1}{2}} \sqrt{1-x^4}\,dx < \int_0^{\frac{1}{2}} 1\,dx$

したがって $\dfrac{\sqrt{15}}{8} < \displaystyle\int_0^{\frac{1}{2}} \sqrt{1-x^4}\,dx < \dfrac{1}{2}$

(2) $0 < k-1 < x < k$ で $\dfrac{1}{k^\alpha} < \dfrac{1}{x^\alpha}$ だから $\displaystyle\int_{k-1}^k \dfrac{1}{k^\alpha}\,dx < \int_{k-1}^k \dfrac{1}{x^\alpha}\,dx$. よって

$1 + \displaystyle\sum_{k=2}^n \int_{k-1}^k \dfrac{1}{k^\alpha}\,dx < 1 + \sum_{k=2}^n \int_{k-1}^k \dfrac{1}{x^\alpha}\,dx$ ここで $\displaystyle\int_{k-1}^k \dfrac{1}{k^\alpha}\,dx = \dfrac{1}{k^\alpha}$ に注意すると

$\dfrac{1}{1^\alpha} + \dfrac{1}{2^\alpha} + \dfrac{1}{3^\alpha} + \cdots + \dfrac{1}{n^\alpha} < 1 + \displaystyle\int_1^n \dfrac{1}{x^\alpha}\,dx$

n 項までの部分和を S_n とおく. $\alpha > 1$ とすると $S_n = \dfrac{1}{1^\alpha} + \dfrac{1}{2^\alpha} + \cdots + \dfrac{1}{n^\alpha} < 1 + \displaystyle\int_1^n \dfrac{1}{x^\alpha}\,dx = 1 + \dfrac{1}{1-\alpha}\left(\dfrac{1}{n^{\alpha-1}} - 1\right) = \dfrac{\alpha}{\alpha-1} - \dfrac{1}{(\alpha-1)n^{\alpha-1}} < \dfrac{\alpha}{\alpha-1}$ だから, 部分和の列 $\{S_n\}$ は有界になる. 考えている級数は正項級数だから収束する.

演習 A $\alpha > 0$ とする. $\displaystyle\int_1^{n+1} \dfrac{1}{x^\alpha}\,dx < \dfrac{1}{1^\alpha} + \dfrac{1}{2^\alpha} + \dfrac{1}{3^\alpha} + \cdots + \dfrac{1}{n^\alpha}$ を証明して無限級数 $\dfrac{1}{1^\alpha} + \dfrac{1}{2^\alpha} + \dfrac{1}{3^\alpha} + \cdots + \dfrac{1}{n^\alpha} + \cdots$ は $\alpha \leqq 1$ のとき発散することを示せ.

演習 B 次の不等式を証明せよ.

(1) $1 < \displaystyle\int_0^1 (1+x)^x\,dx < \dfrac{3}{2}$

(2) $\dfrac{1}{(n+1)^2} + \dfrac{1}{(n+2)^2} + \cdots + \dfrac{1}{(n+n)^2} < \dfrac{1}{2n} < \dfrac{1}{n^2} + \dfrac{1}{(n+1)^2} + \cdots + \dfrac{1}{(n+n-1)^2}$

演習 C 次の不等式を証明せよ.

(1) $\dfrac{1}{3} < \displaystyle\int_0^1 x^{(\sin x+\cos x)^2}\,dx < \dfrac{1}{2}$ 　　(2) $\dfrac{2}{3}n\sqrt{n} < \displaystyle\sum_{k=1}^n \sqrt{k} < \dfrac{2}{3}\sqrt{n}\left(n+\dfrac{3}{2}\right)$

コーシー (Augustin Louis Cauchy, 1789-1857)

　19世紀前半のフランスの数学者．コーシーはガウスが地ならしした分野に，新しい土を運び込んで，「解析学」というすばらしいピラミッドの礎を固めた．現代のフランスの数学の隆盛は，このときに始まると言ってもよい．それでフランスでは，コーシーを「現代の解析学の父」とあがめている．フランス革命が勃発した年に生まれて，王党派の役人であった父親は逃げ回っていたため，食べるものが手に入らず，貧しく栄養不良の少年時代を過ごした．しかし少年時代から天才ぶりを発揮してラグランジュに注目された．エコールポリテクニクに2番で入学して，卒業後は土木技師になったが技師になりきれなくてラプラスの「天体力学」，ラグランジュの「解析関数論」などを読んで数学への情熱をかきたてていたと伝えられている．1815年に科学アカデミーに提出した論文に賞が与えられ，1826年に科学アカデミーの会員に選ばれた．同時にエコールポリテクニクの教授になった．1830年7月革命に際し，ルイ・フィリップへの忠誠を誓うことを拒み，トリノへ亡命，後にプラハへ移った．1848年宣誓なしでフランスへ帰国してパリ大学教授になることが許されて，最後までこの職にあった．宗教上はカトリック，政治上は王党派に属しフーリエやラプラスとは異なり，かたくなに節操を守った．1814年に科学アカデミーに「定積分に関する論文」を提出した．この当時，複素数はよく理解されていなかったが，この論文では特に複素数を導入することによって，実数の知識だけでは積分できそうにないものを解決している．また「特異積分」の概念を導入しているが，これは後年，コーシーの名を普及にした「留数定理」へ通じる重要なものである．また当時は関数の定義はあいまいであったが，厳密な関数の定義はコーシーに負っている．級数の収束の定義を与えたのもコーシーである．ラプラスは，無限級数の収束に関する研究をコーシーが発表するのを聴いて顔面が真っ青になり，あわてて家に帰って，自著の「天体力学」に出ている級数の収束性を調べたというエピソードが残っている．代数学では，行列式や群論について先駆的な業績があり，理論物理にも功績がある．しかし本領は解析学で，著書「解析学教程」などにおいて微積分学を厳密に基礎付けようとして $\varepsilon-\delta$ 論法を導入した．しかし，その使用が徹底していなかったため，一様連続，一様収束の概念には到達できず間違いも犯した（一様連続，一様収束の概念に最初に到達したのはアーベルである）．複素解析学では「コーシーの積分定理」を証明して複素解析学の基礎を確立し，また微分方程式論では有名な解の存在定理を証明した．

第 IV 章　積分　演習解答

例題 4-1　基本的な不定積分 (1)

演習 A　(1) $\frac{1}{2}x^6 + \frac{1}{3}x^3 + 3x + C$　　(2) $\frac{1}{7}x^7 + \frac{2}{3}x^4 - \frac{1}{2}x^3 + x + C$　　(3) $\frac{1}{9}(x+1)^9 + C$

(4) $\frac{1}{8}(x+3)^8 + C$　　(5) $\frac{3}{5}x^{\frac{5}{3}} + C$　　(6) $\frac{3}{2}x^{\frac{2}{3}} + C$　　(7) $\frac{1}{15}(3x-1)^5 + C$

(8) $\frac{2}{7}\left(\frac{1}{2}x+1\right)^7 + C$　　(9) $\frac{3}{4}(x+1)^{\frac{4}{3}} + C$　　(10) $-2(x+2)^{-\frac{1}{2}} + C$

(11) $\frac{3}{10}(2x+3)^{\frac{5}{3}} + C$　　(12) $\frac{4}{21}(3x+1)^{\frac{7}{4}} + C$　　(13) $\frac{2}{5}x^{\frac{5}{2}} - \frac{2}{3}x^{\frac{3}{2}} + C$

(14) $\frac{3}{7}x^{\frac{7}{3}} - 3x^{\frac{1}{3}} + C$　　(15) $\log|x+3| + C$　　(16) $\frac{1}{2}\log|2x+3| + C$

(17) $-\log|-x+2| + C$　　(18) $-\frac{1}{3}\log|-3x+4| + C$　　(19) $2x - 2x^{\frac{1}{2}} + C$

演習 B　(1) $\displaystyle\int \frac{x^2+x+2}{\sqrt{x}}\,dx = \int \left(x^{\frac{3}{2}} + x^{\frac{1}{2}} + 2x^{-\frac{1}{2}}\right)dx = \frac{2}{5}x^{\frac{5}{2}} + \frac{2}{3}x^{\frac{3}{2}} + 4x^{\frac{1}{2}} + C$

(2) $\displaystyle\int \frac{1}{\sqrt{x+1} - \sqrt{x-1}}\,dx = \int \frac{1}{2}(\sqrt{x+1} + \sqrt{x-1})\,dx = \frac{1}{3}((x+1)^{\frac{3}{2}} + (x-1)^{\frac{3}{2}}) + C$

(3) $\displaystyle\int \frac{x}{\sqrt{x+1}+1}\,dx = \int (\sqrt{x+1} - 1)\,dx = \frac{2}{3}(x+1)^{\frac{3}{2}} - x + C$

(4) $\displaystyle\int \frac{1}{\sqrt{2x+1} + \sqrt{2x}}\,dx = \int (\sqrt{2x+1} - \sqrt{2x})\,dx = \frac{1}{3}((2x+1)^{\frac{3}{2}} - (2x)^{\frac{3}{2}}) + C$

例題 4-2　基本的な不定積分 (2)

演習 A　(1) $-\frac{1}{2}\cos 2x + C$　　(2) $\frac{3}{2}\sin\frac{2}{3}x + C$　　(3) $\displaystyle\int \sin^2 x\,dx = \int \frac{1-\cos 2x}{2}\,dx = \frac{1}{2}x - \frac{1}{4}\sin 2x + C$　　(4) $\displaystyle\int \cos^2 \frac{x}{2}\,dx = \int \frac{1+\cos x}{2}\,dx = \frac{1}{2}x + \frac{1}{2}\sin x + C$

(5) $\displaystyle\int \sin^2 3x\,dx = \int \frac{1-\cos 6x}{2}\,dx = \frac{1}{2}x - \frac{1}{12}\sin 6x + C$

(6) $\displaystyle\int \sin^2 x \cos^2 x\,dx = \int \frac{1}{4} \times \frac{1-\cos 4x}{2}\,dx = \frac{1}{8}x - \frac{1}{32}\sin 4x + C$

(7) $\displaystyle\int (\sin x + \cos x)^2\,dx = \int (1 + \sin 2x)\,dx = x - \frac{1}{2}\cos 2x + C$

(8) $\displaystyle\int \sin 2x \sin 4x\,dx = \int \frac{1}{2}(\cos 2x - \cos 6x)\,dx = \frac{1}{4}\left(\sin 2x - \frac{1}{3}\sin 6x\right) + C$

(9) $\displaystyle\int \cos 2x \cos 3x\,dx = \int \frac{1}{2}(\cos 5x + \cos x)\,dx = \frac{1}{2}\left(\frac{1}{5}\sin 5x + \sin x\right) + C$

(10) $\displaystyle\int \sin 2x \cos 4x\,dx = \int \frac{1}{2}(\sin 6x - \sin 2x)\,dx = \frac{1}{2}\left(-\frac{1}{6}\cos 6x + \frac{1}{2}\cos 2x\right) + C$

(11) $\displaystyle\int \cos 2x \sin x\,dx = \int \frac{1}{2}(\sin 3x - \sin x)\,dx = \frac{1}{2}\left(-\frac{1}{3}\cos 3x + \cos x\right) + C$

(12) $\displaystyle\int \cos^3 x\,dx = \int \frac{1}{4}(\cos 3x + 3\cos x)\,dx = \frac{1}{4}\left(\frac{1}{3}\sin 3x + 3\sin x\right) + C$

(13) $\displaystyle\int \sin^3 2x\,dx = \int \frac{1}{4}(3\sin 2x - \sin 6x)\,dx = \frac{1}{8}\left(-3\cos 2x + \frac{1}{3}\cos 6x\right) + C$

(14) $\displaystyle\int \cos^3 2x\, dx = \int \frac{1}{4}(\cos 6x + 3\cos 2x)\, dx = \frac{1}{8}\left(\frac{1}{3}\sin 6x + 3\sin 2x\right) + C$

(15) $\dfrac{2^x}{\log 2} + C$ (16) $\dfrac{5^x}{\log 5} + C$

例題 4-3 基本的な不定積分 (3)

(1) $\dfrac{2}{3}\sin\left(\dfrac{3x}{2}+1\right) + C$ (2) $-\dfrac{1}{3}\cos(3x+2) + C$

(3) $\dfrac{1}{2}e^{2x+1} + C$ (4) $3e^{\frac{x}{3}+2} + C$

(5) $\displaystyle\int \frac{x^2+1}{x}\, dx = \int \left(x + \frac{1}{x}\right) dx = \frac{1}{2}x^2 + \log|x| + C$

(6) $\displaystyle\int \frac{x^3}{x-1}\, dx = \int \left(x^2 + x + 1 + \frac{1}{x-1}\right) dx = \frac{1}{3}x^3 + \frac{1}{2}x^2 + x + \log|x-1| + C$

(7) $\displaystyle\int \frac{x^3+x^2+1}{x}\, dx = \int \left(x^2 + x + \frac{1}{x}\right) dx = \frac{1}{3}x^3 + \frac{1}{2}x^2 + \log|x| + C$

(8) $\displaystyle\int \sin^2(3x+4)\, dx = \int \frac{1-\cos(6x+8)}{2}\, dx = \frac{x}{2} - \frac{1}{12}\sin(6x+8) + C$

(9) $\displaystyle\int \cos^2(2x+3)\, dx = \int \frac{1+\cos(4x+6)}{2}\, dx = \frac{x}{2} + \frac{1}{8}\sin(4x+6) + C$

(10) $\displaystyle\int \sin^3(2x+1)\, dx = \int \frac{1}{4}(3\sin(2x+1) - \sin(6x+3))\, dx$
$= -\dfrac{3}{8}\cos(2x+1) + \dfrac{1}{24}\cos(6x+3) + C$

(11) $\dfrac{10^{x+5}}{\log 10} + C$ (12) $\dfrac{2^{2x+1}}{2\log 2} + C$ (13) $\dfrac{3^{2x+7}}{2\log 3} + C$ (14) $\dfrac{1}{2}\log\left|\dfrac{x-1}{x+1}\right| + C$

(15) $\dfrac{1}{2}\log\left|\dfrac{x-3}{x+3}\right| + C$ (16) $\displaystyle\int \frac{1}{4x^2-1}\, dx = \int \frac{1}{2}\left(\frac{1}{2x-1} - \frac{1}{2x+1}\right) dx$
$= \dfrac{1}{2}\left(\dfrac{1}{2}\log|2x-1| - \dfrac{1}{2}\log|2x+1|\right) + C = \dfrac{1}{4}\log\left|\dfrac{2x-1}{2x+1}\right| + C$

(17) $\displaystyle\int \frac{6}{4x^2-9}\, dx = \int \left(\frac{1}{2x-3} - \frac{1}{2x+3}\right) dx = \frac{1}{2}\log\left|\frac{2x-3}{2x+3}\right| + C$

例題 4-4 基本的な不定積分 (4)

演習 A (1) $\displaystyle\int \frac{1}{x^2+2}\, dx = \frac{1}{\sqrt{2}}\tan^{-1}\frac{x}{\sqrt{2}} + C$

(2) $\displaystyle\int \frac{1}{\sqrt{4-x^2}}\, dx = \sin^{-1}\frac{x}{2} + C$

(3) $\displaystyle\int \sqrt{3-x^2}\, dx = \frac{1}{2}\left\{x\sqrt{3-x^2} + 3\sin^{-1}\frac{x}{\sqrt{3}}\right\} + C$

演習 B (1) $\displaystyle\int \frac{1}{x^2+2x+5}\, dx = \int \frac{1}{(x+1)^2+4}\, dx = \frac{1}{2}\tan^{-1}\left(\frac{x+1}{2}\right) + C$

(2) $\displaystyle\int \frac{1}{\sqrt{1+2x-x^2}}\, dx = \int \frac{1}{\sqrt{2-(x-1)^2}}\, dx = \sin^{-1}\left(\frac{x-1}{\sqrt{2}}\right) + C$

(3) $\displaystyle\int \sqrt{2+2x-x^2}\, dx = \int \sqrt{3-(x-1)^2}\, dx$

$$= \frac{1}{2}\left\{(x-1)\sqrt{3-(x-1)^2} + 3\sin^{-1}\frac{x-1}{\sqrt{3}}\right\} + C$$
$$= \frac{1}{2}\left\{(x-1)\sqrt{2+2x-x^2} + 3\sin^{-1}\frac{x-1}{\sqrt{3}}\right\} + C$$

演習 C (1) $2x+3=t$ とおくと
$$\int \frac{1}{4x^2+12x+13}\,dx = \int \frac{1}{(2x+3)^2+4}\,dx = \frac{1}{2}\int \frac{1}{t^2+4}\,dt$$
$$= \frac{1}{2}\cdot\frac{1}{2}\tan^{-1}\frac{t}{2} + C = \frac{1}{4}\tan^{-1}\left(\frac{2x+3}{2}\right) + C$$

(2) $\displaystyle\int \frac{1}{\sqrt{1+4x-2x^2}}\,dx = \int \frac{1}{\sqrt{2}}\frac{1}{\sqrt{\frac{3}{2}-(x-1)^2}}\,dx = \frac{1}{\sqrt{2}}\sin^{-1}\left(\frac{x-1}{\sqrt{\frac{3}{2}}}\right) + C$

(3) $3x-2=t$ とおくと
$$\int \sqrt{-2+12x-9x^2}\,dx = \int \sqrt{2-(3x-2)^2}\,dx = \frac{1}{3}\int \sqrt{2-t^2}\,dt$$
$$= \frac{1}{3}\times\frac{1}{2}\left\{t\sqrt{2-t^2} + 2\sin^{-1}\frac{t}{\sqrt{2}}\right\} + C$$
$$= \frac{1}{6}\left\{(3x-2)\sqrt{2-(3x-2)^2} + 2\sin^{-1}\frac{3x-2}{\sqrt{2}}\right\} + C$$

例題 4-5 基本的な不定積分 (5) 解答

演習 A (1) $\displaystyle\int \frac{1}{\sqrt{x^2+1}}\,dx = \log\left|x+\sqrt{x^2+1}\right| + C$

(2) $\displaystyle\int \frac{1}{\sqrt{x^2+9}}\,dx = \log\left|x+\sqrt{x^2+9}\right| + C$

(3) $\displaystyle\int \sqrt{x^2+1}\,dx = \frac{1}{2}\left\{x\sqrt{x^2+1} + \log\left|x+\sqrt{x^2+1}\right|\right\} + C$

(4) $\displaystyle\int \sqrt{x^2+3}\,dx = \frac{1}{2}\left\{x\sqrt{x^2+3} + 3\log\left|x+\sqrt{x^2+3}\right|\right\} + C$

演習 B (1) $\displaystyle\int \frac{1}{\sqrt{9x^2+4}}\,dx = \frac{1}{3}\int \frac{1}{\sqrt{x^2+\frac{4}{9}}}\,dx = \frac{1}{3}\log\left|x+\sqrt{x^2+\frac{4}{9}}\right| + C$

(2) $\displaystyle\int \sqrt{4x^2+3}\,dx = 2\int \sqrt{x^2+\frac{3}{4}}\,dx = x\sqrt{x^2+\frac{3}{4}} + \frac{3}{4}\log\left|x+\sqrt{x^2+\frac{3}{4}}\right| + C$

(3) $\displaystyle\int \frac{1}{\sqrt{x^2+2x+3}}\,dx = \int \frac{1}{\sqrt{(x+1)^2+2}}\,dx = \log\left|(x+1)+\sqrt{(x+1)^2+2}\right| + C$

(4) $\displaystyle\int \sqrt{x^2+4x+7}\,dx = \int \sqrt{(x+2)^2+3}\,dx$
$$= \frac{1}{2}\left\{(x+2)\sqrt{(x+2)^2+3} + 3\log\left|(x+2)+\sqrt{(x+2)^2+3}\right|\right\} + C$$

演習 C (1) $4x^2+4x+3 = (2x+1)^2+2$ だから $2x+1=t$ とおくと
$$\int \frac{1}{\sqrt{4x^2+4x+3}}\,dx = \int \frac{1}{\sqrt{t^2+2}}\frac{1}{2}\,dt$$
$$= \frac{1}{2}\log\left|t+\sqrt{t^2+2}\right| + C = \frac{1}{2}\log\left|(2x+1)+\sqrt{(2x+1)^2+2}\right| + C$$

(2) $9x^2+12x+7 = (3x+2)^2+3$ だから $3x+2=t$ とおくと

$$\int \sqrt{9x^2+12x+7}\,dx = \int \sqrt{t^2+3}\cdot\frac{1}{3}\,dt$$
$$=\frac{1}{3}\cdot\frac{1}{2}\left\{t\sqrt{t^2+3}+3\log\left|t+\sqrt{t^2+3}\right|\right\}+C$$
$$=\frac{1}{6}\left\{(3x+2)\sqrt{(3x+2)^2+3}+3\log\left|(3x+2)+\sqrt{(3x+2)^2+3}\right|\right\}+C$$

次のように変形して，基本事項の公式 (16) を使ってもよい．

$$\int \sqrt{9x^2+12x+7}\,dx = \int 3\sqrt{\left(x+\frac{2}{3}\right)^2+\frac{1}{3}}\,dx$$
$$=\frac{3}{2}\left\{\left(x+\frac{2}{3}\right)\sqrt{\left(x+\frac{2}{3}\right)^2+\frac{1}{3}}+\frac{1}{3}\log\left|\left(x+\frac{2}{3}\right)+\sqrt{\left(x+\frac{2}{3}\right)^2+\frac{1}{3}}\right|\right\}+C'$$
$$=\frac{1}{6}\left\{(3x+2)\sqrt{(3x+2)^2+3}+3\log\left|\left(x+\frac{2}{3}\right)+\sqrt{\left(x+\frac{2}{3}\right)^2+\frac{1}{3}}\right|\right\}+C'$$

（注）$C' = 3\log 3 + C$ とおくと，はじめの解答の式になる．

例題 4-6　置換積分 (1)

演習 A　(1) $1+x^2 = t$ とおくと $\displaystyle\int x\sqrt{1+x^2}\,dx = \int \frac{1}{2}\sqrt{t}\,dt = \frac{1}{2}\cdot\frac{2}{3}t\sqrt{t}+C = \frac{1}{3}(1+x^2)\sqrt{1+x^2}+C$

(2) $x^2 = t$ とおくと $\displaystyle\int xe^{x^2}\,dx = \int \frac{1}{2}e^t\,dt = \frac{1}{2}e^t+C = \frac{1}{2}e^{x^2}+C$

(3) $x^2+\dfrac{\pi}{4} = t$ とおくと
$$\int x\sin\left(x^2+\frac{\pi}{4}\right)dx = \int \frac{1}{2}\sin t\,dt = \frac{1}{2}(-\cos t)+C = -\frac{1}{2}\cos\left(x^2+\frac{\pi}{4}\right)+C$$

(4) $3x+2 = t$ とおくと
$$\int \sqrt{3x+2}\,dx = \int \frac{1}{3}\sqrt{t}\,dt = \frac{1}{3}\cdot\frac{2}{3}t\sqrt{t}+C = \frac{2}{9}(3x+2)\sqrt{3x+2}+C$$

演習 B　(1) $\sqrt{x+1} = t$ とおくと $x+1 = t^2$ だから $dx = 2t\,dt$ となって
$$\int x\sqrt{x+1}\,dx = \int (t^2-1)t\cdot 2t\,dt = \frac{2}{5}t^5-\frac{2}{3}t^3+C$$
$$=\frac{2}{5}(\sqrt{x+1})^5-\frac{2}{3}(\sqrt{x+1})^3+C$$

(2) $\sqrt{x+1} = t$ とおくと
$$\int \frac{1}{x\sqrt{x+1}}\,dx = \int \frac{1}{(t^2-1)t}\cdot 2t\,dt = \int\left(\frac{1}{t-1}-\frac{1}{t+1}\right)dt$$
$$=\log\left|\frac{t-1}{t+1}\right|+C = \log\left|\frac{\sqrt{x+1}-1}{\sqrt{x+1}+1}\right|+C$$

(3) $x^3+1 = t$ とおくと $\displaystyle\int x^2(x^3+1)^2\,dx = \int \frac{1}{3}t^2\,dt = \frac{1}{9}t^3+C = \frac{1}{9}(x^3+1)^3+C$

(4) $\log x = t$ とおくと $\dfrac{1}{x}\,dx = dt$ だから
$$\int \frac{(\log x)^2}{x}\,dx = \int t^2\,dt = \frac{1}{3}t^3+C = \frac{1}{3}(\log x)^3+C$$

演習 C (1) $\log x = t$ とおくと
$$\int \frac{\log x}{x((\log x)^2 - 1)} dx = \int \frac{t}{t^2 - 1} dt = \int \frac{1}{2}\left(\frac{1}{t-1} + \frac{1}{t+1}\right) dt$$
$$= \frac{1}{2}(\log|t-1| + \log|t+1|) + C = \frac{1}{2}\log|t^2 - 1| + C = \frac{1}{2}\log|(\log x)^2 - 1| + C$$
(2) $x = \sin t$ とおくと
$$\int \frac{x^4}{\sqrt{(1-x^2)^3}} dx = \int \frac{\sin^4 t}{\cos^3 t} \cdot \cos t \, dt = \int \frac{\sin^4 t}{\cos^2 t} dt$$
$$= \int \frac{(1-\cos^2 t)^2}{\cos^2 t} dt = \int (\sec^2 t - 2 + \cos^2 t) \, dt = \tan t - 2t + \frac{t + \frac{\sin 2t}{2}}{2} + C$$
$$= \frac{x}{\sqrt{1-x^2}} - \frac{3}{2}\sin^{-1} x + \frac{x\sqrt{1-x^2}}{2} + C = \frac{x(3-x^2)}{2\sqrt{1-x^2}} - \frac{3}{2}\sin^{-1} x + C$$
(3) $x = \tan \theta$ とおくと
$$\int \frac{1}{(1-x^2)\sqrt{1+x^2}} dx = \int \frac{1}{(1-\tan^2 \theta)\frac{1}{\cos \theta}} \cdot \sec^2 \theta \, d\theta$$
$$= \int \frac{\cos \theta}{1 - 2\sin^2 \theta} d\theta \text{ ここで } \sin \theta = t \text{ と置換して}$$
$$= \int \frac{1}{1-2t^2} dt = \int \frac{1}{2}\left(\frac{1}{1+\sqrt{2}t} + \frac{1}{1-\sqrt{2}t}\right) dt = \frac{1}{2} \cdot \frac{1}{\sqrt{2}} \log\left|\frac{1+\sqrt{2}t}{1-\sqrt{2}t}\right| + C$$
$$= \frac{1}{2\sqrt{2}} \log\left|\frac{1+\sqrt{2}\sin \theta}{1-\sqrt{2}\sin \theta}\right| + C = \frac{1}{2\sqrt{2}} \log\left|\frac{\sqrt{1+x^2} + \sqrt{2}x}{\sqrt{1+x^2} - \sqrt{2}x}\right| + C$$

例題 4-7 　置換積分 (2)

演習 A (1) $e^x = t$ と置換すると
$$\int \frac{e^x}{e^{2x} + 1} dx = \int \frac{1}{t^2 + 1} dt = \tan^{-1} t + C = \tan^{-1}(e^x) + C$$
(2) $1 - x^2 = t$ と置換すると
$$\int x(1-x^2)^3 dx = -\frac{1}{2} \int t^3 dt = -\frac{1}{8}t^4 + C = -\frac{1}{8}(1-x^2)^4 + C$$
(3) $1 - x^2 = t$ と置換すると
$$\int x\sqrt{1-x^2} \, dx = -\frac{1}{2} \int \sqrt{t} \, dt = -\frac{1}{3}(1-x^2)\sqrt{1-x^2} + C$$

演習 B (1) $e^x = t$ と置換すると
$$\int \frac{e^{2x}}{e^x + 1} dx = \int \frac{t^2}{t+1} \cdot \frac{1}{t} dt = \int \frac{t}{t+1} dt = \int \left(1 - \frac{1}{t+1}\right) dt$$
$$= t - \log|t+1| + C = e^x - \log(e^x + 1) + C$$
(2) $1 - x^2 = t$ と置換すると
$$\int \frac{x^3}{\sqrt{1-x^2}} dx = \int \frac{1-t}{\sqrt{t}} \left(-\frac{1}{2}\right) dt = \frac{1}{2} \int \left(\sqrt{t} - \frac{1}{\sqrt{t}}\right) dt$$
$$= \frac{1}{2}\left(\frac{2}{3}t\sqrt{t} - 2\sqrt{t}\right) + C = \frac{1}{3}t\sqrt{t} - \sqrt{t} + C = \frac{1}{3}(1-x^2)\sqrt{1-x^2} - \sqrt{1-x^2} + C$$
(3) $x^2 + 1 = t$ と置換すると
$$\int (x^3 + x)e^{(x^2+1)^2} dx = \frac{1}{2} \int te^{t^2} dt = \frac{1}{4}e^{t^2} + C = \frac{1}{4}e^{(x^2+1)^2} + C$$

演習 C (1) $e^x = t$ と置換すると
$$\int \frac{1}{e^x + 2e^{-x} + 3} dx = \int \frac{1}{t + 2t^{-1} + 3} \cdot \frac{1}{t} dt = \int \frac{1}{t^2 + 2 + 3t} dt$$
$$= \int \frac{1}{(t+1)(t+2)} dt = \int \left(\frac{1}{t+1} - \frac{1}{t+2}\right) dt = \log\left|\frac{t+1}{t+2}\right| + C = \log\left(\frac{e^x + 1}{e^x + 2}\right) + C$$
(2) $x^2 - 1 = t$ と置換すると
$$\int x^3 \sqrt{x^2 - 1}\, dx = \int (t+1)\sqrt{t} \cdot \frac{1}{2} dt = \frac{1}{2} \int (t^{\frac{3}{2}} + t^{\frac{1}{2}}) dt = \frac{1}{2}\left(\frac{2}{5} t^{\frac{5}{2}} + \frac{2}{3} t^{\frac{3}{2}}\right) + C$$
$$= \frac{1}{5}(x^2 - 1)^{\frac{5}{2}} + \frac{1}{3}(x^2 - 1)^{\frac{3}{2}} + C$$
(3) $x^2 + 4 = t$ と置換すると
$$\int \frac{x^3}{(x^2 + 4)^3} dx = \int \frac{t - 4}{t^3} \cdot \frac{1}{2} dt = \frac{1}{2} \int (t^{-2} - 4t^{-3})\, dt$$
$$= -\frac{1}{2t} + \frac{1}{t^2} + C = -\frac{1}{2(x^2 + 4)} + \frac{1}{(x^2 + 4)^2} + C = -\frac{x^2 + 2}{2(x^2 + 4)^2} + C$$

例題 4-8　置換積分 (3)

演習 A (1) $\sin x = t$ と置換すると $\cos x\, dx = dt$ だから
$$\int \cos 2x \cos x\, dx = \int (1 - 2t^2)\, dt = t - \frac{2}{3} t^3 + C = \sin x - \frac{2}{3} \sin^3 x + C$$
(2) $\sin x = t$ と置換すると
$$\int \sin^2 x \cos x\, dx = \int t^2\, dt = \frac{1}{3} t^3 + C = \frac{1}{3} \sin^3 x + C$$
(3) $\cos x = t$ と置換すると
$$\int \sin x \cos^3 x\, dx = \int t^3 (-1)\, dt = -\frac{1}{4} t^4 + C = -\frac{1}{4} \cos^4 x + C$$
(4) $\tan x = t$ と置換すると
$$\int \tan^2 x \sec^2 x\, dx = \int t^2 dt = \frac{1}{3} t^3 + C = \frac{1}{3} \tan^3 x + C$$

演習 B (1) $\sin x = t$ と置換すると
$$\int \cos^3 x\, dx = \int (1 - \sin^2 x) \cos x\, dx = \int (1 - t^2)\, dt = t - \frac{1}{3} t^3 + C$$
$$= \sin x - \frac{1}{3} \sin^3 x + C$$
(2) $\cos x = t$ と置換すると
$$\int \sin^5 x\, dx = -\int (1 - \cos^2 x)^2 (-\sin x)\, dx = -\int (1 - t^2)^2\, dt$$
$$= -\frac{1}{5} t^5 + \frac{2}{3} t^3 - t + C = -\frac{1}{5} \cos^5 x + \frac{2}{3} \cos^3 x - \cos x + C$$
(3) $\tan x = t$ と置換すると
$$\int \frac{\sec^2 x}{1 - \tan^2 x} dx = \int \frac{1}{1 - t^2} dt = \int \frac{1}{2}\left(\frac{1}{1 - t} + \frac{1}{1 + t}\right) dt$$
$$= \frac{1}{2} (-\log|1 - t| + \log|1 + t|) + C = \frac{1}{2} \log\left|\frac{1 + t}{1 - t}\right| + C = \frac{1}{2} \log\left|\frac{1 + \tan x}{1 - \tan x}\right| + C$$

演習 C (1) $\cos x = t$ と置換すると
$$\int \sqrt{\cos x} \sin^3 x\, dx = \int \sqrt{\cos x} (1 - \cos^2 x) \sin x\, dx = \int \sqrt{t} (1 - t^2)(-1)\, dt$$

$$= -\int (t^{\frac{1}{2}} - t^{\frac{5}{2}})\, dt = -\frac{2}{3}t^{\frac{3}{2}} + \frac{2}{7}t^{\frac{7}{2}} + C = -2\sqrt{\cos x}\left(\frac{1}{3}\cos x - \frac{1}{7}\cos^3 x\right) + C$$

(2) $\tan x = t$ とおく．そのとき

$$\int \frac{1}{\cos^2 x + 2\sin^2 x}\, dx = \int \frac{\sec^2 x}{1 + 2\tan^2 x}\, dx = \int \frac{1}{1 + 2t^2}\, dt = \frac{1}{2}\int \frac{1}{t^2 + \frac{1}{2}}\, dt$$

$$= \frac{1}{2} \cdot \sqrt{2}\tan^{-1}(\sqrt{2}t) + C = \frac{1}{\sqrt{2}}\tan^{-1}(\sqrt{2}\tan x) + C$$

例題 4-9 置換積分 (4)

演習 A (1) $\displaystyle\int \frac{2x-1}{x^2 - x + 1}\, dx = \log(x^2 - x + 1) + C$

(2) $\displaystyle\int \frac{\cos x}{\sin x}\, dx = \log|\sin x| + C$

(3) $\displaystyle\int \frac{1}{x\log x}\, dx = \log|\log x| + C$

演習 B (1) $\displaystyle\int \frac{x}{x^2 + 1}\, dx = \frac{1}{2}\log(x^2 + 1) + C$

(2) $\displaystyle\int \frac{\sin x - \cos x}{\sin x + \cos x}\, dx = -\log|\sin x + \cos x| + C$

(3) $\displaystyle\int \frac{x-1}{x^2 + x}\, dx = \int \left(\frac{1}{2}\cdot\frac{2x+1}{x^2+x} - \frac{3}{2}\cdot\frac{1}{x(x+1)}\right) dx$

$$= \frac{1}{2}\log|x^2 + x| - \frac{3}{2}(\log|x| - \log|x+1|) + C = \log\left|\frac{(x+1)^2}{x}\right| + C$$

演習 C (1) $\displaystyle\int \frac{\sin 2x + 1}{\cos^2 x}\, dx = \int \frac{2\sin x \cos x + 1}{\cos^2 x}\, dx$

$$= \int \frac{-(\cos^2 x)' + 1}{\cos^2 x}\, dx = -\log(\cos^2 x) + \tan x + C$$

(2) $\displaystyle\int \frac{2x + \sqrt{x^2+1}}{x^2+1}\, dx = \int\left(\frac{2x}{x^2+1} + \frac{1}{\sqrt{x^2+1}}\right) dx$

$$= \log(x^2 + 1) + \log|x + \sqrt{x^2+1}| + C$$

(3) $\displaystyle\int \frac{2\sin x}{\sin x - \cos x}\, dx = \int \frac{(\sin x + \cos x) + (\sin x - \cos x)}{\sin x - \cos x}\, dx$

$$= \int \left(\frac{(\sin x - \cos x)'}{\sin x - \cos x} + 1\right) dx = \log|\sin x - \cos x| + x + C$$

例題 4-10 部分積分 (1)

演習 A (1) $\displaystyle\int x\log x\, dx = \frac{1}{2}x^2 \log x - \int \frac{1}{2}x^2 (\log x)'\, dx$

$$= \frac{1}{2}x^2 \log x - \int \frac{1}{2}x\, dx = \frac{1}{2}x^2 \log x - \frac{1}{4}x^2 + C$$

(2) $\displaystyle\int x\sin x\, dx = x(-\cos x) - \int \{x\}'(-\cos x)\, dx = -x\cos x + \int \cos x\, dx$

$$= -x\cos x + \sin x + C$$

(3) $\displaystyle\int xe^{2x}\, dx = x\left(\frac{1}{2}e^{2x}\right) - \int \{x\}'\frac{1}{2}e^{2x}\, dx = \frac{1}{2}xe^{2x} - \frac{1}{2}\int e^{2x}\, dx$

$$= \frac{1}{2}xe^{2x} - \frac{1}{4}e^{2x} + C$$

演習 B (1) $\displaystyle\int x^2 e^x\, dx = x^2 e^x - \int \{x^2\}' e^x\, dx = x^2 e^x - \int 2xe^x\, dx$

$\displaystyle= x^2 e^x - \left(2xe^x - \int \{2x\}' e^x\, dx\right) = x^2 e^x - \left(2xe^x - \int 2e^x\, dx\right) = x^2 e^x - 2xe^x + 2e^x + C$

(2) $\displaystyle\int x\sin 2x\, dx = x\left(-\frac{1}{2}\cos 2x\right) - \int \{x\}'\left(-\frac{1}{2}\cos 2x\right)\, dx$

$\displaystyle= -\frac{1}{2}x\cos 2x + \int \frac{1}{2}\cos 2x\, dx = -\frac{1}{2}x\cos 2x + \frac{1}{4}\sin 2x + C$

(3) $\displaystyle\int x\cos^2 x\, dx = \int x\left(\frac{1+\cos 2x}{2}\right) dx$

$\displaystyle= x\left(\frac{x+\frac{1}{2}\sin 2x}{2}\right) - \int \{x\}'\left(\frac{x+\frac{1}{2}\sin 2x}{2}\right) dx$

$\displaystyle= \frac{x^2+\frac{1}{2}x\sin 2x}{2} - \int \frac{x+\frac{1}{2}\sin 2x}{2}\, dx = \frac{x^2+\frac{1}{2}x\sin 2x}{2} - \frac{1}{4}x^2 + \frac{1}{8}\cos 2x + C$

$\displaystyle= \frac{1}{4}x^2 + \frac{1}{4}x\sin 2x + \frac{1}{8}\cos 2x + C$

演習 C (1) $\displaystyle\int \cos x\log(\sin x)\, dx = \sin x\log(\sin x) - \int \sin x\{\log(\sin x)\}'\, dx$

$\displaystyle= \sin x\log(\sin x) - \int \sin x\frac{\cos x}{\sin x}\, dx = \sin x\log(\sin x) - \int \cos x\, dx$

$\displaystyle= \sin x\log(\sin x) - \sin x + C$

(2) $\displaystyle\int \frac{\log x}{(x+1)^2}\, dx = \frac{\log x}{-(x+1)} - \int \frac{1}{-(x+1)}\{\log x\}'\, dx$

$\displaystyle= \frac{\log x}{-(x+1)} - \int \frac{1}{-(x+1)}\frac{1}{x}\, dx = \frac{\log x}{-(x+1)} + \int \frac{1}{x(x+1)}\, dx$

$\displaystyle= \frac{\log x}{-(x+1)} + \int \left(\frac{1}{x} - \frac{1}{x+1}\right) dx = \frac{\log x}{-(x+1)} + \log\left|\frac{x}{x+1}\right| + C$

(3) $\displaystyle I = \int e^{-x}\cos^2 x\, dx$ とおく．そのとき

$\displaystyle I = -e^{-x}\cos^2 x - \int -e^{-x}\{\cos^2 x\}'\, dx = -e^{-x}\cos^2 x - \int -e^{-x}2\cos x(-\sin x)\, dx$

$\displaystyle= -e^{-x}\cos^2 x - \int e^{-x}\sin 2x\, dx = -e^{-x}\cos^2 x - (-e^{-x})\sin 2x + \int -e^{-x}2\cos 2x\, dx$

$\displaystyle= -e^{-x}\cos^2 x + e^{-x}\sin 2x - 2\int e^{-x}(2\cos^2 x - 1)\, dx$

$\displaystyle= -e^{-x}\cos^2 x + e^{-x}\sin 2x - 4I - 2e^{-x} + C$

よって $\displaystyle I = \frac{1}{5}e^{-x}(-\cos^2 x + \sin 2x - 2) + C$

例題 4-11 部分積分 (2)

演習 A (1) $\displaystyle\int \cos^{-1} x\, dx = x\cos^{-1} x - \int x\{\cos^{-1} x\}'\, dx$

$\displaystyle= x\cos^{-1} x - \int x\cdot\frac{-1}{\sqrt{1-x^2}}\, dx = x\cos^{-1} x - \sqrt{1-x^2} + C$

(2) $I_n = \int (\log x)^n \, dx = x(\log x)^n - \int x\{(\log x)^n\}' \, dx$

$= x(\log x)^n - \int xn(\log x)^{n-1} \frac{1}{x} \, dx = x(\log x)^n - nI_{n-1}.$

演習 B (1) $I = \int \sqrt{1+x^2} \, dx = x\sqrt{1+x^2} - \int x\{\sqrt{1+x^2}\}' \, dx$

$= x\sqrt{1+x^2} - \int x \frac{x}{\sqrt{1+x^2}} \, dx = x\sqrt{1+x^2} - \int \frac{(x^2+1)-1}{\sqrt{1+x^2}} \, dx$

$= x\sqrt{1+x^2} - \int \left(\sqrt{1+x^2} - \frac{1}{\sqrt{1+x^2}} \right) dx = x\sqrt{1+x^2} - I + \int \frac{1}{\sqrt{1+x^2}} \, dx$

$= x\sqrt{1+x^2} - I + \log \left| x + \sqrt{1+x^2} \right| + C$

よって $I = \frac{1}{2} \left(x\sqrt{1+x^2} + \log \left| x + \sqrt{1+x^2} \right| \right) + C$

(2) $I_n = \int \tan^n x \, dx$ とおく.

$I_n = \int \tan^2 x \cdot \tan^{n-2} x \, dx = \int (\sec^2 x - 1) \cdot \tan^{n-2} x \, dx$

$= \int \sec^2 x \tan^{n-2} x \, dx - I_{n-2} = \frac{1}{n-1} \tan^{n-1} x - I_{n-2}$

演習 C (1) $I_n = x(\sin^{-1} x)^n - \int x\{(\sin^{-1} x)^n\}' \, dx$

$= x(\sin^{-1} x)^n - \int xn(\sin^{-1} x)^{n-1} \frac{1}{\sqrt{1-x^2}} \, dx$

$= x(\sin^{-1} x)^n - \int \frac{x}{\sqrt{1-x^2}} n(\sin^{-1} x)^{n-1} \, dx$

$= x(\sin^{-1} x)^n - [-\sqrt{1-x^2} n(\sin^{-1} x)^{n-1}$

$+ \int \sqrt{1-x^2} n(n-1)(\sin^{-1} x)^{n-2} \frac{1}{\sqrt{1-x^2}} \, dx]$

$= x(\sin^{-1} x)^n + n\sqrt{1-x^2}(\sin^{-1} x)^{n-1} - n(n-1)I_{n-2}.$

(2) $I_n = x(\cos^{-1} x)^n - \int x\{(\cos^{-1} x)^n\}' \, dx$

$= x(\cos^{-1} x)^n - \int xn(\cos^{-1} x)^{n-1} \frac{-1}{\sqrt{1-x^2}} \, dx$

$= x(\cos^{-1} x)^n + \int \frac{x}{\sqrt{1-x^2}} n(\cos^{-1} x)^{n-1} \, dx$

$= x(\cos^{-1} x)^n + [-\sqrt{1-x^2} n(\cos^{-1} x)^{n-1}$

$+ \int \sqrt{1-x^2} n(n-1)(\cos^{-1} x)^{n-2} \frac{-1}{\sqrt{1-x^2}} \, dx]$

$= x(\cos^{-1} x)^n - n\sqrt{1-x^2}(\cos^{-1} x)^{n-1} - n(n-1)I_{n-2}$

例題 4-12 部分積分 (3)

漸化式 $I_n = \frac{1}{A} \left(\frac{x}{(2n-2)(x^2+A)^{n-1}} + \frac{2n-3}{2n-2} I_{n-1} \right)$ を利用する.

演習 A (1) $I_1 = \int \frac{1}{x^2+1} \, dx = \tan^{-1} x + C$ だから漸化式を使って

$$I_2 = \frac{x}{2(x^2+1)} + \frac{1}{2}I_1 = \frac{x}{2(x^2+1)} + \frac{1}{2}\tan^{-1} x + C$$

(2) $I_1 = \displaystyle\int \frac{1}{x^2+2}\,dx = \frac{1}{\sqrt{2}}\tan^{-1}\frac{x}{\sqrt{2}} + C$ だから漸化式を使って

$$I_2 = \frac{1}{2}\left(\frac{x}{2(x^2+2)} + \frac{1}{2}I_1\right) = \frac{x}{4(x^2+2)} + \frac{1}{4\sqrt{2}}\tan^{-1}\frac{x}{\sqrt{2}} + C$$

(3) $I_1 = \displaystyle\int \frac{1}{x^2-1}\,dx = \frac{1}{2}\log\left|\frac{x-1}{x+1}\right| + C$ だから漸化式を使って

$$I_2 = -\left(\frac{x}{2(x^2-1)} + \frac{1}{2}I_1\right) = -\frac{x}{2(x^2-1)} - \frac{1}{4}\log\left|\frac{x-1}{x+1}\right| + C$$

(注) $\displaystyle\int \frac{1}{(x^2-1)^2}\,dx = \int \frac{1}{(x-1)^2(x+1)^2}\,dx$

$\displaystyle = \int \frac{1}{4}\left(\frac{-1}{x-1} + \frac{1}{(x-1)^2} + \frac{1}{x+1} + \frac{1}{(x+1)^2}\right)dx$ と部分分数に分けても積分できる (例題 4-15 有理関数 (3) を参照).

演習 B (1) 演習 A (2) の結果を使って

$$I_3 = \frac{1}{2}\left(\frac{x}{4(x^2+2)^2} + \frac{3}{4}I_2\right) = \frac{x}{8(x^2+2)^2} + \frac{3}{8}\left(\frac{x}{4(x^2+2)} + \frac{1}{4\sqrt{2}}\tan^{-1}\frac{x}{\sqrt{2}}\right) + C$$

$$= \frac{x}{8(x^2+2)^2} + \frac{3}{32}\cdot\frac{x}{x^2+2} + \frac{3}{32\sqrt{2}}\tan^{-1}\frac{x}{\sqrt{2}} + C$$

(2) 演習 A (3) の結果を使って

$$I_3 = \frac{1}{-1}\left(\frac{x}{4(x^2-1)^2} + \frac{3}{4}I_2\right) = -\frac{x}{4(x^2-1)^2} - \frac{3}{4}\left(-\frac{x}{2(x^2-1)} - \frac{1}{4}\log\left|\frac{x-1}{x+1}\right|\right) + C$$

$$= -\frac{x}{4(x^2-1)^2} + \frac{3}{8}\frac{x}{x^2-1} + \frac{3}{16}\log\left|\frac{x-1}{x+1}\right| + C$$

(3) $(x^2+2x+2)^2 = \{(x+1)^2+1\}^2$ だから $x+1 = t$ とおくと 演習 A (1) の結果が使えて

$$\int \frac{1}{(x^2+2x+2)^2}\,dx = \int \frac{1}{(t^2+1)^2}\,dt = \frac{t}{2(t^2+1)} + \frac{1}{2}\tan^{-1} t + C$$

$$= \frac{x+1}{2(x^2+2x+2)} + \frac{1}{2}\tan^{-1}(x+1) + C$$

演習 C (1) $x+1 = t$ とおくと 演習 A (1) の結果が使えて

$$\int \frac{1}{(x^2+2x+2)^3}\,dx = \int \frac{1}{(t^2+1)^3}\,dt = \left(\frac{t}{4(t^2+1)^2} + \frac{3}{4}I_2\right)$$

$$= \frac{t}{4(t^2+1)^2} + \frac{3}{4}\left(\frac{t}{2(t^2+1)} + \frac{1}{2}\tan^{-1} t\right) + C$$

$$= \frac{x+1}{4(x^2+2x+2)^2} + \frac{3}{8}\times\frac{x+1}{x^2+2x+2} + \frac{3}{8}\tan^{-1}(x+1) + C$$

(2) $2x-1 = t$ とおくと 演習 B (1) の結果が使えて

$$\int \frac{64}{(4x^2-4x+3)^3}\,dx = \int \frac{64}{\{(2x-1)^2+2\}^3}\,dx = \int \frac{64}{(t^2+2)^3}\cdot\frac{1}{2}\,dt$$

$$= 32\left(\frac{t}{8(t^2+2)^2} + \frac{3}{32}\cdot\frac{t}{t^2+2} + \frac{3}{32\sqrt{2}}\tan^{-1}\frac{t}{\sqrt{2}}\right) + C$$

$$= \frac{4t}{(t^2+2)^2} + \frac{3t}{t^2+2} + \frac{3}{\sqrt{2}}\tan^{-1}\frac{t}{\sqrt{2}} + C$$

$$= \frac{4(2x-1)}{(4x^2-4x+3)^2} + \frac{3(2x-1)}{4x^2-4x+3} + \frac{3}{\sqrt{2}}\tan^{-1}\frac{2x-1}{\sqrt{2}} + C$$

(3) $I_4 = 6\left(\dfrac{x}{6(x^2+1)^3} + \dfrac{5}{6}I_3\right) = \dfrac{x}{(x^2+1)^3} + 5I_3$

$= \dfrac{x}{(x^2+1)^3} + 5\left(\dfrac{1}{4}\dfrac{x}{(x^2+1)^2} + \dfrac{3}{8}\cdot\dfrac{x}{x^2+1} + \dfrac{3}{8}\tan^{-1}x\right) + C$

$= \dfrac{x}{(x^2+1)^3} + \dfrac{5}{4}\dfrac{x}{(x^2+1)^2} + \dfrac{15}{8}\cdot\dfrac{x}{x^2+1} + \dfrac{15}{8}\tan^{-1}x + C$

例題 4-13 　　有理関数 (1)

演習 A 　(1) $x^2 + 2 = t$ とおくと

$\displaystyle\int\dfrac{2x}{(x^2+2)^2}\,dx = \int\dfrac{1}{t^2}\,dt = -\dfrac{1}{t} + C = -\dfrac{1}{x^2+2} + C$

(2) $x^2 + 1 = t$ とおくと

$\displaystyle\int\dfrac{x}{(x^2+1)^2}\,dx = \dfrac{1}{2}\int\dfrac{1}{t^2}\,dt = -\dfrac{1}{2}\times\dfrac{1}{t} + C = -\dfrac{1}{2(x^2+1)} + C$

(3) $x^2 + 1 = t$ とおくと

$\displaystyle\int\dfrac{2x}{(x^2+1)^3}\,dx = \int\dfrac{1}{t^3}\,dt = -\dfrac{1}{2}\times\dfrac{1}{t^2} + C = -\dfrac{1}{2(x^2+1)^2} + C$

演習 B 　(1) $\displaystyle\int\dfrac{1}{(x^2+1)^2}\,dx = \dfrac{x}{2(x^2+1)} + \dfrac{1}{2}\tan^{-1}x + C$ であり,

$\displaystyle\int\dfrac{2x+3}{(x^2+1)^2}\,dx = 2\int\dfrac{x}{(x^2+1)^2}\,dx + 3\int\dfrac{1}{(x^2+1)^2}\,dx$

$= \dfrac{-1}{x^2+1} + 3\left[\dfrac{x}{2(x^2+1)} + \dfrac{1}{2}\tan^{-1}x\right] + C$

(2) 演習 A (1) と例題 4-12 の演習 A (2) の結果を使って

$\displaystyle\int\dfrac{x-2}{(x^2+2)^2}\,dx = \int\dfrac{x}{(x^2+2)^2}\,dx - 2\int\dfrac{1}{(x^2+2)^2}\,dx$

$= -\dfrac{1}{2(x^2+2)} - \dfrac{x}{2(x^2+2)} + \dfrac{1}{2\sqrt{2}}\tan^{-1}\dfrac{x}{\sqrt{2}} + C$

(3) 例題 4-12 の演習 A (3) の結果を使って

$\displaystyle\int\dfrac{x+2}{(x^2-1)^2}\,dx = \int\dfrac{x}{(x^2-1)^2}\,dx + 2\int\dfrac{1}{(x^2-1)^2}\,dx$

$= -\dfrac{1}{2}\dfrac{1}{x^2-1} - \dfrac{x}{x^2-1} - \dfrac{1}{2}\log\left|\dfrac{x-1}{x+1}\right| + C$

演習 C 　(1) 例題 4-12 の漸化式を使って

$\displaystyle\int\dfrac{1}{(x^2+1)^3}\,dx = \dfrac{x}{4(x^2+1)^2} + \dfrac{3}{4}\int\dfrac{1}{(x^2+1)^2}\,dx = \dfrac{x}{4(x^2+1)^2} + \dfrac{3x}{8(x^2+1)} + \dfrac{3}{8}\tan^{-1}x + C$

を得る. よって

$\displaystyle\int\dfrac{\frac{2}{3}x+1}{(x^2+1)^3}\,dx = \dfrac{2}{3}\int\dfrac{x}{(x^2+1)^3}\,dx + \int\dfrac{1}{(x^2+1)^3}\,dx$

$= -\dfrac{1}{6}\dfrac{1}{(x^2+1)^2} + \dfrac{x}{4(x^2+1)^2} + \dfrac{3x}{8(x^2+1)} + \dfrac{3}{8}\tan^{-1}x + C$

(2) 例題 4-12 の演習 B (3) の結果を使って

$\displaystyle\int\dfrac{3x+2}{(x^2+2x+2)^2}\,dx = 3\int\dfrac{x+1}{((x+1)^2+1)^2}\,dx - \int\dfrac{1}{((x+1)^2+1)^2}\,dx$

$= \dfrac{3}{2}\dfrac{-1}{((x+1)^2+1)^2} - \dfrac{x+1}{2(x^2+2x+2)} - \dfrac{1}{2}\tan^{-1}(x+1) + C = -\dfrac{x+4}{2(x^2+2x+2)}$

$-\dfrac{1}{2}\tan^{-1}(x+1)+C$

ここで $\displaystyle\int \dfrac{x+1}{((x+1)^2+1)^2}\,dx$ の積分は $(x+1)^2=t$ と置換するとよい.

(3) $\displaystyle\int \dfrac{x-63}{(x^2+2x+5)^3}\,dx = \int \dfrac{x+1}{((x+1)^2+4)^3}\,dx - \int \dfrac{64}{((x+1)^2+4)^3}\,dx$ と変形する.

例題 4-12 (2) の解答の部分の計算から

$\displaystyle\int \dfrac{64}{((x+1)^2+4)^3}\,dx = \dfrac{4(x+1)}{(x^2+2x+5)^2} + \dfrac{3(x+1)}{2(x^2+2x+5)} + \dfrac{3}{4}\tan^{-1}\dfrac{x+1}{2}+C$ を得る.

$(x+1)^2+4=t$ とおいて

$\displaystyle\int \dfrac{x-63}{(x^2+2x+5)^3}\,dx = \dfrac{1}{2}\int \dfrac{1}{t^3}\,dt - \int \dfrac{64}{((x+1)^2+4)^3}\,dx$

$= \dfrac{-1}{4(x^2+2x+5)^2} - \dfrac{4(x+1)}{(x^2+2x+5)^2} - \dfrac{3(x+1)}{2(x^2+2x+5)} - \dfrac{3}{4}\tan^{-1}\dfrac{x+1}{2}+C$

例題 4-14　有理関数 (2)

演習 A　(1) $\displaystyle\int \dfrac{x}{(x+1)^2}\,dx = \int\left(\dfrac{1}{x+1} + \dfrac{-1}{(x+1)^2}\right)dx = \log|x+1| + \dfrac{1}{x+1} + C$

(2) $\displaystyle\int \dfrac{-x+1}{(x+2)^2}\,dx = \int\left(\dfrac{-1}{x+2} + \dfrac{3}{(x+2)^2}\right)dx = -\log|x+2| - \dfrac{3}{x+2} + C$

(3) $\displaystyle\int \dfrac{x^2}{(x+1)^3}\,dx = \int\left(\dfrac{1}{x+1} + \dfrac{-2}{(x+1)^2} + \dfrac{1}{(x+1)^3}\right)dx$

$= \log|x+1| + \dfrac{2}{x+1} - \dfrac{1}{2(x+1)^2} + C$

演習 B　(1) $\displaystyle\int \dfrac{x^3}{(x^2+4)^2}\,dx = \int\left(\dfrac{x}{x^2+4} - \dfrac{4x}{(x^2+4)^2}\right)dx = \dfrac{1}{2}\log(x^2+4) + \dfrac{2}{x^2+4} + C$

(2) $\displaystyle\int \dfrac{x^2+x+1}{(x^2+1)^2}\,dx = \int\left(\dfrac{1}{x^2+1} + \dfrac{x}{(x^2+1)^2}\right)dx = \tan^{-1}x + \dfrac{1}{2}\times\dfrac{-1}{x^2+1} + C$

(3) $\displaystyle\int \dfrac{x^4}{(x^2+1)^3}\,dx = \int\left(\dfrac{1}{x^2+1} + \dfrac{-2}{(x^2+1)^2} + \dfrac{1}{(x^2+1)^3}\right)dx = \tan^{-1}x - 2I_2 + I_3$

$= \tan^{-1}x - 2I_2 + \dfrac{x}{4(x^2+1)^2} + \dfrac{3}{4}I_2 = \tan^{-1}x - \dfrac{5}{4}I_2 + \dfrac{x}{4(x^2+1)^2} + C$

$= \dfrac{3}{8}\tan^{-1}x + \dfrac{x}{4(x^2+1)^2} - \dfrac{5x}{8(x^2+1)} + C$

演習 C　(1) $\displaystyle\int \dfrac{x^3}{(x-1)^4}\,dx = \int\left(\dfrac{1}{x-1} + \dfrac{3}{(x-1)^2} + \dfrac{3}{(x-1)^3} + \dfrac{1}{(x-1)^4}\right)dx$

$= \log|x-1| - \dfrac{3}{x-1} - \dfrac{3}{2(x-1)^2} - \dfrac{1}{3(x-1)^3} + C$

(2) $\displaystyle\int \dfrac{x^3}{(x^2+x+1)^2}\,dx = \int\left(\dfrac{x^3-1}{(x^2+x+1)^2} + \dfrac{1}{(x^2+x+1)^2}\right)dx$

$= \displaystyle\int\left(\dfrac{x-1}{x^2+x+1} + \dfrac{1}{(x^2+x+1)^2}\right)dx$

$= \displaystyle\int\left(\dfrac{x+\frac{1}{2}}{(x+\frac{1}{2})^2+\frac{3}{4}} - \dfrac{\frac{3}{2}}{(x+\frac{1}{2})^2+\frac{3}{4}} + \dfrac{1}{((x+\frac{1}{2})^2+\frac{3}{4})^2}\right)dx$

$$= \frac{1}{2} \log\left(\left(x+\frac{1}{2}\right)^2 + \frac{3}{4}\right) - \frac{3}{2} \cdot \frac{2}{\sqrt{3}} \tan^{-1}\left(\frac{x+\frac{1}{2}}{\frac{\sqrt{3}}{2}}\right)$$

$$+ \frac{4}{3}\left(\frac{1}{2}\frac{x+\frac{1}{2}}{(x+\frac{1}{2})^2 + \frac{3}{4}} + \frac{1}{2} \times \frac{2}{\sqrt{3}} \cdot \tan^{-1}\left(\frac{x+\frac{1}{2}}{\frac{\sqrt{3}}{2}}\right)\right) + C$$

$$= \frac{1}{2} \log\left(\left(x+\frac{1}{2}\right)^2 + \frac{3}{4}\right) - \sqrt{3} \tan^{-1}\left(\frac{x+\frac{1}{2}}{\frac{\sqrt{3}}{2}}\right) + \frac{2}{3}\frac{x+\frac{1}{2}}{(x+\frac{1}{2})^2 + \frac{3}{4}} + \frac{4}{3\sqrt{3}} \tan^{-1}\left(\frac{x+\frac{1}{2}}{\frac{\sqrt{3}}{2}}\right)$$

$$+ C$$

$$= \frac{1}{2} \log(x^2 + x + 1) - \frac{5\sqrt{3}}{9} \tan^{-1}\left(\frac{2x+1}{\sqrt{3}}\right) + \frac{2x+1}{3(x^2+x+1)} + C$$

例題 4-15 有理関数 (3)

演習 A (1) $\int \frac{1}{(x+2)(x+3)} dx = \int \left(\frac{1}{x+2} - \frac{1}{x+3}\right) dx = \log\left|\frac{x+2}{x+3}\right| + C$

(2) $\int \frac{1}{(x^2+1)(x^2+3)} dx = \int \frac{1}{2}\left(\frac{1}{x^2+1} - \frac{1}{x^2+3}\right) dx$

$= \frac{1}{2} \tan^{-1} x - \frac{1}{2} \times \frac{1}{\sqrt{3}} \tan^{-1} \frac{x}{\sqrt{3}} + C$

(3) $\int \frac{-2x+1}{(x+2)(x^2+1)} dx = \int \left(\frac{1}{x+2} - \frac{x}{x^2+1}\right) dx = \log|x+2| - \frac{1}{2} \log|x^2+1| + C$

演習 B (1) $\int \frac{2}{(x+1)^2(x^2+1)} dx = \int \left(\frac{1}{x+1} + \frac{1}{(x+1)^2} - \frac{x}{x^2+1}\right) dx$

$= \log|x+1| - \frac{1}{x+1} - \frac{1}{2} \log(x^2+1) + C$

(2) $\int \frac{1}{(x+1)(x+2)^2} dx = \int \left(\frac{1}{x+1} - \frac{1}{x+2} - \frac{1}{(x+2)^2}\right) dx$

$= \log\left|\frac{x+1}{x+2}\right| + \frac{1}{x+2} + C$

(3) $\int \frac{x^2+5x+5}{(x+1)^2(x+2)^2} dx = \int \left(\frac{1}{x+1} + \frac{1}{(x+1)^2} - \frac{1}{x+2} - \frac{1}{(x+2)^2}\right) dx$

$= \log|x+1| - \frac{1}{x+1} - \log|x+2| + \frac{1}{x+2} + C = \log\left|\frac{x+1}{x+2}\right| + \frac{1}{x+2} - \frac{1}{x+1} + C$

演習 C (1) $\int \frac{2x^3 - 2x^2 - 1}{(x+2)(x^2+1)^2} dx = \int \left(\frac{x}{x^2+1} - \frac{x}{(x^2+1)^2} - \frac{1}{x+2}\right) dx$

$= \frac{1}{2} \log(x^2+1) + \frac{1}{2}\frac{1}{x^2+1} - \log|x+2| + C$

(2) $\int \frac{4x}{x^4-1} dx = \int \left(\frac{1}{x-1} + \frac{1}{x+1} + \frac{-2x}{x^2+1}\right) dx$

$= \log|x-1| + \log|x+1| - \log(x^2+1) + C = \log\left|\frac{x^2-1}{x^2+1}\right| + C$

(3) $\int \frac{3x^2}{x^4-x^3-x+1} dx = \int \frac{3x^2}{(x-1)^2(x^2+x+1)} dx$

$= \int \left(\frac{1}{x-1} + \frac{1}{(x-1)^2} - \frac{x}{x^2+x+1}\right) dx$

$$= \int \left(\frac{1}{x-1} + \frac{1}{(x-1)^2} - \frac{1}{2}\frac{2x+1}{x^2+x+1} + \frac{1}{2}\frac{1}{x^2+x+1} \right) dx$$

$$= \log|x-1| - \frac{1}{x-1} - \frac{1}{2}\log(x^2+x+1) + \frac{1}{\sqrt{3}}\tan^{-1}\frac{2x+1}{\sqrt{3}} + C$$

例題 4-16　有理関数 (4)

演習 A　(1) $\displaystyle\int \frac{x^2+3x+3}{x^2+3x+2}\,dx = \int \left(1 + \frac{1}{(x+1)(x+2)}\right) dx$

$\displaystyle = \int \left(1 + \frac{1}{x+1} - \frac{1}{x+2}\right) dx = x + \log\left|\frac{x+1}{x+2}\right| + C$

(2) $\displaystyle\int \frac{x^3+4x+1}{x^2+4}\,dx = \int \left(x + \frac{1}{x^2+4}\right) dx = \frac{1}{2}x^2 + \frac{1}{2}\tan^{-1}\frac{x}{2} + C$

(3) $\displaystyle\int \frac{x^4+2x^3}{(x^2-1)(x+2)}\,dx = \int \left(x + \frac{x^2+2x}{(x-1)(x+1)(x+2)}\right) dx$

$\displaystyle = \int \left(x + \frac{x^2+2x}{(x-1)(x+1)(x+2)}\right) dx = \int \left(x + \frac{x}{(x-1)(x+1)}\right) dx$

$\displaystyle = \int \left(x + \frac{1}{2}\left(\frac{1}{x-1} + \frac{1}{x+1}\right)\right) dx = \frac{1}{2}x^2 + \frac{1}{2}\log|x^2-1| + C$

演習 B　(1) $\displaystyle\int \frac{x^3+x^2-1}{(x+1)^2}\,dx = \int \left((x-1) + \frac{x}{(x+1)^2}\right) dx$

$\displaystyle = \frac{1}{2}x^2 - x + \log|x+1| + \frac{1}{x+1} + C$

(2) $\displaystyle\int \frac{x^4-3x^2}{(x^2+1)(x+2)}\,dx = \int \left((x-2) + \frac{4}{(x^2+1)(x+2)}\right) dx$

$\displaystyle = \int \left((x-2) + \frac{1}{5}\left(\frac{-4x+8}{x^2+1} + \frac{4}{x+2}\right)\right) dx$

$\displaystyle = \frac{1}{2}x^2 - 2x + \frac{1}{5}\left[-2\log|x^2+1| + 8\tan^{-1}x + 4\log|x+2|\right] + C$

(3) $\displaystyle\int \frac{x^5+8x^3+16x+4}{(x^2+4)^2}\,dx = \int \left(x + \frac{4}{(x^2+4)^2}\right) dx$

$\displaystyle = \frac{1}{2}x^2 + 4 \times \frac{1}{4}\left[\frac{x}{2(x^2+4)} + \frac{1}{2} \times \frac{1}{2}\tan^{-1}\frac{x}{2}\right] + C = \frac{1}{2}x^2 + \frac{x}{2(x^2+4)} + \frac{1}{4}\tan^{-1}\frac{x}{2} + C$

演習 C　(1) $\displaystyle\int \frac{x^6+x^4-x^3+x^2}{(x+1)(x^2+1)^2}\,dx = \int \left((x-1) + \frac{-x^3+2x^2+1}{(x+1)(x^2+1)^2}\right) dx$

$\displaystyle = \int \left((x-1) + \frac{1}{x+1} - \frac{x}{x^2+1} + \frac{x}{(x^2+1)^2}\right) dx$

$\displaystyle = \frac{1}{2}x^2 - x + \log|x+1| - \frac{1}{2} \times \log(x^2+1) - \frac{1}{2} \times \frac{1}{x^2+1} + C$

(2) $\displaystyle\int \frac{x^4+x^3+3x^2+2x-1}{x^4+x^3-x^2+x-2}\,dx = \int \left(1 + \frac{4x^2+x+1}{(x^2+1)(x-1)(x+2)}\right) dx$

$\displaystyle = \int \left(1 + \frac{1}{x^2+1} + \frac{1}{x-1} - \frac{1}{x+2}\right) dx = x + \tan^{-1}x + \log\left|\frac{x-1}{x+2}\right| + C$

(3) $\displaystyle\int \frac{x^5-2x^4+2x^3-4x^2}{(x^3+1)(x^2-x+1)}\,dx = \int \left(1 - \frac{x^4-x^3+5x^2-x+1}{(x+1)(x^2-x+1)^2}\right) dx$

$\displaystyle = \int \left(1 - \frac{1}{x+1} - \frac{1}{x^2-x+1} - \frac{2x-1}{(x^2-x+1)^2}\right) dx$

$$= x - \log|x+1| - \frac{2}{\sqrt{3}} \tan^{-1} \frac{2x-1}{\sqrt{3}} + \frac{1}{x^2 - x + 1} + C$$

例題 4-17 三角関数 (1)

$\tan \dfrac{x}{2} = t$ とおく.

演習 A (1) $\displaystyle\int \frac{1}{\sin x - 1} dx = \int \frac{1}{\frac{2t}{1+t^2} - 1} \cdot \frac{2\,dt}{1+t^2} = -2 \int \frac{1}{(t-1)^2} dt$

$= \dfrac{2}{t-1} + C = \dfrac{2}{\tan\frac{x}{2} - 1} + C$

(2) $\displaystyle\int \frac{1}{\sin x + \cos x + 1} dx = \int \frac{1}{\frac{2t}{1+t^2} + \frac{1-t^2}{1+t^2} + 1} \cdot \frac{2\,dt}{1+t^2}$

$= \displaystyle\int \frac{1}{t+1} dt = \log|t+1| + C = \log\left|\tan\frac{x}{2} + 1\right| + C$

(3) $\displaystyle\int \frac{1}{\cos x - 1} dx = \int \frac{1}{\frac{1-t^2}{1+t^2} - 1} \cdot \frac{2\,dt}{1+t^2} = \int \frac{1}{-t^2} dt = \frac{1}{t} + C = \frac{1}{\tan\frac{x}{2}} + C$

演習 B (1) $\displaystyle\int \frac{1}{4 + 5\cos x} dx = \int \frac{1}{4 + 5\frac{1-t^2}{1+t^2}} \cdot \frac{2\,dt}{1+t^2} = \int \frac{2}{9 - t^2} dt$

$= \dfrac{2}{6} \displaystyle\int \left(\frac{1}{3-t} + \frac{1}{3+t}\right) dt = \frac{1}{3}(-\log|3-t| + \log|3+t|) + C$

$= \dfrac{1}{3} \log\left|\dfrac{3+t}{3-t}\right| + C = \dfrac{1}{3} \log\left|\dfrac{3 + \tan\frac{x}{2}}{3 - \tan\frac{x}{2}}\right| + C$

(2) $\displaystyle\int \frac{1}{1 + 2\cos x} dx = \int \frac{1}{1 + 2\frac{1-t^2}{1+t^2}} \cdot \frac{2\,dt}{1+t^2} = 2 \int \frac{1}{3 - t^2} dt$

$= \dfrac{2}{2\sqrt{3}} \displaystyle\int \left(\frac{1}{\sqrt{3} - t} + \frac{1}{\sqrt{3} + t}\right) dt$

$= \dfrac{1}{\sqrt{3}} \log\left|\dfrac{\sqrt{3} + t}{\sqrt{3} - t}\right| + C = \dfrac{1}{\sqrt{3}} \log\left|\dfrac{\sqrt{3} + \tan\frac{x}{2}}{\sqrt{3} - \tan\frac{x}{2}}\right| + C$

(3) $\displaystyle\int \frac{1}{\sin x + \cos x} dx = \int \frac{1}{\frac{2t}{1+t^2} + \frac{1-t^2}{1+t^2}} \cdot \frac{2\,dt}{1+t^2} = -2 \int \frac{1}{t^2 - 2t - 1} dt$

$= -2 \displaystyle\int \frac{1}{(t-1)^2 - 2} dt = \dfrac{1}{\sqrt{2}} \int \left(\frac{1}{(t-1) + \sqrt{2}} - \frac{1}{(t-1) - \sqrt{2}}\right) dt$

$= \dfrac{1}{\sqrt{2}} \log\left|\dfrac{(t-1) + \sqrt{2}}{(t-1) - \sqrt{2}}\right| + C = \dfrac{1}{\sqrt{2}} \log\left|\dfrac{\tan\frac{x}{2} - 1 + \sqrt{2}}{\tan\frac{x}{2} - 1 - \sqrt{2}}\right| + C$

演習 C (1) $\displaystyle\int \frac{1}{4 + \cos x} dx = \int \frac{1}{4 + \frac{1-t^2}{1+t^2}} \cdot \frac{2\,dt}{1+t^2} = \int \frac{2}{5 + 3t^2} dt$

$= \dfrac{2}{3} \displaystyle\int \frac{1}{t^2 + \frac{5}{3}} dt = \frac{2}{\sqrt{15}} \tan^{-1}\left(\frac{\sqrt{3}t}{\sqrt{5}}\right) + C = \frac{2}{\sqrt{15}} \tan^{-1}\left(\frac{\sqrt{3}}{\sqrt{5}} \tan\frac{x}{2}\right) + C$

(2) $\displaystyle\int \frac{\sin x}{\sin x + 1} dx = \int \left(1 - \frac{1}{\sin x + 1}\right) dx$ だから $\displaystyle\int \frac{1}{\sin x + 1} dx$ を求めればよい.

$\displaystyle\int \frac{1}{\sin x + 1} dx = \int \frac{1}{\frac{2t}{1+t^2} + 1} \cdot \frac{2\,dt}{1+t^2} = \int \frac{2}{(t+1)^2} dt$

$$= \frac{-2}{t+1} + C = \frac{-2}{\tan\frac{x}{2}+1} + C$$

ゆえに $\displaystyle\int \frac{\sin x}{\sin x + 1}\, dx = x + \frac{2}{\tan\frac{x}{2}+1} + C$

(注) 与式に直接代入すると $\displaystyle\int \frac{4t}{(t+1)^2(t^2+1)}\, dt$ となって部分分数に分ける計算が必要で面倒．

(3) $\displaystyle\int \frac{1-\cos x}{1+\cos x}\, dx = \int \frac{1-\frac{1-t^2}{1+t^2}}{1+\frac{1-t^2}{1+t^2}} \cdot \frac{2\,dt}{1+t^2} = \int \frac{2t^2}{1+t^2}\, dt = 2\int \left(1 - \frac{1}{1+t^2}\right) dt$

$= 2\left(t - \tan^{-1} t\right) + C = 2\tan\frac{x}{2} - 2\tan^{-1}\left(\tan\frac{x}{2}\right) + C = 2\tan\frac{x}{2} - x + C$

例題 4-18　三角関数 (2)

$\tan x = t$ とおく．

演習 A　(1) $\displaystyle\int \frac{1}{\cos^4 x}\, dx = \int (t^2+1)^2 \frac{1}{t^2+1}\, dt = \int (t^2+1)\, dt$

$= \dfrac{1}{3}t^3 + t + C = \dfrac{1}{3}\tan^3 x + \tan x + C$

(2) $\displaystyle\int \frac{\tan^6 x}{\cos^4 x}\, dx = \int \frac{t^6}{\left(\frac{1}{t^2+1}\right)^2} \cdot \frac{1}{t^2+1}\, dt = \int t^6(t^2+1)\, dt$

$= \dfrac{t^7}{7} + \dfrac{t^9}{9} + C = \dfrac{\tan^7 x}{7} + \dfrac{\tan^9 x}{9} + C$

(3) $\displaystyle\int \frac{1}{4\sin^2 x + \cos^2 x}\, dx = \int \frac{1}{4\tan^2 x + 1} \frac{1}{\cos^2 x}\, dx = \int \frac{1}{4t^2+1}\, dt$

$= \dfrac{1}{2}\tan^{-1}(2t) + C = \dfrac{1}{2}\tan^{-1}(2\tan x) + C$

演習 B　(1) $\displaystyle\int \frac{1}{1+\sin^2 x}\, dx = \int \frac{1}{1+\frac{t^2}{1+t^2}} \cdot \frac{1}{t^2+1}\, dt = \int \frac{1}{2t^2+1}\, dt$

$= \dfrac{1}{\sqrt{2}}\tan^{-1}(\sqrt{2}t) + C = \dfrac{1}{\sqrt{2}}\tan^{-1}(\sqrt{2}\tan x) + C$

(2) $\displaystyle\int \tan^4 x\, dx = \int t^4 \cdot \frac{1}{t^2+1}\, dt = \int \left(t^2 - 1 + \frac{1}{t^2+1}\right) dt$

$= \dfrac{1}{3}t^3 - t + \tan^{-1} t + C = \dfrac{1}{3}\tan^3 x - \tan x + x + C$

(3) $\displaystyle\int \frac{1}{1-3\cos^2 x}\, dx = \int \frac{1}{1-3\frac{1}{1+t^2}} \frac{dt}{1+t^2} = \int \frac{1}{t^2-2}\, dt$

$= \dfrac{1}{2\sqrt{2}} \log\left|\dfrac{t-\sqrt{2}}{t+\sqrt{2}}\right| + C = \dfrac{1}{2\sqrt{2}} \log\left|\dfrac{\tan x - \sqrt{2}}{\tan x + \sqrt{2}}\right| + C$

演習 C　(1) $\displaystyle\int \frac{\sin^2 x}{\sin^2 x + 2\cos^2 x}\, dx = \int \frac{\frac{t^2}{1+t^2}}{\frac{t^2}{1+t^2}+2\frac{1}{1+t^2}} \cdot \frac{1}{t^2+1}\, dt = \int \frac{t^2}{(t^2+1)(t^2+2)}\, dt$

$= \displaystyle\int \left(\frac{2}{t^2+2} - \frac{1}{t^2+1}\right) dt = \frac{2}{\sqrt{2}}\tan^{-1}\frac{t}{\sqrt{2}} - \tan^{-1} t + C$

$= \sqrt{2}\tan^{-1}\left(\dfrac{\tan x}{\sqrt{2}}\right) - x + C$

(2) $\displaystyle\int \frac{\sin^2 x}{1+3\cos^2 x}\,dx = \int \frac{\frac{t^2}{1+t^2}}{1+3\frac{1}{1+t^2}}\cdot\frac{1}{t^2+1}\,dt = \int \frac{t^2}{(t^2+4)(t^2+1)}\,dt$

$\displaystyle = \int \frac{1}{3}\left(\frac{-1}{t^2+1} + \frac{4}{t^2+4}\right)dt = \frac{1}{3}\left(-\tan^{-1} t + \frac{4}{2}\tan^{-1}\frac{t}{2}\right) + C$

$\displaystyle = -\frac{1}{3}x + \frac{2}{3}\tan^{-1}\left(\frac{1}{2}\tan x\right) + C$

(3) $\displaystyle\int \frac{\cos^2 x + 1}{-3\sin^2 x + 4}\,dx = \int \frac{\frac{1}{1+t^2}+1}{-3\frac{t^2}{1+t^2}+4}\cdot\frac{1}{t^2+1}\,dt = \int \frac{t^2+2}{(t^2+4)(t^2+1)}\,dt$

$\displaystyle = \int \frac{1}{3}\left(\frac{1}{t^2+1} + \frac{2}{t^2+4}\right)dt = \frac{1}{3}\left(\tan^{-1} t + 2\cdot\frac{1}{2}\tan^{-1}\frac{t}{2}\right) + C$

$\displaystyle = \frac{1}{3}\tan^{-1}\left(\frac{\tan x}{2}\right) + \frac{1}{3}x + C$

例題 4-19　無理関数 (1)

演習 A　(1) $\sqrt{x+1} = t$ とおくと $x+1 = t^2$ で $dx = 2t\,dt$ となるから

$\displaystyle\int \frac{x}{\sqrt{x+1}+1}\,dx = \int \frac{t^2-1}{t+1}2t\,dt = 2\int t(t-1)\,dt$

$\displaystyle = \frac{2}{3}t^3 - t^2 + C' = \frac{2}{3}(\sqrt{x+1})^3 - (\sqrt{x+1})^2 + C'$

$\displaystyle = \frac{2}{3}(\sqrt{x+1})^3 - x + C$

(2) $\sqrt[3]{x+2} = t$ とおくと $x+2 = t^3$ で $dx = 3t^2\,dt$ となるから

$\displaystyle\int x\sqrt[3]{x+2}\,dx = \int (t^3-2)t\cdot 3t^2\,dt = 3\int (t^6 - 2t^3)\,dt$

$\displaystyle = \frac{3}{7}t^7 - \frac{3}{2}t^4 + C = \frac{3}{7}(\sqrt[3]{x+2})^7 - \frac{3}{2}(\sqrt[3]{x+2})^4 + C$

(3) $\sqrt{x+1} = t$ とおくと $x+1 = t^2$ で $dx = 2t\,dt$ となるから

$\displaystyle\int \frac{x^2}{\sqrt{x+1}}\,dx = \int \frac{(t^2-1)^2}{t}\cdot 2t\,dt = 2\int (t^4 - 2t^2 + 1)\,dt$

$\displaystyle = \frac{2}{5}t^5 - \frac{4}{3}t^3 + 2t + C = \frac{2}{5}(\sqrt{x+1})^5 - \frac{4}{3}(\sqrt{x+1})^3 + 2\sqrt{x+1} + C$

演習 B　(1) $\sqrt[3]{x+1} = t$ とおくと $x+1 = t^3$ で $dx = 3t^2\,dt$ となるから

$\displaystyle\int \frac{x}{\sqrt[3]{x+1}}\,dx = \int \frac{(t^3-1)}{t}\cdot 3t^2\,dt = 3\int (t^4 - t)\,dt$

$\displaystyle = \frac{3}{5}t^5 - \frac{3}{2}t^2 + C = \frac{3}{5}(\sqrt[3]{x+1})^5 - \frac{3}{2}(\sqrt[3]{x+1})^2 + C$

(2) $\sqrt[6]{x} = t$ とおくと $x = t^6$ で $dx = 6t^5\,dt$ となるから

$\displaystyle\int \frac{\sqrt[3]{x}+1}{\sqrt{x}}\,dx = \int \frac{t^2+1}{t^3}6t^5\,dt = 6\int (t^4 + t^2)\,dt$

$\displaystyle = \frac{6}{5}t^5 + 2t^3 + C = \frac{6}{5}x^{\frac{5}{6}} + 2\sqrt{x} + C$

(注) $\displaystyle\int \frac{\sqrt[3]{x}+1}{\sqrt{x}}\,dx = \int (x^{-\frac{1}{6}} + x^{-\frac{1}{2}})\,dx$ と変形してもできる.

(3) $\sqrt{x+1} = t$ とおくと $x+1 = t^2$ で $dx = 2t\,dt$ となるから

$\displaystyle\int \frac{1}{(x-3)\sqrt{x+1}}\,dx = \int \frac{1}{(t^2-4)t}\cdot 2t\,dt = 2\int \frac{1}{t^2-4}\,dt$

$$= \frac{1}{2}\log\left|\frac{t-2}{t+2}\right| + C = \frac{1}{2}\log\left|\frac{\sqrt{x+1}-2}{\sqrt{x+1}+2}\right| + C$$

演習 C (1) $\sqrt[6]{2x+1} = t$ と置換すると $2x+1 = t^6$, $2\,dx = 6t^5\,dt$ だから

$$\int \frac{1}{\sqrt{2x+1}(\sqrt[3]{2x+1}+1)}\,dx = \int \frac{1}{t^3(t^2+1)} 3t^5\,dt = 3\int \frac{t^2}{t^2+1}\,dt$$

$$= 3\int \left(1 - \frac{1}{t^2+1}\right)dt = 3t - 3\tan^{-1}t + C = 3\sqrt[6]{2x+1} - 3\tan^{-1}(\sqrt[6]{2x+1}) + C$$

(2) $\sqrt[12]{x+1} = t$ と置換すると $x+1 = t^{12}$, $dx = 12t^{11}\,dt$ だから

$$\int \frac{1}{\sqrt[3]{x+1}+\sqrt[4]{x+1}}\cdot\frac{1}{\sqrt{x+1}}\,dx = \int \frac{1}{t^4+t^3}\cdot\frac{1}{t^6}12t^{11}\,dt$$

$$= 12\int \frac{t^2}{t+1}\,dt = 12\int \left(t - 1 + \frac{1}{t+1}\right)dt = 6t^2 - 12t + 12\log|t+1| + C$$

$$= 6\sqrt[6]{x+1} - 12\sqrt[12]{x+1} + 12\log(\sqrt[12]{x+1}+1) + C$$

(3) $\sqrt[6]{x+1} = t$ と置換すると $x+1 = t^6$, $dx = 6t^5\,dt$ だから

$$\int \frac{x}{\sqrt{x+1} - \sqrt[3]{x+1}}\,dx = \int \frac{t^6 - 1}{t^3 - t^2} 6t^5\,dt$$

$$= 6\int \left(t^8 + t^7 + t^6 + t^5 + t^4 + t^3\right)dt$$

$$= 6\left(\frac{1}{9}t^9 + \frac{1}{8}t^8 + \frac{1}{7}t^7 + \frac{1}{6}t^6 + \frac{1}{5}t^5 + \frac{1}{4}t^4\right) + C$$

$$= 6\left(\frac{1}{9}(\sqrt[6]{x+1})^9 + \frac{1}{8}(\sqrt[6]{x+1})^8 + \frac{1}{7}(\sqrt[6]{x+1})^7 + \frac{1}{6}(\sqrt[6]{x+1})^6 \right.$$

$$\left. + \frac{1}{5}(\sqrt[6]{x+1})^5 + \frac{1}{4}(\sqrt[6]{x+1})^4\right) + C$$

例題 4-20 無理関数 (2)

演習 A (1) $\displaystyle\int \sqrt{\frac{2-x}{2+x}}\,dx = \int \frac{2-x}{\sqrt{4-x^2}}\,dx$

$$= \int \left(\frac{2}{\sqrt{4-x^2}} - \frac{x}{\sqrt{4-x^2}}\right)dx = 2\sin^{-1}\frac{x}{2} + \sqrt{4-x^2} + C$$

(2) $\displaystyle\int \sqrt{\frac{3-x}{3+x}}\,dx = \int \frac{3-x}{\sqrt{9-x^2}}\,dx = \int \left(\frac{3}{\sqrt{9-x^2}} - \frac{x}{\sqrt{9-x^2}}\right)dx$

$$= 3\sin^{-1}\frac{x}{3} + \sqrt{9-x^2} + C$$

(3) $\displaystyle\int \sqrt{\frac{1+2x}{1-2x}}\,dx = \int \frac{1+2x}{\sqrt{(1+2x)(1-2x)}}\,dx = \int \frac{1+2x}{\sqrt{1-4x^2}}\,dx$

$$= \int \left(\frac{1}{\sqrt{1-4x^2}} + \frac{2x}{\sqrt{1-4x^2}}\right)dx = \frac{1}{2}\sin^{-1}(2x) - \frac{1}{2}\sqrt{1-4x^2} + C$$

演習 B (1) $\displaystyle\int \sqrt{\frac{1-x}{x}}\,dx = \int \frac{1-x}{\sqrt{(1-x)x}}\,dx = \int \frac{1-x}{\sqrt{\frac{1}{4} - (x-\frac{1}{2})^2}}\,dx$

$$= \int \left(\frac{\frac{1}{2}}{\sqrt{\frac{1}{4} - (x-\frac{1}{2})^2}} - \frac{x - \frac{1}{2}}{\sqrt{\frac{1}{4} - (x-\frac{1}{2})^2}}\right)dx$$

$$= \frac{1}{2}\sin^{-1}(2x-1) + \sqrt{x-x^2} + C$$

(2) $\displaystyle\int \sqrt{\frac{1-4x}{x}}\,dx = \int \frac{1-4x}{\sqrt{x-4x^2}}\,dx = \int \frac{1-4x}{\sqrt{\frac{1}{16}-(2x-\frac{1}{4})^2}}\,dx$

$$= \int \left(\frac{\frac{1}{2}}{\sqrt{\frac{1}{16}-(2x-\frac{1}{4})^2}} - \frac{2(2x-\frac{1}{4})}{\sqrt{\frac{1}{16}-(2x-\frac{1}{4})^2}} \right) dx$$

$$= \frac{1}{4}\sin^{-1}\left(\frac{2x-\frac{1}{4}}{\frac{1}{4}}\right) + \sqrt{\frac{1}{16}-(2x-\frac{1}{4})^2} + C$$

$$= \frac{1}{4}\sin^{-1}(8x-1) + \sqrt{x-4x^2} + C$$

(3) $\displaystyle\int \sqrt{\frac{x+1}{1-2x}}\,dx = \int \frac{x+1}{\sqrt{(x+1)(1-2x)}}\,dx = \int \frac{x+1}{\sqrt{1-x-2x^2}}\,dx$

$$= \int \frac{x+1}{\sqrt{\frac{9}{8}-(\sqrt{2}x+\frac{1}{2\sqrt{2}})^2}}\,dx = \frac{1}{\sqrt{2}}\int \frac{\sqrt{2}x+\sqrt{2}}{\sqrt{\frac{9}{8}-(\sqrt{2}x+\frac{1}{2\sqrt{2}})^2}}\,dx$$

$$= \frac{1}{\sqrt{2}}\int \left(\frac{\frac{3\sqrt{2}}{4}}{\sqrt{\frac{9}{8}-(\sqrt{2}x+\frac{1}{2\sqrt{2}})^2}} + \frac{\sqrt{2}x+\frac{1}{2\sqrt{2}}}{\sqrt{\frac{9}{8}-(\sqrt{2}x+\frac{1}{2\sqrt{2}})^2}} \right) dx$$

$$= \frac{1}{\sqrt{2}}\left[\frac{3\sqrt{2}}{4}\cdot\frac{1}{\sqrt{2}}\sin^{-1}\left(\frac{\sqrt{2}x+\frac{1}{2\sqrt{2}}}{\frac{3}{2\sqrt{2}}}\right) - \frac{1}{\sqrt{2}}\sqrt{\frac{9}{8}-\left(\sqrt{2}x+\frac{1}{2\sqrt{2}}\right)^2} \right] + C$$

$$= \frac{1}{\sqrt{2}}\left(\frac{3}{4}\sin^{-1}\left(\frac{4x+1}{3}\right) - \frac{1}{\sqrt{2}}\sqrt{1-x-2x^2} \right) + C$$

演習 C (1) $\displaystyle\int x\sqrt{\frac{1+2x}{1-2x}}\,dx = \int \frac{x+2x^2}{\sqrt{(1+2x)(1-2x)}}\,dx$

$$= \int \left(\frac{x}{\sqrt{1-4x^2}} + \frac{1}{2\sqrt{1-4x^2}} - \frac{1-4x^2}{2\sqrt{1-4x^2}} \right) dx$$

$$= \int \left(\frac{x}{\sqrt{1-4x^2}} + \frac{1}{2\sqrt{1-4x^2}} - \frac{\sqrt{1-4x^2}}{2} \right) dx$$

$$= -\frac{1}{4}\sqrt{1-4x^2} + \frac{1}{4}\sin^{-1}(2x) - \frac{1}{2}\left(\frac{1}{2}\cdot\frac{1}{2}\left(2x\sqrt{1-4x^2} + \sin^{-1}(2x) \right) \right) + C$$

$$= -\frac{1}{4}\sqrt{1-4x^2} + \frac{1}{8}\sin^{-1}(2x) - \frac{1}{4}x\sqrt{1-4x^2} + C$$

(2) $\displaystyle\int x\sqrt{\frac{2-x}{2+x}}\,dx = \int \frac{2x-x^2}{\sqrt{(2+x)(2-x)}}\,dx$

$$= \int \left(\frac{2x}{\sqrt{4-x^2}} - \frac{4}{\sqrt{4-x^2}} + \frac{4-x^2}{\sqrt{4-x^2}} \right) dx$$

$$= \int \left(\frac{2x}{\sqrt{4-x^2}} - \frac{4}{\sqrt{4-x^2}} + \sqrt{4-x^2} \right) dx$$

$$= -2\sqrt{4-x^2} - 4\sin^{-1}\frac{x}{2} + \frac{1}{2}\left(x\sqrt{4-x^2} + 4\sin^{-1}\frac{x}{2} \right) + C$$

$$= -2\sqrt{4-x^2} - 2\sin^{-1}\frac{x}{2} + \frac{1}{2}x\sqrt{4-x^2} + C$$

(3) $\displaystyle\int x\sqrt{\frac{3-x}{3+x}}\,dx = \int \frac{3x-x^2}{\sqrt{(3-x)(3+x)}}\,dx$

$$= \int \left(\frac{3x}{\sqrt{9-x^2}} - \frac{9}{\sqrt{9-x^2}} + \frac{9-x^2}{\sqrt{9-x^2}} \right) dx$$

$$= \int \left(\frac{3x}{\sqrt{9-x^2}} - \frac{9}{\sqrt{9-x^2}} + \sqrt{9-x^2} \right) dx$$

$$= -3\sqrt{9-x^2} - 9\sin^{-1}\frac{x}{3} + \frac{1}{2}\left(x\sqrt{9-x^2} + 9\sin^{-1}\frac{x}{3} \right) + C$$

$$= -3\sqrt{9-x^2} - \frac{9}{2}\sin^{-1}\frac{x}{3} + \frac{1}{2}x\sqrt{9-x^2} + C$$

例題 4-21 無理関数 (3)

演習 A (1) $\sqrt{\dfrac{1-4x}{x}} = t$ とおくと $x = \dfrac{1}{t^2+4}$, $\dfrac{dx}{dt} = \dfrac{-2t}{(t^2+4)^2}$ だから

$$\int \frac{1}{x}\sqrt{\frac{1-4x}{x}}\, dx = \int \frac{t^2+4}{1}\cdot t \cdot \frac{-2t}{(t^2+4)^2}\, dt = -2\int \frac{t^2}{t^2+4}\, dt$$

$$= -2\int \left(1 - \frac{4}{t^2+4}\right) dt = -2\left(t - 4\times \frac{1}{2}\tan^{-1}\left(\frac{t}{2}\right) \right) + C$$

$$= -2\sqrt{\frac{1-4x}{x}} + 4\tan^{-1}\left(\frac{\sqrt{\frac{1-4x}{x}}}{2} \right) + C$$

(2) $\sqrt{\dfrac{1-x}{x}} = t$ とおくと $x = \dfrac{1}{t^2+1}$, $\dfrac{dx}{dt} = \dfrac{-2t}{(t^2+1)^2}$ だから

$$\int \frac{1}{x}\sqrt{\frac{1-x}{x}}\, dx = \int \frac{t^2+1}{1}\cdot t \cdot \frac{-2t}{(t^2+1)^2}\, dt = -2\int \frac{t^2}{t^2+1}\, dt$$

$$= -2\int \left(1 - \frac{1}{t^2+1}\right) dt = -2(t - \tan^{-1} t) + C$$

$$= -2\sqrt{\frac{1-x}{x}} + 2\tan^{-1}\left(\sqrt{\frac{1-x}{x}} \right)$$

(3) $\sqrt{\dfrac{2x+3}{x+2}} = t$ とおくと $x = \dfrac{3-2t^2}{t^2-2}$, $\dfrac{dx}{dt} = \dfrac{2t}{(t^2-2)^2}$ だから

$$\int \frac{1}{x+2}\sqrt{\frac{2x+3}{x+2}}\, dx = \int -(t^2-2)\cdot t \cdot \frac{2t}{(t^2-2)^2}\, dt = \int \frac{-2t^2}{t^2-2}\, dt$$

$$= -\int \left(2 + \frac{4}{t^2-2} \right) dt = -2t - \sqrt{2}\log\left| \frac{t-\sqrt{2}}{t+\sqrt{2}} \right| + C$$

$$= -2\sqrt{\frac{2x+3}{x+2}} - \sqrt{2}\log\left| \frac{\sqrt{2x+3}-\sqrt{2x+4}}{\sqrt{2x+3}+\sqrt{2x+4}} \right| + C$$

演習 B (1) $\sqrt{\dfrac{1-4x}{x}} = t$ とおくと $x = \dfrac{1}{t^2+4}$, $\dfrac{dx}{dt} = \dfrac{-2t}{(t^2+4)^2}$ だから

$$\int \sqrt{\frac{1-4x}{x}}\, dx = \int t \cdot \frac{-2t}{(t^2+4)^2}\, dt$$

$$= -2\int \left(\frac{1}{t^2+4} - \frac{4}{(t^2+4)^2} \right) dt$$

$$= -\tan^{-1}\frac{t}{2} + \frac{t}{t^2+4} + \frac{1}{2}\tan^{-1}\frac{t}{2} + C$$

$$= -\tan^{-1}\left(\frac{\sqrt{\frac{1-4x}{x}}}{2}\right) + \sqrt{x(1-4x)} + \frac{1}{2}\tan^{-1}\frac{\sqrt{\frac{1-4x}{x}}}{2} + C$$

$$= -\frac{1}{2}\tan^{-1}\left(\frac{\sqrt{\frac{1-4x}{x}}}{2}\right) + \sqrt{x(1-4x)} + C$$

(2) $\sqrt{\dfrac{1-x}{x}} = t$ とおくと $x = \dfrac{1}{t^2+1}$, $\dfrac{dx}{dt} = \dfrac{-2t}{(t^2+1)^2}$ だから

$$\int \sqrt{\frac{1-x}{x}}\,dx = \int t \cdot \frac{-2t}{(t^2+1)^2}\,dt = -2\int\left(\frac{1}{t^2+1} - \frac{1}{(t^2+1)^2}\right)dt$$

$$= -2\left(\tan^{-1}t - \left(\frac{1}{2} \times \frac{t}{t^2+1} + \frac{1}{2}\tan^{-1}t\right)\right) + C$$

$$= -\tan^{-1}t + \frac{t}{t^2+1} + C = -\tan^{-1}\left(\sqrt{\frac{1-x}{x}}\right) + \sqrt{x(1-x)} + C$$

(3) $\sqrt{\dfrac{2x+3}{x+2}} = t$ とおくと $x = \dfrac{3-2t^2}{t^2-2}$, $\dfrac{dx}{dt} = \dfrac{2t}{(t^2-2)^2}$ だから

$$\int \sqrt{\frac{2x+3}{x+2}}\,dx = \int t \cdot \frac{2t}{(t^2-2)^2}\,dt = \int 2\left(\frac{1}{t^2-2} + \frac{2}{(t^2-2)^2}\right)dt$$

$$= 2\int \frac{1}{t^2-2}\,dt + 4 \cdot \frac{1}{-2}\left(\frac{t}{2(t^2-2)} + \frac{1}{2}\int \frac{1}{t^2-2}\,dt\right)$$

$$= \int \frac{1}{t^2-2}\,dt - \frac{t}{t^2-2} = \frac{1}{2\sqrt{2}}\log\left|\frac{t-\sqrt{2}}{t+\sqrt{2}}\right| - \frac{t}{t^2-2} + C$$

$$= \frac{1}{2\sqrt{2}}\log\left|\frac{\sqrt{\frac{2x+3}{x+2}}-\sqrt{2}}{\sqrt{\frac{2x+3}{x+2}}+\sqrt{2}}\right| + (x+2)\sqrt{\frac{2x+3}{x+2}} + C$$

演習 C (1) $\sqrt[3]{\dfrac{1+x}{1-x}} = t$ とおくと $x = \dfrac{t^3-1}{t^3+1}$ だから $\dfrac{dx}{dt} = \dfrac{6t^2}{(t^3+1)^2}$ を得る. よって

$$\int \frac{2}{1-x}\sqrt[3]{\frac{1+x}{1-x}}\,dx = \int (t^3+1)t \cdot \frac{6t^2}{(t^3+1)^2}\,dt$$

$$= \int \frac{6t^3}{t^3+1}\,dt = 6\int\left(1 - \frac{1}{(t+1)(t^2-t+1)}\right)dt$$

$$= 6\int\left(1 - \frac{1}{3(t+1)} + \frac{t-2}{3(t^2-t+1)}\right)dt$$

$$= \int\left(6 - \frac{2}{t+1} + \left(\frac{2t-1}{t^2-t+1} - \frac{3}{t^2-t+1}\right)\right)dt$$

$$= 6t - 2\log|t+1| + \log(t^2-t+1) - 3 \cdot \frac{2}{\sqrt{3}}\tan^{-1}\left(\frac{t-\frac{1}{2}}{\frac{\sqrt{3}}{2}}\right) + C$$

$$= 6\sqrt[3]{\frac{1+x}{1-x}} - 2\log\left|\sqrt[3]{\frac{1+x}{1-x}} + 1\right| + \log\left(\left(\frac{1+x}{1-x}\right)^{\frac{2}{3}} - \sqrt[3]{\frac{1+x}{1-x}} + 1\right)$$

$$-2\sqrt{3}\tan^{-1}\left(\frac{2}{\sqrt{3}}\sqrt[3]{\frac{1+x}{1-x}} - \frac{1}{\sqrt{3}}\right) + C$$

(2) $t = \dfrac{\pi}{2} - \sin^{-1}x$ とおくと $x = \sin\left(\dfrac{\pi}{2} - t\right) = \cos t$ だから

$$\sqrt{\frac{1-x}{1+x}} = \sqrt{\frac{1-\cos t}{1+\cos t}} = \sqrt{\frac{2\sin^2\frac{t}{2}}{2\cos^2\frac{t}{2}}} = \tan\frac{t}{2} \quad \text{よって}$$

$$\frac{t}{2} = \tan^{-1}\left(\sqrt{\frac{1-x}{1+x}}\right). \quad t = \frac{\pi}{2} - \sin^{-1} x \text{ だから}$$

$$-2\tan^{-1}\left(\sqrt{\frac{1-x}{1+x}}\right) = \sin^{-1} x - \frac{\pi}{2} \text{ を得る. ゆえに } C_1 = -\frac{\pi}{2} + C_3$$

例題 4-22 無理関数 (4)

演習 A (1) $x = \dfrac{t^2 - 2}{2t + 1}$ となるから $dx = \dfrac{2(t^2 + t + 2)}{(2t + 1)^2} \cdot dt$ である. よって

$$\int \frac{1}{\sqrt{x^2+x+2}} dx = \int \frac{1}{t-x} \cdot \frac{2(t^2+t+2)}{(2t+1)^2} dt$$

$$= \int \frac{2t+1}{t^2+t+2} \cdot \frac{2(t^2+t+2)}{(2t+1)^2} dt = \int \frac{2}{2t+1} dt = \log|2t+1| + C$$

$$= \log|2x+1+2\sqrt{x^2+x+2}| + C$$

(2) $\displaystyle\int \frac{1}{x\sqrt{x^2+x+2}} dx = \int \frac{1}{\frac{t^2-2}{2t+1} \cdot \left(t - \frac{t^2-2}{2t+1}\right)} \cdot \frac{2(t^2+t+2)}{(2t+1)^2} \cdot dt$

$$= \int \frac{2}{t^2-2} dt = \frac{1}{\sqrt{2}} \log\left|\frac{t-\sqrt{2}}{t+\sqrt{2}}\right| + C = \frac{1}{\sqrt{2}} \log\left|\frac{x+\sqrt{x^2+x+2}-\sqrt{2}}{x+\sqrt{x^2+x+2}+\sqrt{2}}\right| + C$$

(3) $\displaystyle\int \frac{1}{(1-x)\sqrt{x^2+x+2}} dx = \int \frac{1}{\left(1-\frac{t^2-2}{2t+1}\right)\left(t-\frac{t^2-2}{2t+1}\right)} \cdot \frac{2(t^2+t+2)}{(2t+1)^2} dt$

$$= -2\int \frac{1}{(t-3)(t+1)} dt = -\frac{1}{2}\int \left(\frac{1}{t-3} - \frac{1}{t+1}\right) dt = \frac{1}{2}\log\left|\frac{t+1}{t-3}\right| + C$$

$$= \frac{1}{2}\log\left|\frac{x+\sqrt{x^2+x+2}+1}{x+\sqrt{x^2+x+2}-3}\right| + C$$

演習 B (1) $x + \sqrt{x^2+x+1} = t$ と置換すると $x = \dfrac{t^2-1}{2t+1}$ だから,

$$dx = \frac{2(t^2+t+1)}{(2t+1)^2} dt \quad \text{よって}$$

$$\int \frac{1}{(1-x)\sqrt{x^2+x+1}} dx = \int \frac{1}{(1-\frac{t^2-1}{2t+1})(t-x)} \cdot \frac{2(t^2+t+1)}{(2t+1)^2} dt$$

$$= -2\int \frac{1}{t^2-2t-2} dt = -2\int \frac{1}{(t-1)^2 - 3} dt = \frac{1}{\sqrt{3}} \log\left|\frac{t-1+\sqrt{3}}{t-1-\sqrt{3}}\right| + C$$

$$= \frac{1}{\sqrt{3}} \log\left|\frac{x+\sqrt{x^2+x+1}-1+\sqrt{3}}{x+\sqrt{x^2+x+1}-1-\sqrt{3}}\right| + C$$

(2) (i) $\displaystyle\int \frac{x}{\sqrt{x^2+x+1}} dx = \int \frac{\frac{t^2-1}{2t+1}}{t-x} \cdot \frac{2(t^2+t+1)}{(2t+1)^2} dt = \int \frac{t^2-1}{2t+1} \cdot \frac{2}{2t+1} dt$

$$= 2\int \frac{1}{4}\left(1 + \frac{-4t-5}{(2t+1)^2}\right) dt = \int \frac{1}{2}\left(1 - \frac{2}{2t+1} - \frac{3}{(2t+1)^2}\right) dt$$

$$= \frac{1}{2}\left(t - \log|2t+1| + \frac{3}{2} \cdot \frac{1}{2t+1}\right) + C$$

$$= \frac{x+\sqrt{x^2+x+1}}{2} - \frac{1}{2}\log|2x+1+2\sqrt{x^2+x+1}|$$
$$+ \frac{3}{4} \times \frac{1}{2x+1+2\sqrt{x^2+x+1}} + C$$

(ii) $\displaystyle\int \frac{x}{\sqrt{x^2+x+1}}\, dx = \frac{1}{2}\int \left(\frac{2x+1}{\sqrt{x^2+x+1}} - \frac{1}{\sqrt{x^2+x+1}} \right) dx$

$$= \frac{1}{2}\int \left(\frac{2x+1}{\sqrt{x^2+x+1}} - \frac{1}{\sqrt{(x+\frac{1}{2})^2 + \frac{3}{4}}} \right) dx$$

$$= \frac{1}{2}\left(2\sqrt{x^2+x+1} - \log|x+\frac{1}{2} + \sqrt{x^2+x+1}| \right) + C'$$

$$= \sqrt{x^2+x+1} - \frac{1}{2}\log|x+\frac{1}{2} + \sqrt{x^2+x+1}| + C'$$

(注)　(i) の答において

$$\frac{3}{4} \times \frac{1}{2x+1+2\sqrt{x^2+x+1}} = \frac{3}{4} \times \frac{2x+1-2\sqrt{x^2+x+1}}{(2x+1)^2 - 4(x^2+x+1)}$$

$$= \frac{3}{4} \times \frac{2x+1-2\sqrt{x^2+x+1}}{-3} = \frac{\sqrt{x^2+x+1}-x}{2} - \frac{1}{4}$$

これを (i) の答に代入して第 1 項との和をとり，$C' = -\frac{1}{2}\log 2 - \frac{1}{4} + C$ とおくと (ii) の答と一致する．

演習 C　(1) $x + \sqrt{x^2+3} = t$ とおくと $x = \dfrac{t^2-3}{2t}$ だから $dx = \dfrac{t^2+3}{2t^2}\, dt$. よって

$$\int \sqrt{x+\sqrt{x^2+3}}\, dx = \int t^{\frac{1}{2}} \cdot \frac{t^2+3}{2t^2}\, dt = \frac{1}{2}\int (t^{\frac{1}{2}} + 3t^{-\frac{3}{2}})\, dt$$

$$= \frac{1}{2}\left(\frac{2}{3}t^{\frac{3}{2}} - 6t^{-\frac{1}{2}} \right) + C = \frac{1}{3}(x+\sqrt{x^2+3})^{\frac{3}{2}} - \frac{3}{\sqrt{x+\sqrt{x^2+3}}} + C.$$

(2) $x + \sqrt{x^2-x+1} = t$ とおくと $x = \dfrac{t^2-1}{2t-1}$ だから $dx = \dfrac{2t^2-2t+2}{(2t-1)^2}\, dt$. よって

$$\int \frac{x}{(1+x)\sqrt{x^2-x+1}}\, dx = \int \frac{\frac{t^2-1}{2t-1}}{\left(1+\frac{t^2-1}{2t-1}\right)\left(t - \frac{t^2-1}{2t-1}\right)} \frac{2t^2-2t+2}{(2t-1)^2}\, dt$$

$$= \int \frac{2(t^2-1)}{(2t-1)(t^2+2t-2)}\, dt = \int \left(\frac{2}{2t-1} + \frac{-2}{t^2+2t-2} \right) dt$$

$$= \int \left(\frac{2}{2t-1} + \frac{-2}{(t+1)^2 - 3} \right) dt = \log|2t-1| - 2 \times \frac{1}{2\sqrt{3}}\log\left|\frac{t+1-\sqrt{3}}{t+1+\sqrt{3}}\right| + C$$

$$= \log|2x+2\sqrt{x^2-x+1}-1| - \frac{1}{\sqrt{3}}\log\left|\frac{x+\sqrt{x^2-x+1}+1-\sqrt{3}}{x+\sqrt{x^2-x+1}+1+\sqrt{3}}\right| + C.$$

例題 4-23 定積分

演習 A (1) $\cos^{-1} x = t$ と置換すると $x = \cos t$ だから部分積分 (1) 例題 (2) の結果を使って

$$\int_0^1 (\cos^{-1} x)^2 \, dx = \int_{\frac{\pi}{2}}^0 t^2(-\sin t) \, dt = \left[-t^2 \cos t + 2t \sin t + 2 \cos t \right]_0^{\frac{\pi}{2}} = \pi - 2$$

(2) $dx = -\dfrac{1}{t^2} dt$ だから $\displaystyle\int_{\frac{1}{2}}^1 \dfrac{1}{x\sqrt{3x^2 + 2x - 1}} dx = \int_2^1 \dfrac{t}{\sqrt{\frac{3}{t^2} + \frac{2}{t} - 1}} \cdot \dfrac{-1}{t^2} dt$

$$= \int_2^1 \dfrac{-1}{\sqrt{3 + 2t - t^2}} dt = \int_1^2 \dfrac{1}{\sqrt{4 - (t-1)^2}} dt = \left[\sin^{-1}\left(\dfrac{t-1}{2} \right) \right]_1^2 = \dfrac{\pi}{6}$$

演習 B (1) $m = -2, n = 3, \dfrac{m}{n} = \dfrac{-2}{3}, p = -\dfrac{1}{3}$ の二項積分で $\dfrac{m}{n} + p = -1$ だから

$1 + x^{-3} = t^3$ と置換すると $x^3 = \dfrac{1}{t^3 - 1}, dx = \dfrac{-t^2}{(t^3 - 1)^{\frac{4}{3}}} dt$ となり不定積分を求めると

$$\int \dfrac{1}{x^3(x^3 + 1)^{\frac{1}{3}}} dx = \int \dfrac{t^3 - 1}{\left(\frac{t^3}{(t^3 - 1)} \right)^{\frac{1}{3}}} \cdot \dfrac{-t^2}{(t^3 - 1)^{\frac{4}{3}}} dt = \int -t \, dt = \dfrac{-t^2}{2} + C$$

よって

$$\int_{\frac{1}{2}}^1 \dfrac{1}{x^3(x^3 + 1)^{\frac{1}{3}}} dx = \left[\dfrac{-t^2}{2} \right]_{\sqrt[3]{9}}^{\sqrt[3]{2}} = \dfrac{1}{2}(\sqrt[3]{81} - \sqrt[3]{4})$$

(2) $\sin^{-1} x = t$ と置換すると

$$\int_0^{\frac{1}{\sqrt{2}}} \dfrac{\sin^{-1} x}{(1 - x^2)^{\frac{3}{2}}} dx = \int_0^{\frac{\pi}{4}} \dfrac{t}{\cos^3 t} \cdot \cos t \, dt = \int_0^{\frac{\pi}{4}} \dfrac{t}{\cos^2 t} dt$$

$$= [t \tan t]_0^{\frac{\pi}{4}} - \int_0^{\frac{\pi}{4}} \tan t \, dt = [t \tan t + \log |\cos t|]_0^{\frac{\pi}{4}} = \dfrac{\pi}{4} - \log \sqrt{2}$$

(3) $x = \dfrac{1}{t}$ と置換して

$$\int_{\frac{2}{3}}^2 \dfrac{1}{x\sqrt{3x^2 + 4x - 4}} dx = \int_{\frac{3}{2}}^{\frac{1}{2}} \dfrac{t}{\sqrt{\frac{3}{t^2} + \frac{4}{t} - 4}} \cdot \dfrac{-1}{t^2} dt$$

$$= \int_{\frac{3}{2}}^{\frac{1}{2}} \dfrac{-1}{\sqrt{3 + 4t - 4t^2}} dt = \int_{\frac{3}{2}}^{\frac{1}{2}} \dfrac{-1}{\sqrt{4 - (2t - 1)^2}} dt$$

$$= \dfrac{1}{2} \left[-\sin^{-1}\left(\dfrac{2t - 1}{2} \right) \right]_{\frac{3}{2}}^{\frac{1}{2}} = \dfrac{1}{2}(-\sin^{-1} 0 + \sin^{-1} 1) = \dfrac{\pi}{4}$$

演習 C (1) まず不定積分を求めると

$$\int x \sin^{-1} x \, dx = \dfrac{x^2}{2} \sin^{-1} x - \dfrac{1}{2} \int x^2 \dfrac{1}{\sqrt{1 - x^2}} dx$$

$$= \dfrac{x^2}{2} \sin^{-1} x + \dfrac{1}{2} \int \sqrt{1 - x^2} \, dx - \dfrac{1}{2} \int \dfrac{1}{\sqrt{1 - x^2}} dx$$

$$= \dfrac{x^2}{2} \sin^{-1} x + \dfrac{1}{4} \left(x\sqrt{1 - x^2} + \sin^{-1} x \right) - \dfrac{1}{2} \sin^{-1} x + C$$

$$= \left(\dfrac{x^2}{2} - \dfrac{1}{4} \right) \sin^{-1} x + \dfrac{1}{4} x\sqrt{1 - x^2} + C \quad \text{よって}$$

$$I = \left[\left(\dfrac{x^2}{2} - \dfrac{1}{4} \right) \sin^{-1} x + \dfrac{1}{4} x\sqrt{1 - x^2} \right]_0^1 = \dfrac{1}{4} \cdot \sin^{-1} 1 = \dfrac{\pi}{8}$$

(2) $\sin^{-1} x = t$ と置換して不定積分を求めると

$$\int x \sin^{-1} x \, dx = \int \sin t \cdot t \cos t \, dt = \frac{1}{2} \int t \sin 2t \, dt$$

$$= \frac{1}{2} \left[t \left(-\frac{1}{2} \cos 2t \right) - \int \left(-\frac{1}{2} \cos 2t \right) dt \right] = \frac{1}{4} \left(-t \cos 2t + \frac{1}{2} \sin 2t \right) + C$$

よって $I = \dfrac{1}{4} \left[-t \cos 2t + \dfrac{1}{2} \sin 2t \right]_0^{\frac{\pi}{2}} = \dfrac{\pi}{8}$

例題 4-24　広義積分 (1)

演習 A　(1) $\displaystyle\int_2^3 \frac{1}{\sqrt{x-2}} \, dx = \lim_{\varepsilon \to +0} \int_{2+\varepsilon}^3 \frac{1}{\sqrt{x-2}} \, dx = \lim_{\varepsilon \to +0} \left[2\sqrt{x-2} \right]_{2+\varepsilon}^3 = 2$

(2) $\displaystyle\int_0^1 \frac{1}{x} \, dx = \lim_{\varepsilon \to +0} \int_\varepsilon^1 \frac{1}{x} \, dx = \lim_{\varepsilon \to +0} \left[\log x \right]_\varepsilon^1 = \infty$　よって積分は発散する.

(3) $\displaystyle\int_2^3 \frac{1}{x^2 - 4} \, dx = \lim_{\varepsilon \to +0} \int_{2+\varepsilon}^3 \frac{1}{x^2 - 4} \, dx = \lim_{\varepsilon \to +0} \left[\frac{1}{4} \log \left| \frac{x-2}{x+2} \right| \right]_{2+\varepsilon}^3$

$= \displaystyle\lim_{\varepsilon \to +0} \frac{1}{4} \left[\log \frac{1}{5} - \log \frac{\varepsilon}{4+\varepsilon} \right] = \infty$　よって積分は発散する.

演習 B　(1) $\displaystyle\int_{-1}^1 \frac{1}{\sqrt{1-x^2}} \, dx = \lim_{\varepsilon, \varepsilon' \to +0} \int_{-1+\varepsilon'}^{1-\varepsilon} \frac{1}{\sqrt{1-x^2}} \, dx$

$= \displaystyle\lim_{\varepsilon, \varepsilon' \to +0} \left[\sin^{-1} x \right]_{-1+\varepsilon'}^{1-\varepsilon}$

$= \left[\sin^{-1} 1 - \sin^{-1}(-1) \right] = \dfrac{\pi}{2} - \left(-\dfrac{\pi}{2} \right) = \pi$

(2) $\displaystyle\int_0^1 \frac{1}{\sqrt{x(1-x)}} \, dx = \lim_{\varepsilon, \varepsilon' \to +0} \int_{\varepsilon'}^{1-\varepsilon} \frac{1}{\sqrt{\frac{1}{4} - (x - \frac{1}{2})^2}} \, dx$

$= \displaystyle\lim_{\varepsilon, \varepsilon' \to +0} \left[\sin^{-1} \left(\frac{x - \frac{1}{2}}{\frac{1}{2}} \right) \right]_{\varepsilon'}^{1-\varepsilon} = \lim_{\varepsilon, \varepsilon' \to +0} \left[\sin^{-1}(2x - 1) \right]_{\varepsilon'}^{1-\varepsilon}$

$= \sin^{-1} 1 - \sin^{-1}(-1) = \dfrac{\pi}{2} - \left(-\dfrac{\pi}{2} \right) = \pi$

(3) $\displaystyle\int_1^2 \frac{1}{\sqrt{x^2 - 1}} \, dx = \lim_{\varepsilon \to +0} \int_{1+\varepsilon}^2 \frac{1}{\sqrt{x^2 - 1}} \, dx$

$= \displaystyle\lim_{\varepsilon \to +0} \left[\log(x + \sqrt{x^2 - 1}) \right]_{1+\varepsilon}^2 = \log(2 + \sqrt{3})$

演習 C　(1) $\displaystyle\int_0^{\frac{\pi}{2}} \tan x \, dx = \lim_{\varepsilon \to +0} \int_0^{\frac{\pi}{2} - \varepsilon} \tan x \, dx = \lim_{\varepsilon \to +0} \left[-\log |\cos x| \right]_0^{\frac{\pi}{2} - \varepsilon}$

$= \displaystyle\lim_{\varepsilon \to +0} \left[-\log \left| \cos \left(\frac{\pi}{2} - \varepsilon \right) \right| + \log 1 \right] = \infty$　よって積分は発散する.

(2) $\displaystyle\int_0^2 \frac{1}{(x-1)^2} \, dx = \int_0^1 \frac{1}{(x-1)^2} \, dx + \int_1^2 \frac{1}{(x-1)^2} \, dx$

$= \displaystyle\lim_{\varepsilon \to +0} \int_0^{1-\varepsilon} \frac{1}{(x-1)^2} \, dx + \lim_{\varepsilon' \to +0} \int_{1+\varepsilon'}^2 \frac{1}{(x-1)^2} \, dx$

$= \displaystyle\lim_{\varepsilon \to +0} \left[-\frac{1}{x-1} \right]_0^{1-\varepsilon} + \lim_{\varepsilon' \to +0} \left[-\frac{1}{x-1} \right]_{1+\varepsilon'}^2$

$= \displaystyle\lim_{\varepsilon \to +0} \left[\frac{1}{\varepsilon} - 1 \right] + \lim_{\varepsilon' \to +0} \left[-1 + \frac{1}{\varepsilon'} \right] = \infty$　よって積分は発散する.

(3) $\sqrt{\dfrac{x}{1-x}} = t$ とおくと $\displaystyle\int \sqrt{\dfrac{x}{1-x}}\, dx = 2\int \left(\dfrac{1}{1+t^2} - \dfrac{1}{(1+t^2)^2}\right) dt$

$= 2\left[\tan^{-1} t - \dfrac{1}{2}\left(\dfrac{t}{1+t^2} + \tan^{-1} t\right)\right] = \tan^{-1} t - \dfrac{t}{1+t^2} + C$

$= \tan^{-1}\left(\sqrt{\dfrac{x}{1-x}}\right) - \sqrt{x(1-x)} + C$ となる．よって

$\displaystyle\int_0^1 \sqrt{\dfrac{x}{1-x}}\, dx = \lim_{\varepsilon\to +0}\int_0^{1-\varepsilon} \sqrt{\dfrac{x}{1-x}}\, dx$

$= \displaystyle\lim_{\varepsilon\to +0}\left[\tan^{-1}\left(\sqrt{\dfrac{x}{1-x}}\right) - \sqrt{x(1-x)}\right]_0^{1-\varepsilon}$

$= \displaystyle\lim_{\varepsilon\to +0}\left[\tan^{-1}\left(\sqrt{\dfrac{1-\varepsilon}{\varepsilon}}\right) - \sqrt{(1-\varepsilon)\varepsilon}\right] = \dfrac{\pi}{2}$

（注）$\displaystyle\int \sqrt{\dfrac{x}{1-x}}\, dx = \int \dfrac{x}{\sqrt{x(1-x)}}\, dx$ と変形しても不定積分は計算できる．ただし，定義されない点が2つになるので極限を2つとる必要がある．

例題 4-25　広義積分 (2)

演習 A　(1) $\displaystyle\int_1^\infty \dfrac{1}{x^3}\, dx = \lim_{R\to\infty}\int_1^R \dfrac{1}{x^3}\, dx = \lim_{R\to\infty}\left[-\dfrac{1}{2x^2}\right]_1^R = \dfrac{1}{2}$

(2) $\displaystyle\int_0^\infty \dfrac{2x}{(x^2+1)^2}\, dx = \lim_{R\to\infty}\int_0^R \dfrac{2x}{(x^2+1)^2}\, dx = \lim_{R\to\infty}\left[-\dfrac{1}{x^2+1}\right]_0^R = 1$

(3) $\displaystyle\int_{-\infty}^\infty \dfrac{1}{(x^2+1)^2}\, dx = \lim_{\substack{a\to -\infty \\ b\to\infty}}\int_a^b \dfrac{1}{(x^2+1)^2}\, dx$

$= \displaystyle\lim_{\substack{a\to -\infty \\ b\to\infty}}\left[\dfrac{x}{2(x^2+1)} + \dfrac{1}{2}\tan^{-1} x\right]_a^b = \dfrac{\pi}{4} - \left(-\dfrac{\pi}{4}\right) = \dfrac{\pi}{2}$　（例題 4-12 演習 A(1) を参照）

演習 B　(1) $\displaystyle\int_0^\infty xe^{-x}\, dx = \lim_{R\to\infty}\int_0^R xe^{-x}\, dx = \lim_{R\to\infty}\left[-xe^{-x} - e^{-x}\right]_0^R = 1$

(2) $\displaystyle\int_1^\infty \dfrac{2x+1}{x^2+1}\, dx = \lim_{R\to\infty}\int_1^R \dfrac{2x+1}{x^2+1}\, dx = \lim_{R\to\infty}\left[\tan^{-1} x + \log(x^2+1)\right]_1^R$

$= \displaystyle\lim_{R\to\infty}\left[\tan^{-1} R + \log(R^2+1) - \dfrac{\pi}{4} - \log 2\right] = \infty$

(3) $\displaystyle\int_0^\infty (2x - x^2)e^{-x}\, dx = \lim_{R\to\infty}\int_0^R (2x - x^2)e^{-x}\, dx = \lim_{R\to\infty}\left[x^2 e^{-x}\right]_0^R$

$= \displaystyle\lim_{R\to\infty}\left[R^2 e^{-R}\right] = 0$

演習 C　(1) $e^x = t$ とおくと

$\displaystyle\int \dfrac{1}{3e^x + e^{-x}}\, dx = \int \dfrac{1}{3t + t^{-1}} \cdot \dfrac{1}{t}\, dt = \int \dfrac{1}{3t^2 + 1}\, dt = \dfrac{1}{\sqrt{3}}\tan^{-1}\sqrt{3}\, t + C$

よって

$\displaystyle\int_0^\infty \dfrac{1}{3e^x + e^{-x}}\, dx = \int_1^\infty \dfrac{1}{3t^2+1}\, dt = \lim_{R\to\infty}\left[\dfrac{1}{\sqrt{3}}\tan^{-1}\sqrt{3}\, t\right]_1^R = \dfrac{1}{\sqrt{3}}\left(\dfrac{\pi}{2} - \dfrac{\pi}{3}\right) = \dfrac{\pi}{6\sqrt{3}}$

(2) $\displaystyle\int_0^\infty \dfrac{1-x^2}{(x^2+1)^2}\, dx = -\int_0^\infty \left(\dfrac{1}{x^2+1} - \dfrac{2}{(x^2+1)^2}\right) dx = \lim_{R\to\infty}\left[\dfrac{x}{x^2+1}\right]_0^R = 0$

(3) $\int \dfrac{1}{(x^2+1)(x^2+4)}\,dx = \dfrac{1}{3}\int\left(\dfrac{1}{x^2+1}-\dfrac{1}{x^2+4}\right)dx$

$= \dfrac{1}{3}\left(\tan^{-1} x - \dfrac{1}{2}\tan^{-1}\dfrac{x}{2}\right) + C$

だから

$\displaystyle\int_0^\infty \dfrac{1}{(x^2+1)(x^2+4)}\,dx = \lim_{R\to\infty} \dfrac{1}{3}\left[\tan^{-1} x - \dfrac{1}{2}\tan^{-1}\dfrac{x}{2}\right]_0^R$

$= \dfrac{1}{3}\left(\dfrac{\pi}{2} - \dfrac{1}{2}\cdot\dfrac{\pi}{2}\right) = \dfrac{\pi}{12}$

例題 4-26　曲線の長さ

演習 A　(1) $L = \displaystyle\int_0^1 \sqrt{1+f'(x)^2}\,dx = \int_0^1 \sqrt{1+x^2}\,dx$

$= \dfrac{1}{2}\left[x\sqrt{x^2+1} + \log\left(x+\sqrt{x^2+1}\right)\right]_0^1 = \dfrac{1}{2}(\sqrt{2}+\log(1+\sqrt{2}))$

(2) $L = \displaystyle\int_1^2 \sqrt{\left(\dfrac{dx}{dt}\right)^2 + \left(\dfrac{dy}{dt}\right)^2}\,dt = \int_1^2 \sqrt{(t-1)^2+(2\sqrt{t})^2}\,dt$

$= \displaystyle\int_1^2 (t+1)\,dt = \left[\dfrac{t^2}{2}+t\right]_1^2 = \dfrac{5}{2}$

(3) $\sqrt{r^2+r'^2} = \sqrt{\cos^2\theta + (-\sin\theta)^2} = 1$ だから

$L = \displaystyle\int_0^{\frac{\pi}{2}} 1\,d\theta = \dfrac{\pi}{2}$

演習 B　(1) $y' = \dfrac{-2x}{1-x^2}$ だから $\sqrt{1+f'(x)^2} = \sqrt{1+\left(\dfrac{-2x}{1-x^2}\right)^2} = \dfrac{1+x^2}{1-x^2}$ である．よって

$L = \displaystyle\int_0^{\frac{1}{2}} \sqrt{1+f'(x)^2}\,dx = \int_0^{\frac{1}{2}} \dfrac{1+x^2}{1-x^2}\,dx = \int_0^{\frac{1}{2}} \left(\dfrac{2}{1-x^2}-1\right)dx$

$= \left[\log\left|\dfrac{1+x}{1-x}\right| - x\right]_0^{\frac{1}{2}} = \log 3 - \dfrac{1}{2}$

(2) $x' = 6t, y' = 3-3t^2$ だから

$L = \displaystyle\int_0^{\sqrt{3}} \sqrt{\left(\dfrac{dx}{dt}\right)^2 + \left(\dfrac{dy}{dt}\right)^2}\,dt = \int_0^{\sqrt{3}} \sqrt{(6t)^2+(3-3t^2)^2}\,dt$

$= \displaystyle\int_0^{\sqrt{3}} 3(1+t^2)\,dt = \left[t^3+3t\right]_0^{\sqrt{3}} = 6\sqrt{3}$

(3) $L = \displaystyle\int_0^{\pi} \sqrt{r^2+r'^2}\,d\theta = \int_0^{\pi} \sqrt{4\theta^2+4}\,d\theta = \int_0^{\pi} 2\sqrt{\theta^2+1}\,d\theta$

$= 2 \times \left[\dfrac{1}{2}(\theta\sqrt{\theta^2+1}+\log(\theta+\sqrt{\theta^2+1}))\right]_0^{\pi} = \pi\sqrt{\pi^2+1}+\log(\pi+\sqrt{\pi^2+1})$

演習 C　(1) $L = \displaystyle\int_{\log\sqrt{3}}^{\log 2\sqrt{2}} \sqrt{1+y'^2}\,dx = \int_{\log\sqrt{3}}^{\log 2\sqrt{2}} \sqrt{1+e^{2x}}\,dx$　ここで $\sqrt{1+e^{2x}} = t$ とおくと $2 \leq t \leq 3$. よって

$L = \displaystyle\int_2^3 \dfrac{t^2}{t^2-1}\,dt = \int_2^3 \left(1+\dfrac{1}{t^2-1}\right)dt = \left[t+\dfrac{1}{2}\log\left|\dfrac{t-1}{t+1}\right|\right]_2^3 = 1+\dfrac{1}{2}\log\dfrac{3}{2}$

(2) $y' = \dfrac{-\sin x}{\cos x}$ だから

$L = \displaystyle\int_0^{\frac{\pi}{3}} \sqrt{1 + \left(\dfrac{-\sin x}{\cos x}\right)^2}\, dx = \int_0^{\frac{\pi}{3}} \dfrac{1}{\cos x}\, dx = \left[\log\left|\dfrac{1 + \tan\frac{x}{2}}{1 - \tan\frac{x}{2}}\right|\right]_0^{\frac{\pi}{3}} = \log(2 + \sqrt{3})$

(3) $r' = 3\cos^2\dfrac{\theta}{3} \cdot \left(-\sin\dfrac{\theta}{3}\right) \cdot \dfrac{1}{3} = -\sin\dfrac{\theta}{3}\cos^2\dfrac{\theta}{3}$,

$L = \displaystyle\int_0^{\pi} \sqrt{r^2 + r'^2}\, d\theta = \int_0^{\pi} \cos^2\dfrac{\theta}{3}\, d\theta$

$= \left[\dfrac{\theta}{2} + \dfrac{1}{2}\times\dfrac{3}{2}\sin\dfrac{2}{3}\theta\right]_0^{\pi} = \dfrac{\pi}{2} + \dfrac{3}{8}\sqrt{3}$

総合問題 (1) 4-27　面積

演習 A (1) $y = \dfrac{8}{x^2 + 4}$, $y = \dfrac{x}{2}$ の交点は (2,1) だから

$S = \displaystyle\int_0^2 \left(\dfrac{8}{x^2 + 4} - \dfrac{x}{2}\right) dx = \left[8\times\dfrac{1}{2}\tan^{-1}\dfrac{x}{2} - \dfrac{x^2}{4}\right]_0^2 = 4\tan^{-1}1 - 1 = \pi - 1$

(2) $S = 2\displaystyle\int_0^a \dfrac{ax}{\sqrt{a^2 - x^2}}\, dx = 2\lim_{\varepsilon\to +0}\int_0^{a-\varepsilon}\dfrac{ax}{\sqrt{a^2 - x^2}}\, dx = 2\left[-a\sqrt{a^2 - x^2}\right]_0^a = 2a^2$

演習 B (1) $S = \dfrac{1}{2}\displaystyle\int_0^{\frac{\pi}{2}} r^2\, d\theta = \dfrac{1}{2}\int_0^{\frac{\pi}{2}} 4\theta^2\, d\theta = 2\left[\dfrac{1}{3}\theta^3\right]_0^{\frac{\pi}{2}} = \dfrac{\pi^3}{12}$

(2) $S = 4\times\dfrac{1}{2}\displaystyle\int_0^{\frac{\pi}{4}} r^2\, d\theta = 2\int_0^{\frac{\pi}{4}} 4\cos 2\theta\, d\theta = 8\left[\dfrac{\sin 2\theta}{2}\right]_0^{\frac{\pi}{4}} = 4$

演習 C　$x = r\cos\theta$, $y = r\sin\theta$ と置換して方程式に代入すると，曲線の極方程式 $r = \dfrac{3\cos\theta\sin\theta}{\cos^3\theta + \sin^3\theta}$ を得る．$\tan\theta = t$ とおくと

$S = \dfrac{1}{2}\displaystyle\int_0^{\frac{\pi}{2}} r^2\, d\theta = \dfrac{9}{2}\int_0^{\frac{\pi}{2}} \dfrac{\cos^2\theta\sin^2\theta}{(\cos^3\theta + \sin^3\theta)^2}\, d\theta$

$= \dfrac{9}{2}\displaystyle\int_0^{\infty} \dfrac{t^2}{(1 + t^3)^2}\, dt = \lim_{R\to\infty}\dfrac{9}{2}\left[-\dfrac{1}{3(1 + t^3)}\right]_0^R = \dfrac{3}{2}$

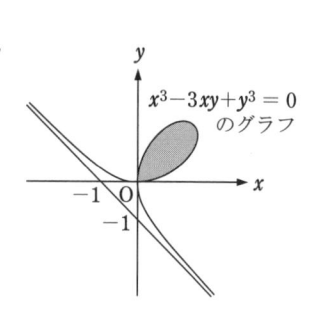

総合問題 (2) 4-28　体積

演習 A (1) $V = \pi\displaystyle\int_{-1}^{1} y^2\, dx = \pi\int_{-1}^{1} 2(1 - x^2)\, dx = \dfrac{8}{3}\pi$

(2) $V = \pi\displaystyle\int_0^1 y^2\, dx = \pi\int_0^1 4x\, dx = 2\pi$

(3) $V = \pi\displaystyle\int_0^1 y^2\, dx = \pi\int_0^1 (e^x - 1)^2\, dx = \pi\int_0^1 (e^{2x} - 2e^x + 1)\, dx$

$= \pi\left[\dfrac{1}{2}e^{2x} - 2e^x + x\right]_0^1 = \dfrac{1}{2}\pi(e^2 - 4e + 5)$

演習 B (1) $V = \pi\displaystyle\int_0^3 y^2\, dx = \pi\int_0^3 \dfrac{x(x - 3)}{x - 4}\, dx = \pi\int_0^3 \left(x + 1 + \dfrac{4}{x - 4}\right) dx$

$= \pi\left[\dfrac{x^2}{2} + x + 4\log|x - 4|\right]_0^3 = \pi\left(\dfrac{15}{2} - 8\log 2\right)$

(2) $z = t$ での切り口は楕円 $x^2 + \dfrac{y^2}{4} = 1 - t^4$ であり，その面積は $S(t) = 2\pi(1 - t^4)$ だから (楕円 $\dfrac{x^2}{a^2} + \dfrac{y^2}{b^2} = 1$ の面積は πab である)，$-1 \leqq z \leqq 1$ に注意して積分すると

$$V = \int_{-1}^{1} S(z)\, dz = \int_{-1}^{1} 2\pi\left(1 - z^4\right) dz = \frac{16}{5}\pi$$

演習 C (1) カージオイドである．b と α は右図のようにとる．こうして

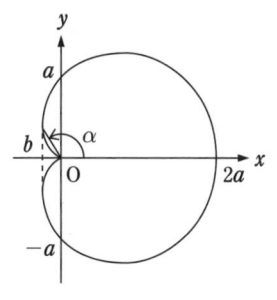

$$V = \pi \int_{b}^{2a} y^2\, dx - \pi \int_{b}^{0} y^2\, dx$$

$$= \pi \int_{\alpha}^{0} y^2 \frac{dx}{d\theta}\, d\theta - \pi \int_{\alpha}^{\pi} y^2 \frac{dx}{d\theta}\, d\theta$$

$$= \pi \int_{\pi}^{0} y^2 \frac{dx}{d\theta}\, d\theta = \pi \int_{\pi}^{0} r^2 \sin^2\theta \left(\frac{dr}{d\theta}\cos\theta - r\sin\theta\right) d\theta$$

$$= \pi \int_{\pi}^{0} a^2(1 + \cos\theta)^2 \sin^2\theta \{-a\sin\theta\cos\theta - a(1 + \cos\theta)\sin\theta\}\, d\theta$$

$$= \pi a^3 \int_{0}^{\pi} (1 + \cos\theta)^2 (1 - \cos^2\theta)(1 + 2\cos\theta)\sin\theta\, d\theta$$

$$= \pi a^3 \int_{1}^{-1} (1 + t)^2 (1 - t^2)(1 + 2t)(-dt) \quad (\cos\theta = t\ と置換して)$$

$$= \pi a^3 \int_{-1}^{1} (1 + 4t^2 - 5t^4)\, dt = \frac{8}{3}\pi a^3$$

(2) 解答その 1

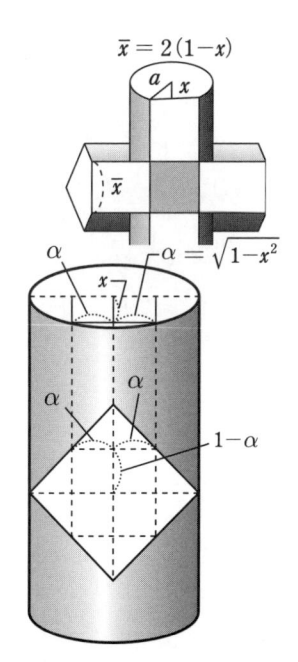

$$V = 2 \int_{0}^{1} 2\sqrt{1 - x^2} \cdot 2(1 - x)\, dx = 8 \int_{0}^{1} \sqrt{1 - x^2}\, dx$$

$$+ 4 \int_{0}^{1} \sqrt{1 - x^2} \cdot (-2x)\, dx = 8 \cdot \frac{\pi}{4} + 4 \left[\frac{2}{3}(1 - x^2)^{\frac{3}{2}}\right]_{0}^{1} = 2\pi - \frac{8}{3}$$

解答その 2 $\alpha = \sqrt{1 - x^2}$ を図のようにとる．そのとき断面積 $S(x)$ は

$$S(x) = 4\left(\alpha(1 - \alpha) + \frac{\alpha^2}{2}\right) = 4\alpha - 2\alpha^2 = 4\sqrt{1 - x^2} - 2(1 - x^2)$$

よって

$$V = \int_{-1}^{1} S(x)\, dx = 2 \int_{0}^{1} (4\sqrt{1 - x^2} - 2(1 - x^2))\, dx$$

$$= 8 \int_{0}^{1} \sqrt{1 - x^2}\, dx - 4 \int_{0}^{1} (1 - x^2)\, dx = 8 \times \frac{\pi}{4} - 4\left[x - \frac{x^3}{3}\right]_{0}^{1}$$

$$= 2\pi - \frac{8}{3}$$

心臓形 cardioid
$r = a(1 + \cos\theta)\ (a > 0)$

四角柱の正面から見た図

総合問題 (3) 4-29　広義積分の収束判定

演習 A (1) $f(x) = \dfrac{1}{\sqrt[3]{1 - x^3}}$ とおく．$\alpha = \dfrac{1}{3} < 1$ ととると $\displaystyle\lim_{x \to 1-0}(1 - x)^\alpha f(x) = \dfrac{1}{\sqrt[3]{3}}$ だから，広義積分は収束する (判定法 (2) を参照)．

(2) $f(x) = \dfrac{x}{3x^4 + x^2 + 1}$ とおく．$\alpha = 3 > 1$ ととると $\displaystyle\lim_{x \to \infty} x^\alpha f(x) = \dfrac{1}{3}$ だから広義積分は収束する (判定法 (4) を参照)．

演習 B (1) $x > 1$ に対して $\dfrac{1}{\sqrt{x^4 - 1}} < \dfrac{1}{\sqrt{x-1}}$ であり $\displaystyle\int_1^2 \dfrac{1}{\sqrt{x-1}}\, dx = \left[2\sqrt{x-1}\right]_1^2 = 2$ だから，広義積分は収束する (判定法 (1) を参照)．

(2) $\left|\dfrac{\cos x}{x^2 + 1}\right| \leq \dfrac{1}{x^2 + 1}$ であり $\displaystyle\int_0^\infty \dfrac{1}{x^2+1}\, dx = \left[\tan^{-1} x\right]_0^\infty = \dfrac{\pi}{2}$ となって収束するから $\displaystyle\int_0^\infty \dfrac{\cos x}{x^2+1}\, dx$ も収束する (判定法 (5) を参照)．

演習 C (1) $f(x) = \dfrac{1}{\sqrt{\sin x}}$ とおく．$\displaystyle\int_0^1 f(x)\, dx$ と $\displaystyle\int_1^\pi f(x)\, dx$ と分けて考える．$\alpha = \dfrac{1}{2} < 1$ ととると $\displaystyle\lim_{x \to +0} (x - 0)^\alpha f(x) = 1$ で $\displaystyle\lim_{x \to \pi + 0} (\pi - x)^\alpha f(x) = 1$ だから広義積分は収束する．

(2) $\alpha > 1$ のとき，$f(x) = \dfrac{1}{1 + x^\alpha} < \dfrac{1}{x^\alpha}$ で，$\alpha > 1$ だから $\dfrac{1}{x^\alpha}$ は広義積分可能．よってこの場合は $\displaystyle\int_1^\infty \dfrac{1}{1 + x^\alpha}\, dx$ は収束する．$\alpha \leq 1$ のとき，$f(x) \geq \dfrac{1}{1 + x}$ で $\displaystyle\int_1^\infty \dfrac{1}{1+x}\, dx$ は発散するから，$\displaystyle\int_1^\infty \dfrac{1}{1 + x^\alpha}\, dx$ も発散する．

総合問題 (4) 4-30 **区分求積法**

演習 A (1) $\displaystyle\lim_{n \to \infty} \sum_{k=1}^n \dfrac{1}{n+k} = \lim_{n \to \infty} \dfrac{1}{n}\left(\dfrac{1}{1+\frac{1}{n}} + \dfrac{1}{1+\frac{2}{n}} + \cdots + \dfrac{1}{1+\frac{n}{n}}\right)$
$= \displaystyle\int_0^1 \dfrac{1}{1+x}\, dx = \left[\log|1+x|\right]_0^1 = \log 2$

(2) $f(x) = 2 + x$ とおくと
$\displaystyle\lim_{n \to \infty} \dfrac{1}{n}\left(\dfrac{2n}{n} + \dfrac{2n+1}{n} + \dfrac{2n+2}{n} \cdots + \dfrac{3n-1}{n}\right)$
$= \displaystyle\lim_{n \to \infty} \dfrac{1}{n}\left(2 + \left(2 + \dfrac{1}{n}\right) + \left(2 + \dfrac{2}{n}\right) + \cdots + \left(2 + \dfrac{n-1}{n}\right)\right)$
$= \displaystyle\lim_{n \to \infty} \sum_{k=0}^{n-1} f\left(\dfrac{k}{n}\right)\dfrac{1}{n} = \int_0^1 f(x)\, dx = \dfrac{5}{2}$

演習 B (1) $\displaystyle\lim_{n \to \infty} \dfrac{1}{n} \sum_{k=1}^n \sin\dfrac{k\pi}{n} = \lim_{n \to \infty} \dfrac{1}{\pi}\dfrac{\pi}{n}\sum_{k=1}^n \sin\dfrac{k\pi}{n} = \dfrac{1}{\pi}\int_0^\pi \sin x\, dx$
$= \dfrac{1}{\pi}\left[-\cos x\right]_0^\pi = \dfrac{2}{\pi}$

(2) $\displaystyle\lim_{n \to \infty}\left(\dfrac{n^2}{n^3} + \dfrac{n^2}{(n+1)^3} + \dfrac{n^2}{(n+2)^3} \cdots + \dfrac{n^2}{(2n-1)^3}\right)$
$= \displaystyle\lim_{n \to \infty} \dfrac{1}{n}\left(\left(\dfrac{n}{n}\right)^3 + \left(\dfrac{n}{n+1}\right)^3 + \cdots + \left(\dfrac{n}{n+k}\right)^3 + \cdots + \left(\dfrac{n}{n+(n-1)}\right)^3\right)$
$= \displaystyle\lim_{n \to \infty} \dfrac{1}{n}\left(\left(\dfrac{1}{1+\frac{0}{n}}\right)^3 + \left(\dfrac{1}{1+\frac{1}{n}}\right)^3 + \cdots + \left(\dfrac{1}{1+\frac{k}{n}}\right)^3 + \cdots + \left(\dfrac{1}{1+\frac{n-1}{n}}\right)^3\right)$

$$= \int_0^1 \left(\frac{1}{1+x}\right)^3 dx = \left[-\frac{1}{2(1+x)^2}\right]_0^1 = \frac{3}{8}$$

演習 C (1) $\lim_{n\to\infty} \frac{1}{n^2}\left(\sqrt{n^2-1}+\sqrt{n^2-2^2}+\cdots+\sqrt{n^2-(n-1)^2}\right)$

$$= \lim_{n\to\infty} \frac{1}{n}\left(\sqrt{1-\left(\frac{1}{n}\right)^2}+\sqrt{1-\left(\frac{2}{n}\right)^2}+\cdots+\sqrt{1-\left(\frac{n-1}{n}\right)^2}\right)$$

$$= \int_0^1 \sqrt{1-x^2}\,dx = \frac{1}{2}\left[x\sqrt{1-x^2}+\sin^{-1}x\right]_0^1 = \frac{\pi}{4}$$

(2) $\lim_{n\to\infty} \frac{1}{n^4}\sum_{k=0}^{n-1} k^2\sqrt{n^2-k^2} = \lim_{n\to\infty} \frac{1}{n}\sum_{k=0}^{n-1}\left(\frac{k}{n}\right)^2\sqrt{1-\left(\frac{k}{n}\right)^2}$

$$= \int_0^1 x^2\sqrt{1-x^2}\,dx \quad (x=\sin\theta \text{ とおいて})$$

$$= \int_0^{\frac{\pi}{2}} \sin^2\theta\cos\theta\cos\theta\,d\theta = \int_0^{\frac{\pi}{2}} (\sin^2\theta-\sin^4\theta)\,d\theta = \frac{\pi}{16}$$

総合問題(5) 4-31 　　定積分の不等式への応用

演習 A $0<k<x<k+1$ で $\frac{1}{x^\alpha}<\frac{1}{k^\alpha}$ だから $\int_k^{k+1}\frac{1}{x^\alpha}\,dx<\int_k^{k+1}\frac{1}{k^\alpha}\,dx=\frac{1}{k^\alpha}$
$k=1,2,\cdots,n$ について加えると

$$\int_1^{n+1}\frac{1}{x^\alpha}\,dx<\frac{1}{1^\alpha}+\frac{1}{2^\alpha}+\frac{1}{3^\alpha}+\cdots+\frac{1}{n^\alpha}$$

$\alpha\geqq 1$ とする.$\alpha=1$ のとき,$\int_1^n \frac{1}{x^\alpha}\,dx=\log n\to\infty\,(n\to\infty)$

$\alpha<1$ のとき $\int_1^n \frac{1}{x^\alpha}\,dx=\frac{1}{1-\alpha}\left(n^{1-\alpha}-1\right)\to\infty\,(n\to\infty)$ だから

$\int_1^n \frac{1}{x^\alpha}\,dx<S_n$ より $S_n\to\infty$ となる.したがって考えている級数は発散する.

演習 B (1) $0<x<1$ では $1<(1+x)^x<1+x$ だから
$$1=\int_0^1 1\,dx<\int_0^1 (1+x)^x\,dx<\int_0^1 (1+x)\,dx=\frac{3}{2}$$

(2) $k\leqq x\leqq k+1$ において

$$\frac{1}{(k+1)^2}=\int_k^{k+1}\frac{1}{(k+1)^2}\,dx<\int_k^{k+1}\frac{1}{x^2}\,dx<\int_k^{k+1}\frac{1}{k^2}\,dx=\frac{1}{k^2}$$

$k=n,n+1,n+2,\cdots,2n-1$ まで辺々加えて

$$\frac{1}{(n+1)^2}+\frac{1}{(n+2)^2}+\cdots+\frac{1}{(n+n)^2}<\int_n^{2n}\frac{1}{x^2}\,dx<\frac{1}{n^2}+\frac{1}{(n+1)^2}+\cdots+\frac{1}{(2n-1)^2}$$

よって,示したい不等式は $\int_n^{2n}\frac{1}{x^2}\,dx=\left[\frac{-1}{x}\right]_n^{2n}=\frac{1}{2n}$ よりわかる.

演習 C (1) $0<x<1$ において $1<\sin x+\cos x\leqq\sqrt{2}$ だから $1<(\sin x+\cos x)^2\leqq 2$.このとき $0<x<1$ だから $x^2\leqq x^{(\sin x+\cos x)^2}<x$.よって

$$\frac{1}{3}=\int_0^1 x^2\,dx<\int_0^1 x^{(\sin x+\cos x)^2}\,dx<\int_0^1 x\,dx=\frac{1}{2}$$

(2) $0 < k < x < k+1$ において $\sqrt{k} < \sqrt{x} < \sqrt{k+1}$ だから

$$\sqrt{k} < \int_k^{k+1} \sqrt{x}\,dx < \sqrt{k+1}$$

$k = 0, 1, 2, \cdots, n-1$ まで辺々加えて

$$0 + \sqrt{1} + \sqrt{2} + \cdots + \sqrt{n-1} < \int_0^n \sqrt{x}\,dx < \sqrt{1} + \sqrt{2} + \cdots + \sqrt{n}$$

よって，示したい不等式は $\int_0^n \sqrt{x}\,dx = \dfrac{2}{3}n\sqrt{n}$ よりわかる．実際，第 1 の不等式から

$$\sum_{k=1}^{n-1} \sqrt{k} + \sqrt{n} < \frac{2}{3}n\sqrt{n} + \sqrt{n} = \frac{2}{3}\sqrt{n}\left(n + \frac{3}{2}\right)$$

が成り立ち，第 2 の不等式から $\dfrac{2}{3}\sqrt{n}\,n < \sum_{k=1}^n \sqrt{k}$ がわかる．

フーリエ (Jean-Baptiste-Joseph Fourier, 1768-1830)

　フランスの裁縫職人の子として生まれる．8 歳のときに孤児になったが，司祭に引き取られて教育される．修道院で独力で数学を学んだ．1793 年に国民公会が高等教育の機関を各地に創設して多くの教師が採用されたが，フーリエもその一人に選ばれた．まもなくこれらの学校がつぶれてしまったので失業したが，モンジュの尽力により，新設のエコールポリテクニクの教授になることができた．1798 年にナポレオンのエジプト遠征に従軍した際に行政手腕を発揮してナポレオンに認められ，帰国後は 1802 年にグルノーブルの知事に任命された．ナポレオン隆盛時代は数学者のモンジュらと一緒に文化工作に尽くした．ナポレオン没落後はルイ 18 世によって公職から追放され，貧困のどん底に落ちたがうまい処世術とすぐれた頭脳によって科学アカデミー会員に押され，1827 年に会員に選ばれた．有名な熱伝導の研究は 1800 年ごろから始められ，1822 年に「熱の解析的理論」が世に出て熱の伝導という物理現象を偏微分方程式で表すことを考え，この偏微分方程式を解くために，今日「フーリエ級数」と呼ばれているものを導入した．現代から見れば，厳密性という意味ではあやしい所が多かったが，これが現在のフーリエ解析学に発展していくことからみても，示唆に富む画期的な大論文であった．晩年は学者として最高の地位を得ていたが，この栄誉は過去の業績によるものであり，学問的にはすでに停頓していた．

V 偏微分

基本事項

1. 関数の極限

x, y 平面上の集合 D で定義された関数 $z = f(\mathrm{P})(= f(x,y))$ を考える.D 上の動点 $\mathrm{P}(x,y)$ と固定点 $\mathrm{P}_0(a,b)$ の距離 $r = \sqrt{(x-a)^2 + (y-b)^2}$ が 0 に限りなく近づくとき,点 $\mathrm{P}(\neq \mathrm{P}_0)$ が P_0 に近づく路の取り方によらず,$f(\mathrm{P})$ が一定値 ℓ に限りなく近づく場合に,$f(\mathrm{P})$ の $\mathrm{P} \to \mathrm{P}_0$ のときの**極限値**は ℓ であるといい,

$$\lim_{(x,y)\to(a,b)} f(x,y) = \ell, \quad \lim_{\mathrm{P}\to\mathrm{P}_0} f(\mathrm{P}) = \ell, \quad f(\mathrm{P}) \to \ell \ (\mathrm{P} \to \mathrm{P}_0)$$

のように表す.$\mathrm{P} \to \mathrm{P}_0$ のとき,$f(\mathrm{P}) \to \ell$,$g(\mathrm{P}) \to m$ ならば,

$$c_1 f(\mathrm{P}) + c_2 g(\mathrm{P}) \to c_1 \ell + c_2 m, \quad f(\mathrm{P})g(\mathrm{P}) \to \ell m, \quad \frac{f(\mathrm{P})}{g(\mathrm{P})} \to \frac{\ell}{m} \ (m \neq 0)$$

が成立する.ただし,c_1, c_2 は任意の定数.

$f(\mathrm{P})$ はその定義域 D の点 P_0 で

$$\lim_{\mathrm{P}\to\mathrm{P}_0} f(\mathrm{P}) = f(\mathrm{P}_0)$$

を満たすとき,P_0 で**連続**であるという.定義域のすべての点で連続な関数は単に連続であると呼ばれる.

D が閉集合であり (すなわち,D はその境界点を全て含む),有界である (すなわち,D は十分大きな半径の円に含まれる) とき,D 上の連続関数は (D のどこかの点で) 最大値と最小値をとる.

2. 偏微分係数

2 変数 x, y の関数 $z = f(x,y)$ が点 (a,b) の近傍で定義されているとき,$y = b$ とおいて得られる 1 変数 x の関数 $f(x,b)$ の $x = a$ における微分係数

$$\lim_{h\to 0} \frac{f(a+h, b) - f(a,b)}{h}$$

が存在すれば,$f(x,y)$ は点 (a,b) で x について**偏微分可能**であるといい,この値を $f(x,y)$ の点 (a,b) における x についての**偏微分係数**といい,$f_x(a,b)$,$\dfrac{\partial f}{\partial x}(a,b)$,$z_x(a,b)$ などで表す.y についての偏微分係数も同様に定義する.すなわち,2 変数 x, y の関数 $z = f(x,y)$ が点 (a,b)

の近傍で定義されているとき，$x=a$ とおいて得られる 1 変数 y の関数 $f(a,y)$ の $y=b$ における微分係数

$$\lim_{k\to 0}\frac{f(a,b+k)-f(a,b)}{k}$$

が存在すれば，$f(x,y)$ は点 (a,b) で y について**偏微分可能**であるといい，この値を $f(x,y)$ の点 (a,b) における y についての**偏微分係数**といい，$f_y(a,b), \dfrac{\partial f}{\partial y}(a,b), z_y(a,b)$ などで表す．

3.

　$f(x,y)$ が D の各点で，x について偏微分可能であるとき，各点 (x,y) に $f_x(x,y)$ を対応させる関数を $z=f(x,y)$ の **x についての偏導関数**といい，$\dfrac{\partial z}{\partial x}, \dfrac{\partial f}{\partial x}, z_x, f_x(x,y)$ などで表す．また，$f(x,y)$ が D の各点で，y について偏微分可能であるとき，各点 (x,y) に $f_y(x,y)$ を対応させる関数を $z=f(x,y)$ の **y についての偏導関数**といい，$\dfrac{\partial z}{\partial y}, \dfrac{\partial f}{\partial y}, z_y, f_y(x,y)$ などで表す．

4.

　2 変数の関数 $f(x,y)$ が点 (a,b) の近傍で定義されていて，$\rho=\sqrt{h^2+k^2}$ とおくとき，$f(a+h,b+k)-f(a,b)=Ah+Bk+o(\rho)\ (\rho\to 0)$ が成り立つような定数 A,B が存在するとき，$f(x,y)$ は点 (a,b) で**全微分可能**であるという．$f(x,y)$ が点 (a,b) で全微分可能であるとき，$f(x,y)$ は点 (a,b) で連続であり，$A=f_x(a,b), B=f_y(a,b)$ となる．2 変数の関数 $z=f(x,y)$ が全微分可能であるとき，z の増分 $\varDelta z=f(x+h,y+k)-f(x,y)$ の近似として $f_x(x,y)h+f_y(x,y)k$ をとり，これを $f(x,y)$ の**全微分**といって，dz または df で表す．関数 x,y の全微分はそれぞれ $dx=h, dy=k$ であるから $dz=f_x(x,y)\,dx+f_y(x,y)\,dy$ である．

5.

　偏導関数 $f_x(x,y), f_y(x,y)$ がともに存在して連続のとき，$f(x,y)$ を C^1 級の関数という．C^1 級の関数は全微分可能である．

6.

　$z=f(x,y)$ が全微分可能であるとき，曲面 $z=f(x,y)$ の上の点 P$=(a,b,f(a,b))$ における**接平面**の方程式は

$$z-f(a,b)=f_x(a,b)(x-a)+f_y(a,b)(y-b)$$

で与えられる．また，この接平面の P を通る法線をこの曲面の P における**法線**という．したがって法線の方程式は

$$\frac{x-a}{f_x(a,b)}=\frac{y-b}{f_y(a,b)}=\frac{z-f(a,b)}{-1}$$

で与えられる．ただし，分母が 0 のときは分子も 0 であると約束する．

7. 連鎖定理 (チェインルール) 1

$z = f(x,y)$ が全微分可能で，$x = x(t), y = y(t)$ が微分可能であるとき，合成関数 $z = f(x(t),y(t))$ は t の関数として微分可能で

$$\frac{dz}{dt} = \frac{\partial f}{\partial x}\frac{dx}{dt} + \frac{\partial f}{\partial y}\frac{dy}{dt}$$

が成り立つ．これは

$$\frac{dz}{dt} = z_x \frac{dx}{dt} + z_y \frac{dy}{dt}$$

とも表される．

8. 連鎖定理 (チェインルール) 2

$z = f(x,y)$ は全微分可能，$x = x(u,v), y = y(u,v)$ がそれぞれ偏微分可能ならば，合成関数 $z = f(x(u,v),y(u,v))$ は u, v の関数として偏微分可能で

$$\frac{\partial z}{\partial u} = \frac{\partial f}{\partial x}\frac{\partial x}{\partial u} + \frac{\partial f}{\partial y}\frac{\partial y}{\partial u}$$

$$\frac{\partial z}{\partial v} = \frac{\partial f}{\partial x}\frac{\partial x}{\partial v} + \frac{\partial f}{\partial y}\frac{\partial y}{\partial v}$$

が成り立つ．これは

$$z_u = z_x\, x_u + z_y\, y_u, \quad z_v = z_x\, x_v + z_y\, y_v$$

とも表される．

9.

領域 D で $f_{xy}(x,y), f_{yx}(x,y)$ がともに存在して連続ならば，$f_{xy}(x,y) = f_{yx}(x,y)$ が成り立つ．

10.

$f(x,y)$ が領域 D において n 階までのすべての偏導関数をもち，これらの偏導関数がすべて連続であるとき，$f(x,y)$ は D で C^n 級であるという．$f(x,y)$ が C^{m+n} 級であれば，x について m 回，y について n 回偏微分した偏導関数は，偏微分する順序に関係しないから，これを $\dfrac{\partial^{m+n} f}{\partial x^m \partial y^n}$ と表す．

11. Taylor の定理

$f(x,y)$ は領域 D で C^n 級で，2 点 $(a,b), (a+h,b+k)$ を結ぶ線分が D 内に含まれるならば，次の式を満たす θ が存在する．

$$f(a+h,b+k) = \left\{\sum_{r=0}^{n-1}\frac{1}{r!}\left(h\frac{\partial}{\partial x} + k\frac{\partial}{\partial y}\right)^r f(a,b)\right\}$$
$$+ \frac{1}{n!}\left(h\frac{\partial}{\partial x} + k\frac{\partial}{\partial y}\right)^n f(a+\theta h,b+\theta k) \quad (0 < \theta < 1).$$

とくに, $n=3$ の場合を述べると, 次のようになる.

$f(x,y)$ が領域 D で C^3 級で, 2点 (a,b), $(a+h,b+k)$ を結ぶ線分が D 内に含まれるならば, ある $\theta \in (0,1)$ が存在して,

$$f(a+h, b+k) = f(a,b) + \frac{1}{1!}\{f_x(a,b)h + f_y(a,b)k\}$$
$$+ \frac{1}{2!}\{f_{xx}(a,b)h^2 + 2f_{xy}(a,b)hk + f_{yy}(a,b)k^2\}$$
$$+ \frac{1}{3!}\{f_{xxx}(a+\theta h, b+\theta k)h^3 + 3f_{xxy}(a+\theta h, b+\theta k)h^2 k$$
$$+ 3f_{xyy}(a+\theta h, b+\theta k)hk^2 + f_{yyy}(a+\theta h, b+\theta k)k^3\}$$

を満たす.

12.

Taylor の定理において, $n=1$ の場合を**平均値の定理**という.

13.

Taylor の定理において, $a=0, b=0$ としたものを **Maclaurin の定理**という.

14.

これまで述べてきた2変数関数についての事項は3変数以上の関数に対しても同様に成立する. たとえば, 3変数 x,y,z の C^1 級関数 $w=f(x,y,z)$ と3つの C^1-級関数 $x=x(t)$, $y=y(t)$, $z=z(t)$ の合成関数 $w(t)=f(x(t),y(t),z(t))$ は t に関して微分可能で連鎖定理

$$\frac{dw}{dt} = w_x \frac{dx}{dt} + w_y \frac{dy}{dt} + w_z \frac{dz}{dt}$$

が成立する.

15.

$f(\mathrm{P})$ は D で定義された関数とする. D 内の1点 P_0 の適当な近傍を選べば, その近傍に属す D のすべての点 $\mathrm{P}\ (\neq \mathrm{P}_0)$ に対して $f(\mathrm{P}) < f(\mathrm{P}_0)$ となるとき, 関数 $f(\mathrm{P})$ は点 P_0 で極大であるといい, $f(\mathrm{P}_0)$ をその**極大値**という. また, 近傍に属す D のすべての点 $\mathrm{P}\ (\neq \mathrm{P}_0)$ に対して $f(\mathrm{P}) > f(\mathrm{P}_0)$ となるとき, 関数 $f(\mathrm{P})$ は点 P_0 で極小であるといい, $f(\mathrm{P}_0)$ をその**極小値**という. 極大値と極小値を合わせて**極値**という.

16. 極値の求め方

f が領域 D で偏微分可能のとき, 連立方程式 $f_x(x,y) = f_y(x,y) = 0$ の解 $(x,y) = (a,b)$ を求めると (このような点 (a,b) は f の**停留点**と呼ばれることがある), これが極値をとる点の候補となる.

17. 極大，極小の判定

$f(x,y)$ は C^2 級の関数で，$f_x(a,b) = f_y(a,b) = 0$ とする．$f_{xx}(a,b) = A$, $f_{xy}(a,b) = B$, $f_{yy}(a,b) = C$ とおくと，

(1) $B^2 - AC < 0$ のとき，$A < 0$ ならば $f(a,b)$ は極大値，$A > 0$ ならば $f(a,b)$ は極小値である．

(2) $B^2 - AC > 0$ のとき，$f(a,b)$ は極値ではない．

18. 陰関数定理

関数 $F(x,y)$ は領域 D で C^1 級で，$(a,b) \in D$, $F(a,b) = 0$, $F_y(a,b) \neq 0$ とすれば

(1) $x = a$ の適当な近傍において $b = f(a)$ かつ $F(x,f(x)) = 0$ となる連続な関数 $y = f(x)$ がただ 1 つ定まる．

(2) (1) で定まる関数 $y = f(x)$ は C^1 級で，$\dfrac{dy}{dx} = -\dfrac{F_x(x,y)}{F_y(x,y)}$ が成り立つ．

(1) の $y = f(x)$ は方程式 $F(x,y) = 0$ の定める**陰関数**と呼ばれる．(2) は**陰関数の微分公式**と呼ばれ，次のようにしても得られる：方程式

$$F(x,y) = 0$$

の両辺を，y を x の関数 $y = y(x)$ とみなして，x について微分すると連鎖定理より

$$F_x + F_y \frac{dy}{dx} = 0.$$

陰関数定理は 3 変数以上の関数に対しても同様に成立する．たとえば，3 変数 x, y, z の関数 $F(x,y,z)$ が与えられると，方程式

$$F(x,y,z) = 0$$

は適当な条件下で，陰関数 $z = f(x,y)$ を定め，陰関数の偏微分公式

$$f_x = -\frac{F_x}{F_z}, \quad f_y = -\frac{F_y}{F_z}$$

が成立する．また，2 つの 3 変数関数 $F(x,y,z), G(x,y,z)$ が与えられると，連立方程式

$$F(x,y,z) = 0, \qquad G(x,y,z) = 0$$

によって，x, y, z のうちの 2 個の変数 (たとえば y, z) がそれぞれ残りの変数 x の陰関数 $y = y(x)$, $z = z(x)$ として定まることが，適当な条件下で示される．このとき，上式の y, z を x の関数とみなしながら x について微分して得られる連立 1 次方程式

$$F_x + F_y\, y'(x) + F_z\, z'(x) = 0, \qquad G_x + G_y\, y'(x) + G_z\, z'(x) = 0$$

を解くことにより，$y'(x), z'(x)$ を求めることができる．

一般に m 個の n 変数関数 $(m < n)$ による連立方程式により，変数のうちの特定の m 個がそれぞれ残りの変数の陰関数として定まることを，適当な条件下で示すことができる．これらの陰関数の微分や偏微分も上と同様な仕方で計算できる．

19. Lagrangeの乗数法

$f(x,y), \varphi(x,y)$ はともに C^1 級で，$\varphi_x(a,b)$ と $\varphi_y(a,b)$ の少なくとも一方は 0 でないとする．条件 $\varphi(x,y) = 0$ のもとで $f(x,y)$ が点 (a,b) で極値をとるならば，$F(x,y,\lambda) = f(x,y) - \lambda\varphi(x,y)$ とおくとき，定数 λ_0 が存在して，点 (a,b,λ_0) において

$$F_x = F_y = F_\lambda = 0$$

が成り立つ．すなわち，この方程式の解 (x,y) は**条件付き極値**をとる点の候補である．

条件 $\varphi(x,y) = 0$ によって定まる x,y 平面上の曲線 C が有界閉集合であり，$f(x,y)$ が連続関数であるとき，f は C 上でかならず最大値と最小値をとるが，これらの点は上の方法で探すことができる．

ガウス (Carl Friedrich Gauss, 1777-1855)

アルキメデス，ニュートンと並んで数学史上最高の数学者と言われている．ドイツのブラウンシュバイクの貧しい煉瓦職人の家に生まれた．幼くして異常な数学的才能を示した．ガウスは「言葉を話し始める前にすでに計算の仕方を知っていた．」とよく冗談に言っていたと伝えられている．子供時代のガウスの神童ぶりを伝える逸話は多い．ギムナジウム (高等学校) では最優秀生徒として表彰されるなどその将来性から領主の知遇を得て，その援助の下にゲッチンゲン大学に学ぶ．ギムナジウムの生徒のときに，すでに算術幾何平均に関する研究をしている．これが後の楕円函数の研究の鍵になっていく．このころ，古代ギリシャ語，ラテン語などの古典語に夢中になり，一時は言語学を専門にしようかと考えた．19歳のとき，正17角形が定規とコンパスで作図可能であることを発見したことが数学を専門にする機縁になったと伝えられている．この作図可能性の問題を解くために打ち立てたのが，いわゆる「円周等分の理論」である．これによってどのような正多角形が作図できるのかが明らかになった．1799年に「一般の代数方程式は必ず複素数の解をもつ」という代数学の基本定理を証明して，ヘルムステッド大学から学位を得て同大学の講師となった．このガウスの学位論文のもつ意味は大きい．これ以前は方程式に解がないかもしれないのに，解を求める方法を考えていたが，解の存在をまず確かめることが重要であることを示す「存在定理」なるものが，このとき数学史上初めて現われた．1807年までこの大学にいたが，1807年からゲッチンゲン大学の天文台長及び大学教授になり，死ぬまでこの地位にあった．1801年，有名な著作 Disquisitiones arithmeticae (数論の研究) を著した．この中には合同式の理論，2次形式の理論，平方剰余の相互定理の証明 (オイラーやルジャンドルが言及していたが，証明は出来なかった) などを与えた．これは整数論に全く新しい時代を画し，現代にいたるまで大きな影響を与えた．純粋数学の方面では，この他に 非ユークリッド幾何学，超幾何級数，複素解析学，楕円関数論などに優れた研究をしており，応用数学の方面でも，天文学，測地学，電磁気学に不朽の業績を残した．数学の応用に関連して，最小2乗法，曲面論，ポテンシャル論などを研究した．発表形式の完成を重んじ，研究の割合には発表するところが少なかったが，研究した内容は日誌や書簡に見られる．日誌や書簡を含めて全集は12巻におよぶ．

例題 5-1　偏導関数を求める

次の関数を偏微分せよ.
(1) $z = xe^{\cos(x+y)}$
(2) $\sin\sqrt{x^2+y^2}$

[考え方] 2変数 x, y の関数を x について偏微分するということは, y を固定して, 1変数 x の関数とみなして, x について微分することである. y についての偏微分も同様である.

[解答]
(1) $z_x = e^{\cos(x+y)} - x\sin(x+y)e^{\cos(x+y)}$, $z_y = -x\sin(x+y)e^{\cos(x+y)}$.
(2) $(x,y) \neq (0,0)$ のとき,
$$z_x = \frac{x}{\sqrt{x^2+y^2}}\cos\sqrt{x^2+y^2},\ z_y = \frac{y}{\sqrt{x^2+y^2}}\cos\sqrt{x^2+y^2}$$
$(x,y) = (0,0)$ のとき, この関数を $z = f(x,y)$ とおくと,
$$\lim_{h\to 0}\frac{f(h,0) - f(0,0)}{h} = \lim_{h\to 0}\frac{\sin|h|}{h}.$$
ここで, $\lim_{h\to +0}\frac{\sin|h|}{h} = 1$, $\lim_{h\to -0}\frac{\sin|h|}{h} = -1$ となるので $f_x(0,0)$ は存在しない. 同様に, $f_y(0,0)$ も存在しない.

演習 A　次の関数を偏微分せよ.

(1) $z = xy$　　(2) $z = \dfrac{y}{x^2}$　　(3) $z = e^{2x^2+4y^2}$
(4) $z = \sin x \cos y$　　(5) $z = \cos^3(x^2 y)$　　(6) $z = \sqrt{x^2+2y^2+1}$

演習 B　次の関数を偏微分せよ.
(1) $z = e^{\sin(x^2-y^2)}$
(2) $z = \log(1+x^2+y^2)$
(3) $z = \log(1+\sin^2(2x+y))$

演習 C　次の関数を偏微分せよ.
(1) $z = \log(\log(1+x^2+y^2))$
(2) $z = \sin^{-1}\left(\dfrac{x^2}{x^2+y^2}\right)\quad (y\neq 0)$
(3) $z = \tan^{-1}(x^2+y^2)$

例題 5-2　関数の極限

(1) $\displaystyle\lim_{(x,y)\to(1,1)} \frac{x^2+xy-x-y}{x-1}$ を求めよ．

(2) $\displaystyle\lim_{(x,y)\to(0,0)} \sqrt{2x^2+y^4}=0$ を示せ．

(3) $\displaystyle\lim_{(x,y)\to(0,0)} \frac{2xy^2}{x^2+y^4}$ は存在しないことを示せ．

[考え方] 不等式 $|c|\leq\sqrt{c^2+d^2}\leq|c|+|d|$ （c,d は任意の実数）に注意する．たとえば，
$$|x-a|\leq\sqrt{(x-a)^2+(y-b)^2},\qquad |y-b|\leq\sqrt{(x-a)^2+(y-b)^2}$$
であるから，$(x,y)\to(a,b)$ ならば，$x\to a$ かつ $y\to b$ である．またこの逆も正しい．関数の極限が存在しないことを示すためには，異なる経路で $f(\mathrm{P})$ が異なる値に近づくかどうかを調べてみるとよい．

[解答]

(1) $\dfrac{x^2+xy-x-y}{x-1}=x+y\to 1+1=2,\qquad ((x,y)\to(1,1))$

(2) $r=\sqrt{x^2+y^2}$ とおくとき，$\displaystyle\lim_{r\to 0}\sqrt{2x^2+y^4}=0$ を示せばよい．$|x|\leq r,\ |y|\leq r$ だから，$0\leq\sqrt{2x^2+y^4}\leq r\sqrt{2+r^2}$. はさみ打ちの原理により，上式が得られる．

(3) 点 $\mathrm{P}(x,y)$ を x 軸上で原点に近づけると，x 軸上で $f(\mathrm{P})=0$ だから，$f(\mathrm{P})\to 0$ である．一方，$x>0$ の範囲で曲線 $y=\sqrt{x}$ 上で原点に近づけると，$f(\mathrm{P})=\dfrac{2x^2}{x^2+x^2}=1$ だから $f(\mathrm{P})\to 1$ となる．P を原点に近づける経路により $f(\mathrm{P})$ が異なる値に近づくので，$\displaystyle\lim_{(x,y)\to(0,0)}\dfrac{2xy^2}{x^2+y^4}$ は存在しない．

演習 A　次の極限値を求めよ．

(1) $\displaystyle\lim_{(x,y)\to(1,2)}(x^2+2y)$　　(2) $\displaystyle\lim_{(x,y)\to(-1,-1)}\frac{x^3y+xy^3}{x^2+y^2}$　　(3) $\displaystyle\lim_{(x,y)\to(-1,0)}\sqrt{|xy|}$

演習 B　次の問いに答えよ．

(1) $\displaystyle\lim_{(x,y)\to(0,0)}\frac{x^3y}{x^2+y^2}=0$ を示せ．

(2) $\displaystyle\lim_{(x,y)\to(0,0)}\frac{x^3+y^2}{x^2+y^2}$ は存在しないことを示せ．

(3) $\displaystyle\lim_{(x,y)\to(0,0)}\frac{2x^2y^4}{x^2+y^4}$ は存在するか．

演習 C　次の極限値を求めよ．

(1) $\displaystyle\lim_{(x,y)\to(0,0)}\frac{\sin 2x-\sin 2y}{x-y}$　　(2) $\displaystyle\lim_{(x,y)\to(0,0)}\frac{e^x-e^y}{x-y}$

例題 5-3　全微分を求める

次の関数が全微分可能であることを示し，その全微分を求めよ．
(1) $z = \sqrt{x^2 + y^2 + 1}$
(2) $z = \dfrac{1}{2} ax \sin y$　（a は定数）

[考え方]　z が C^1 級であれば全微分可能であり，$dz = z_x\,dx + z_y\,dy$ が成立する．

[解答]
(1) $z_x = \dfrac{x}{\sqrt{x^2 + y^2 + 1}},\ z_y = \dfrac{y}{\sqrt{x^2 + y^2 + 1}}$ である．z_x も z_y も連続関数だから z は C^1 級である．したがって，z は全微分可能であり，その全微分は $dz = \dfrac{x}{\sqrt{x^2 + y^2 + 1}}\,dx + \dfrac{y}{\sqrt{x^2 + y^2 + 1}}\,dy$ となる．

(2) $z_x = \dfrac{1}{2}a\sin y,\ z_y = \dfrac{1}{2}ax\cos y$ である．z_x も z_y も連続関数だから z は C^1 級である．したがって，z は全微分可能であり，その全微分は $dz = \dfrac{1}{2}a(\sin y\,dx + x\cos y\,dy)$ となる．

演習 A　次の関数の全微分を求めよ．
(1) $z = x^2 + xy + 3y^2$　　(2) $z = x^2 y^3$　　(3) $z = \dfrac{x-y}{x+y}$
(4) $z = e^{-(x^2+y^2)}$　　(5) $z = \tan^{-1}\dfrac{y}{x}$　　(6) $z = \tan^{-1}(\log(1 + x^2 + y^2))$

演習 B　底面の半径が r，高さが h の円錐の体積を V とするとき，
$$\frac{dV}{V} = 2\frac{dr}{r} + \frac{dh}{h}$$
を示せ．

演習 C
$$f(x,y) = \begin{cases} \dfrac{x^3 y}{x^4 + y^4} & (x,y) \neq (0,0) \\ 0 & (x,y) = (0,0) \end{cases}$$

で定義された関数は，点 $(0,0)$ で偏微分可能であるが，全微分可能ではないことを示せ．

例題 5-4 接平面，法線の方程式

曲面 $z = \sqrt{6 - 3x^2 - 2y^2}$ 上の点 $(1,1,1)$ における接平面と法線の方程式を求めよ．

[考え方] 曲面 $z = f(x,y)$ の点 $(a, b, f(a,b))$ における接平面と法線の方程式はそれぞれ

$$z - f(a,b) = f_x(a,b)(x-a) + f_y(a,b)(y-b)$$

$$\frac{x-a}{f_x(a,b)} = \frac{y-b}{f_y(a,b)} = \frac{z-f(a,b)}{-1} \quad (\text{分母が } 0 \text{ のときは，分子も } 0 \text{ と約束する})$$

で与えられる．

[解答] $f_x = -\dfrac{3x}{\sqrt{6-3x^2-2y^2}}, f_y = -\dfrac{2y}{\sqrt{6-3x^2-2y^2}}$ より $f_x(1,1) = -3, f_y(1,1) = -2$ である．したがって，接平面の方程式は，$z - 1 = -3(x-1) - 2(y-1)$ より，$3x + 2y + z = 6$ となる．また，法線の方程式は，

$$\frac{x-1}{-3} = \frac{y-1}{-2} = \frac{z-1}{-1}$$

(注) $\dfrac{x-1}{-3} = \dfrac{y-1}{-2} = \dfrac{z-1}{-1} = t$ とおくことで，$x = -3t+1, y = -2t+1, z = -t+1$ とも表すことができる．

演習 A (1) 曲面 $z = x^2 + 2y^2$ の点 $(1,1,3)$ における接平面と法線の方程式を求めよ．

(2) 曲面 $z = 2y^2 - x^2$ の点 $(1,1,1)$ における接平面と法線の方程式を求めよ．

(3) 曲面 $z = \sqrt{3x^2 + 2y^2}$ の点 $(2, \sqrt{2}, 4)$ における接平面と法線の方程式を求めよ．

演習 B (1) 曲面 $z = e^{3x^2 + 2y^2 - 4}$ の点 $(1,1,e)$ における接平面と法線の方程式を求めよ．

(2) 曲面 $z = \log(3x^2 + 2y^2 - 4)$ の点 $(1,1,0)$ における接平面と法線の方程式を求めよ．

(3) 曲面 $z = \sin x \sin y$ の点 $\left(\dfrac{\pi}{3}, \dfrac{\pi}{3}, \dfrac{3}{4}\right)$ における接平面と法線の方程式を求めよ．

演習 C 曲面 $z = \dfrac{x^2}{a^2} + \dfrac{y^2}{b^2}$ の点 (x_0, y_0, z_0) における接平面と法線の方程式を求めよ．

例題 5-5　チェインルール (1) 多変数と1変数の合成

(1) $z = f(x,y)$ は全微分可能な関数で，$x = \sin t, y = \cos t$ とする．$\dfrac{dz}{dt}$ を求めよ．

(2) 関数 $f(x,y) = \sin x \sin y$ の $\left(\dfrac{\pi}{3}, \dfrac{\pi}{3}\right)$ における角 θ 方向への方向微分係数を求めよ．

[考え方]　(1) $z = f(x,y)$ が全微分可能で，$x = x(t), y = y(t)$ が微分可能であるとき，合成関数 $z = f(x(t), y(t))$ は t の関数として微分可能で，$\dfrac{dz}{dt} = \dfrac{\partial f}{\partial x} \cdot \dfrac{dx}{dt} + \dfrac{\partial f}{\partial y} \cdot \dfrac{dy}{dt}$ となる．

(2) $\displaystyle\lim_{r \to 0} \dfrac{f(a + r\cos\theta, b + r\sin\theta) - f(a,b)}{r}$ が存在するとき，これを f の (a,b) における角 θ 方向への方向微分係数という．f が全微分可能であるとき，その値は，$f_x(a,b)\cos\theta + f_y(a,b)\sin\theta$ に等しい．

[解答]　(1) $x'(t) = \cos t, y'(t) = -\sin t$ だから，$\dfrac{dz}{dt} = f_x(\sin t, \cos t)\cos t - f_y(\sin t, \cos t)\sin t$ である．

(2) $f_x\left(\dfrac{\pi}{3}, \dfrac{\pi}{3}\right) = f_y\left(\dfrac{\pi}{3}, \dfrac{\pi}{3}\right) = \dfrac{\sqrt{3}}{4}$ である．したがって，角 θ 方向への方向微分係数は，$\dfrac{\sqrt{3}}{4}(\cos\theta + \sin\theta)$ となる．

演習 A　$\dfrac{dz}{dt}$ を求めよ．

(1) $x = \log t, y = t^2 + 1, z = 2x^2 - y^2$

(2) $x = a\cos t, y = b\sin t, z = \sqrt{x^2 + y^2 + 1}$　$(a, b$ は定数$)$

(3) $x = e^{-t}\cos t, y = e^{-t}\sin t, z = x^4 y^2$

演習 B　関数 $f(x,y) = e^{-x^2 + xy - y^2}$ の $(1,1)$ における角 θ 方向への方向微分係数を求めよ．

演習 C　関数 $f(x,y) = \sin x \sin y$ の $\left(\dfrac{\pi}{3}, \dfrac{\pi}{6}\right)$ における θ 方向への方向微分係数を求めよ．また，θ の値を変化させたとき，方向微分係数がとりうる最大値とそのときの θ の値を求めよ．

例題 5-6 チェインルール (2) 多変数の合成

$z = e^{-x^2-y^2}$, $x = u\cos\theta - v\sin\theta$, $y = u\sin\theta + v\cos\theta$ (θ は定数) とする. z_u, z_v を求めよ.

[考え方] $z = f(x,y)$ は全微分可能, $x = x(u,v)$, $y = y(u,v)$ が偏微分可能ならば, 合成関数 $z = f(x(u,v), y(u,v))$ は u, v の関数として偏微分可能で,

$$\frac{\partial z}{\partial u} = \frac{\partial f}{\partial x}\frac{\partial x}{\partial u} + \frac{\partial f}{\partial y}\frac{\partial y}{\partial u} \qquad \frac{\partial z}{\partial v} = \frac{\partial f}{\partial x}\frac{\partial x}{\partial v} + \frac{\partial f}{\partial y}\frac{\partial y}{\partial v}$$

が成り立つ (連鎖定理).

[解答] $z_x = -2xe^{-x^2-y^2}$, $z_y = -2ye^{-x^2-y^2}$, $x_u = \cos\theta$, $x_v = -\sin\theta$, $y_u = \sin\theta$, $y_v = \cos\theta$ より, 連鎖定理を用いて, $z_u = -2xe^{-x^2-y^2}\cos\theta - 2ye^{-x^2-y^2}\sin\theta$ となる. ここで, $x^2 + y^2 = u^2 + v^2$ となることに注意して z_u を u と v で表すと,

$$z_u = e^{-u^2-v^2}\{-2(u\cos\theta - v\sin\theta)\cos\theta - 2(u\sin\theta + v\cos\theta)\sin\theta\}$$
$$= -2ue^{-u^2-v^2}$$

z_v についても同様にして,

$$z_v = e^{-u^2-v^2}\{-2(u\cos\theta - v\sin\theta)(-\sin\theta) - 2(u\sin\theta + v\cos\theta)\cos\theta\}$$
$$= -2ve^{-u^2-v^2}$$

演習 A 連鎖定理を用いて z_u, z_v を求めよ.

(1) $x = u+v$, $y = u-v$, $z = \sin x \sin y$

(2) $x = u\cos v$, $y = u\sin v$, $z = \log\sqrt{x^2+y^2}$

(3) $x = au+bv$, $y = cu+dv$, $z = e^x \sin y$ (a, b, c, d は定数)

演習 B 連鎖定理を用いて z_u, z_v を求めよ.

(1) $x = u^v$, $y = v^u$, $z = x^2 - 2y^2$ ($u, v > 0$)

(2) $x = e^u \cos v$, $y = e^u \sin v$, $z = \tan^{-1}(x-y)$

(3) $x = g(u), y = h(u,v), z = f(x,y)$

演習 C $x = \int_0^{u+v} g(t)\,dt, y = \int_0^{u+v} h(t)\,dt, z = f(x,y)$ とするとき, z_u, z_v を求めよ. ここで, 関数 g, h は連続で, f は全微分可能であるとする.

例題 5-7 高階偏導関数を求める

$z = x^4 - 4xy + y^4$ の 2 階偏導関数を求めよ．

[考え方] 偏導関数 $\dfrac{\partial z}{\partial x}, \dfrac{\partial z}{\partial y}$ が偏微分可能のとき，それらを偏微分することによって，次の 2 階偏導関数が得られる．

$$\frac{\partial}{\partial x}\left(\frac{\partial z}{\partial x}\right) = z_{xx},$$

$$\frac{\partial}{\partial y}\left(\frac{\partial z}{\partial x}\right) = z_{xy},$$

$$\frac{\partial}{\partial x}\left(\frac{\partial z}{\partial y}\right) = z_{yx},$$

$$\frac{\partial}{\partial y}\left(\frac{\partial z}{\partial y}\right) = z_{yy}$$

このとき，z_{xy} と z_{yx} がともに存在して連続ならば，$z_{xy} = z_{yx}$ である．

[解答] $z_x = 4x^3 - 4y$, $z_y = -4x + 4y^3$ は偏微分可能だから，これらをそれぞれ x と y で偏微分することによって，$z_{xx} = 12x^2$, $z_{xy} = z_{yx} = -4$, $z_{yy} = 12y^2$ が得られる．

演習 A 次の関数を偏導関数が 0 になるまで偏微分せよ．

(1) $z = x^2 + axy + by^2$ （a, b は定数）

(2) $z = x^3 + y^3$

(3) $z = (ax + by + c)^3$ （$a, b\ c$ は定数）

演習 B 次の関数の 2 階偏導関数を求め，さらに $z_{xx} + z_{yy}$ を計算せよ．

(1) $z = \cos(ax + by)$ （a, b は定数）

(2) $z = \dfrac{y}{x^2}$

(3) $z = e^{2x^2 + y^2}$

(4) $z = \log(x^2 + y^2)$

演習 C 1 変数の関数 $f(t)$ が C^∞ 級であるとき，任意の非負整数 m, n に対して，

$$\frac{\partial^{m+n} f(ax+by)}{\partial x^m \partial y^n}$$

を求めよ．ここで，a, b は定数とする．

例題 5-8　合成関数の高階導関数

$z = f(x,y)$ が C^2 級で，$x = r\cos\theta, y = r\sin\theta$ のとき，$z_{rr}, z_{r\theta}, z_{\theta\theta}$ を求めよ．

[考え方]　連鎖定理を繰り返し用いることによって，合成関数の高階導関数を計算することができる．

[解答]　まず，$x_r = \cos\theta, y_r = \sin\theta, x_\theta = -r\sin\theta, y_\theta = r\cos\theta$ となることに注意する．以上のことと，連鎖定理を用いると，次のことがわかる．

$$z_r = f_x x_r + f_y y_r = f_x \cos\theta + f_y \sin\theta \qquad z_\theta = f_x x_\theta + f_y y_\theta = r(-f_x \sin\theta + f_y \cos\theta)$$

これらにもう1度連鎖定理を用いて，以下のように計算する．

$z_{rr} = (f_x)_r \cos\theta + (f_y)_r \sin\theta = (f_{xx} x_r + f_{xy} y_r)\cos\theta + (f_{yx} x_r + f_{yy} y_r)\sin\theta$

$\quad = (f_{xx}\cos\theta + f_{xy}\sin\theta)\cos\theta + (f_{yx}\cos\theta + f_{yy}\sin\theta)\sin\theta$

$\quad = f_{xx}\cos^2\theta + 2f_{xy}\sin\theta\cos\theta + f_{yy}\sin^2\theta$

$z_{r\theta} = (f_x)_\theta \cos\theta + (f_y)_\theta \sin\theta - f_x \sin\theta + f_y \cos\theta$

$\quad = (f_{xx} x_\theta + f_{xy} y_\theta)\cos\theta + (f_{yx} x_\theta + f_{yy} y_\theta)\sin\theta - f_x \sin\theta + f_y \cos\theta$

$\quad = r(-f_{xx}\sin\theta + f_{xy}\cos\theta)\cos\theta + r(-f_{yx}\sin\theta + f_{yy}\cos\theta)\sin\theta - f_x \sin\theta + f_y \cos\theta$

$\quad = r\{-f_{xx}\sin\theta\cos\theta + f_{xy}(\cos^2\theta - \sin^2\theta) + f_{yy}\sin\theta\cos\theta\} - f_x \sin\theta + f_y \cos\theta$

$z_{\theta\theta} = r(-(f_x)_\theta \sin\theta + (f_y)_\theta \cos\theta) + r(-f_x \cos\theta - f_y \sin\theta)$

$\quad = r\{-(f_{xx} x_\theta + f_{xy} y_\theta)\sin\theta + (f_{yx} x_\theta + f_{yy} y_\theta)\cos\theta\} + r(-f_x \cos\theta - f_y \sin\theta)$

$\quad = r\{-r(-f_{xx}\sin\theta + f_{xy}\cos\theta)\sin\theta + r(-f_{yx}\sin\theta + f_{yy}\cos\theta)\cos\theta\} - r(f_x \cos\theta + f_y \sin\theta)$

$\quad = r^2(f_{xx}\sin^2\theta - 2f_{xy}\sin\theta\cos\theta + f_{yy}\cos^2\theta) - r(f_x \cos\theta + f_y \sin\theta)$

演習 A　関数 $f(x,y)$ が C^2 級であるとき，$\dfrac{d^2 z}{dt^2}$ を求めよ．ただし，a, b, h, k は定数とする．

(1) $x = a + ht, y = b + kt, z = f(x,y)$

(2) $x = a\cos t, y = b\sin t, z = f(x,y)$　　　(3) $x = e^t \cos t, y = e^t \sin t, z = f(x,y)$

演習 B　次の関数について z_{uu}, z_{uv}, z_{vv} を求めよ．ただし，f, g, h は C^2 級とする．

(1) $x = au + bv, y = cu + dv, z = e^x \cos y$　（a, b, c, d は定数）

(2) $x = uv, y = \dfrac{v}{u}, z = f(x,y)$　　　(3) $x = g(u), y = h(u,v), z = f(x,y)$

演習 C　$r = \sqrt{x^2 + y^2}, z = g(r)$ のとき，次式が成り立つことを示せ．ただし，$g(r)$ は C^2 級であるとする．

$$\frac{\partial^2 z}{\partial x^2} + \frac{\partial^2 z}{\partial y^2} = g''(r) + \frac{1}{r} g'(r)$$

例題 5-9　Taylor の定理

$f(x,y) = \sin x \sin y$ の $x - \dfrac{\pi}{2}, y - \dfrac{\pi}{2}$ に関する 3 次多項式近似を求めよ．

[考え方]　Taylor の定理が成り立つとき，$\displaystyle\sum_{r=0}^{n} \dfrac{1}{r!}\left(h\dfrac{\partial}{\partial x} + k\dfrac{\partial}{\partial y}\right)^r f(a,b)$ の h に $x-a$，k に $y-b$ を代入したものを f の $x-a, y-b$ に関する n 次多項式近似という．$n=3$ のとき，すなわち 3 次多項式近似を具体的に表すと次のようになる．

$$f(a,b) + \{f_x(a,b)(x-a) + f_y(a,b)(y-b)\}$$
$$+ \dfrac{1}{2}\{f_{xx}(a,b)(x-a)^2 + 2f_{xy}(a,b)(x-a)(y-b) + f_{yy}(a,b)(y-b)^2\}$$
$$+ \dfrac{1}{6}\{f_{xxx}(a,b)(x-a)^3 + 3f_{xxy}(a,b)(x-a)^2(y-b)$$
$$+ 3f_{xyy}(a,b)(x-a)(y-b)^2 + f_{yyy}(a,b)(y-b)^3\}$$

[解答]

$$\sum_{r=0}^{3} \dfrac{1}{r!}\left(\left(x-\dfrac{\pi}{2}\right)\dfrac{\partial}{\partial x} + \left(y-\dfrac{\pi}{2}\right)\dfrac{\partial}{\partial y}\right)^r f\left(\dfrac{\pi}{2}, \dfrac{\pi}{2}\right)$$

$$= \sin\dfrac{\pi}{2}\sin\dfrac{\pi}{2} + \dfrac{1}{1!}\left(\left(x-\dfrac{\pi}{2}\right)\cos\dfrac{\pi}{2}\sin\dfrac{\pi}{2} + \left(y-\dfrac{\pi}{2}\right)\sin\dfrac{\pi}{2}\cos\dfrac{\pi}{2}\right)$$

$$+ \dfrac{1}{2!}\left\{-\left(x-\dfrac{\pi}{2}\right)^2\sin\dfrac{\pi}{2}\sin\dfrac{\pi}{2} + 2\left(x-\dfrac{\pi}{2}\right)\left(y-\dfrac{\pi}{2}\right)\cos\dfrac{\pi}{2}\cos\dfrac{\pi}{2} - \left(y-\dfrac{\pi}{2}\right)^2\sin\dfrac{\pi}{2}\sin\dfrac{\pi}{2}\right\}$$

$$+ \dfrac{1}{3!}\left\{-\left(x-\dfrac{\pi}{2}\right)^3\cos\dfrac{\pi}{2}\sin\dfrac{\pi}{2} - 3\left(x-\dfrac{\pi}{2}\right)^2\left(y-\dfrac{\pi}{2}\right)\sin\dfrac{\pi}{2}\cos\dfrac{\pi}{2}\right.$$
$$\left. -3\left(x-\dfrac{\pi}{2}\right)\left(y-\dfrac{\pi}{2}\right)^2\cos\dfrac{\pi}{2}\sin\dfrac{\pi}{2} - \left(y-\dfrac{\pi}{2}\right)^3\sin\dfrac{\pi}{2}\cos\dfrac{\pi}{2}\right\}$$

$$= 1 - \dfrac{1}{2}\left\{\left(x-\dfrac{\pi}{2}\right)^2 + \left(y-\dfrac{\pi}{2}\right)^2\right\}$$

演習 A　次の関数 $f(x,y)$ の点 $(1,1)$ における Taylor 展開を求めよ．

(1) $f(x,y) = x(y-2)$

(2) $f(x,y) = x^2 + axy + by^2$　(a, b は定数)

(3) $f(x,y) = (x-a)^2(y-b)$　(a, b は定数)

演習 B　次の関数に，点 $\left(\dfrac{\pi}{2}, \dfrac{\pi}{2}\right)$ において平均値の定理を適用せよ．

(1) $\sin(x+y)$　　(2) $e^x \sin y$　　(3) $\sin x \sin y$

演習 C　関数 $f(x,y) = x^y$ について，次の各点 (a,b) に対する $x-a, y-b$ に関する 3 次多項式近似を求めよ．

(1) $(a,b) = (1,1)$　　(2) $(a,b) = (1,2)$　　(3) $(a,b) = (2,2)$

例題 5-10　Maclaurin の定理

$f(x,y) = e^{xy}$ の x,y に関する 4 次多項式近似を求めよ．

[考え方] Maclaurin の定理が成り立つとき，$\sum_{r=0}^{n} \dfrac{1}{r!} \left(h\dfrac{\partial}{\partial x} + k\dfrac{\partial}{\partial y} \right)^r f(0,0)$ の h に x, k に y を代入したものが f の x,y に関する n 次多項式近似である．4 次多項式近似を具体的に書くと次のようになる．

$f(0,0) + \{f_x(0,0)x + f_y(0,0)y\} + \dfrac{1}{2}\{f_{xx}(0,0)x^2 + 2f_{xy}(0,0)xy + f_{yy}(0,0)y^2\}$

$+ \dfrac{1}{6}\{f_{xxx}(0,0)x^3 + 3f_{xxy}(0,0)x^2y + 3f_{xyy}(0,0)xy^2 + f_{yyy}(0,0)y^3\}$

$+ \dfrac{1}{24}\{f_{xxxx}(0,0)x^4 + 4f_{xxxy}(0,0)x^3y + 6f_{xxyy}(0,0)x^2y^2 + 4f_{xyyy}(0,0)xy^3 + f_{yyyy}(0,0)y^4\}$

[解答] $f(x,y) = e^{xy}$ の 4 階までの偏導関数は，$f_x = ye^{xy}, f_y = xe^{xy}, f_{xx} = y^2 e^{xy}, f_{xy} = (xy+1)e^{xy}, f_{yy} = x^2 e^{xy}, f_{xxx} = y^3 e^{xy}, f_{xxy} = (xy^2 + 2y)e^{xy}, f_{xyy} = (x^2 y + 2x)e^{xy}, f_{yyy} = x^3 e^{xy}, f_{xxxx} = y^4 e^{xy}, f_{xxxy} = (xy^3 + 3y^2)e^{xy}, f_{xxyy} = (x^2 y^2 + 4xy + 2)e^{xy}, f_{xyyy} = (x^3 y + 3x^2)e^{xy}, f_{yyyy} = x^4 e^{xy}$ となる．したがって，$f(0,0) = 1, f_x(0,0) = f_y(0,0) = 0, f_{xx}(0,0) = f_{yy}(0,0) = 0, f_{xy}(0,0) = 1, f_{xxx}(0,0) = f_{xxy}(0,0) = f_{xyy}(0,0) = f_{yyy}(0,0) = 0, f_{xxyy}(0,0) = 2$，それ以外の 4 階偏導関数の点 $(0,0)$ における値はすべて 0 となるので，4 次多項式近似は

$1 + \dfrac{1}{2!}(2 \cdot 1 xy) + \dfrac{1}{4!}(6 \cdot 2 x^2 y^2) = 1 + xy + \dfrac{1}{2}x^2 y^2$

演習 A 次の関数 $f(x,y)$ の x,y に関する 3 次多項式近似を求めよ．

(1) $f(x,y) = x^2 + axy + by^2$　(a,b は定数)

(2) $f(x,y) = e^{2xy}$

(3) $f(x,y) = \dfrac{y}{x+1}$

演習 B 次の関数 $f(x,y)$ の x,y に関する 3 次多項式近似を求めよ．

(1) $f(x,y) = e^{ax+by}$　(a,b は定数)

(2) $f(x,y) = \sin(xy)$

(3) $f(x,y) = \tan^{-1}(x+y)$

演習 C 関数 $f(x,y) = \sinh x \cosh y$ について，次の問いに答えよ．

(1) 定義通りに 4 次多項式近似を求めよ．

(2) $\sinh x$ と $\cosh y$ のそれぞれの Maclaurin 展開の積を作って，4 次以下の項だけを集めると (1) と同じものが得られることを確かめよ．

例題 5-11　関数の極大極小 (1) 判定条件が利用できるタイプ

$f(x,y) = xy(1-x-2y)$ の極値を求めよ.

[考え方] $f_x(x,y) = 0, f_y(x,y) = 0$ を解いて，f が極値をとる点の候補 $(x_1, y_1), \cdots, (x_k, y_k)$ を見つける．そして，各点について，$A = f_{xx}(x_i, y_i), B = f_{xy}(x_i, y_i), C = f_{yy}(x_i, y_i)$ を計算し，次の基準で極値かどうかを判定する．
(1) $B^2 - AC < 0$ のとき，$A < 0$ ならば $f(x_i, y_i)$ は極大値であり，$A > 0$ ならば $f(x_i, y_i)$ は極小値である．
(2) $B^2 - AC > 0$ のとき，$f(x_i, y_i)$ は極値ではない．

[解答] $f_x(x,y) = y(1 - 2x - 2y) = 0$　…①, $f_y(x,y) = x(1 - x - 4y) = 0$　…② を解く．$y = 0$ のとき，$x(1-x) = 0$ より，$x = 0$ または $x = 1$ が成り立つ．$y \neq 0$ のときは，① 式より $1 - 2x - 2y = 0$ が成り立ち，$2y = 1 - 2x$ と書ける．これを ② 式に代入すれば $x(3x - 1) = 0$ が成り立つことより $x = 0$ または $x = \frac{1}{3}$ であることがわかる．$x = 0$ ならば $y = \frac{1}{2}$ であり，$x = \frac{1}{3}$ ならば $y = \frac{1}{6}$ である．したがって，$f(x,y)$ の極値を与える点の候補は，$(0,0), (1,0), \left(0, \frac{1}{2}\right), \left(\frac{1}{3}, \frac{1}{6}\right)$ だけである．

点 $(0,0)$ では，$A = 0, B = 1, C = 0$ であり，$B^2 - AC = 1 > 0$ となるので，$f(0,0)$ は極値ではない．

点 $(1,0)$ では，$A = 0, B = -1, C = -4$ であり，$B^2 - AC = 1 > 0$ となるので，$f(1,0)$ は極値ではない．

点 $\left(0, \frac{1}{2}\right)$ では，$A = -1, B = -1, C = 0$ であり，$B^2 - AC = 1 > 0$ となるので，$f\left(0, \frac{1}{2}\right)$ は極値ではない．

点 $\left(\frac{1}{3}, \frac{1}{6}\right)$ では，$A = -\frac{1}{3}, B = -\frac{1}{3}, C = -\frac{4}{3}$ であり，$B^2 - AC = -\frac{1}{3} < 0$ となり，$A < 0$ であることから点 $\left(\frac{1}{3}, \frac{1}{6}\right)$ において極大値 $\frac{1}{54}$ をとる．

演習 A　次の関数の極値を求めよ．

(1) $z = x^2 + xy + y^2$　　(2) $z = e^{-(x^2 + y^2)}$　　(3) $z = x^2 - 2xy - y^2$　　(4) $z = e^{x+y}$

演習 B　次の関数の極値を求めよ．

(1) $z = \log(1 + x^2 + y^2)$　　(2) $z = xy(1-x)$　　(3) $z = x^3 + y^3 + 3xy$

演習 C　次の関数の極値を求めよ．

(1) $z = x^4 + y^4 - 4xy$　　(2) $z = e^{x-y}(x^2 + y^2)$　　(3) $z = x^4 + y^2 - 2xy$

例題 5-12 関数の極大極小 (2) 判定条件が利用できないタイプ

$f(x,y) = x^2 - 4xy^2 + 4y^4 - y^5$ の極値を求めよ．

[考え方] $f(x,y)$ を偏微分することができない場合や，極値をとる点の候補 (a,b) において $(f_{xy}(a,b))^2 - f_{xx}(a,b)f_{yy}(a,b) = 0$ となる場合には，前節の判定条件を利用することができない．このような場合には，極値の定義にしたがって，個別に考えてみよう．

[解答] $f_x(x,y) = 2x - 4y^2 = 0, f_y(x,y) = -8xy + 16y^3 - 5y^4 = 0$ を解いて，$f(x,y)$ が極値をとる点の候補として原点 $(0,0)$ が得られる．

$f_{xx}(x,y) = 2, f_{xy}(x,y) = -8y, f_{yy}(x,y) = -8x + 48y^2 - 20y^3$ となり，$(f_{xy}(0,0))^2 - f_{xx}(0,0)f_{yy}(0,0) = 0$ であるので前節の判定条件を利用することはできない．そこで，直接 $f(x,y)$ の原点の近傍での値を調べる．x 軸上の点について考えると，$f(x,0) = x^2$ であるから，x 軸上では原点以外の点において $f(x,y)$ の値は正である．しかし，$x \geqq 0$ の範囲で曲線 $y = \sqrt{\dfrac{x}{2}}$ の上の点での値を調べると，

$$f\left(x, \sqrt{\dfrac{x}{2}}\right) = x^2 - 2x^2 + x^2 - \dfrac{x^2\sqrt{x}}{4\sqrt{2}} = -\dfrac{x^2\sqrt{x}}{4\sqrt{2}}$$

となり，この曲線上では原点以外で $f(x,y)$ の値は負となる．したがって，原点のどんな近くにも $f(P_1) > 0, f(P_2) < 0$ となる点 P_1, P_2 が存在するから，$f(x,y)$ は極値をとらない．

演習 A 次の関数の極値を求めよ．

(1) $f(x,y) = x^4 + y^4$ 　　(2) $f(x,y) = x^5 + y^4$ 　　(3) $f(x,y) = xy(x+y)$

演習 B 次の関数は点 $(0,0)$ において極値をとるか．

(1) $f(x,y) = \sqrt{2x^2 + y^2}$ 　　(2) $f(x,y) = |x+y|$ 　　(3) $f(x,y) = \cos\sqrt{x^2+y^2}$

演習 C 次の関数の極値を求めよ．

(1) $f(x,y) = x^3 + y^2 + y^3$ 　　(2) $f(x,y) = x^3 + y^3 - 3xy^2$ 　　(3) $f(x,y) = x^4 + y^4 - 2x^2y$

例題 5-13 陰関数の微分法

(1) 方程式 $2x^2 + xy + 3y^2 = 1$ から関数 $y = y(x)$ が定まるとき，y の導関数 y' を求めよ．

(2) 連立方程式 $\begin{cases} x^2 + 2y^2 + 3z^2 = 1 \\ x + y + z = 1 \end{cases}$ から関数 $y = y(x), z = z(x)$ が定まるとき，それらの導関数 y', z' を求めよ．

[考え方] (1) 方程式 $F(x, y) = 0$ の定める陰関数 $y = y(x)$ の導関数を求めるためには，陰関数の微分公式を用いてもよいが，次のようにしても得られる．y を x の関数 $y = y(x)$ とみなして，方程式 $F(x, y) = 0$ の両辺を x について微分すると，連鎖定理より，$F_x + F_y \dfrac{dy}{dx} = 0$ となるので，この式から $\dfrac{dy}{dx}$ を求める．

(2) 連立方程式 $F(x, y, z) = 0, G(x, y, z) = 0$ によって，陰関数 $y = y(x), z = z(x)$ が定まるときには，y, z を x の関数とみなして，各方程式の両辺を，x について微分して得られる次の連立方程式 $F_x + F_y y'(x) + F_z z'(x) = 0, G_x + G_y y'(x) + G_z z'(x) = 0$ を解くことにより，$y'(x), z'(x)$ を求めることができる．

[解答] (1) y を x の関数 $y = y(x)$ とみなして方程式 $2x^2 + xy + 3y^2 = 1$ の両辺を x で微分すると，連鎖定理により $4x + y + xy' + 6yy' = 0$ となる．これより，$y' = -\dfrac{4x + y}{x + 6y}$ となる．

(2) y と z をそれぞれ x の関数 $y = y(x), z = z(x)$ とみなして，各方程式の両辺を微分すると，連鎖定理により，$2x + 4yy' + 6zz' = 0, 1 + y' + z' = 0$ となるので，これを y', z' について解いて，$y' = -\dfrac{2x - 6z}{4y - 6z}, z' = \dfrac{2x - 4y}{4y - 6z}$ が得られる．

演習 A (1) 方程式 $x^2 + xy + y^3 = 1$ によって定まる関数 $y = y(x)$ の導関数 y' を求めよ．

(2) 方程式 $3\sin^2 x = 2\sin^2 y$ によって，関数 $y = y(x)$ が定まるとき，y の導関数 y' を求めよ．

(3) 方程式 $x^2 + y^2 + xz + 2yz + z^2 = 2$ によって，関数 $z = z(x, y)$ が定まるとき，z の偏導関数 z_x, z_y を求めよ．

演習 B 次の連立方程式によって，x の関数 $y = y(x)$ と $z = z(x)$ が定まるとき，それらの導関数 y', z' を求めよ．

(1) $\begin{cases} x^2 + y^2 = 1 \\ y^2 + z^2 = 1 \end{cases}$ (2) $\begin{cases} \sin x \sin y = z \\ x + y + z = 3 \end{cases}$

演習 C 連立方程式 $\begin{cases} x^2 + y^2 + 2u^2 + 2v^2 = 1 \\ x + 2y + u + 2v = 1 \end{cases}$ によって，x, y の関数 $u = u(x, y)$ と $v = v(x, y)$ が定まるとき，それらの偏導関数 u_x, u_y, v_x, v_y を求めよ．

例題 5-14 陰関数定理の応用

$F(x, y) = x^2 - xy + y^2 + 2x - 2y + 1$ とする.
(1) 曲線 $F(x, y) = 0$ 上の点 $(-1, 1)$ における接線の方程式を求めよ.
(2) 方程式 $F(x, y) = 0$ によって定められる x の関数 $y = f(x)$ の極値を求めよ.

[考え方] (1) $(F_x(p, q), F_y(p, q)) \neq (0, 0)$ ならば接線の方程式は $F_x(p, q)(x-p) + F_y(p, q)(y-q) = 0$ である.

(2) $F_y(x, y) \neq 0, F_x(x, y) = 0, F(x, y) = 0$ を同時に満たす点 (x_i, y_i) を求める. そのような点では, $y'' = -\dfrac{F_{xx}(x_i, y_i)}{F_y(x_i, y_i)}$ となるので, この値の正負によって極小か極大かを判定すればよい. 実際, 陰関数定理により, $f''(x) = -\dfrac{F_{xx}F_y^2 - 2F_{xy}F_xF_y + F_{yy}F_x^2}{F_y^3}$ となるが, 上の点 (x_i, y_i) は $F_x(x_i, y_i) = 0$ を満たすので, $f''(x_i) = -\dfrac{F_{xx}(x_i, y_i)}{F_y(x_i, y_i)}$ となる. したがって, $g(x, y) = -\dfrac{F_{xx}(x, y)}{F_y(x, y)}$ とするとき, $g(x_i, y_i) > 0$ ならば, $x = x_i$ において f は極小値 y_i をとり, $g(x_i, y_i) < 0$ ならば, $x = x_i$ において f は極大値 y_i をとる.

[解答] (1) $F_x(x, y) = 2x - y + 2$, $F_y(x, y) = -x + 2y - 2$ であるので, $(F_x(-1, 1), F_y(-1, 1)) = (-1, 1) \neq (0, 0)$ である. したがって, 点 $(-1, 1)$ における接線の方程式は $(-1) \cdot (x - (-1)) + 1 \cdot (y - 1) = 0$ すなわち, $y = x + 2$ である.

(2) $F_y(x, y) = -x + 2y - 2 \neq 0$ として $F_x(x, y) = 2x - y + 2 = 0$ と $F(x, y) = 0$ を解く. $y = 2x + 2$ を $F(x, y) = 0$ に代入して, $(x+1)(3x+1) = 0$ となることから, 点 $(-1, 0)$, $\left(-\dfrac{1}{3}, \dfrac{4}{3}\right)$ が得られる. このことから, 関数 $y = f(x)$ は, $x = -1$ と $x = -\dfrac{1}{3}$ のとき, 極値をとる可能性があり, そのときの y の値はそれぞれ $0, \dfrac{4}{3}$ であることがわかる. そこで, $g(x, y) = -\dfrac{F_{xx}(x, y)}{F_y(x, y)} = \dfrac{2}{x - 2y + 2}$ として, それぞれの点で $g(x, y)$ の値を求めると, $(-1, 0)$ では $g(-1, 0) = 2 > 0$ だから, $x = -1$ で $y = f(x)$ は極小値 0 をとり, $\left(-\dfrac{1}{3}, \dfrac{4}{3}\right)$ では, $g\left(-\dfrac{1}{3}, \dfrac{4}{3}\right) = -2 < 0$ だから $x = -\dfrac{1}{3}$ で $y = f(x)$ は極大値 $\dfrac{4}{3}$ をとる.

演習 A 次の曲線上の点 (p, q) における接線の方程式を求めよ.
(1) $2x^2 + y^2 = 1$ (2) $\sqrt{x} + \sqrt{y} = 1$ (3) $x^{\frac{2}{3}} + y^{\frac{2}{3}} = a^{\frac{2}{3}}$ $(a > 0)$

演習 B 次の方程式によって定まる x の関数 y の極値を求めよ.
(1) $F(x, y) = x^2 + xy + 2y^2 - 7 = 0$ (2) $F(x, y) = y^2 + xy - x^2 - 5 = 0$
(3) $F(x, y) = xy(y - x) - 2 = 0$

演習 C $F(x, y) = x^4 - 2x^2y + y^4 = 0$ によって定まる x の関数 y の極値を求めよ.

例題 5-15　Lagrangeの乗数法

条件 $\varphi(x,y) = 2x^2 + xy + 2y^2 - 1 = 0$ のもとで，関数 $f(x,y) = xy$ の極値を求めよ．

[考え方] Lagrangeの乗数法を用いて極値をとる点の候補を求め，各点において極値であるかどうかを検討する．

[解答] $F(x,y,\lambda) = xy - \lambda(2x^2 + xy + 2y^2 - 1)$ とおく．$F_x = y - 4\lambda x - \lambda y = 0 \cdots$ ①, $F_y = x - \lambda x - 4\lambda y = 0 \cdots$ ② より λ を消去して，$y^2 = x^2$ が得られる．このことは，たとえば次のようにすればわかる．① 式の両辺に x をかけた式と ② 式の両辺に y をかけた式より，$\lambda(x^2 - y^2) = 0$ が得られる．ここで，もし $\lambda = 0$ ならば，① 式と ② 式より $x = y = 0$ となり，$\varphi(0,0) = -1 \neq 0$ だから条件を満たさない．したがって，条件を満たす場合には $\lambda \neq 0$ となり，$y^2 = x^2$ が得られる．$y = x$ のとき，$F_\lambda = 0$ より $5x^2 = 1$ となる．また，$y = -x$ のとき，$F_\lambda = 0$ より $3x^2 = 1$ となる．したがって，点 $\left(\frac{1}{\sqrt{5}}, \frac{1}{\sqrt{5}}\right), \left(-\frac{1}{\sqrt{5}}, -\frac{1}{\sqrt{5}}\right), \left(\frac{1}{\sqrt{3}}, -\frac{1}{\sqrt{3}}\right), \left(-\frac{1}{\sqrt{3}}, \frac{1}{\sqrt{3}}\right)$ が極値をとる点の候補となる．ところで，$\varphi(x,y) = 0$ を満たす点の集合は有界閉曲線 (楕円) であり，$f(x,y)$ はその上で連続であるので，最大値，最小値をとる．候補の点での値を調べてみると，点 $\left(\frac{1}{\sqrt{5}}, \frac{1}{\sqrt{5}}\right)$ および $\left(-\frac{1}{\sqrt{5}}, -\frac{1}{\sqrt{5}}\right)$ において $\frac{1}{5}$ をとり，点 $\left(\frac{1}{\sqrt{3}}, -\frac{1}{\sqrt{3}}\right)$ および $\left(-\frac{1}{\sqrt{3}}, \frac{1}{\sqrt{3}}\right)$ において $-\frac{1}{3}$ をとることがわかる．候補の点での値は $\frac{1}{5}$ と $-\frac{1}{3}$ しかなく，$\frac{1}{5} > -\frac{1}{3}$ だから $\frac{1}{5}$ が最大値 (極大値でもある) で，$-\frac{1}{3}$ が最小値 (極小値でもある) である．したがって，点 $\left(\frac{1}{\sqrt{5}}, \frac{1}{\sqrt{5}}\right)$ および $\left(-\frac{1}{\sqrt{5}}, -\frac{1}{\sqrt{5}}\right)$ において極大値 $\frac{1}{5}$ をとり，点 $\left(\frac{1}{\sqrt{3}}, -\frac{1}{\sqrt{3}}\right)$ および $\left(-\frac{1}{\sqrt{3}}, \frac{1}{\sqrt{3}}\right)$ において極小値 $-\frac{1}{3}$ をとることがわかる．なお，$\varphi(x,y) = 0$ を満たす点の集合が有界であることは，$2x^2 + xy + 2y^2 = \frac{3}{2}(x^2 + y^2) + \frac{1}{2}(x+y)^2 \geq \frac{3}{2}(x^2 + y^2)$ よりわかる．

演習 A　(1) 条件 $x^2 + y^2 = 1$ のもとで，$f(x,y) = x + 2y$ の極値を求めよ．

(2) 条件 $x + y = 1$ のもとで，$f(x,y) = x^2 + 2y^2$ の極値を求めよ．

(3) 条件 $x + 2y = 1$ のもとで，$f(x,y) = x^2 + y^2$ の極値を求めよ．

演習 B　(1) 条件 $2x^2 + xy + 2y^2 = 1$ のもとで，$f(x,y) = x^2 + y^2$ の極値を求めよ．

(2) 条件 $x^2 + y^2 = 1$ のもとで，$f(x,y) = x^2 + 2y^2$ の極値を求めよ．

(3) 条件 $x + y + z = 1$ のもとで，$f(x,y,z) = x^2 + 2y^2 + 3z^2$ の極値を求めよ．

演習 C　条件 $x^2 + y^2 = 1$ のもとで，$f(x,y) = x^3 + y^3$ の最大値と最小値を求めよ．

総合問題 (1) 5-16

$u = u(x,y)$, $v = v(x,y)$ は関係

$$u_x = v_y, \quad u_y = -v_x$$

を満たすとする．$w = w(u,v)$ を2変数u,vの関数とすると，wは合成により，2変数x,yの関数とも考えられる．このとき，次の等式が成立することを示せ．

$$\frac{\partial^2 w}{\partial x^2} + \frac{\partial^2 w}{\partial y^2} = \left(\frac{\partial^2 w}{\partial u^2} + \frac{\partial^2 w}{\partial v^2}\right)\left(\left(\frac{\partial u}{\partial x}\right)^2 + \left(\frac{\partial u}{\partial y}\right)^2\right)$$

[考え方] 連鎖定理を用いて偏導関数の間の関係式を導く．

[解答] $w_x = w_u u_x + w_v v_x$ だから，

$$\begin{aligned} w_{xx} &= (w_u)_x u_x + w_u u_{xx} + (w_v)_x v_x + w_v v_{xx} \\ &= w_{uu}(u_x)^2 + 2w_{uv}u_x v_x + w_{vv}(v_x)^2 + w_u u_{xx} + w_v v_{xx}. \end{aligned}$$

同様に

$$w_{yy} = w_{uu}(u_y)^2 + 2w_{uv}u_y v_y + w_{vv}(v_y)^2 + w_u u_{yy} + w_v v_{yy}.$$

u, v に対する仮定により，

$$u_x v_x + u_y v_y = 0, \quad u_x^2 + u_y^2 = v_x^2 + v_y^2, \quad u_{xx} + u_{yy} = 0, \quad v_{xx} + v_{yy} = 0.$$

したがって，$w_{xx} + w_{yy} = (w_{uu} + w_{vv})((u_x)^2 + (u_y)^2)$.

演習 A 関数 $f(x,y) = e^{-2xy}\cos(x^2 - y^2)$ は $f_{xx} + f_{yy} = 0$ を満たすことを示せ．

演習 B 次の問いに答えよ．

(1) f, g を1変数関数とするとき，$w = f(x+at) + g(x-at)$ は次の偏微分方程式を満たすことを示せ．

$$\frac{\partial^2 w}{\partial t^2} = a^2 \frac{\partial^2 w}{\partial x^2}$$

(2) 逆に2変数 t, x の関数 $w = w(t,x)$ が上の偏微分方程式を満たすとき，次のことを示せ．ただし，$a \neq 0$ とする．

　(a) $u = x + at$, $v = x - at$ とおくと，w は方程式 $\dfrac{\partial^2 w}{\partial v \partial u} = 0$ を満たす．

　(b) w は，ある1変数関数 f, g によって，$w = f(x+at) + g(x-at)$ と表される．

演習 C 1変数C^2級関数gと$r = \sqrt{x_1^2 + x_2^2 + \cdots + x_n^2}$ を用いて，n変数関数 $f(x_1, x_2, \cdots, x_n) = g(r)$ を定義する．

(1) $\Delta f \equiv \dfrac{\partial^2 f}{\partial x_1^2} + \dfrac{\partial^2 f}{\partial x_2^2} + \cdots + \dfrac{\partial^2 f}{\partial x_n^2}$ を計算せよ．

(2) $\Delta f = 0$ を満たすような関数 $g(r)$ を求めよ．

総合問題(2) 5-17

> 平面上の n 個の定点 $P_i(x_i, y_i)$ $(i = 1, 2, \cdots, n)$ に対して，$\sum_{i=1}^{n} \{y_i - (ax_i + b)\}^2$ を最小にするような数 a, b は次のように表されることを示せ．
> $$a = \frac{\sum_{i=1}^{n}(x_i - \bar{x})(y_i - \bar{y})}{\sum_{i=1}^{n}(x_i - \bar{x})^2} \left(= \frac{\sum_{i=1}^{n} x_i(y_i - \bar{y})}{\sum_{i=1}^{n} x_i(x_i - \bar{x})}\right), \quad b = \bar{y} - a\bar{x}$$
> ここで，$\bar{x} = \dfrac{1}{n}\sum_{i=1}^{n} x_i$, $\bar{y} = \dfrac{1}{n}\sum_{i=1}^{n} y_i$ である．また，すべての点が y 軸に平行な 1 つの直線上に並ぶことはないと仮定する．

[考え方] a, b を変数とみて，関数 $\sum_{i=1}^{n} \{y_i - (ax_i + b)\}^2$ が極値をとる点を調べてみよう．

[解答] $f(a, b) = \sum_{i=1}^{n} \{y_i - (ax_i + b)\}^2$ とおく．$\dfrac{\partial}{\partial a}f(a, b) = 0$ と $\dfrac{\partial}{\partial b}f(a, b) = 0$ を整理して，連立方程式
$$\begin{cases} \sum_{i=1}^{n} x_i\{y_i - (ax_i + b)\} = 0 \\ \sum_{i=1}^{n} \{y_i - (ax_i + b)\} = 0 \end{cases}$$
が得られる．下の式から，$b = \bar{y} - a\bar{x}$ となるので，上の式に代入すると $\sum_{i=1}^{n} x_i\{y_i - \bar{y} - a(x_i - \bar{x})\} = 0$ となる．この式は，$\{\cdots\}$ の部分の和を考えると 0 になるので，$\sum_{i=1}^{n} (x_i - \bar{x})\{y_i - \bar{y} - a(x_i - \bar{x})\} = 0$ と同値である．これを解けば a, b が求まる．$A = f_{aa} = 2\sum_{i=1}^{n} x_i^2, B = f_{ab} = 2\sum_{i=1}^{n} x_i, C = f_{bb} = 2n$ となるので，シュワルツの不等式 $\left(\sum_{i=1}^{n} 1 \cdot x_i\right)^2 \leqq \left(\sum_{i=1}^{n} 1^2\right)\left(\sum_{i=1}^{n} x_i^2\right)$ が成り立つことに注意すると，$B^2 - AC = 4\left(\left(\sum_{i=1}^{n} x_i\right)^2 - n\sum_{i=1}^{n} x_i^2\right) \leqq 0$ であることがわかる．また，すべての点が y 軸に平行な 1 つの直線上に並ぶことはないという仮定により，上の不等式において等号は成立しないので，$B^2 - AC < 0$ となり，$A > 0$ だから，上で求めた点は極小値をとる点である．そして，極値をとる点の候補が上の点以外にはないことから，上で求めた点は最小値をとる点であることがわかる．

演習 A f を区間 $[-\pi, \pi]$ で定義された連続関数とする．n を正整数とし，定数 $a_0, a_1, \cdots, a_n, b_1, \cdots, b_n$ に対して，$g(x) = \dfrac{a_0}{2} + \sum_{k=1}^{n}(a_k \cos kx + b_k \sin kx)$ とする．このとき，$Q = \int_{-\pi}^{\pi} \{f(x) - g(x)\}^2 dx$ を最小にするような $a_0, a_1, \cdots, a_n, b_1, \cdots, b_n$ の値を f を用いて表せ．

第 V 章 偏微分　演習解答

例題 5-1　偏導関数を求める

演習 A

(1) $z_x = y$, $z_y = x$.

(2) $z_x = -\dfrac{2y}{x^3}$, $z_y = \dfrac{1}{x^2}$.

(3) $z_x = 4xe^{2x^2+4y^2}$, $z_y = 8ye^{2x^2+4y^2}$.

(4) $z_x = \cos x \cos y$, $z_y = -\sin x \sin y$.

(5) $z_x = -6xy\sin(x^2y)\cos^2(x^2y)$, $z_y = -3x^2\sin(x^2y)\cos^2(x^2y)$.

(6) $z_x = \dfrac{x}{\sqrt{x^2+2y^2+1}}$, $z_y = \dfrac{2y}{\sqrt{x^2+2y^2+1}}$.

演習 B

(1) $z_x = 2x\cos(x^2-y^2)e^{\sin(x^2-y^2)}$, $z_y = -2y\cos(x^2-y^2)e^{\sin(x^2-y^2)}$.

(2) $z_x = \dfrac{2x}{1+x^2+y^2}$, $z_y = \dfrac{2y}{1+x^2+y^2}$.

(3) $z_x = \dfrac{4\sin(2x+y)\cos(2x+y)}{1+\sin^2(2x+y)}$, $z_y = \dfrac{2\sin(2x+y)\cos(2x+y)}{1+\sin^2(2x+y)}$.

演習 C

(1) $z_x = \dfrac{2x}{(1+x^2+y^2)\log(1+x^2+y^2)}$, $z_y = \dfrac{2y}{(1+x^2+y^2)\log(1+x^2+y^2)}$.

(2)
$$z_x = \dfrac{1}{\sqrt{1-\left(\frac{x^2}{x^2+y^2}\right)^2}} \cdot \left(\dfrac{x^2}{x^2+y^2}\right)_x = \dfrac{2xy^2}{(x^2+y^2)\sqrt{y^2(2x^2+y^2)}}$$

$$z_y = \dfrac{1}{\sqrt{1-\left(\frac{x^2}{x^2+y^2}\right)^2}} \cdot \left(\dfrac{x^2}{x^2+y^2}\right)_y = \dfrac{-2x^2y}{(x^2+y^2)\sqrt{y^2(2x^2+y^2)}}.$$

(3)
$$z_x = \dfrac{1}{1+(x^2+y^2)^2} \cdot (x^2+y^2)_x = \dfrac{2x}{1+(x^2+y^2)^2}$$

$$z_y = \dfrac{1}{1+(x^2+y^2)^2} \cdot (x^2+y^2)_y = \dfrac{2y}{1+(x^2+y^2)^2}$$

例題 5-2　関数の極限

演習 A

(1) $\displaystyle\lim_{(x,y)\to(1,2)}(x^2+2y) = \lim_{x\to 1}x^2 + 2\lim_{y\to 2}y = 1+4 = 5$

(2) $\displaystyle\lim_{(x,y)\to(-1,-1)}\dfrac{x^3y+xy^3}{x^2+y^2} = \lim_{(x,y)\to(-1,-1)}xy = (\lim_{x\to -1}x)(\lim_{y\to -1}y) = (-1)(-1) = 1$

(3) $\displaystyle\lim_{x\to -1}\sqrt{|x|} = 1$, $\displaystyle\lim_{y\to 0}\sqrt{|y|} = 0$ だから, $\displaystyle\lim_{(x,y)\to(-1,0)}\sqrt{|xy|} = 1\cdot 0 = 0$

演習 B

(1) $r = \sqrt{x^2 + y^2}$ に対して, $0 \leq \left|\dfrac{x^3 y}{x^2 + y^2}\right| = |xy|\dfrac{x^2}{x^2 + y^2} \leq |x||y| \leq r^2$. はさみ打ちの原理により求める等式を得る.

(2) $f(x, y) = \dfrac{x^3 + y^2}{x^2 + y^2}$ とおく. 点 $\mathrm{P}(x, y)$ を x 軸上で原点に近づけると, $f(x, 0) = x$ だから, $f(x, 0) \to 0$ となる. 一方, 点 $\mathrm{P}(x, y)$ を y 軸上で原点に近づけると, $f(0, y) = 1$ だから $f(0, y) \to 1$ となる. 点 P を原点に近づける経路により, $f(\mathrm{P})$ が異なる値に近づくので, $\lim_{(x,y) \to (0,0)} \dfrac{x^3 + y^2}{x^2 + y^2}$ は存在しない.

(3) (1) と同様に $0 \leq \dfrac{2x^2 y^4}{x^2 + y^4} \leq \dfrac{y^4}{x^2 + y^4} \cdot 2x^2 \leq 2x^2 \leq 2r^2$. したがって, 極限は存在して 0 である.

演習 C

(1) $(x, y) \to (0, 0)$ のとき, $x - y \to 0, x + y \to 0$ であるから,

$$\lim_{(x,y) \to (0,0)} \frac{\sin 2x - \sin 2y}{x - y} = \lim_{(x,y) \to (0,0)} 2\frac{\sin(x - y)\cos(x + y)}{x - y}$$
$$= 2 \lim_{x-y \to 0} \frac{\sin(x - y)}{x - y} \cdot \lim_{x+y \to 0} \cos(x + y) = 2 \cdot 1 \cdot 1 = 2.$$

(2)

$$\lim_{(x,y) \to (0,0)} \frac{e^x - e^y}{x - y} = \lim_{(x,y) \to (0,0)} \frac{e^{x-y} - 1}{x - y} \cdot e^y$$
$$= \left(\lim_{x-y \to 0} \frac{e^{x-y} - 1}{x - y}\right)\left(\lim_{y \to 0} e^y\right) = 1 \cdot 1 = 1.$$

ここで, 極限値 $\lim_{x-y \to 0} \dfrac{e^{x-y} - 1}{x - y}$ は, 指数関数の原点における微分係数の値である.

例題 5-3 　全微分を求める

演習 A

(1) $dz = (2x + y)\, dx + (x + 6y)\, dy$
(2) $dz = 2xy^3\, dx + 3x^2 y^2\, dy$
(3) $dz = \dfrac{2y}{(x + y)^2}\, dx - \dfrac{2x}{(x + y)^2}\, dy$
(4) $dz = -2e^{-(x^2 + y^2)}(x\, dx + y\, dy)$
(5) $dz = \dfrac{-y\, dx + x\, dy}{x^2 + y^2}$
(6) $dz = \dfrac{2(x\, dx + y\, dy)}{(1 + x^2 + y^2)(1 + (\log(1 + x^2 + y^2))^2)}$

演習 B

$V = \dfrac{1}{3}\pi r^2 h$ の全微分は $dV = \dfrac{2}{3}\pi rh\, dr + \dfrac{1}{3}\pi r^2\, dh = \dfrac{1}{3}\pi r(2h\, dr + r\, dh)$ となる. 両辺を V で割って, $\dfrac{dV}{V} = 2\dfrac{dr}{r} + \dfrac{dh}{h}$ が得られる.

演習 C 0 でない x に対して，$\dfrac{f(x,0)-f(0,0)}{x}=0$ だから，$f_x(0,0)$ は存在して，0 である．同様に，$f_y(0,0)$ も存在して，0 であるので，$f(x,y)$ は $(0,0)$ で偏微分可能である．ところで，$\lim_{x\to 0} f(x,0)=0$ であるが，$\lim_{x\to 0} f(x,x) = \lim_{x\to 0}\dfrac{x^4}{2x^4} = \dfrac{1}{2}$ となる．点 $(0,0)$ への経路によって異なる極限値をもつから，$f(x,y)$ は $(0,0)$ で連続でない．もし，$f(x,y)$ が $(0,0)$ で全微分可能ならば，$f(x,y)$ は $(0,0)$ で連続になるから，$f(x,y)$ は $(0,0)$ で全微分可能ではない．

例題 5-4 接平面，法線の方程式

演習 A

(1) 接平面：$z-3 = 2(x-1)+4(y-1)$ より，$2x+4y-z=3$
法線：$\dfrac{x-1}{2} = \dfrac{y-1}{4} = \dfrac{z-3}{-1}$

(2) 接平面：$z-1 = -2(x-1)+4(y-1)$ より，$2x-4y+z=-1$
法線：$\dfrac{x-1}{-2} = \dfrac{y-1}{4} = \dfrac{z-1}{-1}$

(3) 接平面：$z-4 = \dfrac{3}{2}(x-2)+\dfrac{\sqrt{2}}{2}(y-\sqrt{2})$ より，$3x+\sqrt{2}y-2z=0$
法線：$\dfrac{2(x-2)}{3} = \sqrt{2}(y-\sqrt{2}) = \dfrac{z-4}{-1}$

演習 B

(1) 接平面：$z-e = 6e(x-1)+4e(y-1)$ より，$6ex+4ey-z=9e$
法線：$\dfrac{x-1}{6e} = \dfrac{y-1}{4e} = \dfrac{z-e}{-1}$

(2) 接平面：$z-0 = 6(x-1)+4(y-1)$ より，$6x+4y-z=10$
法線：$\dfrac{x-1}{6} = \dfrac{y-1}{4} = \dfrac{z}{-1}$

(3) 接平面：$z-\dfrac{3}{4} = \dfrac{\sqrt{3}}{4}(x-\dfrac{\pi}{3})+\dfrac{\sqrt{3}}{4}(y-\dfrac{\pi}{3})$ より，$x+y-\dfrac{4\sqrt{3}}{3}z = \dfrac{2}{3}\pi-\sqrt{3}$
法線：$\dfrac{4\sqrt{3}(x-\frac{\pi}{3})}{3} = \dfrac{4\sqrt{3}(y-\frac{\pi}{3})}{3} = \dfrac{z-\frac{3}{4}}{-1}$

演習 C

接平面：$z-\left(\dfrac{x_0^2}{a^2}+\dfrac{y_0^2}{b^2}\right) = \dfrac{2x_0}{a^2}(x-x_0)+\dfrac{2y_0}{b^2}(y-y_0)$ と $z_0 = \dfrac{x_0^2}{a^2}+\dfrac{y_0^2}{b^2}$ より，$\dfrac{2x_0 x}{a^2}+\dfrac{2y_0 y}{b^2} = z+z_0$

法線：$\dfrac{a^2(x-x_0)}{2x_0} = \dfrac{b^2(y-y_0)}{2y_0} = \dfrac{z-z_0}{-1}$

例題 5-5 チェインルール (1) 多変数と 1 変数の合成

演習 A

(1) $z_x = 4x$, $z_y = -2y$, $\dfrac{dx}{dt} = \dfrac{1}{t}$, $\dfrac{dy}{dt} = 2t$ だから，連鎖定理を用いて，$\dfrac{dz}{dt} = (4x)\dfrac{1}{t} + (-2y)(2t) = 4\dfrac{\log t}{t} - 4t(t^2+1)$.

(2) $z_x = \dfrac{x}{\sqrt{x^2+y^2+1}}$, $z_y = \dfrac{y}{\sqrt{x^2+y^2+1}}$, $\dfrac{dx}{dt} = -a\sin t$, $\dfrac{dy}{dt} = b\cos t$ だから，連鎖

定理を用いて，$\dfrac{dz}{dt} = \dfrac{x}{\sqrt{x^2+y^2+1}}(-a\sin t) + \dfrac{y}{\sqrt{x^2+y^2+1}}(b\cos t)$

$= \dfrac{(b^2-a^2)\cos t \sin t}{\sqrt{a^2\cos^2 t + b^2\sin^2 t + 1}}$.

(3) $z_x = 4x^3 y^2$, $z_y = 2x^4 y$, $\dfrac{dx}{dt} = -e^{-t}(\cos t + \sin t)$, $\dfrac{dy}{dt} = e^{-t}(\cos t - \sin t)$ だから，連鎖定理を用いて，$\dfrac{dz}{dt} = 4x^3y^2\{-e^{-t}(\cos t + \sin t)\} + 2x^4 y e^{-t}(\cos t - \sin t) = e^{-6t}\cos^3 t \sin t(-6\cos t \sin t - 4\sin^2 t + 2\cos^2 t)$.

演習 B $-\dfrac{1}{e}(\cos\theta + \sin\theta)$

演習 C θ 方向への方向微分係数は，$\dfrac{1}{4}(\cos\theta + 3\sin\theta)$．この式はさらに $\dfrac{1}{4}(\cos\theta + 3\sin\theta) = \dfrac{\sqrt{10}}{4}\sin(\theta + \alpha)$ と表すことができる．ここで，α は $\sin\alpha = \dfrac{1}{\sqrt{10}}$, $\cos\alpha = \dfrac{3}{\sqrt{10}}$ をみたす角である．この式は $\theta + \alpha = \dfrac{\pi}{2}$ のとき，すなわち $\theta = \dfrac{\pi}{2} - \alpha = \tan^{-1} 3$ のとき最大値 $\dfrac{\sqrt{10}}{4}$ をとる．

例題 5-6 チェインルール (2) 多変数の合成

演習 A

(1) $z_u = \sin(2u)$, $z_v = -\sin(2v)$

(2) $z_u = \dfrac{1}{u}$, $z_v = 0$

(3) $z_u = e^{au+bv}\{a\sin(cu+dv) + c\cos(cu+dv)\}$,
$z_v = e^{au+bv}\{b\sin(cu+dv) + d\cos(cu+dv)\}$

演習 B

(1) $z_x = 2x$, $z_y = -4y$, $x_u = vu^{v-1}$, $x_v = u^v \log u$, $y_u = v^u \log v$, $y_v = uv^{u-1}$ だから，連鎖定理を用いて，$z_u = z_x \cdot x_u + z_y \cdot y_u = 2u^{2v-1}v - 4v^{2u}\log v$, $z_v = z_x \cdot x_v + z_y \cdot y_v = 2u^{2v}\log u - 4uv^{2u-1}$.

(2) $z_x = \dfrac{1}{1+(x-y)^2}$, $z_y = \dfrac{-1}{1+(x-y)^2}$, $x_u = e^u \cos v$, $x_v = -e^u \sin v$, $y_u = e^u \sin v$, $y_v = e^u \cos v$ だから，連鎖定理を用いて，$z_u = \dfrac{e^u(\cos v - \sin v)}{e^{2u}(\cos v - \sin v)^2 + 1}$,
$z_v = -\dfrac{e^u(\cos v + \sin v)}{e^{2u}(\cos v - \sin v)^2 + 1}$.

(3) $z_u = f_x(g(u), h(u,v))g'(u) + f_y(g(u), h(u,v))h_u(u,v)$,
$z_v = f_y(g(u), h(u,v))h_v(u,v)$

演習 C $z_u = z_v$
$= f_x\left(\displaystyle\int_0^{u+v} g(t)\,dt, \int_0^{u+v} h(t)\,dt\right)g(u+v) + f_y\left(\displaystyle\int_0^{u+v} g(t)\,dt, \int_0^{u+v} h(t)\,dt\right)h(u+v)$

例題 5-7 高階偏導関数を求める

演習 A

(1) $z_x = 2x + ay$, $z_y = ax + 2by$, $z_{xx} = 2$, $z_{xy} = z_{yx} = a$, $z_{yy} = 2b$, 3 階以上の偏導関数はすべて 0.

(2) $z_x = 3x^2$, $z_y = 3y^2$, $z_{xx} = 6x$, $z_{xy} = z_{yx} = 0$, $z_{yy} = 6y$, $z_{xxx} = 6$, $z_{yyy} = 6$, それ以外の 3 階の偏導関数と 4 階以上の偏導関数はすべて 0.

(3) $z_x = 3a(ax + by + c)^2$, $z_y = 3b(ax + by + c)^2$, $z_{xx} = 6a^2(ax + by + c)$, $z_{xy} = z_{yx} = 6ab(ax + by + c)$, $z_{yy} = 6b^2(ax + by + c)$, $z_{xxx} = 6a^3$, $z_{xxy} = z_{xyx} = z_{yxx} = 6a^2 b$, $z_{xyy} = z_{yxy} = z_{yyx} = 6ab^2$, $z_{yyy} = 6b^3$, 4 階以上の偏導関数はすべて 0.

演習 B

(1) $z_x = -a\sin(ax+by)$, $z_y = -b\sin(ax+by)$ だから，2 階偏導関数は，$z_{xx} = -a^2\cos(ax+by)$, $z_{xy} = z_{yx} = -ab\cos(ax+by)$, $z_{yy} = -b^2\cos(ax+by)$ となる．したがって，$z_{xx} + z_{yy} = -(a^2 + b^2)\cos(ax+by)$.

(2) $z_x = -\dfrac{2y}{x^3}$, $z_y = \dfrac{1}{x^2}$ だから，2 階偏導関数は，$z_{xx} = \dfrac{6y}{x^4}$, $z_{xy} = z_{yx} = -\dfrac{2}{x^3}$, $z_{yy} = 0$ となる．したがって，$z_{xx} + z_{yy} = \dfrac{6y}{x^4}$.

(3) $z_x = 4xe^{2x^2+y^2}$, $z_y = 2ye^{2x^2+y^2}$ だから，2 階偏導関数は，$z_{xx} = (16x^2 + 4)e^{2x^2+y^2}$, $z_{xy} = z_{yx} = 8xye^{2x^2+y^2}$, $z_{yy} = (4y^2 + 2)e^{2x^2+y^2}$ となる．したがって，$z_{xx} + z_{yy} = (16x^2 + 4y^2 + 6)e^{2x^2+y^2}$.

(4) $z_x = \dfrac{2x}{x^2+y^2}$, $z_y = \dfrac{2y}{x^2+y^2}$ だから，2 階偏導関数は，$z_{xx} = \dfrac{-2x^2 + 2y^2}{(x^2+y^2)^2}$, $z_{xy} = z_{yx} = \dfrac{-4xy}{(x^2+y^2)^2}$, $z_{yy} = \dfrac{2x^2 - 2y^2}{(x^2+y^2)^2}$ となる．したがって，$z_{xx} + z_{yy} = 0$.

演習 C $f(ax+by)$ を実際に偏微分を行うと，$\dfrac{\partial f(ax+by)}{\partial x} = af'(ax+by)$, $\dfrac{\partial^2 f(ax+by)}{\partial x \partial y} = abf''(ax+by)$, $\dfrac{\partial^3 f(ax+by)}{\partial x^2 \partial y} = a^2 bf'''(ax+by), \ldots$ となるので，一般に，$\dfrac{\partial^{m+n} f(ax+by)}{\partial x^m \partial y^n} = a^m b^n f^{(m+n)}(ax+by)$ となることがわかる．

例題 5-8 合成関数の高階導関数

演習 A

(1) $\dfrac{dz}{dt} = hf_x + kf_y$ だから，これを t で微分して，$\dfrac{d^2 z}{dt^2} = h^2 f_{xx} + 2hk f_{xy} + k^2 f_{yy}$.

(2) $\dfrac{dz}{dt} = -f_x a\sin t + f_y b\cos t$ だから，これを t で微分して，$\dfrac{d^2 z}{dt^2} = f_{xx} a^2 \sin^2 t - 2f_{xy} ab\sin t\cos t + f_{yy} b^2 \cos^2 t - (f_x a\cos t + f_y b\sin t)$.

(3) $\dfrac{dz}{dt} = f_x e^t(\cos t - \sin t) + f_y e^t(\cos t + \sin t)$ だから，これを t で微分して，$\dfrac{d^2 z}{dt^2} = f_{xx} e^{2t}(1 - \sin 2t) + 2f_{xy} e^{2t} \cos 2t + f_{yy} e^{2t}(1 + \sin 2t) - 2f_x e^t \sin t + 2f_y e^t \cos t$.

213

演習 B

(1) $z_u = e^x(a\cos y - c\sin y), z_v = e^x(b\cos y - d\sin y)$ となるので, $z_{uu} = e^x\cos y \cdot a^2 - 2e^x\sin y \cdot ac - e^x\cos y \cdot c^2$, $z_{uv} = e^x\cos y \cdot ab - e^x\sin y \cdot (ad+bc) - e^x\cos y \cdot cd$, $z_{vv} = e^x\cos y \cdot b^2 - 2e^x\sin y \cdot bd - e^x\cos y \cdot d^2$.

(2) $z_u = f_x v - f_y \dfrac{v}{u^2}, z_v = f_x u + f_y \dfrac{1}{u}$ となるので, $z_{uu} = f_{xx}v^2 - \dfrac{2v^2}{u^2}f_{xy} + f_{yy}\dfrac{v^2}{u^4} + 2f_y\dfrac{v}{u^3}$, $z_{uv} = f_{xx}uv - f_{yy}\dfrac{v}{u^3} + f_x - f_y\dfrac{1}{u^2}$, $z_{vv} = f_{xx}u^2 + 2f_{xy} + f_{yy}\dfrac{1}{u^2}$.

(3) $z_u = f_x g'(u) + f_y h_u, z_v = f_y h_v$ となるので, $z_{uu} = f_{xx}(g'(u))^2 + 2f_{xy}g'(u)h_u + f_{yy}(h_u)^2 + f_x g''(u) + f_y h_{uu}$, $z_{uv} = f_{xy}h_v g'(u) + f_{yy}h_u h_v + f_y h_{uv}$, $z_{vv} = f_{yy}(h_v)^2 + f_y h_{vv}$.

演習 C $z_x = z_r r_x = g'(r)\dfrac{x}{r}$ である. これをもう 1 度 x で偏微分すると, $z_{xx} = g''(r)\dfrac{x^2}{r^2} + g'(r)\dfrac{1}{r} - g'(r)\dfrac{1}{r}\cdot\dfrac{x^2}{r^2}$ が得られる. 同様に, $z_{yy} = g''(r)\dfrac{y^2}{r^2} + g'(r)\dfrac{1}{r} - g'(r)\dfrac{1}{r}\cdot\dfrac{y^2}{r^2}$ となるので, 両辺を加えて整理すればよい.

例題 5-9 Taylor の定理

演習 A

(1) x で 2 回以上または y で 2 回以上偏微分して得られる高階偏導関数はすべて 0 になる. したがって, $-1 - (x-1) + (y-1) + (x-1)(y-1)$.

(2) 3 階以上の高階偏導関数がすべて 0 になることに注意して, $(1+a+b) + (a+2)(x-1) + (a+2b)(y-1) + (x-1)^2 + a(x-1)(y-1) + b(y-1)^2$.

(3) x で 3 回以上, または y で 2 回以上偏微分して得られる高階偏導関数はすべて 0 になる. したがって, $(1-a)^2(1-b) + 2(1-a)(1-b)(x-1) + (1-a)^2(y-1) + (1-b)(x-1)^2 + 2(1-a)(x-1)(y-1) + (x-1)^2(y-1)$.

演習 B

(1) $\sin(x+y) = \sin\left(\dfrac{\pi}{2}+\dfrac{\pi}{2}\right) + \cos\left(\dfrac{\pi}{2}+\theta\left(x-\dfrac{\pi}{2}\right)+\dfrac{\pi}{2}+\theta\left(y-\dfrac{\pi}{2}\right)\right)\left(x-\dfrac{\pi}{2}\right)$ $+\cos\left(\dfrac{\pi}{2}+\theta\left(x-\dfrac{\pi}{2}\right)+\dfrac{\pi}{2}+\theta\left(y-\dfrac{\pi}{2}\right)\right)\left(y-\dfrac{\pi}{2}\right) = (x+y-\pi)\cos(\theta(x+y-\pi)+\pi)$, $(0<\theta<1)$

(2) $e^x \sin y = e^{\frac{\pi}{2}}\sin\left(\dfrac{\pi}{2}\right) + e^{\frac{\pi}{2}+\theta\left(x-\frac{\pi}{2}\right)}\sin\left(\dfrac{\pi}{2}+\theta\left(y-\dfrac{\pi}{2}\right)\right)\left(x-\dfrac{\pi}{2}\right)$ $+e^{\frac{\pi}{2}+\theta\left(x-\frac{\pi}{2}\right)}\cos\left(\dfrac{\pi}{2}+\theta\left(y-\dfrac{\pi}{2}\right)\right)\left(y-\dfrac{\pi}{2}\right)$ $= e^{\frac{\pi}{2}} + e^{\frac{\pi}{2}+\theta\left(x-\frac{\pi}{2}\right)}\left\{\left(x-\dfrac{\pi}{2}\right)\cos\left(\theta\left(y-\dfrac{\pi}{2}\right)\right) - \left(y-\dfrac{\pi}{2}\right)\sin\left(\theta\left(y-\dfrac{\pi}{2}\right)\right)\right\}$ $(0<\theta<1)$

(3) $\sin x \sin y = \sin\left(\dfrac{\pi}{2}\right)\sin\left(\dfrac{\pi}{2}\right) + \cos\left(\dfrac{\pi}{2}+\theta\left(x-\dfrac{\pi}{2}\right)\right)\sin\left(\dfrac{\pi}{2}+\theta\left(y-\dfrac{\pi}{2}\right)\right)\left(x-\dfrac{\pi}{2}\right)$ $+\sin\left(\dfrac{\pi}{2}+\theta\left(x-\dfrac{\pi}{2}\right)\right)\cos\left(\dfrac{\pi}{2}+\theta\left(y-\dfrac{\pi}{2}\right)\right)\left(y-\dfrac{\pi}{2}\right)$ $= 1 - \left(x-\dfrac{\pi}{2}\right)\sin\left(\theta\left(x-\dfrac{\pi}{2}\right)\right)\cos\left(\theta\left(y-\dfrac{\pi}{2}\right)\right)$

$$-\left(y-\frac{\pi}{2}\right)\cos\left(\theta\left(x-\frac{\pi}{2}\right)\right)\sin\left(\theta\left(y-\frac{\pi}{2}\right)\right) \quad (0<\theta<1)$$

演習 C $f(x,y)=x^y$ の 3 階までの偏導関数は，次のようになる．$f_x = yx^{y-1}$, $f_y = (\log x)x^y$, $f_{xx} = y(y-1)x^{y-2}$, $f_{xy} = (y(\log x)+1)x^{y-1}$, $f_{yy} = (\log x)^2 x^y$, $f_{xxx} = y(y-1)(y-2)x^{y-3}$, $f_{xxy} = (2y-1+y(y-1)(\log x))x^{y-2}$, $f_{xyy} = (2(\log x)+(\log x)^2 y)x^{y-1}$, $f_{yyy} = (\log x)^3 x^y$.

(1) $1+(x-1)+(x-1)(y-1)+\dfrac{1}{2}(x-1)^2(y-1)$

(2) $1+2(x-1)+(x-1)^2+(x-1)(y-2)+\dfrac{3}{2}(x-1)^2(y-2)$

(3) $4+4(x-2)+4(\log 2)(y-2)+\dfrac{1}{2}\{2(x-2)^2+(4+8\log 2)(x-2)(y-2)+4(\log 2)^2(y-2)^2\}+\dfrac{1}{6}\{3(3+2\log 2)(x-2)^2(y-2)+3(4(\log 2)^2+4\log 2)(x-2)(y-2)^2+4(\log 2)^3(y-2)^3\}$

例題 5-10　Maclaurin の定理

演習 A

(1) $f(x,y) = x^2+axy+by^2$ の 2 階までの偏導関数は，$f_x = 2x+ay$, $f_y = ax+2by$, $f_{xx} = 2$, $f_{xy} = a$, $f_{yy} = 2b$ となるので，3 階偏導関数はすべて 0 である．したがって，3 次多項式近似は $0+(0x+0y)+\dfrac{1}{2}(2x^2+2\cdot axy+2by^2)+\dfrac{1}{6}(0x^3+3\cdot 0x^2y+3\cdot 0xy^2+0y^3) = x^2+axy+by^2$ となる．

(2) $f(x,y) = e^{2xy}$ の 3 階までの偏導関数は，$f_x = 2ye^{2xy}$, $f_y = 2xe^{2xy}$, $f_{xx} = 4y^2 e^{2xy}$, $f_{xy} = (4xy+2)e^{2xy}$, $f_{yy} = 4x^2 e^{2xy}$, $f_{xxx} = 8y^3 e^{2xy}$, $f_{xxy} = (8xy^2+8y)e^{2xy}$, $f_{xyy} = (8x^2 y+8x)e^{2xy}$, $f_{yyy} = 8x^3 e^{2xy}$ となる．これらに，$x=0, y=0$ を代入すると，$f(0,0)=1$, $f_{xy}(0,0)=2$ 以外はすべて 0 となる．したがって，3 次多項式近似は，$1+\dfrac{1}{2}\cdot 2\cdot 2xy = 1+2xy$ となる．

(3) $f(x,y) = \dfrac{y}{x+1}$ の 3 階までの偏導関数は，$f_x = -\dfrac{y}{(x+1)^2}$, $f_y = \dfrac{1}{x+1}$, $f_{xx} = \dfrac{2y}{(x+1)^3}$, $f_{xy} = -\dfrac{1}{(x+1)^2}$, $f_{yy} = 0$, $f_{xxx} = -\dfrac{6y}{(x+1)^4}$, $f_{xxy} = \dfrac{2}{(x+1)^3}$, $f_{xyy} = 0$, $f_{yyy} = 0$ となる．したがって，3 次多項式近似は，$0+1\cdot y + \dfrac{1}{2}(0x^2+2\cdot(-1)xy+0y^2)+\dfrac{1}{6}3\cdot 2x^2 y = y-xy+x^2 y$ となる．

演習 B

(1) $f(x,y) = e^{ax+by}$ の 3 階までの偏導関数は，$f_x = ae^{ax+by}$, $f_y = be^{ax+by}$, $f_{xx} = a^2 e^{ax+by}$, $f_{xy} = abe^{ax+by}$, $f_{yy} = b^2 e^{ax+by}$, $f_{xxx} = a^3 e^{ax+by}$, $f_{xxy} = a^2 be^{ax+by}$, $f_{xyy} = ab^2 e^{ax+by}$, $f_{yyy} = b^3 e^{ax+by}$ となる．したがって，3 次多項式近似は，$1+ax+by+\dfrac{1}{2}(a^2 x^2+2abxy+b^2 y^2)+\dfrac{1}{6}(a^3 x^3+3a^2 bx^2 y+3ab^2 xy^2+b^3 y^3)$ となる．

(2) $f(x,y) = \sin(xy)$ の 3 階までの偏導関数は，$f_x = \cos(xy)y$, $f_y = \cos(xy)x$, $f_{xx} = -\sin(xy)y^2$, $f_{xy} = \cos(xy)-\sin(xy)xy$, $f_{yy} = -\sin(xy)x^2$, $f_{xxx} = -\cos(xy)y^3$, $f_{xxy} = -2y\sin(xy)-\cos(xy)xy^2$, $f_{xyy} = -2x\sin(xy)-\cos(xy)x^2 y$, $f_{yyy} = -\cos(xy)x^3$

となる．これらに $x=0, y=0$ を代入するとき，$f_{xy}(0,0) = 1$ となり，それ以外はすべて 0 になる．したがって，3 次多項式近似は xy である．

(3) $f(x,y) = \tan^{-1}(x+y)$ の 3 階までの偏導関数は，$f_x = f_y = \dfrac{1}{1+(x+y)^2}$，$f_{xx} = f_{xy} = f_{yy} = \dfrac{-2(x+y)}{(1+(x+y)^2)^2}$，$f_{xxx} = f_{xxy} = f_{xyy} = f_{yyy} = \dfrac{-2(1+(x+y)^2)^2 + 8(x+y)^2(1+(x+y)^2)}{(1+(x+y)^2)^4}$ となる．したがって，3 次多項式近似は $0 + (1x + 1y) + \dfrac{1}{6}\{(-2)x^3 + 3\cdot(-2)x^2y + 3\cdot(-2)xy^2 + (-2)y^3\} = x + y - \dfrac{1}{3}(x^3 + 3x^2y + 3xy^2 + y^3)$ である．

演習 C (1) $\sinh' x = \cosh x, \cosh' x = \sinh x$ であることに注意して，$f(x,y) = \sinh x \cosh y$ の 4 階までの偏導関数を計算すると，$f_x = \cosh x \cosh y$, $f_y = \sinh x \sinh y$, $f_{xx} = \sinh x \cosh y$, $f_{xy} = \cosh x \sinh y$, $f_{yy} = \sinh x \cosh y$, $f_{xxx} = \cosh x \cosh y$, $f_{xxy} = \sinh x \sinh y$, $f_{xyy} = \cosh x \cosh y$, $f_{yyy} = \sinh x \sinh y$, $f_{xxxx} = \sinh x \cosh y$, $f_{xxxy} = \cosh x \sinh y$, $f_{xxyy} = \sinh x \cosh y$, $f_{xyyy} = \cosh x \sinh y$, $f_{yyyy} = \sinh x \cosh y$ となる．これらの式に $x=0, y=0$ を代入するとき，$f_x(0,0) = 1, f_{xxx}(0,0) = 1, f_{xyy}(0,0) = 1$ となり，その他の式の値はすべて 0 になる．したがって，4 次多項式近似は，$1 \cdot x + \dfrac{1}{3!}(1 \cdot x^3 + 3 \cdot 1 \cdot xy^2) = x + \dfrac{1}{6}x^3 + \dfrac{1}{2}xy^2$ である．

(2) $\sinh x, \cosh y$ をそれぞれ Maclaurin 展開すると，$\sinh x = x + \dfrac{1}{3!}x^3 + \dfrac{1}{5!}x^5 + \cdots$, $\cosh y = 1 + \dfrac{1}{2!}y^2 + \dfrac{1}{4!}y^4 + \cdots$ となるので，これらの積を作ると，$\sinh x \cdot \cosh y = x + \dfrac{1}{6}x^3 + \dfrac{1}{2}xy^2 + \cdots$ となる．ここで，$\cdots$ の部分には，x, y についての 5 次以上の項しか出てこないので，(1) の結果と一致する．この問題のように，1 変数の級数を使って計算すると，うまくいくことも多い．

例題 5-11 関数の極大極小 (1) 判定条件が利用できるタイプ

演習 A

(1) $z_x = 2x + y = 0, z_y = x + 2y = 0$ を解いて，極値をとる点の候補として点 $(0,0)$ が得られる．この点において $B^2 - AC = -3 < 0, A = 2 > 0$ だから，極小値 0 をとる．

(2) $z_x = -2xe^{-(x^2+y^2)} = 0, z_y = -2ye^{-(x^2+y^2)} = 0$ を解いて，$f(x,y)$ が極値をとる点の候補 $(0,0)$ が得られる．この点で，$B^2 - AC = -4 < 0, A = -2 < 0$ となるので，この点で極大値 1 をとる．

(3) $z_x = 2x - 2y = 0, z_y = -2x - 2y = 0$ を解いて点 $(0,0)$ を得る．この点において，$B^2 - AC = 8 > 0$ となるので，極値をとらない．

(4) $z_x = e^{x+y} = 0, z_y = e^{x+y} = 0$ を満たす点が存在しないので，$f(x,y)$ が極値をとる点はない．

演習 B

(1) $z_x = \dfrac{2x}{1+x^2+y^2} = 0, z_y = \dfrac{2y}{1+x^2+y^2} = 0$ を解いて，$f(x,y)$ が極値をとる点の候

補として点 $(0,0)$ が得られる．この点において $B^2 - AC = -4 < 0, A = 2 > 0$ だから，$f(x,y)$ は極小値 0 をとる．

(2) $z_x = y(1-2x) = 0, z_y = x(1-x) = 0$ を解いて，$f(x,y)$ が極値をとる点の候補として $(0,0)$ と $(1,0)$ が得られる．点 $(0,0)$ で，$B^2 - AC = 1 > 0$ となるので，この点では極値をとらない．また，点 $(1,0)$ においても $B^2 - AC = 1 > 0$ となり，やはりこの点でも極値をとらない．したがって，極値はない．

(3) $z_x = 3x^2 + 3y = 0, z_y = 3y^2 + 3x = 0$ を解いて，$f(x,y)$ が極値をとる点の候補として $(0,0)$ と $(-1,-1)$ が得られる．点 $(0,0)$ で，$B^2 - AC = 9 > 0$ となるので，この点では極値をとらない．点 $(-1,-1)$ においては $B^2 - AC = -27 < 0, A = -6 < 0$ となり，この点で，極大値 1 をとる．

演習 C

(1) $z_x = 4x^3 - 4y = 0, z_y = 4y^3 - 4x = 0$ を解いて，$f(x,y)$ が極値をとる点の候補として $(0,0)$ と $(1,1)$ と $(-1,-1)$ が得られる．点 $(0,0)$ で，$B^2 - AC = 16 > 0$ となるので，この点では極値をとらない．点 $(1,1)$ においては $B^2 - AC = -128 < 0, A = 12 > 0$ となり，この点で，極小値 -2 をとる．点 $(-1,-1)$ においても $B^2 - AC = -128 < 0, A = 12 > 0$ となり，この点でも，極小値 -2 をとる．

(2) $z_x = e^{x-y}(x^2 + 2x + y^2) = 0, z_y = e^{x-y}(-x^2 - y^2 + 2y) = 0$ を解いて，$f(x,y)$ が極値をとる点の候補として $(0,0)$ と $(-1,1)$ が得られる．点 $(0,0)$ で，$B^2 - AC = -4 < 0, A = 2 > 0$ となるので，この点で極小値 0 をとる．点 $(-1,1)$ においては $B^2 - AC = 4e^{-4} > 0$ となり，この点では極値をとらない．

(3) $z_x = 4x^3 - 2y = 0, z_y = 2y - 2x = 0$ を解いて，$f(x,y)$ が極値をとる点の候補として $(0,0)$ と $\left(\dfrac{1}{\sqrt{2}}, \dfrac{1}{\sqrt{2}}\right)$ と $\left(-\dfrac{1}{\sqrt{2}}, -\dfrac{1}{\sqrt{2}}\right)$ が得られる．点 $(0,0)$ で，$B^2 - AC = 4 > 0$ となるので，この点では極値をとらない．点 $\left(\dfrac{1}{\sqrt{2}}, \dfrac{1}{\sqrt{2}}\right)$ と点 $\left(-\dfrac{1}{\sqrt{2}}, -\dfrac{1}{\sqrt{2}}\right)$ においては，ともに $B^2 - AC = -8 < 0, A = 6 > 0$ となり，これらの点で，極小値 $-\dfrac{1}{4}$ をとる．

例題 5-12 関数の極大極小 (2) 判定条件が利用できないタイプ

演習 A

(1) $f_x(x,y) = 4x^3 = 0, f_y(x,y) = 4y^3 = 0$ を解いて，極値をとる点の候補として点 $(0,0)$ が得られる．$f(0,0) = 0$ であり，$(x,y) \neq (0,0)$ となる任意の (x,y) において，$f(x,y) > 0$ となるから，$f(x,y)$ は点 $(0,0)$ 点において極小値 (最小値) 0 をとる．

(2) $f_x(x,y) = 0, f_y(x,y) = 0$ を解いて，極値を与える点の候補 $(0,0)$ が得られる．x 軸上での $f(x,y)$ の値を考えると，$f(x,0) = x^5$ となり，$x > 0$ のときは $f(x,0) > 0$ で，$x < 0$ のときは $f(x,0) < 0$ となるので，この点で極値をとらない．したがって，極値なし．

(3) $f_x(x,y) = 0, f_y(x,y) = 0$ を解いて点 $(0,0)$ を得る．x 軸上での $f(x,y)$ の値を考える

と，$f(x,0) \equiv 0$ となるので，点 $(0,0)$ で極値をとらない．したがって，極値なし．

演習 B

(1) この関数は点 $(0,0)$ において偏微分することはできないが，$f(0,0) = 0$ であり，$(x,y) \neq (0,0)$ を満たす任意の (x,y) に対し，$f(x,y) > 0$ となるので，点 $(0,0)$ において極小値 (最小値) 0 をとる．

(2) この関数は点 $(0,0)$ において偏微分することはできない．直線 $y = -x$ 上で $f(x,y)$ の値を調べると，$f(x,-x) = 0$ となるので，関数 $f(x,y)$ は点 $(0,0)$ 点において極値をとらない．

(3) この関数については，$f(0,0) = 1$ であり，点 $(x,y) \neq (0,0)$ が $(0,0)$ の十分近くにあれば，すなわち，$0 < \sqrt{x^2+y^2} < 2\pi$ であれば，$f(x,y) < 1$ となることから，$f(x,y)$ は点 $(0,0)$ において極大値 1 をとる．

演習 C

(1) $f_x(x,y) = 0$, $f_y(x,y) = 0$ をともに満たす実数解を求めることにより，極値を与える点の候補として $(0,0)$ と $\left(0, -\dfrac{2}{3}\right)$ が得られる．点 $(0,0)$ で極値をとるかどうかを考える．x 軸上で，関数 $f(x,y)$ の値を調べると，$f(x,0) = x^3$ となるから，点 $(0,0)$ のどんな近くにも $f(\mathrm{P}_1) > 0$, $f(\mathrm{P}_2) < 0$ を満たす点 P_1, P_2 が存在することがわかる．したがって，点 $(0,0)$ では極値をとらない．次に，点 $\left(0, -\dfrac{2}{3}\right)$ で極値をとるかどうかを考える．直線 $y = -\dfrac{2}{3}$ 上の値を調べると，$f\left(x, -\dfrac{2}{3}\right) - f\left(0, -\dfrac{2}{3}\right) = x^3$ となることから，点 $\left(0, -\dfrac{2}{3}\right)$ のどんな近くにも，$f(\mathrm{P}_1) > f\left(0, -\dfrac{2}{3}\right)$, $f(\mathrm{P}_2) < f\left(0, -\dfrac{2}{3}\right)$ を満たす点 P_1, P_2 が存在することがわかるので，点 $\left(0, -\dfrac{2}{3}\right)$ で極値をとらない．したがって，極値なし．

(2) $f_x(x,y) = 0$, $f_y(x,y) = 0$ を解いて，極値を与える点の候補として $(0,0)$ が得られる．x 軸上の値を調べると，$f(x,0) = x^3$ であるので，点 $(0,0)$ で極値をとらない．したがって，極値なし．

(3) $f_x(x,y) = 0$, $f_y(x,y) = 0$ を解いて，極値を与える点の候補として $(0,0)$ と $\left(\dfrac{1}{2^{\frac{1}{4}}}, \dfrac{1}{\sqrt{2}}\right)$ と $\left(-\dfrac{1}{2^{\frac{1}{4}}}, \dfrac{1}{\sqrt{2}}\right)$ が得られる．まず，点 $(0,0)$ で極値をとるかどうかを調べる．x 軸上の値を調べると，$f(x,0) = x^4$ であるので，x 軸上では，原点以外の点において，正の値をとっている．しかし，曲線 $y = x^2$ 上での値を調べると，$f(x,x^2) = x^4(x^4 - 1)$ となっているので，$|x| < 1$ のとき，この曲線上では，$f(x,y) < 0$ となることがわかる．したがって，点 $(0,0)$ では極値をとらない．

$f_{xx}(x,y) = 12x^2 - 4y$, $f_{xy}(x,y) = -4x$, $f_{yy}(x,y) = 12y^2$ であることから，点 $\left(\dfrac{1}{2^{\frac{1}{4}}}, \dfrac{1}{\sqrt{2}}\right)$ と $\left(-\dfrac{1}{2^{\frac{1}{4}}}, \dfrac{1}{\sqrt{2}}\right)$ においては，$(f_{xy}(x,y))^2 - f_{xx}(x,y)f_{yy}(x,y)$ の値がともに $-16\sqrt{2} < 0$ となり，$f_{xx}(x,y)$ の値もともに $4\sqrt{2} > 0$ となることから，これらの点

では，極小値 $-\dfrac{1}{4}$ をとることがわかる．

例題 5-13　陰関数の微分法

演習 A

(1) y を x の関数 $y = y(x)$ とみなして，$x^2 + xy + y^3 = 1$ の両辺を x で微分すると，連鎖定理により，$2x + y + xy' + 3y^2 y' = 0$ となる．これより，$y' = -\dfrac{2x + y}{x + 3y^2}$ となる．

(2) y を x の関数 $y = y(x)$ とみなして，$3\sin^2 x = 2\sin^2 y$ の両辺を x で微分すると，連鎖定理により，$6\sin x \cos x = 4\sin y \cos y \cdot y'$ となる．これより，$y' = \dfrac{3\sin x \cos x}{2\sin y \cos y}$ となる．

(3) z を x と y との関数 $z = z(x, y)$ とみなして，方程式の両辺を x および y で偏微分すると，連鎖定理により，$2x + z + xz_x + 2yz_x + 2zz_x = 0$, $2y + xz_y + 2z + 2yz_y + 2zz_y = 0$ となる．これより，$z_x = -\dfrac{2x + z}{x + 2y + 2z}$, $z_y = -\dfrac{2y + 2z}{x + 2y + 2z}$ となる．

演習 B

(1) y と z をそれぞれ x の関数 $y = y(x), z = z(x)$ とみなして，各方程式の両辺を x で微分すると，連鎖定理により，$2x + 2yy' = 0, 2yy' + 2zz' = 0$ となる．したがって，$y' = -\dfrac{x}{y}, z' = \dfrac{x}{z}$ となる．

(2) y と z をそれぞれ x の関数 $y = y(x), z = z(x)$ とみなして，各方程式の両辺を x で微分すると，連鎖定理により，$\cos x \sin y + \sin x \cos y \cdot y' = z', 1 + y' + z' = 0$ となる．したがって，$y' = -\dfrac{1 + \cos x \sin y}{1 + \sin x \cos y}, z' = \dfrac{\cos x \sin y - \sin x \cos y}{1 + \sin x \cos y}$ となる．

演習 C u, v をそれぞれ関数 $u = u(x, y), v = v(x, y)$ とみなして，各方程式の両辺を x および y で偏微分すると，連鎖定理により，$2x + 4uu_x + 4vv_x = 0, 1 + u_x + 2v_x = 0$, $2y + 4uu_y + 4vv_y = 0, 2 + u_y + 2v_y = 0$ となる．これを解いて，$u_x = -\dfrac{x - v}{2u - v}, v_x = \dfrac{x - 2u}{4u - 2v}$, $u_y = -\dfrac{y - 2v}{2u - v}, v_y = \dfrac{y - 4u}{4u - 2v}$ が得られる．

例題 5-14　陰関数定理の応用

演習 A

(1) $F(x, y) = 2x^2 + y^2 - 1$ とおくと，$F_x(x, y) = 4x, F_y(x, y) = 2y$ である．$F(0, 0) \neq 0$ だから，点 (p, q) がこの曲線上にあれば，そこでの接線が確定し，その方程式は，$2p(x - p) + q(y - q) = 0$ である．また，$2p^2 + q^2 - 1 = 0$ であることを用いると，$2px + qy = 1$ と表すこともできる．

(2) $x > 0, y > 0$ で考える．$F(x, y) = \sqrt{x} + \sqrt{y} - 1$ とおくと，$F_x(x, y) = \dfrac{1}{2} x^{-\frac{1}{2}}$, $F_y(x, y) = \dfrac{1}{2} y^{-\frac{1}{2}}$ だから，点 (p, q) における接線の方程式は，$p^{-\frac{1}{2}}(x - p) + q^{-\frac{1}{2}}(y - q) = 0$ である．また，$\sqrt{p} + \sqrt{q} = 1$ を利用して，$p^{-\frac{1}{2}} x + q^{-\frac{1}{2}} y = 1$ と表すこともできる．

(3) $x > 0, y > 0$ で考える．$F(x,y) = x^{\frac{2}{3}} + y^{\frac{2}{3}} - a^{\frac{2}{3}}$ とおくと，$F_x(x,y) = \frac{2}{3}x^{-\frac{1}{3}}$, $F_y(x,y) = \frac{2}{3}y^{-\frac{1}{3}}$ だから，接線の方程式は $p^{-\frac{1}{3}}(x-p) + q^{-\frac{1}{3}}(y-q) = 0$ である．$p^{\frac{2}{3}} + q^{\frac{2}{3}} = a^{\frac{2}{3}}$ であることを用いて，$p^{-\frac{1}{3}}x + q^{-\frac{1}{3}}y = a^{\frac{2}{3}}$ と表すこともできる．

演習 B

(1) $F_x(x,y) = 2x + y$, $F_y(x,y) = x + 4y$ より，$F_y(x,y) \neq 0$ として，$F_x(x,y) = 0$ と $F(x,y) = 0$ を同時に満たす点を求めると，$(1, -2), (-1, 2)$ が得られる．$g(x,y) = -\frac{F_{xx}(x,y)}{F_y(x,y)} = \frac{-2}{x+4y}$ とおく．$(x,y) = (1,-2)$ のとき，$y'' = g(1,-2) = \frac{2}{7} > 0$ だから，$x = 1$ で極小値 $y = -2$ をとる．また，$(x,y) = (-1,2)$ のとき，$g(-1,2) = -\frac{2}{7} < 0$ だから，$x = -1$ で極大値 $y = 2$ をとる．

(2) $F_x(x,y) = y - 2x$, $F_y(x,y) = x + 2y$ より，$F_y(x,y) \neq 0$ として，$F_x(x,y) = 0$ と $F(x,y) = 0$ を同時に満たす点を求めると，$(1, 2), (-1, -2)$ が得られる．$g(x,y) = -\frac{F_{xx}(x,y)}{F_y(x,y)} = \frac{2}{x+2y}$ とおく．$(x,y) = (1,2)$ のとき，$y'' = g(1,2) = \frac{2}{5} > 0$ だから，$x = 1$ で極小値 $y = 2$ をとる．また，$(x,y) = (-1,-2)$ のとき，$g(-1,-2) = -\frac{2}{5} < 0$ だから，$x = -1$ で極大値 $y = -2$ をとる．

(3) $F_x(x,y) = y^2 - 2xy$, $F_y(x,y) = 2xy - x^2$ である．$F_y(x,y) \neq 0$ として，$F_x(x,y) = 0$ と $F(x,y) = 0$ を同時に満たす点を求めると，$(1, 2)$ が得られる．$g(x,y) = -\frac{F_{xx}(x,y)}{F_y(x,y)} = \frac{2y}{2xy - x^2}$ とおく．$(x,y) = (1,2)$ のとき，$y'' = g(1,2) = \frac{4}{3} > 0$ だから，$x = 1$ で極小値 $y = 2$ をとる．

演習 C $F_x(x,y) = 4x^3 - 4xy$, $F_y(x,y) = -2x^2 + 4y^3$ より，$F_x(x,y) = 0$ と $F(x,y) = 0$ を同時に満たす点を求めると，$(0,0), (1,1), (-1,1)$ が得られる．点 $(0,0)$ は $F_y(x,y) = 0$ の解でもあるので，特異点である．$g(x,y) = -\frac{F_{xx}(x,y)}{F_y(x,y)} = -\frac{12x^2 - 4y}{-2x^2 + 4y^3}$ とおく．$(x,y) = (1,1)$ のとき，$y'' = g(1,1) = -4 < 0$ だから，$x = 1$ で極大値 $y = 1$ をとる．また，$(x,y) = (-1,1)$ のとき，$g(-1,1) = -4 < 0$ だから，$x = -1$ で極大値 $y = 1$ をとる．

例題 5-15   Lagrange の乗数法

演習 A

(1) $F(x,y,\lambda) = x + 2y - \lambda(x^2 + y^2 - 1)$ とおく．$F_x = 1 - 2\lambda x = 0$, $F_y = 2 - 2\lambda y = 0$ より λ を消去して，$y = 2x$ が得られる．これと $F_\lambda = 0$ より $5x^2 = 1$ が得られる．極値をとる点の候補は，$\left(\frac{1}{\sqrt{5}}, \frac{2}{\sqrt{5}}\right)$ および $\left(-\frac{1}{\sqrt{5}}, -\frac{2}{\sqrt{5}}\right)$ であるが，$x^2 + y^2 = 1$ は円 (有界閉曲線) であり，$x + 2y$ が連続関数であることから，最大 (極大) 値と最小 (極小) 値をとる．したがって，点 $\left(\frac{1}{\sqrt{5}}, \frac{2}{\sqrt{5}}\right)$ において極大値 $\sqrt{5}$ をとり，点 $\left(-\frac{1}{\sqrt{5}}, -\frac{2}{\sqrt{5}}\right)$ において極小値 $-\sqrt{5}$ をとる．

(2) $F(x,y,\lambda) = x^2 + 2y^2 - \lambda(x+y-1)$ とおく．$F_x = 2x - \lambda = 0$, $F_y = 4y - \lambda = 0$ より λ を消去して，$x = 2y$ を得る．これと $F_\lambda = 0$ より極値をとる点の候補は $\left(\dfrac{2}{3}, \dfrac{1}{3}\right)$ である．楕円 $x^2 + 2y^2 = c$ と直線 $x + y = 1$ の関係から，点 $\left(\dfrac{2}{3}, \dfrac{1}{3}\right)$ で $x^2 + 2y^2$ は最小値 (したがって極小値) $\dfrac{2}{3}$ をとっていることがわかる．

[別解] 条件より $y = 1 - x$ だから，これを $f(x,y)$ に代入して，$x^2 + 2(1-x)^2$ の極値を調べてもよい．

(3) $F(x,y,\lambda) = x^2 + y^2 - \lambda(x + 2y - 1)$ とおく．$F_x = 2x - \lambda = 0$ と $F_y = 2y - 2\lambda = 0$ より λ を消去して $y = 2x$ が得られる．これと $F_\lambda = 0$ より，極値をとる点の候補 $\left(\dfrac{1}{5}, \dfrac{2}{5}\right)$ が得られる．円 $x^2 + y^2 = c$ と直線 $x + 2y = 1$ の関係から，$x^2 + y^2$ が点 $\left(\dfrac{1}{5}, \dfrac{2}{5}\right)$ で最小値したがって極小値 $\dfrac{1}{5}$ をとっていることがわかる．

演習 B

(1) $F(x,y,\lambda) = x^2 + y^2 - \lambda(2x^2 + xy + 2y^2 - 1)$ とおく．$F_x = 0$ と $F_y = 0$ から λ を消去して $x^2 = y^2$ が得られる．これと $F_\lambda = 0$ より極値をとる点の候補は $\mathrm{A}\left(\dfrac{1}{\sqrt{5}}, \dfrac{1}{\sqrt{5}}\right)$, $\mathrm{B}\left(-\dfrac{1}{\sqrt{5}}, -\dfrac{1}{\sqrt{5}}\right)$, $\mathrm{C}\left(\dfrac{1}{\sqrt{3}}, -\dfrac{1}{\sqrt{3}}\right)$, $\mathrm{D}\left(-\dfrac{1}{\sqrt{3}}, \dfrac{1}{\sqrt{3}}\right)$ である．曲線 $2x^2 + xy + 2y^2 = 1$ は有界閉曲線 (楕円) であり，その上で，関数 $x^2 + y^2$ が連続であることから，最大値と最小値をとる．したがって，点 A と B において最小 (極小) 値 $\dfrac{2}{5}$ をとり，点 C と D において最大 (極大) 値 $\dfrac{2}{3}$ をとる．

(2) $F(x,y,\lambda) = x^2 + 2y^2 - \lambda(x^2 + y^2 - 1)$ とおく．$F_x = 0$ と $F_y = 0$ から λ を消去して $xy = 0$ を得る．これと $x^2 + y^2 = 1$ より極値をとる点の候補は $\mathrm{A}(1,0)$, $\mathrm{B}(-1,0)$, $\mathrm{C}(0,1)$, $\mathrm{D}(0,-1)$ である．円 $x^2 + y^2 = 1$ は有界閉曲線であり，$f(x,y)$ はその上で，連続だから，最大値と最小値をとる．したがって，点 A と B において最小 (極小) 値 1 をとり，点 C と D において最大 (極大) 値 2 をとる．

(3) $F(x,y,z,\lambda) = x^2 + 2y^2 + 3z^2 - \lambda(x + y + z - 1)$ とおく．$F_x = 2x - \lambda = 0$, $F_y = 4y - \lambda = 0$, $F_z = 6z - \lambda = 0$ より，$x = 2y = 3z$ となる．これと $F_\lambda = 0$ より，極値をとる点の候補は $\mathrm{A}\left(\dfrac{6}{11}, \dfrac{3}{11}, \dfrac{2}{11}\right)$ である．平面 $x + y + z = 1$ と楕円面 $x^2 + 2y^2 + 3z^2 = c$ との関係から，点 A で最小値 (したがって極小値) $\dfrac{6}{11}$ をとることがわかる．

演習 C $F(x,y,\lambda) = x^3 + y^3 - \lambda(x^2 + y^2 - 1)$ とおく．$F_x = 3x^2 - 2\lambda x = 0$ と $F_y = 3y^2 - 2\lambda y = 0$ から λ を消去して $xy(x-y) = 0$ を得る．これと $x^2 + y^2 = 1$ より極値をとる点の候補は $\mathrm{A}(0, -1)$, $\mathrm{B}(-1, 0)$, $\mathrm{C}(0, 1)$, $\mathrm{D}(1, 0)$, $\mathrm{E}\left(\dfrac{1}{\sqrt{2}}, \dfrac{1}{\sqrt{2}}\right)$, $\mathrm{F}\left(-\dfrac{1}{\sqrt{2}}, -\dfrac{1}{\sqrt{2}}\right)$ となる．

それぞれの点での f の値を計算すれば，$f(A) = f(B) = -1$, $f(C) = f(D) = 1$, $f(E) = \dfrac{\sqrt{2}}{2}$, $f(F) = -\dfrac{\sqrt{2}}{2}$ となるので，点 A および点 B において最小値 -1 をとり，点 C および点 D において最大値 1 をとる．また，各点における f の値を考慮すると，点 E は点 C と点 D の間にあることから，極小値 (最小値ではない) をとり，点 F は点 A と点 B の間にあることから，極大値 (最大値ではない) をとっていることがわかる．

総合問題 (1) 5-16

演習 A 偏微分を行って，

$$\begin{aligned}
f_{xx} &= 4y^2 e^{-2xy} \cos(x^2 - y^2) - 2e^{-2xy} \sin(x^2 - y^2) \\
&\quad + 8xy e^{-2xy} \sin(x^2 - y^2) - 4x^2 e^{-2xy} \cos(x^2 - y^2) \\
f_{yy} &= 4x^2 e^{-2xy} \cos(x^2 - y^2) + 2e^{-2xy} \sin(x^2 - y^2) \\
&\quad - 8xy e^{-2xy} \sin(x^2 - y^2) - 4y^2 e^{-2xy} \cos(x^2 - y^2)
\end{aligned}$$

となるので，$f_{xx} + f_{yy} = 0$ である．

演習 B

(1) $w_t = af'(x+at) - ag'(x-at)$, $w_{tt} = a^2 f''(x+at) + a^2 g''(x-at)$. また $w_{xx} = f''(x+at) + g''(x-at)$. したがって，$w_{tt} = a^2 w_{xx}$.

(2) (a) $w_t = w_u u_t + w_v v_t = aw_u - aw_v$, $w_{tt} = a^2 w_{uu} - 2a^2 w_{uv} + a^2 w_{vv}$. また $w_{xx} = w_{uu} + 2w_{uv} + w_{vv}$. したがって $w_{tt} = a^2 w_{xx}$ と $w_{uv} = 0$ は同値．

(b) 2 変数 u, v の関数 $w = w(u, v)$ は，(a) より，$w_{uv} = (w_u)_v = 0$ を満たす．したがって，偏導関数 $w_u(u, v)$ は u を固定するごとに v に関して定数であり，u のみに依存するから，$w_u = h(u)$ と表される．h の原始関数の 1 つを $f(u)$ とすると，この式から $w(u, v) = f(u) + C$ が得られる．C は u には依存しないが，v には依存し得るので，$C = g(v)$ と記すと，$w = f(u) + g(v) = f(x+at) + g(x-at)$.

演習 C

(1) $\dfrac{\partial r}{\partial x_i} = \dfrac{x_i}{r}$ となるので，

$$\begin{aligned}
\frac{\partial f}{\partial x_i} &= g'(r) \frac{x_i}{r} \\
\frac{\partial^2 f}{\partial x_i^2} &= g''(r) \left(\frac{x_i}{r}\right)^2 + g'(r) \frac{r - x_i \frac{x_i}{r}}{r^2}
\end{aligned}$$

したがって，

$$\Delta f = g''(r) + g'(r) \frac{n-1}{r}$$

となる．

(2) $\Delta f = 0$ のとき，$g(r)$ は微分方程式 $g''(r) + g'(r) \dfrac{n-1}{r} = 0$ を満たす．この微分方程式

を解いて,
$$g(r) = \begin{cases} C_1 \log r + C_2 & (n=2) \\ C_3 r^{2-n} + C_4 & (n \geq 3) \end{cases}$$

総合問題(2) 5-17

演習 A まず,次のことに注意する.

$$\int_{-\pi}^{\pi} \cos mx \cos nx \, dx = \begin{cases} 0 & (m \neq n) \\ \pi & (m = n \neq 0) \\ 2\pi & (m = n = 0) \end{cases}$$

$$\int_{-\pi}^{\pi} \sin mx \sin nx \, dx = \begin{cases} 0 & (m \neq n) \\ \pi & (m = n \neq 0) \\ 0 & (m = n = 0) \end{cases}$$

$$\int_{-\pi}^{\pi} \sin mx \cos nx \, dx = 0$$

この結果を用いると,
$$Q = \int_{-\pi}^{\pi} \{f(x) - \frac{a_0}{2} - \sum_{k=1}^{n}(a_k \cos kx + b_k \sin kx)\}^2 \, dx$$
$$= \int_{-\pi}^{\pi} f(x)^2 \, dx + \frac{\pi}{2} a_0^2 + \pi \sum_{k=1}^{n}(a_k^2 + b_k^2) - \left(\int_{-\pi}^{\pi} f(x) \, dx\right) a_0$$
$$- 2\sum_{k=1}^{n}\left(\int_{-\pi}^{\pi} f(x) \cos kx \, dx\right) a_k - 2\sum_{k=1}^{n}\left(\int_{-\pi}^{\pi} f(x) \sin kx \, dx\right) b_k$$

と表すことができる. Q を $a_0, a_1, \cdots, a_n, b_1, \cdots, b_n$ の $(2n+1)$ 変数関数と見て,Q の最小化を考える.

$$\frac{\partial Q}{\partial a_0} = \pi a_0 - \int_{-\pi}^{\pi} f(x) \, dx = 0$$
$$\frac{\partial Q}{\partial a_k} = 2\pi a_k - 2\int_{-\pi}^{\pi} f(x) \cos kx \, dx = 0, \quad (k=1, \cdots, n)$$
$$\frac{\partial Q}{\partial b_k} = 2\pi b_k - 2\int_{-\pi}^{\pi} f(x) \sin kx \, dx = 0, \quad (k=1, \cdots, n)$$

より,極値の候補はただ1つで,
$$a_k = \frac{1}{\pi} \int_{-\pi}^{\pi} f(x) \cos kx \, dx, \quad k = 0, \cdots, n$$
$$b_k = \frac{1}{\pi} \int_{-\pi}^{\pi} f(x) \sin kx \, dx, \quad k = 1, \cdots, n$$

となる. このとき Q が最小になることは容易にわかる.たとえば,Q が各変数 a_k や b_k それぞれの2次式の和で表せることに注目してもよい.

VI

重積分

基本事項

1. 重積分と累次積分

有界集合上の 2 重積分および 3 重積分の値は，与えられた積分領域の形に応じて，以下のように累次積分により求められる．

(1) $D = \{(x,y)|\ a \leqq x \leqq b, \varphi_1(x) \leqq y \leqq \varphi_2(x)\}$ (縦線集合) とかけるとき:

$$\iint_D f(x,y)\,dx\,dy = \int_a^b \left\{ \int_{\varphi_1(x)}^{\varphi_2(x)} f(x,y)\,dy \right\} dx$$

(2) $D = \{(x,y)|\ c \leqq y \leqq d, \psi_1(y) \leqq x \leqq \psi_2(y)\}$ (横線集合) とかけるとき:

$$\iint_D f(x,y)\,dx\,dy = \int_c^d \left\{ \int_{\psi_1(y)}^{\psi_2(y)} f(x,y)\,dx \right\} dy$$

(1), (2) の特別な場合として

(3) 長方形 $R = [a,b] \times [c,d] = \{(x,y)|\ a \leqq x \leqq b, c \leqq y \leqq d\}$ のとき:

$$\iint_R f(x,y)\,dx\,dy = \int_a^b \left\{ \int_c^d f(x,y)\,dy \right\} dx = \int_c^d \left\{ \int_a^b f(x,y)\,dx \right\} dy$$

特に，$f(x,y) = g(x)h(y)$ (変数分離形) ならば

$$\iint_R f(x,y)\,dx\,dy = \int_a^b g(x)\,dx \int_c^d h(y)\,dy$$

(4) 直方体 $A = [a_1, a_2] \times [b_1, b_2] \times [c_1, c_2]$ 上の 3 重積分:

$$\iiint_A f(x,y,z)\,dx\,dy\,dz = \int_{a_1}^{a_2} \left\{ \iint_{R_1} f(x,y,z)\,dy\,dz \right\} dx$$

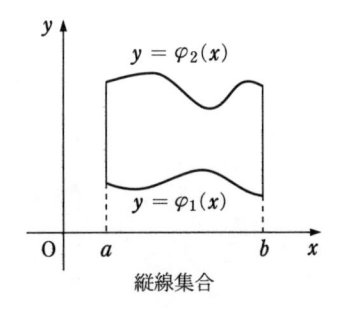

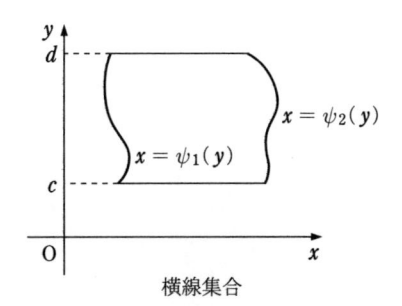

縦線集合

横線集合

$$= \iint_{R_1} \left\{ \int_{a_1}^{a_2} f(x,y,z) \, dx \right\} dy \, dz$$

ここで $R_1 = [b_1, b_2] \times [c_1, c_2]$.

(注) 累次積分における $\{\ \}$ は省くこともできる．たとえば，$\int_c^d \int_a^b f(x,y) \, dx \, dy$ によって $\int_c^d \left\{ \int_a^b f(x,y) \, dx \right\} dy$ を表すこともできる．

2. 累次積分の順序交換

積分領域が縦線集合，横線集合どちらの形にもかけるときは

$$\int_a^b \left\{ \int_{\varphi_1(x)}^{\varphi_2(x)} f(x,y) \, dy \right\} dx = \int_c^d \left\{ \int_{\psi_1(y)}^{\psi_2(y)} f(x,y) \, dx \right\} dy$$

のように積分順序を交換できる．

3. 微分と積分の順序交換

(1) 長方形領域 $R = [a,b] \times [c,d]$ で $f(x,y), \dfrac{\partial f}{\partial y}(x,y)$ が連続ならば，

$$\frac{d}{dy} \int_a^b f(x,y) \, dx = \int_a^b \frac{\partial f}{\partial y}(x,y) \, dx$$

(2) 無限領域 $W : a \leqq x < \infty, c \leqq y \leqq d$ で連続な関数 $f(x,y)$ に対し次の条件 (i), (ii) を満たす連続関数 $g(x)$ が存在しているとする．

(i) $|f(x,y)| \leqq g(x)$

(ii) $\int_a^\infty g(x) \, dx < \infty$

このとき

(A) $\quad \int_c^d \left\{ \int_a^\infty f(x,y) \, dx \right\} dy = \int_a^\infty \left\{ \int_c^d f(x,y) \, dy \right\} dx$

次に，W で $\dfrac{\partial f}{\partial y}(x,y)$ が存在し，連続で，次の条件 (iii), (iv) を満たす連続関数 $h(x)$ が存在しているとする．

(iii) $\left| \dfrac{\partial f}{\partial y}(x,y) \right| \leqq h(x)$

(iv) $\int_a^\infty h(x) \, dx < \infty$

このとき

(B) $\quad \dfrac{d}{dy} \int_a^\infty f(x,y) \, dx = \int_a^\infty \dfrac{\partial f}{\partial y}(x,y) \, dx$

4. ヤコビアンと変数変換

n 個の n 変数関数 $f_1(x_1, x_2, \cdots, x_n), f_2(x_1, x_2, \cdots, x_n), \cdots, f_n(x_1, x_2, \cdots, x_n)$ に関する行列式

$$J = \frac{\partial(f_1, \cdots, f_n)}{\partial(x_1, \cdots, x_n)} = \begin{vmatrix} \frac{\partial f_1}{\partial x_1} & \frac{\partial f_1}{\partial x_2} & \cdots & \frac{\partial f_1}{\partial x_n} \\ \frac{\partial f_2}{\partial x_1} & \frac{\partial f_2}{\partial x_2} & \cdots & \frac{\partial f_2}{\partial x_n} \\ \vdots & \vdots & \ddots & \vdots \\ \frac{\partial f_n}{\partial x_1} & \frac{\partial f_n}{\partial x_2} & \cdots & \frac{\partial f_n}{\partial x_n} \end{vmatrix}$$

を，$(f_1, f_2, \cdots, f_n)$ の $(x_1, x_2, \cdots, x_n)$ に関する Jacobi (ヤコビ) 行列式または Jacobian (ヤコビアン) という．

平面上の変換 $F : x = \varphi(u, v), y = \psi(u, v)$ $(J = \frac{\partial(x, y)}{\partial(u, v)} \neq 0)$ によって uv 平面の領域 Ω が xy 平面の領域 D に 1 対 1 に写像されるとする．このとき

$$\iint_D f(x, y)\, dx\, dy = \iint_\Omega f(\varphi(u, v), \psi(u, v))|J|\, du\, dv$$

($n \geq 3$ の場合も同様の等式が成立)

変数変換の例:
(1) 平面における一次変換: $x = au + bv, y = cu + dv : J = ad - bc \neq 0$ ($n \geq 3$ でも同様)
(2) 平面における極座標変換: $x = r\cos\theta, y = r\sin\theta : J = r$
(3) 空間における極座標変換: $x = r\sin\theta\cos\varphi, y = r\sin\theta\sin\varphi, z = r\cos\theta : J = r^2\sin\theta$ ($r \geq 0, 0 \leq \theta \leq \pi, 0 \leq \varphi \leq 2\pi$)
(4) 円柱座標への変換: $x = r\cos\theta, y = r\sin\theta, z = z : J = r$

5. 広義の重積分

D を有界または非有界領域とし，有界閉領域の列 $\{D_n\}_{n \geq 1}$ が D の近似増加列とする．D で定義された (必ずしも有界とは限らない) 非負関数 f の D 上の重積分は

$$\iint_D f(x, y)\, dx\, dy = \lim_{n \to \infty} \iint_{D_n} f(x, y)\, dx\, dy$$

により定義される．

6. 面積と体積

一般に，平面上の集合 D の面積は，定数関数 1 の D 上における 2 重積分 $\iint_D dx\, dy$ で与えられるが

(1) 縦線集合 $\{(x, y) | a \leq x \leq b, \varphi_1(x) \leq y \leq \varphi_2(x)\}$ の面積は

$$\int_a^b (\varphi_2(x) - \varphi_1(x))\, dx,$$

(2) 集合 $\{(x,y) = (r\cos\theta, r\sin\theta) | 0 \leq \alpha \leq \theta \leq \beta \leq 2\pi, 0 \leq g(\theta) \leq r \leq h(\theta)\}$ の面積は
$$\int_\alpha^\beta \frac{1}{2}(h(\theta)^2 - g(\theta)^2)\, d\theta$$
と表される.

同様に, 空間内の集合 V の体積は, 定数関数 1 の V 上における 3 重積分 $\iiint_V dx\, dy\, dz$ で与えられるが,

(3) 集合 $V = \{(x,y,z) \mid (x,y) \in D, f_1(x,y) \leq z \leq f_2(x,y)\}$ の体積は
$$\iint_D (f_2(x,y) - f_1(x,y))\, dx\, dy$$
と表される.

7. 曲面積

(1) $f(x,y)$ を平面の有界な閉領域 D で定義された関数とする. 空間内の曲面 $z = f(x,y), (x,y) \in D$ の曲面積 S は
$$\iint_D \sqrt{1 + \left(\frac{\partial f}{\partial x}\right)^2 + \left(\frac{\partial f}{\partial y}\right)^2}\, dx\, dy$$
で与えられる.

(2) 円柱座標で $z = f(r,\theta), (r,\theta) \in D$ と表される曲面の曲面積 S は
$$S = \iint_D \sqrt{1 + \left(\frac{\partial z}{\partial r}\right)^2 + \frac{1}{r^2}\left(\frac{\partial z}{\partial \theta}\right)^2}\, r\, dr\, d\theta$$
で与えられる.

(3) 曲線 $y = f(x), a \leq x \leq b$ を x 軸のまわりに回転してえられる回転面の曲面積 S は
$$S = 2\pi \int_a^b |f(x)|\sqrt{1 + f'(x)^2}\, dx$$
で与えられる.

8. 質量と重心

(1) 剛体 V の密度が点 (x,y,z) の関数 $\rho(x,y,z)$ であるとき, V の質量 M と重心 $\mathrm{G}(\bar{x}, \bar{y}, \bar{z})$ は次の式で与えられる:
$$M = \iiint_V \rho(x,y,z)\, dx\, dy\, dz$$
$$\bar{x} = \frac{1}{M}\iiint_V x\rho(x,y,z)\, dx\, dy\, dz$$
$$\bar{y} = \frac{1}{M}\iiint_V y\rho(x,y,z)\, dx\, dy\, dz$$
$$\bar{z} = \frac{1}{M}\iiint_V z\rho(x,y,z)\, dx\, dy\, dz$$

(2) 曲面 $z = f(x, y)$, $(x, y) \in D$ の面密度が $\rho(x, y, z)$ であるとき，この曲面の質量 M と重心 $G(\bar{x}, \bar{y}, \bar{z})$ は次の式で与えられる：

$$M = \iint_D \rho(x, y, f(x, y))\sqrt{1 + f_x^2 + f_y^2}\, dx\, dy$$

$$\bar{x} = \frac{1}{M} \iint_D x\rho(x, y, f(x, y))\sqrt{1 + f_x^2 + f_y^2}\, dx\, dy$$

$$\bar{y} = \frac{1}{M} \iint_D y\rho(x, y, f(x, y))\sqrt{1 + f_x^2 + f_y^2}\, dx\, dy$$

$$\bar{z} = \frac{1}{M} \iint_D z\rho(x, y, f(x, y))\sqrt{1 + f_x^2 + f_y^2}\, dx\, dy$$

(3) 曲線 $x = x(t), y = y(t), z = z(t)$ $(\alpha \leq t \leq \beta)$ の線密度が $\rho(x, y, z)$ であるとき，この曲線の質量 M と重心 $G(\bar{x}, \bar{y}, \bar{z})$ は次の式で与えられる：

$$M = \int_\alpha^\beta \rho(x, y, z)\sqrt{\dot{x}^2 + \dot{y}^2 + \dot{z}^2}\, dt$$

$$\bar{x} = \frac{1}{M} \int_\alpha^\beta x\rho(x, y, z)\sqrt{\dot{x}^2 + \dot{y}^2 + \dot{z}^2}\, dt$$

$$\bar{y} = \frac{1}{M} \int_\alpha^\beta y\rho(x, y, z)\sqrt{\dot{x}^2 + \dot{y}^2 + \dot{z}^2}\, dt$$

$$\bar{z} = \frac{1}{M} \int_\alpha^\beta z\rho(x, y, z)\sqrt{\dot{x}^2 + \dot{y}^2 + \dot{z}^2}\, dt$$

例題 6-1 累次積分

次の累次積分の値を求めよ．
(1) $\displaystyle\int_0^3 \left\{ \int_1^2 x^2 y\, dx \right\} dy$ (2) $\displaystyle\int_{\frac{\pi}{2}}^{\pi} \left\{ \int_0^y \sin(x+y)\, dx \right\} dy$
(3) $\displaystyle\int_0^{\sqrt{\frac{\pi}{2}}} \left\{ \int_0^x x^2 \sin(xy)\, dy \right\} dx$

[考え方] x, y について，指定された順番に，定積分を 2 回繰り返す．積分変数以外は定数と考えて，それぞれの積分を実行する．

[解答]

(1) $\displaystyle\int_0^3 \left\{ \int_1^2 x^2 y\, dx \right\} dy = \int_0^3 \left[\frac{x^3 y}{3} \right]_{x=1}^{x=2} dy = \int_0^3 \frac{7}{3} y\, dy = \frac{21}{2}$

(2) $\displaystyle\int_{\frac{\pi}{2}}^{\pi} \left\{ \int_0^y \sin(x+y)\, dx \right\} dy = \int_{\frac{\pi}{2}}^{\pi} [-\cos(x+y)]_{x=0}^{x=y}\, dy = \int_{\frac{\pi}{2}}^{\pi} \{\cos y - \cos 2y\}\, dy$
$= \left[\sin y - \frac{\sin 2y}{2} \right]_{\frac{\pi}{2}}^{\pi} = -1$

(3) $\displaystyle\int_0^{\sqrt{\frac{\pi}{2}}} \left\{ \int_0^x x^2 \sin(xy)\, dy \right\} dx = \int_0^{\sqrt{\frac{\pi}{2}}} [-x \cos(xy)]_{y=0}^{y=x}\, dx = \int_0^{\sqrt{\frac{\pi}{2}}} \{-x\cos(x^2) + x\}\, dx$
$= \int_0^{\sqrt{\frac{\pi}{2}}} \{-x\cos(x^2)\}\, dx + \frac{\pi}{4} = \left[-\frac{1}{2}\sin(x^2) \right]_0^{\sqrt{\frac{\pi}{2}}} + \frac{\pi}{4} = -\frac{1}{2} + \frac{\pi}{4}$

演習 A 次の累次積分の値を求めよ．
(1) $\displaystyle\int_0^{\frac{\pi}{4}} \left\{ \int_{\frac{\pi}{2}}^{\pi} \sin(x+2y)\, dx \right\} dy$ (2) $\displaystyle\int_1^2 \left\{ \int_0^{2-2x} xy\, dy \right\} dx$
(3) $\displaystyle\int_0^1 \left\{ \int_0^1 \frac{1}{(1+x+y)^2}\, dy \right\} dx$

演習 B 次の累次積分の値を求めよ．
(1) $\displaystyle\int_0^a \left\{ \int_0^{\sqrt{a^2-x^2}} xy^2\, dy \right\} dx$ (2) $\displaystyle\int_{\frac{\pi}{6}}^{\frac{\pi}{2}} \left\{ \int_y^{2y} \sin(x+y)\, dx \right\} dy$
(3) $\displaystyle\int_0^1 \left\{ \int_x^{2x} x^2 e^{xy}\, dy \right\} dx$

演習 C 次の累次積分の値を求めよ．
(1) $\displaystyle\int_1^2 \left\{ \int_y^1 \frac{y^2}{1+xy}\, dx \right\} dy$ (2) $\displaystyle\int_0^1 \left\{ \int_y^1 \frac{1}{1+x^2}\, dx \right\} dy$ (3) $\displaystyle\int_0^1 \left\{ \int_0^{\sin^{-1} x} x\, dy \right\} dx$

例題 6-2　積分順序の交換

次の累次積分の順序を交換せよ．
(1) $\int_0^{\frac{1}{2}} \left\{ \int_0^{1-2x} f(x,y)\,dy \right\} dx$　　(2) $\int_0^1 \left\{ \int_{y^2}^y f(x,y)\,dx \right\} dy$
(3) $\int_0^{\frac{\pi}{2}} \left\{ \int_{\sin x}^x f(x,y)\,dy \right\} dx$

[考え方]　与えられた累次積分に該当する重積分の積分領域を確認し (xy 平面上で図示してみる)，それを指定された積分の順序に応じて縦線あるいは横線集合で表し，公式を適用する．

[解答]　(1) 積分領域は $\left\{(x,y) \mid 0 \leq x \leq \dfrac{1}{2}, 0 \leq y \leq 1-2x\right\}$ であるから，横線集合では $\left\{(x,y) \mid 0 \leq y \leq 1, 0 \leq x \leq \dfrac{1}{2} - \dfrac{y}{2}\right\}$ となり

$$\int_0^{\frac{1}{2}} \left\{ \int_0^{1-2x} f(x,y)\,dy \right\} dx = \int_0^1 \left\{ \int_0^{\frac{1}{2}-\frac{y}{2}} f(x,y)\,dx \right\} dy$$

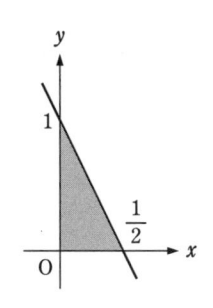

(2) 積分領域は $\left\{(x,y) \mid 0 \leq y \leq 1, y^2 \leq x \leq y\right\}$ であるから，縦線集合では $\left\{(x,y) \mid 0 \leq x \leq 1, x \leq y \leq \sqrt{x}\right\}$ となり

$$\int_0^1 \left\{ \int_{y^2}^y f(x,y)\,dx \right\} dy = \int_0^1 \left\{ \int_x^{\sqrt{x}} f(x,y)\,dy \right\} dx$$

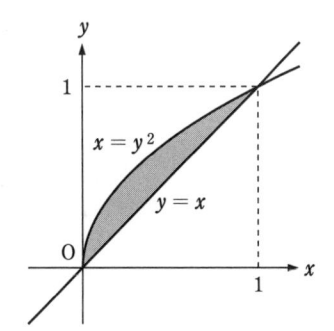

(3) 積分領域は $\left\{(x,y) \mid 0 \leq x \leq \dfrac{\pi}{2}, \sin x \leq y \leq x\right\}$ であるから，横線集合では $\left\{(x,y) \mid 0 \leq y \leq 1, y \leq x \leq \sin^{-1} y\right\} \bigcup \left\{(x,y) \mid 1 \leq y \leq \dfrac{\pi}{2}, y \leq x \leq \dfrac{\pi}{2}\right\}$ となり

$$\int_0^{\frac{\pi}{2}} \left\{ \int_{\sin x}^x f(x,y)\,dy \right\} dx = \int_0^1 \left\{ \int_y^{\sin^{-1} y} f(x,y)\,dx \right\} dy + \int_1^{\frac{\pi}{2}} \left\{ \int_y^{\frac{\pi}{2}} f(x,y)\,dx \right\} dy$$

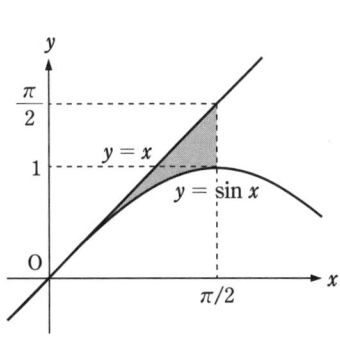

演習 A　次の累次積分の順序を交換せよ．
(1) $\int_0^{\frac{1}{2}} \left\{ \int_0^{\frac{1-2x}{3}} f(x,y)\,dy \right\} dx$　　(2) $\int_{-2}^2 \left\{ \int_0^{\sqrt{\frac{4-y^2}{3}}} f(x,y)\,dx \right\} dy$

(3) $\displaystyle\int_0^1 \left\{ \int_y^{\sqrt{y}} f(x,y)\,dx \right\} dy$

演習 B 次の累次積分の順序を交換せよ．

(1) $\displaystyle\int_{-2}^1 \left\{ \int_{x^2}^{2-x} f(x,y)\,dy \right\} dx$ (2) $\displaystyle\int_0^1 \left\{ \int_0^{\frac{1}{x+1}} f(x,y)\,dy \right\} dx$

(3) $\displaystyle\int_0^1 \left\{ \int_{-y}^{2y} f(x,y)\,dx \right\} dy$

演習 C 次の累次積分の順序を交換せよ．

(1) $\displaystyle\int_0^{e^{-1}} \left\{ \int_{1-y}^1 f(x,y)\,dx \right\} dy + \int_{e^{-1}}^1 \left\{ \int_{1-y}^{-\log y} f(x,y)\,dx \right\} dy$

(2) $\displaystyle\int_0^{\frac{\pi}{4}} \left\{ \int_{\tan^{-1} x}^x f(x,y)\,dy \right\} dx + \int_{\frac{\pi}{4}}^1 \left\{ \int_{\tan^{-1} x}^{\frac{\pi}{4}} f(x,y)\,dy \right\} dx$

(3) $\displaystyle\int_0^1 \left\{ \int_y^{\sin^{-1} y} f(x,y)\,dx \right\} dy + \int_1^{\frac{\pi}{2}} \left\{ \int_y^{\frac{\pi}{2}} f(x,y)\,dx \right\} dy$

例題 6-3　重積分の計算

次の重積分の値を求めよ．
(1) $\iint_D xy^2\, dx\, dy$, $D: 1 \leq x \leq 2,\ 2 \leq y \leq 4$
(2) $\iint_D (x+y)\, dx\, dy$, $D: y \geq x^2,\ x+y \leq 2$
(3) $\iint_D e^{\frac{y}{x}}\, dx\, dy$, $D: 0 \leq y \leq \frac{1}{2},\ \frac{1}{2} \leq x \leq 1$ と $\frac{1}{2} \leq y \leq 1,\ y \leq x \leq 1$

[考え方]　与えられた重積分の積分領域が，縦線集合あるいは横線集合として，どのような形で表されるかを調べる．対応する累次積分がより簡単に行えそうな方を選び，積分を実行する．ただし，累次積分の順序によってはその積分の計算が極めて複雑になることがあるので，注意を要する．

[解答]　(1) D は長方形領域で，被積分関数が変数分離形であるから

$$\iint_D xy^2\, dx\, dy = \int_1^2 x\, dx \int_2^4 y^2\, dy = 28$$

(2) $D = \{(x,y)\ |\ -2 \leq x \leq 1,\ x^2 \leq y \leq 2-x\}$ (縦線集合) と表されるから

$$\iint_D (x+y)\, dx\, dy = \int_{-2}^1 \left\{\int_{x^2}^{2-x} (x+y)\, dy\right\} dx = \int_{-2}^1 \left[xy + \frac{y^2}{2}\right]_{y=x^2}^{y=2-x} dx$$

$$= \int_{-2}^1 \left\{x(2-x) + \frac{(2-x)^2}{2} - x^3 - \frac{x^4}{2}\right\} dx$$

$$= \int_{-2}^1 \left\{-\frac{x^4}{2} - x^3 - \frac{x^2}{2} + 2\right\} dx = \left[-\frac{x^5}{10} - \frac{x^4}{4} - \frac{x^3}{6} + 2x\right]_{-2}^1 = \frac{99}{20}$$

(3) $D = \left\{(x,y)\ \Big|\ \frac{1}{2} \leq x \leq 1,\ 0 \leq y \leq x\right\}$ (縦線集合) と表されるから

$$\iint_D e^{\frac{y}{x}}\, dx\, dy = \int_{\frac{1}{2}}^1 \left\{\int_0^x e^{\frac{y}{x}}\, dy\right\} dx = \int_{\frac{1}{2}}^1 \left[xe^{\frac{y}{x}}\right]_{y=0}^{y=x} dx = \int_{\frac{1}{2}}^1 (ex - x)\, dx = \frac{3(e-1)}{8}$$

演習 A　次の重積分の値を求めよ．
(1) $\iint_D xy\, dx\, dy$, $D: x \leq y,\ y^2 \leq x$　　(2) $\iint_D y^2\, dx\, dy$, $D: 0 \leq x \leq y \leq 1$

演習 B　次の重積分の値を求めよ．
(1) $\iint_D x\, dx\, dy$, $D: x^2 + y^2 \leq x$　　(2) $\iint_D \dfrac{y}{1+x^2y^2}\, dx\, dy$, $D: \dfrac{1}{2} \leq x \leq 1,\ 0 \leq xy \leq 1$

演習 C　次の重積分の値を求めよ．
(1) $\iint_D (x^2 + 3y^2)\, dx\, dy$, $D: x^2 + y^2 \leq 1$　　(2) $\iint_D x^2\, dx\, dy$, $D: 0 \leq y \leq \dfrac{\pi}{2},\ \sin y \leq x \leq 1$

例題 6-4　ヤコビアン

変数変換 Ψ のヤコビアン J を求め，$D = \Psi(\Omega)$ の面積あるいは体積 $|D|$ を求めよ．さらに逆変換 Ψ^{-1} を求めよ．

(1) $\Psi : x = u + 2v, y = -2u + v, \Omega : 1 \leq u \leq 2, -1 \leq v \leq 1$

(2) $\Psi : x = u + v, y = u^2, \Omega : 0 \leq u, v \leq 1$

(3) $\Psi : x = -u + v + w, y = u - v + w, z = u + v - w, \Omega : 0 \leq u, v, w \leq 1$

[考え方] ヤコビアンは変数変換によって対応する図形の間の，符号付きの局所的な縮小あるいは拡大率である．次元が高くなると，行列式の計算が複雑になることもあるので，注意を要する．その絶対値を原像 Ω 上で重積分すれば，像 D の面積 $|D|$ がえられる．逆変換 Ψ^{-1} を求めるには，u, v（あるいは u, v, w）についての連立方程式を解けばよい．ちなみに，2次元のヤコビアン J は

$$J = \begin{vmatrix} x_u & x_v \\ y_u & y_v \end{vmatrix} = x_u y_v - x_v y_u$$

となる．

[解答]　(1) ヤコビアン $J = x_u y_v - x_v y_u = 5$ だから，D の面積は

$$|D| = \iint_D dx\, dy = \iint_\Omega 5\, du\, dv = 10$$

逆変換は $\Psi^{-1} : u = \frac{1}{5}x - \frac{2}{5}y, v = \frac{2}{5}x + \frac{1}{5}y, D = \{(x,y) \mid 5 \leq x - 2y \leq 10, -5 \leq 2x + y \leq 5\}$．

(2) ヤコビアン $J = x_u y_v - x_v y_u = -2u$ だから，D の面積は

$$|D| = \iint_D dx\, dy = \iint_\Omega |-2u|\, du\, dv = \int_0^1 \left\{\int_0^1 2u\, du\right\} dv = 1$$

逆変換は $\Psi^{-1} : u = \sqrt{y}, v = x - \sqrt{y}, D = \{(x,y) \mid 0 \leq y \leq 1, 0 \leq x - \sqrt{y} \leq 1\}$．

(3) ヤコビアンは $J = \begin{vmatrix} -1 & 1 & 1 \\ 1 & -1 & 1 \\ 1 & 1 & -1 \end{vmatrix} = 4$ だから，D の体積は

$$|D| = \iiint_D dx\, dy\, dz = \iiint_\Omega 4\, du\, dv\, dw = 4$$

逆変換は $\Psi^{-1} : u = \frac{1}{2}y + \frac{1}{2}z, v = \frac{1}{2}z + \frac{1}{2}x, w = \frac{1}{2}x + \frac{1}{2}y, D = \{(x,y,z) \mid 0 \leq y + z \leq 2, 0 \leq z + x \leq 2, 0 \leq x + y \leq 2\}$．

演習 A　変数変換 Ψ のヤコビアン J を求め，$D = \Psi(\Omega)$ の面積 $|D|$ を求めよ．さらに逆変換 Ψ^{-1} を求めよ．

(1) $\Psi : x = 3u + v, y = u - 3v, \Omega : -1 \leq u \leq 1, 0 \leq v \leq 1$

(2) $\Psi : x = u - uv, y = uv, \Omega : \frac{1}{2} \leq u \leq 1, 0 \leq v \leq 1$

(3) $\Psi : x = \dfrac{u}{v}, y = uv, \Omega : 1 \leqq u \leqq 2, 1 \leqq v \leqq 3$

演習 B　図形 D の面積および V の体積を求めよ．

(1) $D : (x-y)^2 + (3x+y)^2 \leqq 1$

(2) $V : |-3x+y+z| \leqq 1, |x-3y+z| \leqq 1, |x+y-3z| \leqq 1$

アーベル (Niels Henrik Abel, 1802-1829)

　　ノルウェーの貧しい牧師の子として生まれた．19 世紀のノルウェーは人口 100 万人前後の小国であったにもかかわらず，リー群の創始者のリー，有限群のシローなどを生み，数学史上有数の天才アーベルを輩出した．貧困と結核と闘った短い生涯に数学史上，最も優れた業績をあげた数学者の一人である．13 歳のとき，現在のオスロの教会所属の学校に給費生として入学した．はじめのうちは優れた生徒のように見えなかったが，2 年後の 1817 年に数学の教師として着任したホルンボエの指導を受けて，目立って数学の成績がよくなった．最初は授業とは別の数学の問題を与えていたが，その後いろいろな数学の文献をアーベルと一緒に勉強したと伝えられている．アーベルがその学校を卒業するときのホルンボエの成績報告書には「非凡の天才，将来は偉大な数学者になるであろう．」とかかれていた．ホルンボエはクリスチャニア大学 (現在のオスロ大学) で，応用数学と天文学担当のハンステン教授の助手でもあったので，アーベルの秀才ぶりは大学へも伝わっていた．大学に進学したとき，給費制度がなかったので，寄宿舎に無料で入れてもらい，生活費はハンステン教授やその他の先生が少しずつ出して援助した．1823 年の休暇にコペンハーゲン大学を訪問したが，このときに楕円積分の逆関数を考える着想を得た．これが後の楕円函数の研究につながる．1824 年に，5 次以上の代数方程式には代数的には解けないものがあることを初めて証明したが，ガウスに黙殺された．これがのちにゲッチンゲンを訪問することを止める間接的理由と言われている．大学卒業後の 1825 年に，ノルウェーからの外国留学生に選ばれて，コペンハーゲンに立ち寄ったが，このときベルリンのクレレを訪れることを勧められてゲッチンゲンへ行く計画を変更した．これがアーベルの運命を狂わしたといっていいほど，アーベルにとっては不幸な変更であった．しかしながら，ベルリンではクレレにかわいがられ，多くの優れた論文をクレレの発刊した専門誌に発表することができて収穫はあった．

p. 236 へ続く

例題 6-5 変数変換 (1) 極座標

次の重積分の値を求めよ．

(1) $\iint_D (x^2 + y^2)\, dx\, dy,\, D: x^2 + y^2 \leq 1$ (2) $\iint_D e^{-x^2-y^2}\, dx\, dy,\, D: x^2 + y^2 \leq 1$

(3) $\iint_D x\, dx\, dy,\, D: x^2 + y^2 \leq x$

[考え方] 積分領域が，円，扇形あるいはこれらの一部であるような場合は，極座標による変数変換が有効であることが多い．なお，領域が楕円の場合には，簡単な一次変換により円領域に移る．重積分を極座標表示するとき，変換のヤコビアン $J = r$ を忘れないように．

[解答] (1) 極座標により $\Omega = \{(r, \theta) \mid 0 \leq r \leq 1, 0 \leq \theta \leq 2\pi\}$ とおけば

$$\iint_D (x^2 + y^2)\, dx\, dy = \iint_\Omega r^2 \cdot r\, dr\, d\theta = \int_0^1 r^3\, dr \int_0^{2\pi} d\theta = \frac{\pi}{2}$$

(2) 積分領域は上と同じだから

$$\iint_D e^{-x^2-y^2}\, dx\, dy = \iint_\Omega e^{-r^2} r\, dr\, d\theta = \int_0^1 r e^{-r^2}\, dr \int_0^{2\pi} d\theta$$
$$= \int_0^1 2\pi r e^{-r^2}\, dr = \pi[-e^{-r^2}]_0^1 = \pi(1 - e^{-1})$$

(3) 極座標 (r, θ) (ただし偏角は $-\pi \leq \theta < \pi$ で表示) により
$\Omega = \left\{(r, \theta) \mid -\frac{\pi}{2} \leq \theta \leq \frac{\pi}{2}, 0 \leq r \leq \cos\theta\right\}$ とおくと

$$\iint_D x\, dx\, dy = \iint_\Omega r\cos\theta \times r\, dr\, d\theta = \int_{-\frac{\pi}{2}}^{\frac{\pi}{2}} \left\{\int_0^{\cos\theta} r^2 \cos\theta\, dr\right\} d\theta = \int_{-\frac{\pi}{2}}^{\frac{\pi}{2}} \frac{\cos^4\theta}{3}\, d\theta$$
$$= \frac{2}{3} \int_0^{\frac{\pi}{2}} \cos^4\theta\, d\theta = \frac{2}{3} \cdot \frac{3 \cdot 1}{4 \cdot 2} \cdot \frac{\pi}{2} = \frac{\pi}{8} \quad \text{(p.116, 8. (3) を参照)}$$

演習 A 次の重積分の値を求めよ．

(1) $\iint_D (x + y)\, dx\, dy,\, D: x^2 + y^2 \leq 1,\, x \geq 0, y \geq 0$

(2) $\iint_D \left(\frac{x^2}{a^2} + \frac{y^2}{b^2}\right) dx\, dy,\, D: x^2 + y^2 \leq 1 \quad (a, b > 0)$

演習 B 次の重積分の値を求めよ．

(1) $\iint_D \tan^{-1}\frac{y}{x}\, dx\, dy,\, D: 1 \leq x^2 + y^2 \leq 4,\, \frac{x}{\sqrt{3}} \leq y \leq x$

(2) $\iint_D xy\, dx\, dy,\, D: \frac{x^2}{a^2} + \frac{y^2}{b^2} \leq 1,\, x \geq 0, y \geq 0\, (a, b > 0)$

演習 C 次の重積分の値を求めよ．

(1) $\iint_D (x^2 + y^2)^{\frac{3}{2}}\, dx\, dy,\, D: x^2 + y^2 \leq y$

(2) $\iint_D \log(x^2 + y^2 + 1)\, dx\, dy,\, D: x^2 + y^2 \leq 1$

例題 6-6　変数変換 (2) 円柱座標

次の重積分の値を求めよ．
(1) $\iiint_D dx\,dy\,dz,\ D: x^2+y^2 \leq 1, 0 \leq z \leq 1$　(2) $\iiint_D dx\,dy\,dz,\ D: x^2+y^2+z^2 \leq 1$
(3) $\iiint_D x\,dx\,dy\,dz,\ D: x^2+y^2 \leq x, 0 \leq z \leq |y|$

[考え方]　積分領域の，どれか1変数 (例えば変数 z) による切り口が円，扇形あるいはその一部になるようなときには，z と平面の極座標というふうに円柱座標を導入するとうまくいくことが多い．例題の (2) は，空間の極座標をとっても重積分の値を求めることは可能である．

[解答]　(1) 円柱座標 $x = r\cos\theta, y = r\sin\theta, z = z$ を利用する．$\Omega = \{0 \leq r \leq 1, 0 \leq \theta \leq 2\pi, 0 \leq z \leq 1\}$ だから

$$\iiint_D dx\,dy\,dz = \iiint_\Omega r\,dr\,d\theta\,dz = \int_0^1 r\,dr \int_0^{2\pi} d\theta \int_0^1 dz = \pi$$

(2) $-\sqrt{1-x^2-y^2} \leq z \leq \sqrt{1-x^2-y^2}$ だから円柱座標 $x = r\cos\theta, y = r\sin\theta, z = z$ を利用すると，$\Omega = \{0 \leq r \leq 1, 0 \leq \theta \leq 2\pi, -\sqrt{1-r^2} \leq z \leq \sqrt{1-r^2}\}$ となり

$$\iiint_D dx\,dy\,dz = \iiint_\Omega r\,dr\,d\theta\,dz = 2\pi \int_0^1 \left\{\int_{-\sqrt{1-r^2}}^{\sqrt{1-r^2}} r\,dz\right\} dr$$

$$= 2\pi \int_0^1 2r\sqrt{1-r^2}\,dr = \left[-\frac{4\pi}{3}(1-r^2)^{\frac{3}{2}}\right]_0^1 = \frac{4\pi}{3}$$

(3) $x = r\cos\theta, y = r\sin\theta, z = z$ を利用する．$\Omega = \left\{-\frac{\pi}{2} \leq \theta \leq \frac{\pi}{2}, 0 \leq r \leq \cos\theta, 0 \leq z \leq r|\sin\theta|\right\}$ だから

$$\iiint_D x\,dx\,dy\,dz = \iiint_\Omega r^2\cos\theta\,dr\,d\theta\,dz = \int_{-\frac{\pi}{2}}^{\frac{\pi}{2}} \left\{\int_0^{\cos\theta} \left\{\int_0^{r|\sin\theta|} r^2\cos\theta\,dz\right\} dr\right\} d\theta$$

$$= \int_{-\frac{\pi}{2}}^{\frac{\pi}{2}} \left\{\int_0^{\cos\theta} r^3 \cos\theta |\sin\theta|\,dr\right\} d\theta = \frac{1}{4}\int_{-\frac{\pi}{2}}^{\frac{\pi}{2}} \cos^5\theta |\sin\theta|\,d\theta$$

$$= \frac{1}{2}\int_0^{\frac{\pi}{2}} \cos^5\theta \sin\theta\,d\theta = \left[-\frac{\cos^6\theta}{12}\right]_0^{\frac{\pi}{2}} = \frac{1}{12}$$

演習 A　次の重積分の値を求めよ．
(1) $\iiint_D \sqrt{1-x^2-y^2}\,dx\,dy\,dz,\ D: x^2+y^2 \leq 1, 0 \leq z \leq 1$
(2) $\iiint_D xyz\,dx\,dy\,dz,\ D: \dfrac{x^2}{a^2} + \dfrac{y^2}{b^2} \leq 1,\ x \geq 0, y \geq 0, -2 \leq z \leq 0$

演習 B　次の重積分の値を求めよ．
(1) $\iiint_D dx\,dy\,dz,\ D: x^2+y^2+z \leq 1, 0 \leq z$

(2) $\iiint_D \sin(x^2+y^2)\,dx\,dy\,dz,\ D: x^2+y^2 \leq z \leq \pi$

(3) $\iiint_D \dfrac{z}{1+x^2+y^2}\,dx\,dy\,dz,\ D: 0 \leq \sqrt{x^2+y^2} \leq z \leq 1$

---

p.233 の続き　アーベル

　このあとパリに留学して，アーベルの名を数学史上不朽のものにした論文「楕円函数の研究」を完成する．さらに通称「パリの論文」と呼ばれる超越函数に関する論文を，パリの科学アカデミーに提出するが，受け取ったコーシーが机の引出しに放り込んだまま結局忘れられてしまった．アーベルはその評価を待っていたが，何の音沙汰もなく，滞在費が底をついたため，パリを後にした．1826年の末頃ベルリンへの2度目の訪問をしたが，それからしばらくして結核にかかった．留学期間を終えて1827年5月にはオスロへ帰ったが，職は見つからず，貧困生活を続け，パリで書いた楕円函数の論文の続編を完成してクレレの専門誌に投稿した．このころ発表されたヤコビの楕円函数の論文が，アーベルの投稿したばかりの論文の結果の一部を含んでいることをみて，ヤコビが自分を追いかけていることを知る．そのアーベルの論文が印刷されたとき，それをみたヤコビは「私などが評価できない大論文」といって誉めたたえたと伝えられている．このころ，「パリの論文」の評価を一日千秋の思いで，貧困と病気に苦しみながら待っていたが，パリの科学アカデミーからは何の知らせもなく，その論文の存在を知ったヤコビから，問い合わせを受けたルジャンドルが驚いて探したと言われている．「パリの論文」が世に出たときはアーベルはもうこの世の人ではなかった．1828年の末に病状が悪化して1829年4月に26歳の若さでこの世を去った．クレレの尽力でベルリン大学がアーベルを教授として迎えることが決まったという知らせが届いたのは，死後間もなくのことである．またフランスの科学アカデミーが楕円函数についての業績を讃えて，アーベルとヤコビの二人に大賞を与えたのも，アーベルの死の翌年，1830年6月のことだった．

例題 6-7 変数変換 (3) 空間の極座標，その他

次の重積分の値を求めよ $(a, b, c > 0)$.

(1) $\iint_D xy\,dx\,dy,\ D : |x+y| \leq 1, |x-2y| \leq 1$

(2) $\iiint_D z^2\,dx\,dy\,dz,\ D : \dfrac{x^2}{a^2} + \dfrac{y^2}{b^2} + \dfrac{z^2}{c^2} \leq 1$

(3) $\iint_D \dfrac{y}{1+(x+y)^2}\,dx\,dy,\ D : \dfrac{1}{\sqrt{3}} \leq x+y \leq 1, x, y \geq 0$ ($x+y = u, y = uv$ を利用せよ)

[考え方] (1) は平行四辺形上の重積分である．この場合は一次変換を使うと積分が簡単に求まる場合が多い．(2) では楕円体上の積分であるが，簡単な一次変換と空間上の極座標と組み合わせればよい．(3) で使われる変換はいくぶん特殊であるが，積分領域がその変換により長方形領域に移る (類題：演習 B (1)).

[解答] (1) $u = x+y, v = x-2y$ と変数変換すると，(u, v) の領域は
$\Omega = \{(u, v) \mid |u| \leq 1, |v| \leq 1\}$ で，$x = \dfrac{2}{3}u + \dfrac{1}{3}v,\ y = \dfrac{1}{3}u - \dfrac{1}{3}v$ だから $J = -\dfrac{1}{3}$ となり

$$\iint_D xy\,dx\,dy = \iint_\Omega \dfrac{1}{9}(2u^2 - uv - v^2) \cdot \dfrac{1}{3}\,du\,dv = \dfrac{1}{27}\int_{-1}^1 \left\{\int_{-1}^1 (2u^2 - uv - v^2)\,du\right\} dv$$

$$= \dfrac{1}{27}\int_{-1}^1 \left[\dfrac{2}{3}u^3 - \dfrac{1}{2}u^2 v - uv^2\right]_{u=-1}^{u=1} dv = \dfrac{1}{27}\int_{-1}^1 \left(\dfrac{4}{3} - 2v^2\right) dv = \dfrac{1}{27} \cdot \dfrac{4}{3}$$

$$= \dfrac{4}{81}$$

(2) 極座標 $x = ar\sin\theta\cos\varphi, y = br\sin\theta\sin\varphi, z = cr\cos\theta,\ \Omega = \{(r, \theta, \varphi) \mid 0 \leq r \leq 1, 0 \leq \theta \leq \pi, 0 \leq \varphi \leq 2\pi\}$ を利用すると，この変換のヤコビアンは $J = abcr^2\sin\theta$ になるので

$$\iiint_D z^2\,dx\,dy\,dz = \iiint_\Omega abc^3 r^4 \sin\theta\cos^2\theta\,dr\,d\theta\,d\varphi$$

$$= abc^3 \int_0^1 r^4\,dr \int_0^\pi \sin\theta\cos^2\theta\,d\theta \int_0^{2\pi} d\varphi = \dfrac{4}{15}\pi abc^3$$

(3) $u = x+y,\ v = \dfrac{y}{x+y}$ $(x+y = u, y = uv)$ と変数変換すると，(u, v) の領域は
$\Omega = \left\{(u, v)\ \middle|\ \dfrac{1}{\sqrt{3}} \leq u \leq 1, 0 \leq v \leq 1\right\}$ で，$x = u - uv, y = uv$ だから $J = u$ となり

$$\iint_D \dfrac{y}{1+(x+y)^2}\,dx\,dy = \iint_\Omega \dfrac{uv}{1+u^2} \cdot u\,du\,dv = \int_{\frac{1}{\sqrt{3}}}^1 \dfrac{u^2}{1+u^2}\,du \int_0^1 v\,dv$$

$$= \dfrac{1}{2}\int_{\frac{1}{\sqrt{3}}}^1 \left\{1 - \dfrac{1}{1+u^2}\right\} du = \dfrac{1}{2}\left[u - \tan^{-1} u\right]_{\frac{1}{\sqrt{3}}}^1 = \dfrac{1}{2}\left[1 - \dfrac{1}{\sqrt{3}} - \dfrac{\pi}{12}\right]$$

演習 A 次の重積分の値を求めよ．

(1) $\iint_D (x+2y)^2 \sin(2x-y)\,dx\,dy,\ D : |x+2y| \leq \pi, 0 \leq 2x-y \leq \dfrac{\pi}{2}$

(2) $\iiint_D dx\,dy\,dz,\ D: x^2+y^2+z^2 \leqq a^2, 0 \leqq z$

演習 B 次の重積分の値を求めよ．

(1) $\iint_D e^{\frac{y}{x+y}}\,dx\,dy,\ D: \dfrac{1}{2} \leqq x+y \leqq 1,\ x,y \geqq 0$

(2) $\iint_D (x^2-y^2)e^{4xy}\,dx\,dy,\ D: 0 \leqq x+y \leqq 1,\ 0 \leqq x-y \leqq 1$

演習 C 次の重積分の値を求めよ．

(1) $\iiint_D \sqrt{1-x^2-y^2-z^2}\,dx\,dy\,dz,\ D: x^2+y^2+z^2 \leqq 1$

(2) $\iiint_D \log(1+x^2+y^2+z^2)\,dx\,dy\,dz,\ D: x^2+y^2+z^2 \leqq 1$

例題 6-8　広義積分 (1)

次の広義積分の値を求めよ．
(1) $\iint_D e^{-x-y}\,dx\,dy,\ D: x \geq 0, y \geq 0$
(2) $\iint_D \dfrac{1}{(1+x+y)^4}\,dx\,dy,\ D: x, y \geq 0, x+y \geq 2$
(3) $\iint_D \dfrac{1}{\sqrt{1-xy}}\,dx\,dy,\ D: 0 \leq y \leq x < 1$

[考え方]　(1), (3) の広義積分の値の計算では，直交座標を利用する．したがって，それに適するように，積分領域の，有界閉集合による近似増加列を選ぶ．(1) の場合は，有界閉長方形，(3) の場合は，被積分関数の分母が零にならないような有界閉集合 (三角領域) を選ぶ．(2) では，直交座標も使えるが，領域に関係する一次変換がより有効である．

[解答]　(1) $D_n = \{(x,y) \mid 0 \leq x \leq n, 0 \leq y \leq n\}$ とおくと，D_n は長方形で，被積分関数は変数分離形だから

$$\iint_D e^{-x-y}\,dx\,dy = \lim_{n\to\infty} \iint_{D_n} e^{-x-y}\,dx\,dy = \lim_{n\to\infty} \int_0^n e^{-x}\,dx \int_0^n e^{-y}\,dy = 1$$

(2) $D_n = \{(x,y) \mid 2 \leq x+y \leq n, 0 \leq x, 0 \leq y\}$ とおき，変数変換 $u = x+y, uv = y$ を利用すると，D_n は $\Omega_n = \{(u,v) \mid 2 \leq u \leq n, 0 \leq v \leq 1\}$ に対応し，$J = u$ だから

$$\iint_D \frac{1}{(1+x+y)^4}\,dx\,dy = \lim_{n\to\infty} \iint_{D_n} \frac{1}{(1+x+y)^4}\,dx\,dy = \lim_{n\to\infty} \iint_{\Omega_n} \frac{u}{(1+u)^4}\,du\,dv$$

$$= \lim_{n\to\infty} \int_2^n \frac{u}{(1+u)^4}\,du = \lim_{n\to\infty} \int_2^n \left\{\frac{1}{(1+u)^3} - \frac{1}{(1+u)^4}\right\}\,du$$

$$= \lim_{n\to\infty} \left[\frac{-1}{2(1+u)^2} + \frac{1}{3(1+u)^3}\right]_2^n = \frac{7}{162}$$

(3) $D_n = \left\{(x,y) \,\middle|\, 0 \leq y \leq x \leq 1 - \dfrac{1}{n}\right\}$ とおくと，これを縦線集合とみることができるから

$$\iint_D \frac{1}{\sqrt{1-xy}}\,dx\,dy = \lim_{n\to\infty} \iint_{D_n} \frac{1}{\sqrt{1-xy}}\,dx\,dy = \lim_{n\to\infty} \int_0^{1-\frac{1}{n}} \left\{\int_0^x \frac{1}{\sqrt{1-xy}}\,dy\right\}\,dx$$

$$= \lim_{n\to\infty} \int_0^{1-\frac{1}{n}} \left[\frac{-2(1-xy)^{\frac{1}{2}}}{x}\right]_{y=0}^{y=x}\,dx$$

$$= \lim_{n\to\infty} \int_0^{1-\frac{1}{n}} \frac{2x}{1+\sqrt{1-x^2}}\,dx \quad (t = \sqrt{1-x^2})$$

$$= \lim_{n\to\infty} \int_{\sqrt{1-(1-\frac{1}{n})^2}}^1 \frac{2t}{1+t}\,dt = 2\lim_{n\to\infty} [t - \log(1+t)]_{\sqrt{1-(1-\frac{1}{n})^2}}^1$$

$$= 2 - 2\log 2$$

演習 A　次の広義積分の値を求めよ．

(1) $\iint_D \dfrac{1}{\sqrt{x+y}}\,dx\,dy,\ D: 0 < x, y \leq 1$ (2) $\iint_D \dfrac{1}{x^a y^b}\,dx\,dy,\ D: x, y \geq 1 \quad (a, b > 1)$

演習 B 次の広義積分の値を求めよ．

(1) $\iint_D \dfrac{1}{(x+y)^3}\,dx\,dy,\ D: x, y \geq 1$ (2) $\iint_D \dfrac{1}{\sqrt{x-y}}\,dx\,dy,\ D: 0 \leq y < x \leq 1$

演習 C 次の広義積分の値を求めよ．

(1) $\iint_D \dfrac{1}{\sqrt{x^2 - y^2}}\,dx\,dy,\ D: 0 \leq y < x \leq 1$

(2) $\iint_D \dfrac{1}{(x+y)^a}\,dx\,dy,\ D: x, y \geq 0,\ x+y \geq 1 \quad (a > 2)$

ヤコビ (Carl Gustav Jacob Jacobi, 1804-1851)

ドイツのポツダムの裕福な銀行家の家に生まれる．良い家庭教育をうけて多方面の高い教育を身につけた．ギムナジウム (高等学校) 入学当初から万能ぶりを示した．ガウスと同様ヤコビは数学をやらなくても，言語学で名声をあげることができただろうと言われている．ベルリン大学に入学して，ラグランジュ，オイラーの著作を読んで代数学，微積分学を学び，それがヤコビを整数論に導いた．この若いころの独学がヤコビの最初の傑出した仕事，すなわち楕円函数に関する後の研究に明確な方向を与えた．1825 年にベルリン大学から学位を得て，翌年ケーニヒベルク大学の私講師になった．翌年発表した三次の相互律に関する整数論の研究は，めったに人を誉めることのないガウスから賞賛された．このあと，最初の力作である論文「楕円函数論の基礎」を発表して高い評価を得て，1831 年教授になった．それから 17 年間同大学で精力的に研究を続けて多大な影響を与えた．1840 年に一家は破産して 36 歳で一文無しになって，しかも同じく財産を失った母親を扶養しなければならなかった．晩年は過労から健康を害して，主治医の愚劣な忠告によって政治に首をつっこんだ．これがますますヤコビを不幸にした．楕円函数論は 19 世紀の数学の花形分野であった．この分野での先駆的な研究はガウスによって行われていたが，ガウスは発表しなかっため，結果として主役を演じたのがアーベルとヤコビであった．このふたりによって楕円函数論の基礎ができたといってよいであろう．楕円函数を整数論に応用することを最初に思いついたのはヤコビである．また早くから不遇のアーベルの業績を認めて，その業績が認められるように尽力した．1943 年以降は業績も振るわず，不遇のうちに天然痘で亡くなった．数学上の業績では，証明に厳密性が欠けるところもあったが，創意に富み多くの方面で意義深い貢献をした．ヤコビの名は多変数の微積分におけるヤコビ行列式，物理において重要なハミルトン・ヤコビ方程式，代数幾何学のヤコビ多様体など現代数学のいたるところに現われている．

例題 6-9　広義積分 (2)

次の広義積分の値を求めよ.
(1) $\iint_{\mathbf{R}^2} e^{-x^2-y^2}\,dx\,dy$
(2) $\iiint_D (x^2+y^2+z^2)^{-\frac{\alpha}{2}}\,dx\,dy\,dz,\ D: 0 < x^2+y^2+z^2 \leq 1\quad (\alpha < 3)$
(3) $\iint_D \dfrac{\log(x^2+y^2)}{(x^2+y^2)^\alpha}\,dx\,dy,\ D: 0 < x^2+y^2 \leq 1\quad (\alpha < 1)$

[考え方]　例題のように, 積分領域が円, 球あるいは円環領域の場合には, 極座標が有効である. そのため, (1) では円領域, (2) および (3) では環状領域において, 広義積分の積分領域の近似増加列を選ぶ.

[解答]　(1) $D_n = \{(x,y) \mid x^2+y^2 \leq n^2\}$ とおいて, 極座標 $x = r\cos\theta, y = r\sin\theta$ を利用すると

$$\iint_{\mathbf{R}^2} e^{-x^2-y^2}\,dx\,dy = \lim_{n\to\infty} \iint_{D_n} e^{-x^2-y^2}\,dx\,dy = \lim_{n\to\infty} \int_0^{2\pi}\int_0^n e^{-r^2} r\,dr\,d\theta$$

$$= \pi \lim_{n\to\infty} \int_0^n 2e^{-r^2}\cdot r\,dr = \pi \lim_{n\to\infty} [-e^{-r^2}]_0^n = \pi$$

(2) $D_n = \left\{(x,y,z)\ \middle|\ \dfrac{1}{n^2} \leq x^2+y^2+z^2 \leq 1\right\}$ とおき, 空間の極座標を利用し

$$\iiint_D (x^2+y^2+z^2)^{-\frac{\alpha}{2}}\,dx\,dy\,dz = \lim_{n\to\infty}\int_0^{2\pi}\int_0^\pi\int_{\frac{1}{n}}^1 r^{-\alpha} r^2 \sin\theta\,dr\,d\theta\,d\varphi$$

$$= \lim_{n\to\infty} 2\pi \int_0^\pi \sin\theta\,d\theta \int_{\frac{1}{n}}^1 r^{2-\alpha}\,dr = 2\pi \lim_{n\to\infty} [-\cos\theta]_0^\pi \left[\dfrac{r^{3-\alpha}}{3-\alpha}\right]_{\frac{1}{n}}^1 = \dfrac{4\pi}{3-\alpha}$$

(3) $D_n = \left\{(x,y)\ \middle|\ \dfrac{1}{n^2} \leq x^2+y^2 \leq 1\right\}$ とおき, 極座標 $x = r\cos\theta, y = r\sin\theta$ を利用して

$$\iint_D \dfrac{\log(x^2+y^2)}{(x^2+y^2)^\alpha}\,dx\,dy = \lim_{n\to\infty} \iint_{D_n} \dfrac{\log(x^2+y^2)}{(x^2+y^2)^\alpha}\,dx\,dy = \lim_{n\to\infty}\int_0^{2\pi}\int_{\frac{1}{n}}^1 \dfrac{2r\log r}{r^{2\alpha}}\,dr\,d\theta$$

$$= 4\pi \lim_{n\to\infty} \int_{\frac{1}{n}}^1 r^{-2\alpha+1} \log r\,dr = 4\pi \lim_{n\to\infty}\left\{\left[\dfrac{r^{2-2\alpha}}{2-2\alpha}\log r\right]_{\frac{1}{n}}^1 - \int_{\frac{1}{n}}^1 \dfrac{r^{2-2\alpha}}{2-2\alpha}\dfrac{1}{r}\,dr\right\}$$

$$= 4\pi \lim_{n\to\infty}\left\{\dfrac{n^{2\alpha-2}\log n}{2-2\alpha} - \left[\dfrac{r^{2-2\alpha}}{(2-2\alpha)^2}\right]_{\frac{1}{n}}^1\right\} = -\dfrac{\pi}{(1-\alpha)^2}$$

演習 A　次の広義積分の値を求めよ.
(1) $\iint_{\mathbf{R}^2} e^{-ax^2-by^2}\,dx\,dy\ (a,b > 0)$　　(2) $\iint_D (x^2+y^2)^{-\beta}\,dx\,dy,\ D: x^2+y^2 \geq 1\quad (\beta > 1)$

演習 B　次の広義積分の値を求めよ.
(1) $\iint_D \tan^{-1}\dfrac{y}{x}\,dx\,dy,\ D: x^2+y^2 \leq 1,\ x > 0,\ y \geq 0$

(2) $\iint_D \log(1-x^2-y^2)\,dx\,dy,\ D: x^2+y^2 < 1$

演習 C 次の広義積分の値を求めよ．

(1) $\iint_D e^{-x^2+xy-y^2}\,dx\,dy,\ D = \boldsymbol{R}^2$

(2) $\iiint_D (1-x^2-y^2-z^2)^{-\frac{1}{2}}\,dx\,dy\,dz,\ D: x^2+y^2+z^2 < 1$

ガロア (Evariste Galois, 1811-1832)

パリ郊外に町長の息子として生まれる．中学時代 (1828 年) に数学を勉強して天才ぶりを発揮して，特にルジャンドルの「幾何学講義」は優れた生徒でも読破するのに 2 年はかかるといわれたが，ガロアは小説でも読むようにすらすらと読んでしまった．ラグランジュの書物「数係数方程式の解法」「解析函数論」「微分積分講義」などをむさぼり読んだ．数学に力をいれたのは数学が好きであるというだけでなく，エコールポリテクニクに入学したかったからであったが，不幸にも入学試験に合格できなかった．再受験を決意して勉強していたころ，循環連分数についての論文を発表，またフランス科学アカデミーに，現在では重要な論文であったに違いないと想像される代数方程式論の論文をコーシーに提出したが，コーシーかあるいは審査官が紛失したために発表されなかった．このときのガロアの失望は見るに絶えないほど痛ましいものであったと伝えられている．エコールポリテクニクを再度受験したが不合格であった．このときのエピソードとして，口頭試験のとき，質問があまりにばかげているので，腹を立てて黒板消しを試験官に投げつけて退場したとか，対数に関する質問が幼稚であったため，せせら笑って答えなかったとか，はじめから試験官を馬鹿にした態度であったために不合格になったと伝えられている．結局エコールノルマルに入学した．一方同じ頃，アーベルは 5 次以上の代数方程式は代数的に解けない (言いかえれば，代数的な解の公式を持たない) ことを証明しようと企てたが，ガロアはアーベルとは無関係に同じ問題に取り組んでいた．このふたりは問題は同じであったが，方法が異なっていた．ガロアは群の概念を導入する方法を考えた．方程式にひとつの置換群が対応してこれによって方程式の特性が再現されることを示し，置換群が可解群であることが，方程式が代数的に解けることと同値であることを論文にまとめた．これを科学アカデミーのフーリエに提出したが，フーリエが急逝したために，論文の行方がわからなくなってしまった．またも提出した論文を紛失され，2 度の受験の失敗，父の自殺などが重なって，政治運動に夢中になった．このころ，フーリエの急死で紛失した論文を書きなおして再度，科学アカデミーに提出したが，内容に疑わしいところがあるという理由で却下された．いろいろな不幸が重なり，ますます政治運動にのめりこんだ．当局からは危険人物とみなされ，エコールノルマルを退学処分，そして入獄，仮出所中にある女性との恋愛問題でその婚約者と決闘して亡くなった．決闘の前夜，友人のシュバリエに残した研究の概略と遺稿を後に数学者のリウビルが整理して発表して世に出た．それは現代において，いわゆるガロア理論と呼ばれているものを実質的に含むものであった．

例題 6-10　面積

次の図形の面積を求めよ．
(1) $D : x + y \leqq a,\ x, y \geqq 0 \quad (a > 0)$　　(2) $D : x^2 + y^2 \leqq ax \quad (a > 0)$
(3) $D : x^2 - 2xy + 5y^2 \leqq a^2 \quad (a > 0)$

[考え方]　(1) は，定数の縦線集合上の重積分である．(2) は，円領域だから，極座標が有効である．(3) の図形は楕円形であるが，適当な一次変換で，xy の項がなくなるように移せばよい．

[解答]　(1) D は縦線集合だから
$$|D| = \iint_D dx\,dy = \int_0^a \left\{ \int_0^{a-x} dy \right\} dx = \int_0^a (a-x)\,dx = \left[ax - \frac{x^2}{2} \right]_0^a = \frac{a^2}{2}$$
(2) 極座標 $x = r\cos\theta, y = r\sin\theta$ を利用して，図形 D は
$D = \left\{ (r\cos\theta, r\sin\theta) \,\middle|\, -\frac{\pi}{2} \leqq \theta \leqq \frac{\pi}{2}, 0 \leqq r \leqq a\cos\theta \right\}$ と表される．ゆえに，D の面積
$$|D| = \iint_D dx\,dy = \int_{-\frac{\pi}{2}}^{\frac{\pi}{2}} \left\{ \int_0^{a\cos\theta} r\,dr \right\} d\theta = \int_{-\frac{\pi}{2}}^{\frac{\pi}{2}} \frac{1}{2} a^2 \cos^2\theta\,d\theta = \frac{\pi a^2}{4}$$
(3) $x^2 - 2xy + 5y^2 = (x-y)^2 + (2y)^2$ だから $u = x - y, v = 2y$ と変数変換すると D は u, v によって $D = \left\{ \left(u + \frac{v}{2}, \frac{v}{2}\right) \,\middle|\, u^2 + v^2 \leqq a^2 \right\}$ と表され，変換 $(u, v) \to (x, y)$ のヤコビアンは $J = \frac{1}{2}$ になる．ゆえに
$$|D| = \iint_D dx\,dy = \iint_{u^2 + v^2 \leqq a^2} \frac{1}{2}\,du\,dv = \frac{\pi a^2}{2}$$

演習 A　次の図形の面積を求めよ．
(1) $D : \sqrt{x} + \sqrt{y} \leq 1, x \geq 0, y \geq 0$　　(2) $D : \dfrac{x^2}{4} + \dfrac{y^2}{9} \leq 1$

演習 B　次の曲線によって囲まれた部分 D の面積を求めよ $(a > 0)$．
(1) $r = a(1 + \sin\theta)$　　(2) $D : (x^2 + y^2)^2 \leqq a^2(x^2 - y^2)$

演習 C　次の図形の面積を求めよ．
(1) $D : \left(\dfrac{x}{a}\right)^{\frac{2}{3}} + \left(\dfrac{y}{b}\right)^{\frac{2}{3}} \leq 1\,(a, b > 0)$　　(2) $r^2 = a\sin n\theta \quad (a > 0, n \in \boldsymbol{N})$

例題 6-11 体積 (1)

2つの曲面 $z = x^2 + y^2$ と $z = 6 - \dfrac{x^2}{2} - \dfrac{y^2}{2}$ で囲まれる立体の体積 V を次の方法で求めよ.

(1) 適当な積分領域 D と関数 $f(x, y)$ を用いて V を二重積分で表し,これを計算する.
(2) z 軸に垂直な平面とこの立体とが交わる部分の面積を求め,これを積分する.
(3) x 軸に垂直な平面とこの立体とが交わる部分の面積を求め,これを積分する.

[解答] (1) $f(x, y) = 6 - \dfrac{x^2}{2} - \dfrac{y^2}{2} - (x^2 + y^2)$, $D = \{(x, y) \mid x^2 + y^2 \leqq 4\}$ とすると

$$V = \iint_D f(x,y)\, dx\, dy = \iint_D \left(6 - \frac{3x^2}{2} - \frac{3y^2}{2}\right) dx\, dy$$

と表される.$x = r\cos\theta$, $y = r\sin\theta$ とおくと $|J| = r$ だから

$$V = \int_0^{2\pi} \int_0^2 \left(6 - \frac{3}{2}r^2\right) r\, dr\, d\theta = 2\pi \left[3r^2 - \frac{3}{8}r^4\right]_0^2 = 12\pi$$

(2) 平面 $z = c$ とこの立体とが交わる部分の面積を $S_1(c)$ とする.$0 \leqq c \leqq 4$ のとき,$z = c$ とこの立体との交わりは半径 $\sqrt{c}$ の円だから $S_1(c) = \pi c$ である.また,$4 \leqq c \leqq 6$ のとき,$z = c$ とこの立体との交わりは半径 $\sqrt{2(6-c)}$ の円だから $S_1(c) = 2\pi(6-c)$ である.したがって

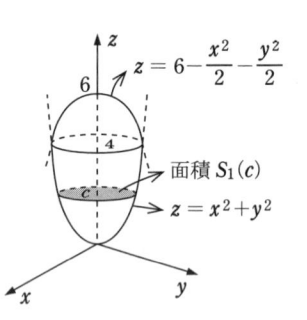

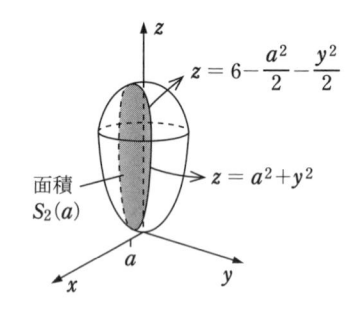

図 7.1

$$V = \int_0^4 \pi z\, dz + \int_4^6 2\pi(6-z)\, dz = \left[\frac{\pi}{2}z^2\right]_0^4 + \left[2\pi\left(6z - \frac{z^2}{2}\right)\right]_4^6 = 12\pi$$

(3) 平面 $x = a$ とこの立体とが交わる部分の面積を $S_2(a)$ とする.$-2 \leqq a \leqq 2$ のとき

$$S_2(a) = \int_{-\sqrt{4-a^2}}^{\sqrt{4-a^2}} \left(6 - \frac{a^2}{2} - \frac{y^2}{2} - a^2 - y^2\right) dy = \int_{-\sqrt{4-a^2}}^{\sqrt{4-a^2}} \left(6 - \frac{3}{2}a^2 - \frac{3}{2}y^2\right) dy$$

$$= \left[\left(6 - \frac{3}{2}a^2\right)y - \frac{1}{2}y^3\right]_{-\sqrt{4-a^2}}^{\sqrt{4-a^2}} = 2(4-a^2)^{\frac{3}{2}}$$

である.したがって $x = 2\sin\theta$ とおくと

$$V = 2\int_{-2}^{2} (4-x^2)^{\frac{3}{2}}\, dx = 32\int_{-\frac{\pi}{2}}^{\frac{\pi}{2}} \cos^4\theta\, d\theta = 64\int_0^{\frac{\pi}{2}} \cos^4\theta\, d\theta = 64 \times \frac{3}{4} \times \frac{\pi}{4} = 12\pi$$

演習 A 次の各立体の体積を求めよ.ただし,$a > 0$ とする.

(1) 曲面 $z = x^2 + y^2$ と平面 $z = 4$ とで囲まれた立体
(2) 円柱 $x^2 + y^2 \leqq a^2$ と2つの平面 $z = 0$, $z = x + a$ によって囲まれた立体

例題 6-12　体積 (2)

次の立体の体積 V を求めよ．
(1) 曲面 $z = x^2 + y^2$，円柱面 $x^2 + y^2 = 2x$ および平面 $z = 0$ で囲まれた立体
(2) $|x - 2y| \leq 3, |y - 2z| \leq 3, |z - 2x| \leq 3$ よって定まる平行六面体

[解答]　(1) $D = \{(x, y) \mid x^2 + y^2 \leq 2x\}$ とおくと

$$V = \iint_D (x^2 + y^2)\, dx\, dy$$

と表される．また $x = r\cos\theta, y = r\sin\theta$ とおくと $x^2 + y^2 = r^2$, $|J| = r$ であり，D は中心が $(1, 0)$ で半径が 1 の円周とその内部であるから

$$V = 2\int_0^{\frac{\pi}{2}} \int_0^{2\cos\theta} r^3\, dr\, d\theta = 2\int_0^{\frac{\pi}{2}} \left[\frac{r^4}{4}\right]_0^{2\cos\theta} d\theta = 8\int_0^{\frac{\pi}{2}} \cos^4\theta\, d\theta = 8 \times \frac{3}{4} \times \frac{\pi}{4} = \frac{3}{2}\pi$$

(2) この立体を D と表す．$u = x - 2y, v = y - 2z, w = z - 2x$ とおくと $|J| = \left|\dfrac{\partial(x, y, z)}{\partial(u, v, w)}\right| = \dfrac{1}{7}$ であるから

$$V = \iiint_D dx\, dy\, dz = \iiint_{D'} \frac{1}{7}\, du\, dv\, dw$$

が成立する．ただし，$D' = \{(u, v, w) \mid |u| \leq 3, |v| \leq 3, |w| \leq 3\}$ である．したがって

$$V = \int_{-3}^{3} \int_{-3}^{3} \int_{-3}^{3} \frac{1}{7}\, du\, dv\, dw = \frac{216}{7}$$

演習 A　次の各立体の体積を求めよ．
(1) 2つの曲面 $x = 1 - y^2, z = 1 - x^2$ に囲まれ，$x \geq 0, y \geq 0, z \geq 0$ を満たす部分
(2) 円柱面 $x^2 + y^2 = 1$，放物柱面 $z = 1 - x^2$ および平面 $z = 0$ で囲まれた立体
(3) 曲面 $z = x^2 + y^2$ と平面 $z = 4x$ とで囲まれた立体
(4) $z = 1 - y^2$ および 3つの平面 $y = x, x = 0, z = 0$ によって囲まれた立体

演習 B　次の各立体の体積を求めよ $(a > 0, b > 0)$．
(1) 楕円柱 $\dfrac{x^2}{a^2} + \dfrac{y^2}{b^2} \leq 1$ の $0 \leq z \leq x$ を満たす部分
(2) 曲面 $z = a^2 - (x^2 + y^2)$，円柱面 $x^2 + y^2 = ax$ および平面 $z = 0$ で囲まれた立体
(3) $(x + y - z)^2 + (-x + y + z)^2 + (x - y + z)^2 \leq 3^2$ で定まる立体
(4) 2つの曲面 $z = 1 - x^2, z = 1 - y^2$ と平面 $z = 0$ で囲まれた立体

演習 C　次の各立体の体積を求めよ $(a, b, c > 0)$．
(1) 円錐 $0 \leq z \leq a - \sqrt{x^2 + y^2}$ と円柱 $x^2 + y^2 \leq ax$ との共通部分
(2) 3つの円柱 $x^2 + y^2 \leq a^2, y^2 + z^2 \leq a^2, z^2 + x^2 \leq a^2$ の共通部分
(3) $z = x^2 + y^2$ と $z = 2x + 4y$ によって囲まれた立体

例題 6-13　曲面積 (1)

> 次の曲面積 S を求めよ．
> (1) 平面 $\dfrac{x}{3} + \dfrac{y}{2} + z = 1$ の $x \geqq 0, y \geqq 0, z \geqq 0$ を満たす部分の曲面積
> (2) 曲面 $z = 6 - x^2 - y^2$ の $z \geqq 0$ を満たす部分の曲面積

[考え方]　曲面 $\{(x, y, z) \mid z = f(x, y),\ (x, y) \in D\}$ の曲面積 S は
$$S = \iint_D \sqrt{1 + f_x^2 + f_y^2}\, dx\, dy$$
で与えられる．

[解答]　(1) $z = 1 - \dfrac{x}{3} - \dfrac{y}{2}$ であるから $z_x = -\dfrac{1}{3}, z_y = -\dfrac{1}{2}$ であり，したがって $\sqrt{1 + z_x^2 + z_y^2} = \dfrac{7}{6}$ である．ゆえに，$D = \left\{(x, y) \mid \dfrac{x}{3} + \dfrac{y}{2} \leqq 1, x \geqq 0, y \geqq 0\right\}$ とおくと

$$S = \iint_D \frac{7}{6}\, dx\, dy = \int_0^3 \int_0^{2(1-\frac{x}{3})} \frac{7}{6}\, dy\, dx = \frac{7}{3} \int_0^3 \left(1 - \frac{x}{3}\right) dx = \frac{7}{3} \left[x - \frac{x^2}{6}\right]_0^3 = \frac{7}{2}$$

(2) $z_x = -2x, z_y = -2y$ であるから $D = \{(x, y) \mid x^2 + y^2 \leqq 6\}$ とすると
$$S = \iint_D \sqrt{1 + 4x^2 + 4y^2}\, dx\, dy$$
である．よって，$x = r\cos\theta, y = r\sin\theta$ とおくと
$$S = \int_0^{2\pi} \int_0^{\sqrt{6}} \sqrt{1 + 4r^2}\, r\, dr\, d\theta = 2\pi \left[\frac{1}{12}(1 + 4r^2)^{\frac{3}{2}}\right]_0^{\sqrt{6}} = \frac{62}{3}\pi$$

注意　(1) において $\iint_D 1\, dx\, dy$ は D の面積を表すからその値は 3 である．したがって，$S = \dfrac{7}{6} \times 3 = \dfrac{7}{2}$ と考えてもよい．

演習 A　次の各曲面積を求めよ．
(1) 曲面 $z = x^2 + y^2$ の $z \leqq 12$ を満たす部分の曲面積
(2) 曲面 $z = xy$ の $x^2 + y^2 \leqq 8, x \geqq 0, y \geqq 0$ を満たす部分の曲面積
(3) 平面 $2x + 4y + z = 4$ が $z = x^2 + y^2$ によって切り取られる部分の曲面積

演習 B　次の各曲面積を求めよ $(a > 0)$．
(1) 円錐面 $z = a - \sqrt{x^2 + y^2}$ のうち円柱 $x^2 + y^2 \leqq ax$ の内部にある部分の曲面積
(2) 球面 $x^2 + y^2 + z^2 = 9$ のうち曲面 $x^2 + y^2 = 2z + 1$ より上にある部分の曲面積
(3) 円柱面 $x^2 + z^2 = a^2$ のうち円柱面 $x^2 + y^2 = a^2$ の内部にある部分の曲面積

演習 C　次の各曲面積を求めよ $(a > 0,\ b > 0)$．
(1) 曲面 $z = \dfrac{x^2}{a} + \dfrac{y^2}{b}$ のうち楕円柱面 $\dfrac{x^2}{a^2} + \dfrac{y^2}{b^2} = 1$ の内部にある部分の曲面積
(2) 3 つの円柱 $x^2 + y^2 \leqq a^2,\ y^2 + z^2 \leqq a^2,\ z^2 + x^2 \leqq a^2$ で囲まれた立体の全表面積

例題 6-14　曲面積 (2)

次の曲面積を求めよ．
(1) $y = \sqrt{x}$ $(0 \leq x \leq 1)$ を x 軸のまわりに回転した立体の曲面積
(2) $y = \cos x$ $\left(-\dfrac{\pi}{2} \leq x \leq \dfrac{\pi}{2}\right)$ を x 軸のまわりに回転した立体の曲面積

[考え方]　曲線 $y = f(x)$ $(a \leq x \leq b)$ が C^1 級であるとき，この曲線を x 軸のまわりに回転して得られる回転面の曲面積 S は

$$S = 2\pi \int_a^b |f(x)|\sqrt{1 + f'(x)^2}\, dx$$

で与えられる．

[解答]　(1) $f(x) = \sqrt{x}$ だから $f'(x) = \dfrac{1}{2}x^{-\frac{1}{2}}$ である．したがって曲面積 S は

$$S = 2\pi \int_0^1 \sqrt{x}\sqrt{1 + \frac{1}{4x}}\, dx = \pi \int_0^1 \sqrt{1 + 4x}\, dx = \frac{\pi}{6}\left[(1+4x)^{\frac{3}{2}}\right]_0^1 = \frac{5\sqrt{5}-1}{6}\pi$$

(2) 曲面積 S は

$$S = 2\pi \int_{-\frac{\pi}{2}}^{\frac{\pi}{2}} \cos x \sqrt{1 + \sin^2 x}\, dx = 4\pi \int_0^{\frac{\pi}{2}} \cos x \sqrt{1 + \sin^2 x}\, dx$$

である．ここで，$t = \sin x$ とおくと

$$S = 4\pi \int_0^1 \sqrt{1 + t^2}\, dt = 2\pi \left[t\sqrt{t^2+1} + \log|t + \sqrt{t^2+1}|\right]_0^1$$
$$= 2\pi\{\sqrt{2} + \log(1 + \sqrt{2})\}$$

演習 A　次の各曲面積を求めよ $(a > 0)$．

(1) $y = 1 - x$ $(0 \leq x \leq 1)$ を x 軸のまわりに回転した回転面の曲面積
(2) $y = ax$ $(0 \leq x \leq 1)$ を x 軸のまわりに回転した回転面の曲面積
(3) $y = e^{-x}$ $(-\log 3 \leq x \leq \log 3)$ を x 軸のまわりに回転した回転面の曲面積

演習 B　次の各曲面積を求めよ $(a > 0)$．

(1) $y = x^3$ $(0 \leq x \leq 1)$ を x 軸のまわりに回転した回転面の曲面積
(2) $y = \dfrac{e^x + e^{-x}}{2}$ $(0 \leq x \leq a)$ を x 軸のまわりに回転した回転面の曲面積

演習 C　次の各曲面積を求めよ $(a > 0)$．

(1) 曲線 $9ay^2 = x(3a - x)^2$ $(0 \leq x \leq 3a)$ を x 軸のまわりに回転した回転面の曲面積
(2) アステロイド $x^{\frac{2}{3}} + y^{\frac{2}{3}} = a^{\frac{2}{3}}$ を x 軸のまわりに回転した回転面の曲面積
(3) サイクロイド $x = a(\theta - \sin\theta),\ y = a(1 - \cos\theta)$ $(0 \leq \theta \leq 2\pi)$ を x 軸のまわりに回転した回転面の曲面積

例題 6-15　質量と重心

次の問いに答えよ．ただし，$a,b,c,h > 0$ とする．
(1) 密度が中心軸からの距離の2乗に等しいとき，半径 a，高さ h の円柱の質量を求めよ．
(2) 密度が一様のとき $\dfrac{x^2}{a^2} + \dfrac{y^2}{b^2} + \dfrac{z^2}{c^2} \leq 1, x \geq 0, y \geq 0, z \geq 0$ で定まる立体の重心の座標を求めよ．

[解答] (1) この立体 V は $V = \{(x,y,z) \mid x^2 + y^2 \leq a^2, 0 \leq z \leq h\}$ と表される．
$\rho(x,y,z) = x^2 + y^2$ だから質量 M は

$$M = \iiint_V (x^2 + y^2)\, dx\, dy\, dz = \int_0^h \left\{\iint_D (x^2+y^2)\, dx\, dy\right\} dz$$

となる．ただし，$D = \{(x,y) \mid x^2 + y^2 \leq a^2\}$ である．$x = r\cos\theta, y = r\sin\theta$ とおくと

$$M = \int_0^h \int_0^{2\pi} \int_0^a r^3\, dr\, d\theta\, dz = \int_0^h \int_0^{2\pi} \frac{a^4}{4}\, d\theta\, dz = \int_0^h \frac{\pi a^4}{2}\, dz = \frac{\pi a^4 h}{2}$$

(2) 密度を ρ とするとこの立体の質量 M は $M = \dfrac{\rho}{8} \times \dfrac{4}{3}\pi abc = \dfrac{1}{6}\pi\rho abc$ である．また，重心の座標を $(\bar{x}, \bar{y}, \bar{z})$ とおくと

$$\bar{x} = \frac{1}{M} \iiint_V \rho x\, dx\, dy\, dz$$

である．ただし，$V = \left\{(x,y,z) \left| \dfrac{x^2}{a^2} + \dfrac{y^2}{b^2} + \dfrac{z^2}{c^2} \leq 1, x \geq 0, y \geq 0, z \geq 0\right.\right\}$ である．したがって，$x = as, y = bt, z = cu$ とおくと

$$\bar{x} = \frac{\rho a^2 bc}{M} \iiint_{V'} s\, ds\, dt\, du = 6a\int_0^1 \frac{s(1-s^2)}{4}\, ds = \frac{3a}{2}\left[\frac{s^2}{2} - \frac{s^4}{4}\right]_0^1 = \frac{3a}{8}$$

を得る．ここで，$V' = \{(s,t,u) \mid s^2 + t^2 + u^2 \leq 1, s \geq 0, t \geq 0, u \geq 0\}$ である．同様にして，重心の座標は $\left(\dfrac{3}{8}a, \dfrac{3}{8}b, \dfrac{3}{8}c\right)$ である．

演習 A 次の領域または立体の質量および重心の座標を求めよ $(a > 0)$．
(1) 密度が一様であるとき，$x^2 \leq y \leq x$ で定まる領域
(2) 密度が原点からの距離に等しいとき，$x^2 + y^2 \leq a^2, x \geq 0, y \geq 0$ で定まる領域
(3) 密度が一様であるとき，曲面 $z = 4 - x^2 - y^2$ と xy 平面とによって囲まれる立体 V

演習 B 次の各立体の重心の座標を求めよ $(a,b,c,h > 0)$．
(1) 密度が xy 平面からの距離に等しいとき，直円柱 $\{(x,y,z) \mid x^2 + y^2 \leq a^2,\ 0 \leq z \leq h\}$
(2) 密度が xy 平面からの距離に等しいとき，半球 $x^2 + y^2 + z^2 \leq a^2, z \geq 0$
(3) 密度が一様であるとき，頂点が $(0,0,0), (a,0,0), (0,b,0), (0,0,c)$ である三角錐 V

演習 C 密度が一様であるとき，次の立体の重心の座標を求めよ $(a > 0)$．
(1) $0 \leq z \leq xy,\ x^2 + y^2 \leq a^2,\ x \geq 0,\ y \geq 0$ で定まる立体 V
(2) 円柱面 $x^2 + y^2 = a^2$ と 2つの平面 $z = 0, z = a + x$ で囲まれた立体

例題 6-16　曲線・曲面の重心

次の曲線あるいは曲面の重心の座標を求めよ．ただし，$a > 0$ とする．
(1) 密度が一様のとき，平面上の曲線 $x^{\frac{2}{3}} + y^{\frac{2}{3}} = a^{\frac{2}{3}}$ $(x \geqq 0, y \geqq 0)$ の重心の座標
(2) 密度が xy 平面からの距離に等しいとき，半球面 $x^2 + y^2 + z^2 = a^2$, $z \geqq 0$ の重心の座標

[解答]　(1) 密度を ρ とする．$1 + y'^2 = a^{\frac{2}{3}} x^{-\frac{2}{3}}$ であるから質量 M は

$$M = \int_0^a \rho a^{\frac{1}{3}} x^{-\frac{1}{3}} \, dx = \rho a^{\frac{1}{3}} \left[\frac{3}{2} x^{\frac{2}{3}} \right]_0^a = \frac{3}{2} \rho a$$

したがって，重心の座標を $(\bar{x}, \bar{y})$ とすると

$$\bar{x} = \frac{1}{M} \int_0^a \rho a^{\frac{1}{3}} x^{\frac{2}{3}} \, dx = \frac{\rho a^{\frac{1}{3}}}{M} \left[\frac{3}{5} x^{\frac{5}{3}} \right]_0^a = \frac{2}{5} a$$

同様に $\bar{y} = \frac{2}{5} a$ であり，重心の座標は $\left(\frac{2}{5} a, \frac{2}{5} a \right)$ である．

(2) $z = \sqrt{a^2 - x^2 - y^2}$ だから $1 + z_x^2 + z_y^2 = a^2 (a^2 - x^2 - y^2)^{-1}$ である．また $D = \{(x, y) \mid x^2 + y^2 \leqq a^2\}$ とすると $\rho(x, y, z) = z$ だから質量 M は

$$M = \iint_D \frac{az}{\sqrt{a^2 - x^2 - y^2}} \, dx \, dy = a \iint_D dx \, dy = \pi a^3$$

である．重心の座標を $(\bar{x}, \bar{y}, \bar{z})$ とすると

$$\bar{z} = \frac{1}{M} \iint_D \frac{az^2}{\sqrt{a^2 - x^2 - y^2}} \, dx \, dy = \frac{1}{M} \iint_D a \sqrt{a^2 - x^2 - y^2} \, dx \, dy$$

$$= \frac{a}{M} \int_0^{2\pi} \int_0^a \sqrt{a^2 - r^2} \, r \, dr \, d\theta = \frac{2\pi a}{M} \left[-\frac{1}{3} (a^2 - r^2)^{\frac{3}{2}} \right]_0^a = \frac{2\pi a^4}{3M} = \frac{2}{3} a$$

対称性により $\bar{x} = \bar{y} = 0$ であるから $(\bar{x}, \bar{y}, \bar{z}) = \left(0, 0, \frac{2}{3} a \right)$ である．

演習 A　密度が一様であるとき，次の曲面または曲線の重心の座標を求めよ $(a > b > 0)$．
(1) 曲面 $z = 4 - 2\sqrt{x^2 + y^2}$ のうち $z \geqq 0$ を満たす部分
(2) 空間曲線 $x = a \cos \theta$, $y = b \sin \theta$, $z = \sqrt{a^2 - b^2} \sin \theta$ $\left(0 \leqq \theta \leqq \frac{\pi}{2} \right)$

演習 B　次の各平面の重心の座標を求めよ．
(1) 密度が一様であるとき，平面 $3x + 2y + z = 6$ の $x \geqq 0, y \geqq 0, z \geqq 0$ を満たす部分
(2) 密度が xy 平面からの距離に等しいとき，平面 $3x + 2y + z = 6$ の $x \geqq 0, y \geqq 0, z \geqq 0$ を満たす部分

演習 C　次の各曲面の重心の座標を求めよ $(a > 0)$．
(1) 密度が一様であるとき，球面 $x^2 + y^2 + z^2 = a^2$ の $x, y, z \geqq 0$ を満たす部分
(2) 密度が xy 平面からの距離に等しいとき，球面 $x^2 + y^2 + z^2 = a^2$ の $x, y, z \geqq 0$ を満たす部分

総合問題(1) 6-17 微分と積分の順序交換

$F(x) = \int_0^\pi \dfrac{1}{x - \cos\theta}\, d\theta \ (x > 1)$ とおく.

(1) $F(x) = \dfrac{\pi}{\sqrt{x^2-1}}$ を示せ. (2) $\displaystyle\int_0^\pi \dfrac{1}{(x-\cos\theta)^2}\, d\theta = \dfrac{\pi x}{\sqrt{(x^2-1)^3}}$ を示せ.

[考え方] (1) は,典型的な有理関数と三角関数の合成関数の積分である.$t = \tan\dfrac{\theta}{2}$ という置換を行えばよい.(2) は (1) と同様の計算が可能であるが,(2) の積分における被積分関数が,$F(x)$ の被積分関数を x で微分することによって得られることから,微分と積分の順序交換をすればよい.この方法がより簡単である.

[解答] (1) $t = \tan\dfrac{\theta}{2}$ とおくと,置換積分によって

$$F(x) = \int_0^\pi \frac{1}{x-\cos\theta}\, d\theta = \int_0^\infty \frac{\frac{2}{1+t^2}}{x - \frac{1-t^2}{1+t^2}}\, dt = \int_0^\infty \frac{2\,dt}{(x+1)t^2 + x - 1}$$

$$= \frac{2}{(x+1)} \int_0^\infty \frac{1}{t^2 + \left(\sqrt{\frac{x-1}{x+1}}\right)^2}\, dt = \lim_{n\to\infty}\left[\frac{2}{(x+1)} \frac{1}{\sqrt{\frac{x-1}{x+1}}} \tan^{-1}\left(\frac{t}{\sqrt{\frac{x-1}{x+1}}}\right)\right]_{t=0}^{t=n}$$

$$= \frac{\pi}{\sqrt{x^2-1}}$$

(2) $\dfrac{\partial}{\partial x}\left(\dfrac{1}{x-\cos\theta}\right) = \dfrac{-1}{(x-\cos\theta)^2}$ は,$1 < a < b$ を満たす任意の a, b に対し,$a \leqq x \leqq b$,$0 \leqq \theta \leqq \pi$ で連続である.基本事項3.(1) より,$x > 1$ のとき

(i) $\dfrac{d}{dx}\left(\displaystyle\int_0^\pi \dfrac{1}{x-\cos\theta}\, d\theta\right) = \int_0^\pi \dfrac{\partial}{\partial x}\left(\dfrac{1}{x-\cos\theta}\right)\, d\theta = -\int_0^\pi \dfrac{1}{(x-\cos\theta)^2}\, d\theta$

また $\displaystyle\int_0^\pi \dfrac{1}{x-\cos\theta}\, d\theta = \dfrac{\pi}{\sqrt{x^2-1}}$ の両辺を x で微分すると

(ii) $\dfrac{d}{dx}\left(\displaystyle\int_0^\pi \dfrac{1}{x-\cos\theta}\, d\theta\right) = \dfrac{d}{dx}\left(\dfrac{\pi}{\sqrt{x^2-1}}\right) = -\dfrac{\pi x}{\sqrt{(x^2-1)^3}}$

したがって,(i),(ii) より

$$\int_0^\pi \frac{1}{(x-\cos\theta)^2}\, d\theta = \frac{\pi x}{\sqrt{(x^2-1)^3}}$$

演習 C 関数 $f(x, t) = x^t$,$0 \leqq x \leqq 1$,$t > 0$ について,次の問いに答えよ.

(1) $\displaystyle\int_0^1 x^t\, dx$ を求めよ. (2) $t > 0$,$n \in \mathbf{N}$ のとき,$\displaystyle\lim_{x\to +0} x^t(\log x)^n = 0$ を示せ.

(3) $\displaystyle\int_0^1 x^t(\log x)^n\, dx \ (n \in \mathbf{N})$ を求めよ.

第 VI 章　重積分　演習解答

例題 6-1　累次積分

演習 A

(1) $\displaystyle\int_0^{\frac{\pi}{4}} \left\{ \int_{\frac{\pi}{2}}^{\pi} \sin(x+2y)\, dx \right\} dy = \int_0^{\frac{\pi}{4}} \left[-\cos(x+2y)\right]_{x=\frac{\pi}{2}}^{x=\pi} dy$

$\displaystyle = \int_0^{\frac{\pi}{4}} (\cos 2y - \sin 2y)\, dy = \left[\frac{\sin 2y}{2} + \frac{\cos 2y}{2}\right]_0^{\frac{\pi}{4}} = 0$

(2) $\displaystyle\int_1^2 \left\{ \int_0^{2-2x} xy\, dy \right\} dx = \int_1^2 \left[\frac{xy^2}{2}\right]_{y=0}^{y=2-2x} dx = 2\int_1^2 x(1-x)^2\, dx$

$\displaystyle = 2\left[\frac{x^2}{2} - \frac{2x^3}{3} + \frac{x^4}{4}\right]_1^2 = \frac{7}{6}$

(3) $\displaystyle\int_0^1 \left\{ \int_0^1 \frac{1}{(1+x+y)^2}\, dy \right\} dx = \int_0^1 \left[\frac{-1}{(1+x+y)}\right]_{y=0}^{y=1} dx = \int_0^1 \left(\frac{-1}{x+2} + \frac{1}{x+1}\right) dx$

$\displaystyle = [\log(x+1) - \log(x+2)]_0^1 = 2\log 2 - \log 3$

演習 B

(1) $\displaystyle\int_0^a \left\{ \int_0^{\sqrt{a^2-x^2}} xy^2\, dy \right\} dx = \int_0^a \left[\frac{xy^3}{3}\right]_{y=0}^{y=\sqrt{a^2-x^2}} dx = \int_0^a \frac{x(a^2-x^2)^{\frac{3}{2}}}{3}\, dx$

$\displaystyle = \left[-\frac{1}{15}(a^2-x^2)^{\frac{5}{2}}\right]_0^a = \frac{a^5}{15}$

(2) $\displaystyle\int_{\frac{\pi}{6}}^{\frac{\pi}{2}} \left\{ \int_y^{2y} \sin(x+y)\, dx \right\} dy = \int_{\frac{\pi}{6}}^{\frac{\pi}{2}} \left[-\cos(x+y)\right]_{x=y}^{x=2y} dy$

$\displaystyle = \int_{\frac{\pi}{6}}^{\frac{\pi}{2}} (\cos 2y - \cos 3y)\, dy = \left[\frac{\sin 2y}{2} - \frac{\sin 3y}{3}\right]_{\frac{\pi}{6}}^{\frac{\pi}{2}} = \frac{2}{3} - \frac{\sqrt{3}}{4}$

(3) $\displaystyle\int_0^1 \left\{ \int_x^{2x} x^2 e^{xy}\, dy \right\} dx = \int_0^1 [xe^{xy}]_{y=x}^{y=2x}\, dx = \int_0^1 \left(xe^{2x^2} - xe^{x^2}\right) dx$

$\displaystyle = \left[\frac{1}{4}e^{2x^2} - \frac{1}{2}e^{x^2}\right]_0^1 = \frac{e^2}{4} - \frac{e}{2} + \frac{1}{4}$

演習 C

(1) $\displaystyle\int_1^2 \left\{ \int_y^1 \frac{y^2}{1+xy}\, dx \right\} dy = \int_1^2 \left\{ \int_y^1 \frac{y}{x+\frac{1}{y}}\, dx \right\} dy = \int_1^2 y\left[\log\left(x+\frac{1}{y}\right)\right]_{x=y}^{x=1} dy$

$\displaystyle = \int_1^2 y\left\{\log(y+1) - \log(y^2+1)\right\} dy = \left[\frac{y^2}{2}\left\{\log(y+1) - \log(y^2+1)\right\}\right]_1^2$

$\displaystyle \quad - \int_1^2 \frac{y^2}{2}\left\{\frac{1}{y+1} - \frac{2y}{y^2+1}\right\} dy$

$\displaystyle = 2(\log 3 - \log 5) + \int_1^2 \left(y - \frac{1}{2}\cdot\frac{2y}{y^2+1}\right) dy - \frac{1}{2}\int_1^2 \left(y - 1 + \frac{1}{y+1}\right) dy$

$\displaystyle = 2(\log 3 - \log 5) + \left[\frac{y^2}{2} - \frac{1}{2}\log(y^2+1)\right]_1^2 - \frac{1}{2}\left[\frac{y^2}{2} - y + \log(y+1)\right]_1^2 = \log 2 + \frac{3}{2}\log 3$

$\displaystyle \quad - \frac{5}{2}\log 5 + \frac{5}{4}$

(2) $\int_0^1 \left\{ \int_y^1 \frac{1}{1+x^2} \, dx \right\} dy = \int_0^1 (\tan^{-1} 1 - \tan^{-1} y) \, dy$

$= \frac{\pi}{4} - \left\{ [y \tan^{-1} y]_0^1 - \int_0^1 \frac{y}{1+y^2} \, dy \right\}$

$= \frac{\pi}{4} - \tan^{-1} 1 + \frac{1}{2}[\log(y^2+1)]_0^1 = \frac{1}{2} \log 2$

(3) $\int_0^1 \left\{ \int_0^{\sin^{-1} x} x \, dy \right\} dx = \int_0^1 x \sin^{-1} x \, dx = \int_0^{\frac{\pi}{2}} t \sin t \cos t \, dt \; (t = \sin^{-1} x)$

$= \int_0^{\frac{\pi}{2}} \frac{1}{2} t \sin 2t \, dt = \left[-\frac{1}{4} t \cos 2t \right]_0^{\frac{\pi}{2}} - \int_0^{\frac{\pi}{2}} \left(-\frac{1}{4} \cos 2t \right) dt = \frac{\pi}{8} + \left[\frac{1}{8} \sin 2t \right]_0^{\frac{\pi}{2}} = \frac{\pi}{8}$

例題 6-2 　積分順序の交換

演習 A (1) $\int_0^{\frac{1}{2}} \left\{ \int_0^{\frac{1-2x}{3}} f(x,y) \, dy \right\} dx = \int_0^{\frac{1}{3}} \left\{ \int_0^{\frac{1-3y}{2}} f(x,y) \, dx \right\} dy$

(2) $\int_{-2}^{2} \left\{ \int_0^{\sqrt{\frac{4-y^2}{3}}} f(x,y) \, dx \right\} dy = \int_0^{\frac{2}{\sqrt{3}}} \left\{ \int_{-\sqrt{4-3x^2}}^{\sqrt{4-3x^2}} f(x,y) \, dy \right\} dx$

(3) $\int_0^1 \left\{ \int_y^{\sqrt{y}} f(x,y) \, dx \right\} dy = \int_0^1 \left\{ \int_{x^2}^{x} f(x,y) \, dy \right\} dx$

演習 B (1) $\int_{-2}^{1} \left\{ \int_{x^2}^{2-x} f(x,y) \, dy \right\} dx = \int_0^1 \left\{ \int_{-\sqrt{y}}^{\sqrt{y}} f(x,y) \, dx \right\} dy +$

$\int_1^4 \left\{ \int_{-\sqrt{y}}^{2-y} f(x,y) \, dx \right\} dy$ 　(2) $\int_0^1 \left\{ \int_0^{\frac{1}{x+1}} f(x,y) \, dy \right\} dx =$

$\int_0^{\frac{1}{2}} \left\{ \int_0^1 f(x,y) \, dx \right\} dy + \int_{\frac{1}{2}}^{1} \left\{ \int_0^{\frac{1}{y}-1} f(x,y) \, dx \right\} dy$ 　(3) $\int_0^1 \left\{ \int_{-y}^{2y} f(x,y) \, dx \right\} dy$

$= \int_{-1}^{0} \left\{ \int_{-x}^{1} f(x,y) \, dy \right\} dx + \int_0^2 \left\{ \int_{\frac{x}{2}}^{1} f(x,y) \, dy \right\} dx$

演習 C (1) $\int_0^{e^{-1}} \left\{ \int_{1-y}^{1} f(x,y) \, dx \right\} dy + \int_{e^{-1}}^{1} \left\{ \int_{1-y}^{-\log y} f(x,y) \, dx \right\} dy =$

$\int_0^1 \left\{ \int_{1-x}^{e^{-x}} f(x,y) \, dy \right\} dx$ 　(2) $\int_0^{\frac{\pi}{4}} \left\{ \int_{\tan^{-1} x}^{x} f(x,y) \, dy \right\} dx +$

$\int_{\frac{\pi}{4}}^{1} \left\{ \int_{\tan^{-1} x}^{\frac{\pi}{4}} f(x,y) \, dy \right\} dx = \int_0^{\frac{\pi}{4}} \left\{ \int_y^{\tan y} f(x,y) \, dx \right\} dy$

(3) $\int_0^1 \left\{ \int_y^{\sin^{-1} y} f(x,y) \, dx \right\} dy + \int_1^{\frac{\pi}{2}} \left\{ \int_y^{\frac{\pi}{2}} f(x,y) \, dx \right\} dy = \int_0^{\frac{\pi}{2}} \left\{ \int_{\sin x}^{x} f(x,y) \, dy \right\} dx$

例題 6-3　重積分の計算

演習 A　(1)(縦線集合による解答) $D = \{(x,y) \mid 0 \leq x \leq 1,\ x \leq y \leq \sqrt{x}\}$ と表されるから

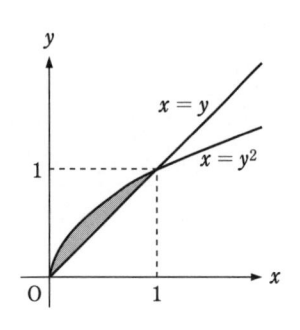

$$\iint_D xy\,dx\,dy = \int_0^1 \left\{\int_x^{\sqrt{x}} xy\,dy\right\} dx = \int_0^1 \left[\frac{xy^2}{2}\right]_{y=x}^{y=\sqrt{x}} dx$$

$$= \int_0^1 \left(\frac{x^2}{2} - \frac{x^3}{2}\right) dx = \left[\frac{x^3}{6} - \frac{x^4}{8}\right]_0^1 = \frac{1}{24}$$

(横線集合による解答) $D = \{(x,y) \mid 0 \leq y \leq 1,\ y^2 \leq x \leq y\}$ と表されるから

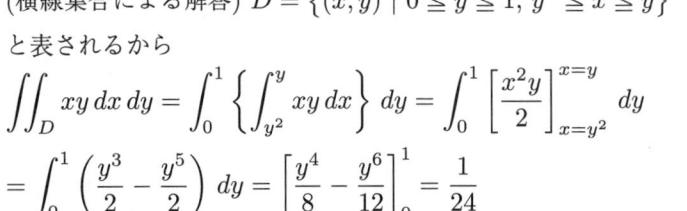

$$\iint_D xy\,dx\,dy = \int_0^1 \left\{\int_{y^2}^y xy\,dx\right\} dy = \int_0^1 \left[\frac{x^2 y}{2}\right]_{x=y^2}^{x=y} dy$$

$$= \int_0^1 \left(\frac{y^3}{2} - \frac{y^5}{2}\right) dy = \left[\frac{y^4}{8} - \frac{y^6}{12}\right]_0^1 = \frac{1}{24}$$

(2) (縦線集合による解答) $D = \{(x,y) \mid 0 \leq x \leq 1,\ x \leq y \leq 1\}$ と表されるから

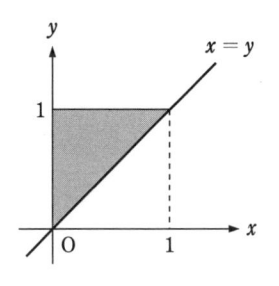

$$\iint_D y^2\,dx\,dy = \int_0^1 \left\{\int_x^1 y^2\,dy\right\} dx = \int_0^1 \left[\frac{y^3}{3}\right]_{y=x}^{y=1} dx$$

$$= \int_0^1 \left(\frac{1}{3} - \frac{x^3}{3}\right) dx = \left[\frac{x}{3} - \frac{x^4}{12}\right]_0^1 = \frac{1}{4}$$

(横線集合による解答) $D = \{(x,y) \mid 0 \leq y \leq 1,\ 0 \leq x \leq y\}$ と表されるから

$$\iint_D y^2\,dx\,dy = \int_0^1 \left\{\int_0^y y^2\,dx\right\} dy = \int_0^1 y^3\,dy = \frac{1}{4}$$

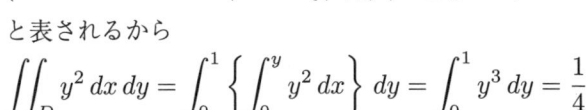

以下の演習 B, C では，計算が複雑になり，紙面の都合で縦線集合と横線集合のうちのどちらか一方のみに基づく計算を記す．

演習 B　(1) $D = \left\{(x,y) \,\middle|\, 0 \leq x \leq 1,\ -\sqrt{x-x^2} \leq y \leq \sqrt{x-x^2}\right\}$ (縦線集合) と表されるから

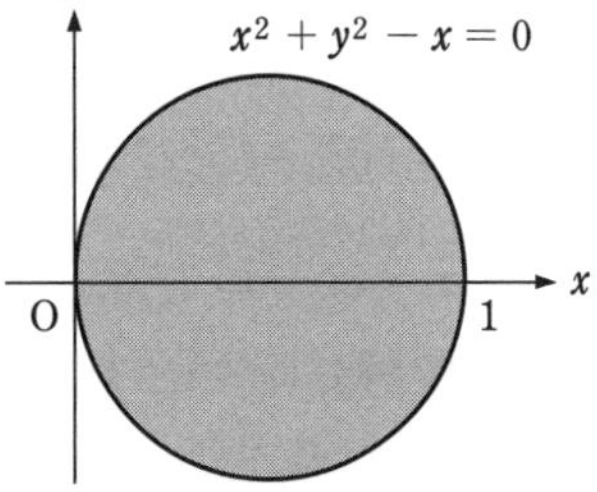

$$\iint_D x\,dx\,dy = \int_0^1 \left\{\int_{-\sqrt{x-x^2}}^{\sqrt{x-x^2}} x\,dy\right\} dx = 2\int_0^1 x\sqrt{x-x^2}\,dx$$

$$= 2\int_0^1 x\sqrt{\left(\frac{1}{2}\right)^2 - \left(x - \frac{1}{2}\right)^2}\,dx$$

$$= 2\int_{-\frac{\pi}{2}}^{\frac{\pi}{2}} \left(\frac{1}{2} + \frac{\sin\theta}{2}\right)\left(\frac{\cos\theta}{2}\right)^2 d\theta \quad \left(x - \frac{1}{2} = \frac{\sin\theta}{2}\right)$$

$$= \frac{1}{4}\int_{-\frac{\pi}{2}}^{\frac{\pi}{2}} (\cos^2\theta + \sin\theta\cos^2\theta)\,d\theta\,(\text{第 1 項は偶関数，第 2 項は奇関数})$$

$$= \frac{1}{2}\int_0^{\frac{\pi}{2}} \cos^2\theta\,d\theta = \frac{1}{2}\int_0^{\frac{\pi}{2}} \frac{1 + \cos 2\theta}{2}\,d\theta = \frac{\pi}{8}$$

(2) $D = \left\{(x,y) \mid \dfrac{1}{2} \leqq x \leqq 1,\ 0 \leqq y \leqq \dfrac{1}{x}\right\}$ (縦線集合) と表されるから

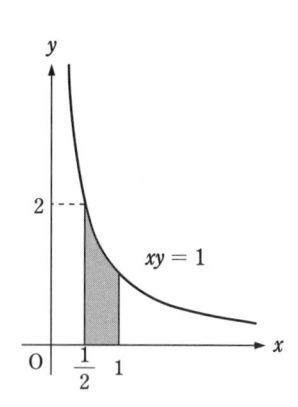

$$\iint_D \dfrac{y}{1+x^2y^2}\,dx\,dy = \int_{\frac{1}{2}}^1 \left\{\int_0^{\frac{1}{x}} \dfrac{y}{1+x^2y^2}\,dy\right\} dx$$

$$= \int_{\frac{1}{2}}^1 \left[\dfrac{\log(1+x^2y^2)}{2x^2}\right]_{y=0}^{y=\frac{1}{x}} dx = \int_{\frac{1}{2}}^1 \dfrac{\log 2}{2x^2}\,dx = \dfrac{\log 2}{2}$$

演習 C (1) $D = \left\{(x,y) \mid -1 \leqq x \leqq 1,\ -\sqrt{1-x^2} \leqq y \leqq \sqrt{1-x^2}\right\}$ (縦線集合) と表されるから

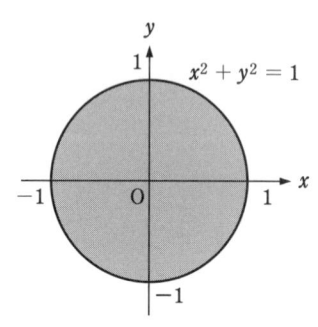

$$\iint_D (x^2+3y^2)\,dx\,dy = \int_{-1}^1 \left\{\int_{-\sqrt{1-x^2}}^{\sqrt{1-x^2}} (x^2+3y^2)\,dy\right\} dx$$

$$= \int_{-1}^1 \left[x^2 y + y^3\right]_{y=-\sqrt{1-x^2}}^{y=\sqrt{1-x^2}} dx$$

$$= \int_{-1}^1 \left\{2x^2\sqrt{1-x^2} + 2(1-x^2)^{\frac{3}{2}}\right\} dx = 4\int_0^1 \sqrt{1-x^2}\,dx$$

$$= 4\int_0^{\frac{\pi}{2}} \left(\sin^2\theta\cos^2\theta + \cos^4\theta\right) d\theta \quad (x = \sin\theta)$$

$$= 4\int_0^{\frac{\pi}{2}} \cos^2\theta\,d\theta = 4\int_0^{\frac{\pi}{2}} \dfrac{1+\cos 2\theta}{2}\,d\theta = \pi$$

(2) $D = \left\{(x,y) \mid 0 \leqq y \leqq \dfrac{\pi}{2},\ \sin y \leqq x \leqq 1\right\}$ (横線集合) と表されるから

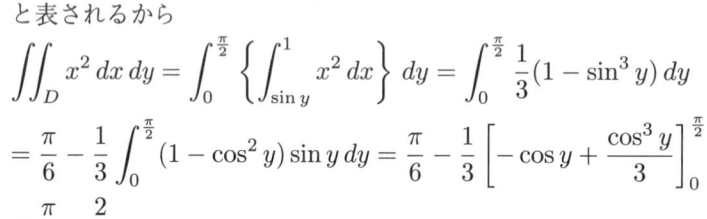

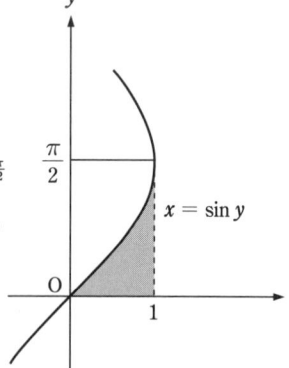

$$\iint_D x^2\,dx\,dy = \int_0^{\frac{\pi}{2}} \left\{\int_{\sin y}^1 x^2\,dx\right\} dy = \int_0^{\frac{\pi}{2}} \dfrac{1}{3}(1-\sin^3 y)\,dy$$

$$= \dfrac{\pi}{6} - \dfrac{1}{3}\int_0^{\frac{\pi}{2}} (1-\cos^2 y)\sin y\,dy = \dfrac{\pi}{6} - \dfrac{1}{3}\left[-\cos y + \dfrac{\cos^3 y}{3}\right]_0^{\frac{\pi}{2}}$$

$$= \dfrac{\pi}{6} - \dfrac{2}{9}$$

例題 6-4 ヤコビアン

演習 A (1) $J = -10$ だから, D の面積は

$$|D| = \iint_{[-1,1] \times [0,1]} 10\,du\,dv = 20$$

逆変換は $\Psi^{-1} : u = \dfrac{3}{10}x + \dfrac{1}{10}y,\ v = \dfrac{1}{10}x - \dfrac{3}{10}y,\ D = \{(x,y) \mid -10 \leqq 3x+y \leqq 10,\ 0 \leqq x-3y \leqq 10\}$.

(2) $J = u$ だから，D の面積は

$$|D| = \iint_{[\frac{1}{2},1]\times[0,1]} u\,du\,dv = \frac{3}{8}$$

逆変換は $\Psi^{-1} : u = x+y, v = \dfrac{y}{x+y}, D = \left\{(x,y) \ \middle|\ \dfrac{1}{2} \leq x+y \leq 1,\ x,y \geq 0\right\}$.

(3) $J = 2\dfrac{u}{v}$ だから，D の面積は

$$|D| = \iint_{[1,2]\times[1,3]} 2\frac{u}{v}\,du\,dv = \int_1^2 2u\,du \int_1^3 \frac{1}{v}\,dv = 3\log 3$$

逆変換は $\Psi^{-1} : u = \sqrt{xy}, v = \sqrt{\dfrac{y}{x}}, D = \left\{(x,y) \ \middle|\ \dfrac{1}{x} \leq y \leq \dfrac{4}{x},\ x \leq y \leq 9x\right\}$.

演習 B (1) $u = x-y,\ v = 3x+y,\ \Omega : u^2+v^2 \leq 1$ とおき，変換 $\Psi : x = \dfrac{1}{4}u + \dfrac{1}{4}v,\ y = -\dfrac{3}{4}u + \dfrac{1}{4}v$ を導入すると，$D = \Psi(\Omega),\ J = \dfrac{1}{4}$ となるので

$$|D| = \iint_\Omega \frac{1}{4}\,du\,dv = \frac{1}{4}\pi$$

(2) $u = -3x+y+z,\ v = x-3y+z,\ w = x+y-3z,\ \Omega : |u|\leq 1, |v|\leq 1, |w|\leq 1$ とおき，変換 $\Psi : x = -\dfrac{1}{2}u - \dfrac{1}{4}v - \dfrac{1}{4}w,\ y = -\dfrac{1}{4}u - \dfrac{1}{2}v - \dfrac{1}{4}w,\ z = -\dfrac{1}{4}u - \dfrac{1}{4}v - \dfrac{1}{2}w$ を用いると，$D = \Psi(\Omega),\ J = -\dfrac{1}{16}$ となるので

$$|D| = \iiint_\Omega \frac{1}{16}\,du\,dv\,dw = \frac{2^3}{16} = \frac{1}{2}$$

例題 6-5　変数変換 (1) (極座標)

演習 A (1) 極座標を利用して

$$\iint_D (x+y)\,dx\,dy = \int_0^{\frac{\pi}{2}} \left\{\int_0^1 r(\cos\theta + \sin\theta)r\,dr\right\}d\theta = \int_0^1 r^2\,dr \int_0^{\frac{\pi}{2}} (\cos\theta + \sin\theta)\,d\theta = \frac{2}{3}$$

(2) 極座標と 2 倍角の公式より

$$\iint_D \left(\frac{x^2}{a^2} + \frac{y^2}{b^2}\right)dx\,dy = \int_0^{2\pi}\int_0^1 \left(\frac{r^2\cos^2\theta}{a^2} + \frac{r^2\sin^2\theta}{b^2}\right)r\,dr\,d\theta$$

$$= \int_0^1 r^3\,dr \int_0^{2\pi} \left(\frac{\cos^2\theta}{a^2} + \frac{\sin^2\theta}{b^2}\right)d\theta = \frac{1}{4}\int_0^{2\pi}\left(\frac{1+\cos 2\theta}{2a^2} + \frac{1-\cos 2\theta}{2b^2}\right)d\theta$$

$$= \frac{\pi}{4}\left(\frac{1}{a^2} + \frac{1}{b^2}\right)$$

演習 B (1) 極座標 $x = r\cos\theta,\ y = r\sin\theta$ を利用すると，$\tan^{-1}\dfrac{y}{x} = \theta$ となるから

$$\iint_D \tan^{-1}\frac{y}{x}\,dx\,dy = \int_{\frac{\pi}{6}}^{\frac{\pi}{4}}\left\{\int_1^2 \theta r\,dr\right\}d\theta = \int_1^2 r\,dr \int_{\frac{\pi}{6}}^{\frac{\pi}{4}} \theta\,d\theta = \frac{5\pi^2}{192}$$

(2) 変数変換 $x = ar\cos\theta,\ y = br\sin\theta$ を使うと，$J = abr$ となり

$$\iint_D xy\,dx\,dy = \int_0^{\frac{\pi}{2}}\left\{\int_0^1 abr^2\cos\theta\sin\theta \times abr\,dr\right\}d\theta = \int_0^1 a^2b^2r^3\,dr \int_0^{\frac{\pi}{2}} \frac{\sin 2\theta}{2}\,d\theta$$

$$= \frac{a^2 b^2}{8}$$

演習 C (1) 極座標を利用して，$\Omega = \{0 \leq \theta \leq \pi, 0 \leq r \leq \sin\theta\}$ となるから

$$\iint_D (x^2+y^2)^{\frac{3}{2}} dx\,dy = \int_0^\pi \left\{\int_0^{\sin\theta} r^4\,dr\right\} d\theta = \int_0^\pi \frac{\sin^5\theta}{5} d\theta = \int_0^{\frac{\pi}{2}} \frac{2\sin^5\theta}{5} d\theta$$

$$= \frac{2}{5} \cdot \frac{4 \cdot 2}{5 \cdot 3} = \frac{16}{75}$$

(2) 極座標 $x = r\cos\theta, y = r\sin\theta$ および変数変換 $t = 1 + r^2$ を利用して

$$\iint_D \log(x^2+y^2+1)\,dx\,dy = \int_0^{2\pi} \left\{\int_0^1 \log(1+r^2) \times r\,dr\right\} d\theta = 2\pi \int_0^1 r\log(1+r^2)\,dr$$

$$= \pi \int_1^2 \log t\,dt = \pi[t\log t - t]_1^2 = \pi(2\log 2 - 1)$$

例題 6-6　変数変換 (2)

演習 A (1) 円柱座標 $x = r\cos\theta, y = r\sin\theta, z = z$ を利用する．$\Omega = \{0 \leq r \leq 1, 0 \leq \theta \leq 2\pi, 0 \leq z \leq 1\}$ だから

$$\iiint_D \sqrt{1-x^2-y^2}\,dx\,dy\,dz = \iiint_\Omega \sqrt{1-r^2}\cdot r\,dr\,d\theta\,dz$$

$$= \int_0^1 r\sqrt{1-r^2}\,dr \int_0^{2\pi} d\theta \int_0^1 dz = 2\pi \left[-\frac{1}{3}(1-r^2)^{\frac{3}{2}}\right]_0^1 = \frac{2\pi}{3}$$

(2) 変数変換 $\dfrac{x}{a} = r\cos\theta, \dfrac{y}{b} = r\sin\theta$ を利用すると $J = abr$ で，
$\Omega = \left\{0 \leq r \leq 1,\ 0 \leq \theta \leq \dfrac{\pi}{2},\ -2 \leq z \leq 0\right\}$ だから

$$\iiint_D xyz\,dx\,dy\,dz = \iiint_\Omega abr^2\sin\theta\cos\theta \cdot z\,abr\,dr\,d\theta\,dz$$

$$= \int_0^1 a^2b^2r^3\,dr \int_0^{\frac{\pi}{2}} \sin\theta\cos\theta\,d\theta \int_{-2}^0 z\,dz = \left[\frac{a^2b^2r^4}{4}\right]_0^1 \left[\frac{\sin^2\theta}{2}\right]_0^{\frac{\pi}{2}} \left[\frac{z^2}{2}\right]_{-2}^0 = -\frac{a^2b^2}{4}$$

演習 B (1) 円柱座標 $x = r\cos\theta, y = r\sin\theta, z = z$ を利用する．$\Omega = \{0 \leq \theta \leq 2\pi, r^2+z \leq 1, r \geq 0, z \geq 0\}$ だから

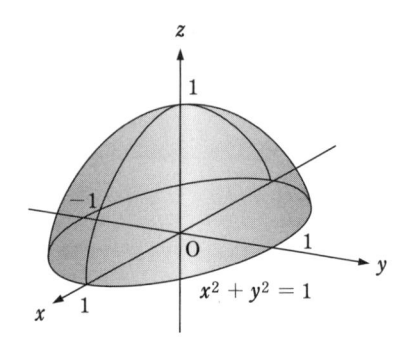

$$\iiint_D dx\,dy\,dz = \iiint_\Omega r\,dr\,d\theta\,dz$$

$$= \int_0^{2\pi} \left\{\iint_{\{r^2+z\leq 1, r\geq 0, z\geq 0\}} r\,dr\,dz\right\} d\theta$$

$$= 2\pi \int_0^1 \left\{\int_0^{1-r^2} r\,dz\right\} dr$$

$$= 2\pi \int_0^1 r(1-r^2)\,dr = 2\pi \left[\frac{r^2}{2} - \frac{r^4}{4}\right]_0^1 = \frac{\pi}{2}$$

(2) 円柱座標 $x = r\cos\theta, y = r\sin\theta, z = z$ を利用する．$\Omega = \{0 \leq \theta \leq 2\pi, r^2 \leq z \leq \pi\}$ だから

$$\iiint_D \sin(x^2 + y^2)\, dx\, dy\, dz = \iiint_\Omega r\sin(r^2)\, dr\, d\theta\, dz$$

$$= \int_0^{2\pi} \left\{ \iint_{\{r^2 \leq z \leq \pi, r \geq 0\}} r\sin(r^2)\, dr\, dz \right\} d\theta$$

$$= 2\pi \int_0^\pi \left\{ \int_0^{\sqrt{z}} r\sin(r^2)\, dr \right\} dz \quad (\text{集合 } \{r^2 \leq z \leq \pi, r \geq 0\} \text{ を } rz \text{ 平面の横線集合とみる})$$

$$= 2\pi \int_0^\pi \left[-\frac{\cos(r^2)}{2} \right]_0^{\sqrt{z}} dz = \pi \int_0^\pi (1 - \cos z)\, dz = \pi^2$$

(3) 円柱座標 $x = r\cos\theta, y = r\sin\theta, z = z$ を利用する．$\Omega = \{0 \leq \theta \leq 2\pi, r \leq z \leq 1\}$ だから

$$\iiint_D \frac{z}{1 + x^2 + y^2}\, dx\, dy\, dz = \iiint_\Omega \frac{z}{1 + r^2} \cdot r\, dr\, d\theta\, dz$$

$$= \int_0^{2\pi} \left\{ \iint_{\{0 \leq r \leq z \leq 1\}} \frac{r}{1 + r^2} \cdot z\, dr\, dz \right\} d\theta = 2\pi \int_0^1 \left\{ \int_r^1 \frac{r}{1 + r^2} \cdot z\, dz \right\} dr$$

$$= 2\pi \int_0^1 \frac{r}{1 + r^2} \left[\frac{z^2}{2} \right]_r^1 dr = \pi \int_0^1 \left(\frac{2r}{1 + r^2} - r \right) dr$$

$$= \pi \left[\log(1 + r^2) - \frac{r^2}{2} \right]_0^1 = \pi \left(\log 2 - \frac{1}{2} \right)$$

例題 6-7 変数変換 (3)

演習 A (1) 変数変換 $u = x + 2y, v = 2x - y$ を利用すると，(u, v) の領域は $\Omega = \left\{ (u, v) \mid |u| \leq \pi, 0 \leq v \leq \frac{\pi}{2} \right\}$ で，$x = \frac{1}{5}u + \frac{2}{5}v, y = \frac{2}{5}u - \frac{1}{5}v$ だから $J = -\frac{1}{5}$ となり

$$\iint_D (x + 2y)^2 \sin(2x - y)\, dx\, dy = \iint_\Omega \frac{1}{5} u^2 \sin v\, du\, dv = \frac{1}{5} \int_{-\pi}^\pi u^2\, du \int_0^{\frac{\pi}{2}} \sin v\, dv$$

$$= \frac{1}{5} \left[\frac{u^3}{3} \right]_{-\pi}^\pi \times [-\cos v]_0^{\frac{\pi}{2}} = \frac{2\pi^3}{15}$$

(2) 極座標 $x = r\sin\theta\cos\varphi, y = r\sin\theta\sin\varphi, z = r\cos\theta$ を利用する．$J = r^2\sin\theta$ で，$\Omega = \left\{ 0 \leq r \leq a, 0 \leq \theta \leq \frac{\pi}{2}, 0 \leq \varphi \leq 2\pi \right\}$ であるから

$$\iiint_D dx\, dy\, dz = \iiint_\Omega r^2 \sin\theta\, dr\, d\theta\, d\varphi = \int_0^a r^2\, dr \int_0^{\frac{\pi}{2}} \sin\theta\, d\theta \int_0^{2\pi} d\varphi = \frac{2}{3}\pi a^3$$

演習 B (1) 例題 (3) と同様に，変数変換 $u = x + y, v = \dfrac{y}{x + y}$ を利用すると，(u, v) の領域は $\Omega = \left\{ (u, v) \mid \frac{1}{2} \leq u \leq 1, 0 \leq v \leq 1 \right\}$ で，$x = u - uv, y = uv, J = u$ となり

$$\iint_D e^{\frac{y}{x+y}}\, dx\, dy = \iint_\Omega e^{\frac{uv}{u}} \cdot u\, du\, dv = \int_{\frac{1}{2}}^1 u\, du \int_0^1 e^v\, dv = \frac{3}{8}(e - 1)$$

(2) 変数変換 $u = x+y, v = x-y$ を利用すると，(u,v) の領域は $\Omega = \{(u,v) \mid 0 \leq u \leq 1, 0 \leq v \leq 1\}$ で，$x = \frac{1}{2}u + \frac{1}{2}v, y = \frac{1}{2}u - \frac{1}{2}v, J = -\frac{1}{2}$ だから

$$\iint_D (x^2 - y^2)e^{4xy}\,dx\,dy = \iint_\Omega uv e^{u^2-v^2} \cdot \frac{1}{2}\,du\,dv = \frac{1}{2}\int_0^1 ue^{u^2}\,du\int_0^1 ve^{-v^2}\,dv$$

$$= \frac{1}{2}\left[\frac{1}{2}e^{u^2}\right]_0^1\left[-\frac{1}{2}e^{-v^2}\right]_0^1 = \frac{1}{8}(e-1)(1-e^{-1})$$

演習 C (1) 極座標 $x = r\sin\theta\cos\varphi, y = r\sin\theta\sin\varphi, z = r\cos\theta$ を利用する．$J = r^2\sin\theta$ で，$\Omega = \{0 \leq r \leq 1, 0 \leq \theta \leq \pi, 0 \leq \varphi \leq 2\pi\}$ だから

$$\iiint_D \sqrt{1-x^2-y^2-z^2}\,dx\,dy\,dz = \int_0^1 \sqrt{1-r^2}\cdot r^2\,dr \int_0^\pi \sin\theta\,d\theta \int_0^{2\pi} d\varphi$$

$$= 4\pi\int_0^1 r^2\sqrt{1-r^2}\,dr = 4\pi\int_0^{\frac{\pi}{2}} \sin^2\alpha\cos^2\alpha\,d\alpha \quad (r = \sin\alpha)$$

$$= 4\pi\left\{\int_0^{\frac{\pi}{2}} \sin^2\alpha\,d\alpha - \int_0^{\frac{\pi}{2}} \sin^4\alpha\,d\alpha\right\} = 4\pi\left\{\frac{1}{2}\cdot\frac{\pi}{2} - \frac{3\cdot 1}{4\cdot 2}\cdot\frac{\pi}{2}\right\} = \frac{\pi^2}{4}$$

(2) 極座標 $x = r\sin\theta\cos\varphi, y = r\sin\theta\sin\varphi, z = r\cos\theta$ を利用する．$J = r^2\sin\theta$ で，$\Omega = \{0 \leq r \leq 1, 0 \leq \theta \leq \pi, 0 \leq \varphi \leq 2\pi\}$ だから

$$\iiint_D \log(1+x^2+y^2+z^2)\,dx\,dy\,dz = \int_0^1 \log(1+r^2)\cdot r^2\,dr \int_0^\pi \sin\theta\,d\theta \int_0^{2\pi} d\varphi$$

$$= 4\pi\int_0^1 r^2\log(1+r^2)\,dr = 4\pi\left\{\left[\frac{r^3}{3}\log(1+r^2)\right]_0^1 - \int_0^1 \frac{r^3}{3}\cdot\frac{2r}{1+r^2}\,dr\right\}$$

$$= 4\pi\left\{\frac{1}{3}\log 2 - \frac{2}{3}\int_0^1 \left(\frac{r^4-1}{r^2+1}\right)dr - \frac{2}{3}\int_0^1 \frac{1}{r^2+1}\,dr\right\}$$

$$= 4\pi\left\{\frac{1}{3}\log 2 - \frac{2}{3}\int_0^1 (r^2-1)\,dr - \frac{2}{3}[\tan^{-1}r]_0^1\right\}$$

$$= 4\pi\left\{\frac{1}{3}\log 2 - \frac{2}{3}\left[\frac{r^3}{3}-r\right]_0^1 - \frac{2}{3}\cdot\frac{\pi}{4}\right\}$$

$$= 4\pi\left\{\frac{\log 2}{3} + \frac{4}{9} - \frac{\pi}{6}\right\}$$

例題 6-8 広義積分 (1)

演習 A (1) $D_n = \left\{(x,y) \,\middle|\, \frac{1}{n} \leq x, y \leq 1\right\}$ とおくと

$$\iint_D \frac{1}{\sqrt{x+y}}\,dx\,dy = \lim_{n\to\infty}\iint_{D_n} \frac{1}{\sqrt{x+y}}\,dx\,dy = \lim_{n\to\infty}\int_{\frac{1}{n}}^1 \left\{\int_{\frac{1}{n}}^1 \frac{1}{\sqrt{x+y}}\,dx\right\}dy$$

$$= \lim_{n\to\infty}\int_{\frac{1}{n}}^1 \left[2(x+y)^{\frac{1}{2}}\right]_{y=\frac{1}{n}}^{y=1}dx = \lim_{n\to\infty}\int_{\frac{1}{n}}^1 2\left\{(x+1)^{\frac{1}{2}} - (x+\frac{1}{n})^{\frac{1}{2}}\right\}dx$$

$$= \lim_{n\to\infty}\left[\frac{4}{3}(x+1)^{\frac{3}{2}} - \frac{4}{3}\left(x+\frac{1}{n}\right)^{\frac{3}{2}}\right]_{\frac{1}{n}}^{1} = \frac{8}{3}(\sqrt{2}-1)$$

(2) $D_n = [1,n]\times[1,n]$ とおくと

$$\iint_D \frac{1}{x^a y^b}\,dx\,dy = \lim_{n\to\infty}\iint_{D_n}\frac{1}{x^a y^b}\,dx\,dy = \lim_{n\to\infty}\int_1^n \frac{dx}{x^a}\int_1^n \frac{dy}{y^b}$$

$$= \lim_{n\to\infty}\left[\frac{x^{1-a}}{1-a}\right]_1^n \left[\frac{y^{1-b}}{1-b}\right]_1^n = \frac{1}{(a-1)(b-1)}$$

演習 B (1) $D_n = [1,n]\times[1,n]$ とおいて

$$\iint_D \frac{dx\,dy}{(x+y)^3} = \lim_{n\to\infty}\iint_{D_n}\frac{dx\,dy}{(x+y)^3} = \lim_{n\to\infty}\int_1^n\left\{\int_1^n \frac{1}{(x+y)^3}\,dx\right\}dy$$

$$= \lim_{n\to\infty}\int_1^n\left[-\frac{1}{2}(n+y)^{-2} + \frac{1}{2}(1+y)^{-2}\right]dy = \lim_{n\to\infty}\left(\frac{1}{4n} - \frac{1}{n+1} + \frac{1}{4}\right) = \frac{1}{4}$$

(2) $D_n = \left\{(x,y) \mid 0\leq y\leq x-\frac{1}{n}, x\leq 1\right\}$ とおくと，これを横線集合とみることができるから

$$\iint_D \frac{1}{\sqrt{x-y}}\,dx\,dy = \lim_{n\to\infty}\iint_{D_n}\frac{1}{\sqrt{x-y}}\,dx\,dy = \lim_{n\to\infty}\int_0^{1-\frac{1}{n}}\left\{\int_{y+\frac{1}{n}}^1 \frac{1}{\sqrt{x-y}}\,dx\right\}dy$$

$$= \lim_{n\to\infty}\int_0^{1-\frac{1}{n}}\left\{2\sqrt{1-y} - \frac{2}{\sqrt{n}}\right\}dy = \lim_{n\to\infty}\left(-\frac{4}{3}\left(\frac{1}{n}\right)^{\frac{3}{2}} - 2\left(\frac{1}{n}\right)^{\frac{1}{2}}\left(1-\frac{1}{n}\right) + \frac{4}{3}\right) = \frac{4}{3}$$

演習 C (1) $D_n = \left\{(x,y) \mid \frac{1}{n}\leq x\leq 1, 0\leq y\leq x-\frac{1}{n}\right\}$ とおくと

$$\iint_D \frac{1}{\sqrt{x^2-y^2}}\,dx\,dy = \lim_{n\to\infty}\iint_{D_n}\frac{1}{\sqrt{x^2-y^2}}\,dx\,dy = \lim_{n\to\infty}\int_{\frac{1}{n}}^1\left\{\int_0^{x-\frac{1}{n}}\frac{1}{\sqrt{x^2-y^2}}\,dy\right\}dx$$

$$= \lim_{n\to\infty}\int_{\frac{1}{n}}^1 \sin^{-1}\left(\frac{x-\frac{1}{n}}{x}\right)dx = \lim_{n\to\infty}\left\{\left[x\sin^{-1}\left(\frac{x-\frac{1}{n}}{x}\right)\right]_{\frac{1}{n}}^1 - \int_{\frac{1}{n}}^1 x\cdot\frac{\frac{1}{n}x^{-2}}{\sqrt{1-\left(\frac{x-\frac{1}{n}}{x}\right)^2}}\,dx\right\}$$

$$= \frac{\pi}{2} - \lim_{n\to\infty}\int_{\frac{1}{n}}^1 \frac{\frac{1}{n}}{\sqrt{x^2-\left(x-\frac{1}{n}\right)^2}}\,dx = \frac{\pi}{2} - \lim_{n\to\infty}\frac{1}{\sqrt{n}}\int_{\frac{1}{n}}^1 \frac{1}{\sqrt{2x-\frac{1}{n}}}\,dx$$

$$= \frac{\pi}{2} - \lim_{n\to\infty}\frac{1}{\sqrt{n}}\left[\sqrt{2x-\frac{1}{n}}\right]_{\frac{1}{n}}^1 = \frac{\pi}{2}$$

(2) $D_n = \{(x,y) \mid 1\leq x+y\leq n, x,y\geq 0\}$ とおき，変数変換 $\Psi: x=u-uv, y=uv$ と $\Omega_n = \{(u,v) \mid 1\leq u\leq n, 0\leq v\leq 1\}$ を利用すると，$J=u, D_n = \Psi(\Omega_n)$ となるので

$$\iint_D \frac{1}{(x+y)^a}\,dx\,dy = \lim_{n\to\infty}\iint_{D_n}\frac{1}{(x+y)^a}\,dx\,dy = \lim_{n\to\infty}\iint_{\Omega_n}\frac{u}{u^a}\,du\,dv = \lim_{n\to\infty}\int_1^n u^{1-a}\,du$$

$$= \lim_{n\to\infty}\left[\frac{u^{2-a}}{2-a}\right]_1^n = \frac{1}{a-2}$$

(別解) 変数 x, y に関する累次積分でも計算可能である．

$$\iint_{D_n} \frac{1}{(x+y)^a}\,dx\,dy = \int_0^1 \left\{ \int_{1-x}^{n-x} \frac{1}{(x+y)^a}\,dy \right\} dx + \int_1^n \left\{ \int_0^{n-x} \frac{1}{(x+y)^a}\,dy \right\} dx$$
$$= \frac{1}{a-1}\left(1 - \frac{1}{n^{a-1}}\right) + \frac{1}{a-1}\left(\frac{1}{a-2} - \frac{1}{a-2}\frac{1}{n^{a-2}} + \frac{1}{n^{a-1}} - \frac{1}{n^{a-2}}\right) \to \frac{1}{a-2} \quad (n \to \infty)$$

例題 6-9 広義積分 (2)

演習 A (1) 変数変換 $u = \sqrt{a}x, v = \sqrt{b}y$ により
$$\iint_{\mathbf{R}^2} e^{-ax^2-by^2}\,dx\,dy = \iint_{\mathbf{R}^2} \frac{1}{\sqrt{ab}} e^{-u^2-v^2}\,du\,dv = \frac{\pi}{\sqrt{ab}}$$

(2) $D_n = \{(x,y) \mid 1 \leq x^2 + y^2 \leq n^2\}$ とおき，平面の極座標を利用すると
$$\iint_D (x^2+y^2)^{-\beta}\,dx\,dy = \lim_{n\to\infty} \iint_{D_n} (x^2+y^2)^{-\beta}\,dx\,dy = \lim_{n\to\infty} \int_0^{2\pi}\!\!\int_1^n r^{-2\beta} r\,dr\,d\theta$$
$$= \lim_{n\to\infty} 2\pi \int_1^n r^{1-2\beta}\,dr = \lim_{n\to\infty} 2\pi \left[\frac{r^{2-2\beta}}{2-2\beta}\right]_1^n = \frac{\pi}{\beta-1}$$

演習 B (1) $D_n = \left\{(x,y) \;\Big|\; \frac{1}{n^2} \leq x^2+y^2 \leq 1, x>0, y\geq 0, 0 \leq \tan^{-1}\frac{y}{x} \leq \frac{\pi}{2} - \frac{1}{n}\right\}$ とおいて，極座標 $x = r\cos\theta, y = r\sin\theta$ を利用すると，$\tan^{-1}\frac{y}{x} = \theta$ となるから

$$\iint_D \tan^{-1}\frac{y}{x}\,dx\,dy = \lim_{n\to\infty} \iint_{D_n} \tan^{-1}\frac{y}{x}\,dx\,dy = \lim_{n\to\infty} \int_0^{\frac{\pi}{2}-\frac{1}{n}}\!\!\int_{\frac{1}{n}}^1 \theta r\,dr\,d\theta$$
$$= \lim_{n\to\infty} \left\{\int_{\frac{1}{n}}^1 r\,dr \int_0^{\frac{\pi}{2}-\frac{1}{n}} \theta\,d\theta\right\} = \frac{1}{2} \times \frac{\pi^2}{8} = \frac{\pi^2}{16}$$

(2) $D_n = \left\{(x,y) \;\Big|\; \sqrt{x^2+y^2} \leq 1 - \frac{1}{n}\right\}$ とおき，平面の極座標を利用すると
$$\iint_D \log(1-x^2-y^2)\,dx\,dy = \lim_{n\to\infty} \int_0^{2\pi}\!\!\int_0^{1-\frac{1}{n}} r\log(1-r^2)\,dr\,d\theta$$
$$= \lim_{n\to\infty} 2\pi \int_0^{1-\frac{1}{n}} r\log(1-r^2)\,dr = \lim_{n\to\infty} \pi \int_{\frac{1}{n}(2-\frac{1}{n})}^1 \log u\,du \quad (u = 1-r^2)$$
$$= \lim_{n\to\infty} \pi [u\log u - u]_{\frac{1}{n}(2-\frac{1}{n})}^1 = -\pi$$

演習 C (1) $x^2 - xy + y^2 = \left(x - \frac{y}{2}\right)^2 + \left(\frac{\sqrt{3}}{2}y\right)^2$ になることより，$D_n = \{(x,y) \mid x^2 - xy + y^2 \leq n^2\}$ とおき，変数変換 $\Psi^{-1}: u = x - \frac{1}{2}y, v = \frac{\sqrt{3}}{2}y$ $\left(\Psi: x = u - \frac{1}{\sqrt{3}}v, y = \frac{2}{\sqrt{3}}v\right)$ と $\Omega_n = \{(u,v) \mid u^2 + v^2 \leq n^2\}$ を利用すると，Ψ のヤコビアン $J = \frac{2}{\sqrt{3}}$, $D_n = \Psi(\Omega_n)$ となるので

$$\iint_{\mathbf{R}^2} e^{-x^2+xy-y^2}\,dx\,dy = \lim_{n\to\infty} \iint_{D_n} e^{-x^2+xy-y^2}\,dx\,dy = \lim_{n\to\infty} \iint_{\Omega_n} e^{-u^2-v^2} \frac{2}{\sqrt{3}}\,du\,dv$$
$$= \lim_{n\to\infty} \frac{2}{\sqrt{3}} \int_0^{2\pi}\!\!\int_0^n e^{-r^2} r\,dr\,d\theta \quad (u = r\cos\theta, v = r\sin\theta)$$
$$= \frac{2\pi}{\sqrt{3}}$$

(別解) 極座標と累次積分でも計算可能である．$x = r\cos\theta, y = r\sin\theta$ を利用して

$$\iint_{R^2} e^{-x^2+xy-y^2}\,dx\,dy = \lim_{n\to\infty}\int_0^{2\pi}\int_0^n e^{-r^2+r^2\sin\theta\cos\theta} r\,dr\,d\theta$$

$$= \lim_{n\to\infty}\int_0^{2\pi}\left[\frac{-e^{-r^2+r^2\sin\theta\cos\theta}}{2(1-\sin\theta\cos\theta)}\right]_0^n d\theta = \frac{1}{2}\int_0^{2\pi}\frac{d\theta}{1-\sin\theta\cos\theta}$$

$$= \frac{1}{4}\int_0^{4\pi}\frac{d\theta}{1-\frac{1}{2}\sin\theta} = \frac{1}{2}\int_0^{2\pi}\frac{d\theta}{1-\frac{1}{2}\sin\theta} = \frac{2\pi}{\sqrt{3}}$$

(2) $D_n = \left\{(x,y,z)\ \Big|\ \sqrt{x^2+y^2+z^2} \leq 1-\frac{1}{n}\right\}$ とおき，空間の極座標を利用すると

$$\iiint_D (1-x^2-y^2-z^2)^{-\frac{1}{2}}\,dx\,dy\,dz = \lim_{n\to\infty}\iiint_{D_n}(1-x^2-y^2-z^2)^{-\frac{1}{2}}\,dx\,dy\,dz$$

$$= \lim_{n\to\infty}\int_0^{2\pi}\int_0^{\pi}\int_0^{1-\frac{1}{n}}(1-r^2)^{-\frac{1}{2}}r^2\sin\theta\,dr\,d\theta\,d\varphi = 4\pi\lim_{n\to\infty}\int_0^{1-\frac{1}{n}}r^2(1-r^2)^{-\frac{1}{2}}\,dr$$

$$= 4\pi\lim_{n\to\infty}\left\{-\int_0^{1-\frac{1}{n}}\sqrt{1-r^2}\,dr + \int_0^{1-\frac{1}{n}}(1-r^2)^{-\frac{1}{2}}\,dr\right\}$$

$$= 4\pi\lim_{n\to\infty}\left[-\frac{1}{2}(r\sqrt{1-r^2}+\sin^{-1}r)+\sin^{-1}r\right]_0^{1-\frac{1}{n}} = \pi^2$$

例題 6-10　面積

演習 A (1) $|D| = \iint_{\sqrt{x}+\sqrt{y}\leq 1}dx\,dy = \int_0^1\left\{\int_0^{(1-\sqrt{x})^2}dy\right\}dx = \int_0^1 (1-\sqrt{x})^2\,dx$

$= \int_0^1(1-2x^{\frac{1}{2}}+x)\,dx = \left[x-\frac{4}{3}x^{\frac{3}{2}}+\frac{1}{2}x^2\right]_0^1 = \frac{1}{6}$

(2) 変数変換 $\Psi: x=2r\cos\theta, y=3r\sin\theta, \Omega=\{(r,\theta)\mid 0\leq r\leq 1, 0\leq\theta\leq 2\pi\}$ を利用すると，ヤコビアン $J=6r, D=\Psi(\Omega)$ となるので

$|D| = \iint_\Omega 6r\,dr\,d\theta = \int_0^1\left\{\int_0^{2\pi}6r\,d\theta\right\}dr = 6\pi$

演習 B (1) $D = \{(x,y)\mid x=r\cos\theta, y=r\sin\theta, 0\leq\theta\leq 2\pi, 0\leq r\leq a(1+\sin\theta)\}$ だから

$|D| = \int_0^{2\pi}\frac{1}{2}a^2(1+\sin\theta)^2\,d\theta = \frac{a^2}{2}\int_0^{2\pi}\left\{1+2\sin\theta+\frac{1-\cos 2\theta}{2}\right\}d\theta = \frac{3\pi a^2}{2}$

(2) 極座標 $x=r\cos\theta, y=r\sin\theta$ を利用すると

$D = \left\{r^2\leq a^2\cos 2\theta, \theta\in\left[0,\frac{\pi}{4}\right]\cup\left[\frac{3\pi}{4},\frac{5\pi}{4}\right]\cup\left[\frac{7\pi}{4},2\pi\right]\right\}$ となるから

$|D| = 4\int_0^{\frac{\pi}{4}}\frac{1}{2}a^2\cos 2\theta\,d\theta = a^2$

演習 C (1) 変数変換 $x=au, y=bv$ をおこなうと，ヤコビアン $J(u,v) = ab$ となるから

$|D| = \iint_{u^{\frac{2}{3}}+v^{\frac{2}{3}}\leq 1} ab\,du\,dv\quad \left(u^{\frac{1}{3}}=r\cos\theta, v^{\frac{1}{3}}=r\sin\theta,\ J(r,\theta)=\frac{9}{4}r^5\sin^2 2\theta\right)$

$= ab\int_0^1\left\{\int_0^{2\pi}\frac{9}{4}r^5\sin^2 2\theta\,d\theta\right\}dr = \frac{3ab}{8}\int_0^{2\pi}\sin^2 2\theta\,d\theta = \frac{3\pi}{8}ab$

(2) $D = \{(x,y) \mid x = r\cos\theta, y = r\sin\theta, 0 \leq \theta \leq 2\pi, 0 \leq r \leq \sqrt{a\sin n\theta}\}$. ゆえに $\sin n\theta \geq 0, 0 \leq \theta \leq 2\pi$ から $\dfrac{2k\pi}{n} \leq \theta \leq \dfrac{(2k+1)\pi}{n}, k = 0, 1, \cdots, n-1$ となり

$$|D| = \sum_{k=0}^{n-1} \int_{\frac{2k}{n}\pi}^{\frac{2k+1}{n}\pi} \frac{1}{2}a\sin n\theta\, d\theta = n\int_0^{\frac{\pi}{n}} \frac{1}{2}a\sin n\theta\, d\theta = a$$

例題 6-11 体積 (1)

演習 A (1) $V = \iint_D (4 - x^2 - y^2)\, dx\, dy = \int_0^{2\pi}\int_0^2 (4 - r^2)r\, dr\, d\theta = 8\pi$ $(D : x^2 + y^2 \leq 4)$

(2) $V = \iint_D (x + a)\, dx\, dy = \int_{-a}^{a}\int_{-\sqrt{a^2-x^2}}^{\sqrt{a^2-x^2}} (x + a)\, dy\, dx = 4a\int_0^a \sqrt{a^2 - x^2}\, dx = \pi a^3$
$(D : x^2 + y^2 \leq a^2)$

例題 6-12 体積 (2)

演習 A (1) $V = \int_0^1\int_0^{1-y^2}(1-x^2)\, dx\, dy = \int_0^1 \left[x - \dfrac{x^3}{3}\right]_0^{1-y^2} dy = \int_0^1 \left(\dfrac{2}{3} - y^4 + \dfrac{y^6}{3}\right) dy = \dfrac{18}{35}$

(2) $D = \{(x, y) \mid x^2 + y^2 \leq 1\}$ とする.
$V = \iint_D (1 - x^2)\, dx\, dy = \int_{-1}^{1}\int_{-\sqrt{1-x^2}}^{\sqrt{1-x^2}} (1 - x^2)\, dy\, dx = 4\int_0^1 (1-x^2)^{\frac{3}{2}}\, dx$

$x = \sin\theta$ とおくと $V = 4\int_0^{\frac{\pi}{2}} \cos^4\theta\, d\theta = 4 \times \dfrac{3}{4} \times \dfrac{\pi}{4} = \dfrac{3}{4}\pi$

(3) $D : x^2 + y^2 \leq 4x$ とすると $V = \iint_D \{4x - (x^2 + y^2)\}\, dx\, dy$ である.
$x = 2 + r\cos\theta, y = r\sin\theta$ とおくと $|J| = r$ だから
$V = 2\int_0^{\pi}\int_0^2 (4 - r^2)r\, dr\, d\theta = 2\pi\int_0^2 (4 - r^2)r\, dr = 8\pi$

(4) $V = \int_0^1\int_0^y (1 - y^2)\, dx\, dy = \int_0^1 y(1 - y^2)\, dy = \dfrac{1}{4}$

演習 B (1) $V = \int_0^a \int_{-\frac{b}{a}\sqrt{a^2-x^2}}^{\frac{b}{a}\sqrt{a^2-x^2}} x\, dy\, dx = \dfrac{2b}{a}\int_0^a x\sqrt{a^2 - x^2}\, dx = \dfrac{2b}{a}\left[-\dfrac{1}{3}(a^2 - x^2)^{\frac{3}{2}}\right]_0^a$
$= \dfrac{2}{3}a^2 b$

(2) $D : x^2 + y^2 \leq ax$ とすると
$V = \iint_D \{a^2 - (x^2 + y^2)\}\, dx\, dy = 2\int_0^{\frac{\pi}{2}}\int_0^{a\cos\theta} (a^2 - r^2)r\, dr\, d\theta$
$= 2a^4 \int_0^{\frac{\pi}{2}} \left(\dfrac{\cos^2\theta}{2} - \dfrac{\cos^4\theta}{4}\right) d\theta = \dfrac{5\pi}{32}a^4$

(3) $x + y - z = u, -x + y + z = v, x - y + z = w$ とおくと $\left|\dfrac{\partial(x,y,z)}{\partial(u,v,w)}\right| = \dfrac{1}{4}$ である. また $D : (x+y-z)^2 + (-x+y+z)^2 + (x-y+z)^2 \leq 3^2$, $D' : u^2 + v^2 + z^2 \leq 3^2$ とす

ると $V = \iiint_D 1\,dx\,dy\,dz = \iiint_{D'} \frac{1}{4}\,du\,dv\,dw = \frac{1}{4}\iiint_{D'} du\,dv\,dw$ である．D' は半径が 3 の球であるからその体積 $\iiint_{D'} du\,dv\,dw$ は 36π である．したがって $V = 9\pi$

(4) $x \geqq y \geqq 0$ で考える．$\dfrac{V}{8} = \displaystyle\int_0^1 \int_0^x (1-x^2)\,dy\,dx = \int_0^1 x(1-x^2)\,dx = \dfrac{1}{4}$

したがって $V = 2$ $\left(V = \displaystyle\int_0^1 \{2\sqrt{1-z}\}^2\,dz = 4\int_0^1 (1-z)\,dz = 2 \text{ としてもよい．}\right)$

演習 C (1) $V = \displaystyle\iint_D (a - \sqrt{x^2+y^2}\,)\,dx\,dy$ $(D : x^2+y^2 \leqq ax)$

$x = r\cos\theta,\ y = r\sin\theta$ とおくと

$V = 2\displaystyle\int_0^{\frac{\pi}{2}} \int_0^{a\cos\theta} (a-r)r\,dr\,d\theta = 2a^3\int_0^{\frac{\pi}{2}} \left(\dfrac{\cos^2\theta}{2} - \dfrac{\cos^3\theta}{3}\right)d\theta = \dfrac{9\pi - 16}{36}a^3$

(2) $x \geqq y \geqq 0$ かつ $z \geqq 0$ で考える．(右図参照)

$\dfrac{V}{16} = \displaystyle\int_0^{\frac{a}{\sqrt{2}}} \int_0^x \sqrt{a^2-x^2}\,dy\,dx + \int_{\frac{a}{\sqrt{2}}}^a \int_0^{\sqrt{a^2-x^2}} \sqrt{a^2-x^2}\,dy\,dx$

$= \displaystyle\int_0^{\frac{a}{\sqrt{2}}} x\sqrt{a^2-x^2}\,dx + \int_{\frac{a}{\sqrt{2}}}^a (a^2-x^2)\,dx$

$= \left(1 - \dfrac{\sqrt{2}}{2}\right)a^3$ よって $V = 8(2-\sqrt{2})a^3$

(3) $D = \{(x,y) \mid x^2+y^2 - 2x - 4y \leqq 0\}$
$= \{(x,y) \mid (x-1)^2 + (y-2)^2 \leqq 5\}$ とする．
また，$x - 1 = r\cos\theta,\ y - 2 = r\sin\theta$ とおく．

$V = \displaystyle\iint_D (2x + 4y - x^2 - y^2)\,dx\,dy$

$= \displaystyle\int_0^{2\pi} \int_0^{\sqrt{5}} (5 - r^2)r\,dr\,d\theta = \dfrac{25\pi}{2}$

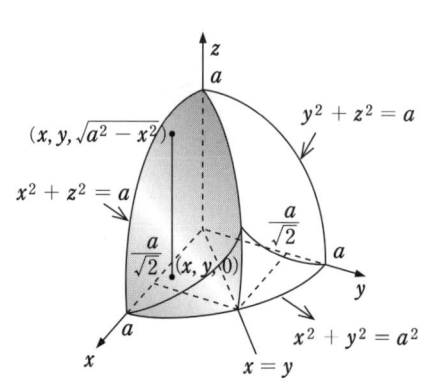

例題 6-13 曲面積 (1)

演習 A (1) $S = \displaystyle\iint_D \sqrt{1 + 4x^2 + 4y^2}\,dx\,dy = \int_0^{2\pi} \int_0^{\sqrt{12}} \sqrt{1+4r^2}\,r\,dr\,d\theta = 57\pi$

$(D : x^2+y^2 \leqq 12)$ $(x = r\cos\theta,\ y = r\sin\theta$ とおいた$)$

(2) $S = \displaystyle\iint_D \sqrt{1 + x^2 + y^2}\,dx\,dy = \int_0^{\frac{\pi}{2}} \int_0^{2\sqrt{2}} \sqrt{1+r^2}\,r\,dr\,d\theta = \dfrac{13}{3}\pi$

$(D : x^2+y^2 \leqq 8,\ x \geqq 0,\ y \geqq 0)$ $(x = r\cos\theta,\ y = r\sin\theta$ とおいた$)$

(3) $S = \displaystyle\iint_D \sqrt{21}\,dx\,dy = \sqrt{21} \iint_D 1\,dx\,dy = 9\sqrt{21}\pi$ (D は $4 - 2x - 4y \geqq x^2+y^2$ つまり $(x+1)^2 + (y+2)^2 \leqq 9$ を満たす領域であり，したがって，その面積は 9π である).

演習 B (1) $1 + z_x^2 + z_y^2 = 2$ であるから $\sqrt{2}$ を $D : x^2+y^2 \leqq ax$ で二重積分すればよい．

$\displaystyle\iint_D 1\,dx\,dy$ は D の面積であり $\dfrac{\pi}{4}a^2$ だから $S = \dfrac{\sqrt{2}\pi}{4}a^2$

(2) $S = \iint_D \dfrac{3}{\sqrt{9-x^2-y^2}}\,dx\,dy$

$= \displaystyle\int_0^{2\pi}\int_0^{\sqrt{5}} \dfrac{3r}{\sqrt{9-r^2}}\,dr\,d\theta = 6\pi \quad (D: x^2+y^2 \leqq 5)$

(3) $z \geqq 0$ で考える．$z = \sqrt{a^2-x^2}$ であるから

$1 + z_x^2 + z_y^2 = \dfrac{a^2}{a^2-x^2}$ である．(右図参照)

$D: x^2 + y^2 \leqq a^2$ とすると

$S = 2\displaystyle\iint_D \dfrac{a}{\sqrt{a^2-x^2}}\,dx\,dy$

$= 8\displaystyle\int_0^a \int_0^{\sqrt{a^2-x^2}} \dfrac{a}{\sqrt{a^2-x^2}}\,dy\,dx = 8\int_0^a a\,dx = 8a^2$

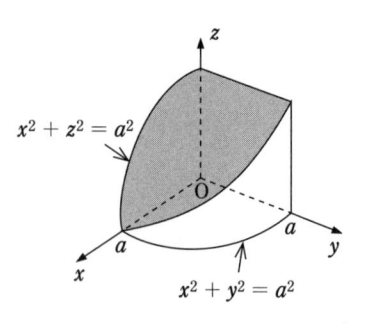

演習 C (1) $f(x,y) = \sqrt{1 + \dfrac{4x^2}{a^2} + \dfrac{4y^2}{b^2}}$ を $D: \dfrac{x^2}{a^2} + \dfrac{y^2}{b^2} \leqq 1$ で二重積分すればよい．
$x = ar\cos\theta,\ y = br\sin\theta$ とおくと $|J| = abr$ であるから

$S = \displaystyle\iint_D \sqrt{1 + \dfrac{4x^2}{a^2} + \dfrac{4y^2}{b^2}}\,dx\,dy = ab\int_0^{2\pi}\int_0^1 \sqrt{1+4r^2}\,r\,dr\,d\theta = \dfrac{5\sqrt{5}-1}{6}\pi ab$

(2) $x \geqq y \geqq 0,\ z \geqq 0$ で考える (例題 6-12 体積 (2) 演習 C (2) の解答欄の図を参照せよ)．
$z = \sqrt{a^2-x^2}$ であるから $1 + z_x^2 + z_y^2 = \dfrac{a^2}{a^2-x^2}$ である．したがって

$\dfrac{S}{16} = \displaystyle\int_0^{\frac{a}{\sqrt{2}}}\int_0^x \dfrac{a}{\sqrt{a^2-x^2}}\,dy\,dx + \int_{\frac{a}{\sqrt{2}}}^a \int_0^{\sqrt{a^2-x^2}} \dfrac{a}{\sqrt{a^2-x^2}}\,dy\,dx$

$= \displaystyle\int_0^{\frac{a}{\sqrt{2}}} \dfrac{ax}{\sqrt{a^2-x^2}}\,dx + \int_{\frac{a}{\sqrt{2}}}^a a\,dx = a\left[-\sqrt{a^2-x^2}\right]_0^{\frac{a}{\sqrt{2}}} + a^2\left(1 - \dfrac{1}{\sqrt{2}}\right) = (2-\sqrt{2})a^2$

ゆえに $S = 16(2-\sqrt{2})a^2$

例題 6-14　曲面積 (2)

演習 A (1) $S = 2\pi\displaystyle\int_0^1 \sqrt{2}(1-x)\,dx = \sqrt{2}\pi$

(2) $S = 2\pi\displaystyle\int_0^1 a\sqrt{1+a^2}\,x\,dx = \pi a\sqrt{1+a^2}$

(3) $S = 2\pi\displaystyle\int_{-\log 3}^{\log 3} e^{-x}\sqrt{1+e^{-2x}}\,dx$ である．$e^{-x} = t$ とおくと

$S = 2\pi\displaystyle\int_{\frac{1}{3}}^3 \sqrt{1+t^2}\,dt = \pi\left[t\sqrt{t^2+1} + \log|t+\sqrt{t^2+1}|\right]_{\frac{1}{3}}^3$

$= \pi\left\{\dfrac{26\sqrt{10}}{9} + \log\dfrac{7+2\sqrt{10}}{3}\right\}$

演習 B (1) $S = 2\pi\displaystyle\int_0^1 x^3\sqrt{1+9x^4}\,dx = 2\pi\left[\dfrac{1}{54}(1+9x^4)^{\frac{3}{2}}\right]_0^1 = \dfrac{10\sqrt{10}-1}{27}\pi$

(2) $y' = \dfrac{1}{2}(e^x - e^{-x})$ だから $\sqrt{1+y'^2} = \dfrac{1}{2}(e^x + e^{-x})$ である．したがって

$$S = \frac{\pi}{2}\int_0^a (e^{2x} + 2 + e^{-2x})\,dx = \frac{\pi}{2}\left[\frac{1}{2}e^{2x} + 2x - \frac{1}{2}e^{-2x}\right]_0^a = \frac{\pi}{4}(e^{2a} + 4a - e^{-2a})$$

演習 C (1) $y = \frac{1}{3}a^{-\frac{1}{2}}x^{\frac{1}{2}}(3a - x)$ としてよい．このとき $y' = \frac{1}{2}(a^{\frac{1}{2}}x^{-\frac{1}{2}} - a^{-\frac{1}{2}}x^{\frac{1}{2}})$ であるから $1 + y'^2 = \frac{(a+x)^2}{4ax}$ である．よって

$$S = \frac{2\pi}{3a^{\frac{1}{2}}}\int_0^{3a} x^{\frac{1}{2}}(3a-x) \cdot \frac{a+x}{2a^{\frac{1}{2}}x^{\frac{1}{2}}}\,dx = \frac{\pi}{3a}\int_0^{3a}(3a-x)(a+x)\,dx = 3\pi a^2$$

(2) $x \geqq 0, y \geqq 0$ で考える．$y = (a^{\frac{2}{3}} - x^{\frac{2}{3}})^{\frac{3}{2}}$ で $1 + y'^2 = a^{\frac{2}{3}}x^{-\frac{2}{3}}$ である．したがって

$$S = 4\pi \int_0^a (a^{\frac{2}{3}} - x^{\frac{2}{3}})^{\frac{3}{2}} a^{\frac{1}{3}} x^{-\frac{1}{3}}\,dx$$ である．$x = a\sin^3\theta$ とおくと

$$S = 12\pi a^2 \int_0^{\frac{\pi}{2}} \cos^4\theta \sin\theta\,d\theta = \frac{12}{5}\pi a^2$$

(3) $\left(\dfrac{dx}{d\theta}\right)^2 + \left(\dfrac{dy}{d\theta}\right)^2 = a^2(1-\cos\theta)^2 + a^2\sin^2\theta = 2a^2(1-\cos\theta)$ であるから

$$S = 2\sqrt{2}\pi a^2 \int_0^{2\pi}(1-\cos\theta)^{\frac{3}{2}}\,d\theta = 8\pi a^2 \int_0^{2\pi}\sin^3\frac{\theta}{2}\,d\theta = 16\pi a^2 \int_0^{\pi}\sin^3 t\,dt = \frac{64}{3}\pi a^2$$

例題 6-15　質量と重心

演習 A (1) 密度を ρ とする．$M = \int_0^1 \int_{x^2}^x \rho\,dy\,dx = \rho\int_0^1 (x - x^2)\,dx = \dfrac{\rho}{6}$

$$\int_0^1 \int_{x^2}^x \rho x\,dy\,dx = \rho \int_0^1 (x^2 - x^3)\,dx = \frac{\rho}{12}$$

$$\int_0^1 \int_{x^2}^x \rho y\,dy\,dx = \rho \int_0^1 \frac{x^2 - x^4}{2}\,dx = \frac{\rho}{15}$$

したがって，重心の座標は $(\bar{x}, \bar{y}) = (0.5, 0.4)$

(2) $\rho(x, y) = \sqrt{x^2 + y^2}$ である．$D : x^2 + y^2 \leqq a^2,\ x \geqq 0,\ y \geqq 0$ とすると

$$M = \iint_D \sqrt{x^2 + y^2}\,dx\,dy = \int_0^{\frac{\pi}{2}}\int_0^a r^2\,dr\,d\theta = \frac{\pi}{6}a^3$$

$$\iint_D x\sqrt{x^2 + y^2}\,dx\,dy = \int_0^{\frac{\pi}{2}}\int_0^a r^3\cos\theta\,dr\,d\theta = \frac{a^4}{4}$$

同様にして $\iint_D y\sqrt{x^2 + y^2}\,dx\,dy = \dfrac{a^4}{4}$ である．したがって重心の座標は $\left(\dfrac{3a}{2\pi}, \dfrac{3a}{2\pi}\right)$

(3) 対称性により $\bar{x} = \bar{y} = 0$ である．密度を ρ とし，$D : x^2 + y^2 \leqq 4$ とする．

$$M = \iiint_V \rho\,dx\,dy\,dz = \iint_D \rho(4 - x^2 - y^2)\,dx\,dy = \rho\int_0^{2\pi}\int_0^2 (4 - r^2)r\,dr\,d\theta = 8\pi\rho$$

$$\iiint_V \rho z\,dx\,dy\,dz = \rho\iint_D \frac{(4 - x^2 - y^2)^2}{2}\,dx\,dy = \frac{\rho}{2}\int_0^{2\pi}\int_0^2 (4 - r^2)^2 r\,dr\,d\theta = \frac{32}{3}\pi\rho$$

したがって重心の座標は $\left(0,\ 0,\ \dfrac{4}{3}\right)$

演習 B (1) $\rho(x, y, z) = |z|$ であり，対称性により $\bar{x} = \bar{y} = 0$ である．この直円柱を V とする．

$$M = \iiint_V z\,dx\,dy\,dz = \int_0^h z\left\{\iint_D dx\,dy\right\}dz \quad (D : x^2 + y^2 \leqq a^2)$$

$\iint_D dx\,dy = \pi a^2$ だから $M = \int_0^h \pi a^2 z \cdot dz = \dfrac{\pi}{2}a^2 h^2$. 同様に
$$\iiint_V z^2\,dx\,dy\,dz = \int_0^h z^2\left\{\iint_D dx\,dy\right\}dz = \int_0^h \pi a^2 z^2\,dz = \dfrac{\pi}{3}a^2 h^3$$
だから重心の座標は $\left(0,\ 0,\ \dfrac{2}{3}h\right)$

(2) $\rho(x,y,z) = |z|$ である.
$$M = \iiint_V z\,dx\,dy\,dz = \int_0^a z\left\{\iint_{D(z)} dx\,dy\right\}dz \quad (D(z): x^2+y^2 \leq a^2-z^2)$$
$\iint_{D(z)} dx\,dy = \pi(a^2-z^2)$ だから $M = \int_0^a z(a^2-z^2)\,dz = \dfrac{\pi}{4}a^4$
$$\iiint_V z^2\,dx\,dy\,dz = \int_0^a z^2\left\{\iint_{D(z)} dx\,dy\right\}dz = \pi\int_0^a z^2(a^2-z^2)\,dz = \dfrac{2\pi}{15}a^5$$
対称性により $\bar{x} = \bar{y} = 0$ であるから重心の座標は $\left(0,\ 0,\ \dfrac{8}{15}a\right)$

(3) 密度を ρ とすると $M = \dfrac{\rho}{6}abc$ である. また, 平面 $x = p$ $(0 \leq p \leq a)$ とこの立体とが交わる部分の面積 $S(p)$ は $\dfrac{bc}{2a^2}(a-p)^2$ であるから
$$\iiint_V \rho x\,dx\,dy\,dz = \rho\int_0^a xS(x)\,dx = \dfrac{\rho bc}{2a^2}\int_0^a x(a-x)^2\,dx = \dfrac{\rho}{24}a^2 bc$$
したがって $\bar{x} = \dfrac{a}{4}$ である. 同様にして重心の座標は $\left(\dfrac{a}{4},\ \dfrac{b}{4},\ \dfrac{c}{4}\right)$

演習 C (1) 密度を ρ とし $D: x^2+y^2 \leq a^2,\ x \geq 0,\ y \geq 0$ とすると
$$M = \iint_D \rho xy\,dx\,dy = \rho\int_0^a \int_0^{\sqrt{a^2-x^2}} xy\,dy\,dx = \dfrac{\rho}{2}\int_0^a x(a^2-x^2)\,dx = \dfrac{\rho a^4}{8}$$
$$\iint_D \rho x^2 y\,dx\,dy = \rho\int_0^a \int_0^{\sqrt{a^2-x^2}} x^2 y\,dy\,dx = \dfrac{\rho}{2}\int_0^a x^2(a^2-x^2)\,dx = \dfrac{\rho a^5}{15}$$
$$\iint_D \rho xy^2\,dx\,dy = \rho\int_0^a \int_0^{\sqrt{a^2-y^2}} xy^2\,dx\,dy = \dfrac{\rho}{2}\int_0^a y^2(a^2-y^2)\,dy = \dfrac{\rho a^5}{15}$$
$$\iiint_V \rho z\,dx\,dy\,dz = \rho\int_0^a \int_0^{\sqrt{a^2-x^2}} \dfrac{x^2 y^2}{2}\,dx\,dy = \dfrac{\rho}{2}\int_0^{\frac{\pi}{2}} \int_0^a r^5 \cos^2\theta \sin^2\theta\,dr\,d\theta$$
$$= \dfrac{\rho a^6}{12}\int_0^{\frac{\pi}{2}} \sin^2\theta(1-\sin^2\theta)\,d\theta = \dfrac{\pi\rho}{192}a^6$$
したがって重心の座標は $\left(\dfrac{8}{15}a,\ \dfrac{8}{15}a,\ \dfrac{\pi}{24}a^2\right)$

(2) 密度を ρ とする.
$$M = \iiint_V \rho\,dx\,dy\,dz = \int_{-a}^a \int_{-\sqrt{a^2-x^2}}^{\sqrt{a^2-x^2}} \rho(a+x)\,dy\,dx = 2\rho\int_{-a}^a (a+x)\sqrt{a^2-x^2}\,dx$$
$$= 2\rho a\int_{-a}^a \sqrt{a^2-x^2}\,dx = 4\rho a\int_0^a \sqrt{a^2-x^2}\,dx = \pi\rho a^3$$
$$\iiint_V \rho x\,dx\,dy\,dz = \int_{-a}^a \int_{-\sqrt{a^2-x^2}}^{\sqrt{a^2-x^2}} \rho x(a+x)\,dy\,dx = 2\rho\int_{-a}^a x(a+x)\sqrt{a^2-x^2}\,dx$$

$$= 2\rho \int_{-a}^{a} x^2 \sqrt{a^2-x^2}\, dx = 4\rho \int_{0}^{a} x^2 \sqrt{a^2-x^2}\, dx = 4\rho \int_{0}^{\frac{\pi}{2}} a^4 \sin^2 t \cos^2 t\, dt$$

$$= 4\rho a^4 \int_{0}^{\frac{\pi}{2}} (\sin^2 t - \sin^4 t)\, dt = \frac{\pi\rho}{4} a^4$$

$$\iiint_V \rho z\, dx\, dy\, dz = \int_{-a}^{a} \int_{-\sqrt{a^2-x^2}}^{\sqrt{a^2-x^2}} \int_{0}^{a+x} \rho z\, dz\, dy\, dx = \frac{\rho}{2} \int_{-a}^{a} \int_{-\sqrt{a^2-x^2}}^{\sqrt{a^2-x^2}} (a+x)^2\, dy\, dx$$

$$= \rho \int_{-a}^{a} (a+x)^2 \sqrt{a^2-x^2}\, dx = 2\rho a^2 \int_{0}^{a} \sqrt{a^2-x^2}\, dx + 2\rho \int_{0}^{a} x^2 \sqrt{a^2-x^2}\, dx$$

$$= \frac{1}{2}\pi\rho a^4 + \frac{1}{8}\pi\rho a^4 = \frac{5}{8}\pi\rho a^4$$

対称性により重心の y 座標は 0 である．したがって，重心の座標は $\left(\dfrac{a}{4},\ 0,\ \dfrac{5a}{8}\right)$

例題 6-16 曲線・曲面の重心

演習 A (1) 密度を ρ とする．$1 + z_x^2 + z_y^2 = 5$ である．$D : x^2 + y^2 \leqq 4$ とすると

$$M = \iint_D \sqrt{5}\rho\, dx\, dy = 4\sqrt{5}\pi\rho$$

$$\iint_D \sqrt{5}\rho z\, dx\, dy = \sqrt{5}\rho \iint_D \{4 - 2\sqrt{x^2+y^2}\}\, dx\, dy$$

$$= 16\sqrt{5}\pi\rho - 2\sqrt{5}\rho \int_{0}^{2\pi} \int_{0}^{2} r^2\, dr\, d\theta = 16\sqrt{5}\pi\rho - \frac{32}{3}\sqrt{5}\pi\rho = \frac{16}{3}\sqrt{5}\pi\rho$$

対称性により $\bar{x} = \bar{y} = 0$ であるから重心の座標は $\left(0, 0, \dfrac{4}{3}\right)$

(2) 密度を ρ とする．$\left(\dfrac{dx}{d\theta}\right)^2 + \left(\dfrac{dy}{d\theta}\right)^2 + \left(\dfrac{dz}{d\theta}\right)^2 = a^2$ である．

$$M = \int_{0}^{\frac{\pi}{2}} a\rho\, d\theta = \frac{\pi}{2} a\rho, \qquad \int_{0}^{\frac{\pi}{2}} a^2 \rho \cos\theta\, d\theta = a^2 \rho$$

$$\int_{0}^{\frac{\pi}{2}} ab\rho \sin\theta\, d\theta = ab\rho, \qquad \int_{0}^{\frac{\pi}{2}} a\sqrt{a^2-b^2}\rho \sin\theta\, d\theta = a\sqrt{a^2-b^2}\rho$$

したがって重心の座標は $\left(\dfrac{2a}{\pi},\ \dfrac{2b}{\pi},\ \dfrac{2\sqrt{a^2-b^2}}{\pi}\right)$

演習 B (1) 密度を ρ とする．$z = 6 - 3x - 2y$ であるから $1 + z_x^2 + z_y^2 = 14$ である．

$$D = \left\{(x,\ y)\ \middle|\ 0 \leqq x \leqq 2,\ 0 \leqq y \leqq \dfrac{6-3x}{2}\right\} \text{ とすると}$$

$$M = \iint_D \sqrt{14}\rho\, dx\, dy = \sqrt{14}\rho \int_{0}^{2} \left(3 - \frac{3}{2}x\right) dx = 3\sqrt{14}\rho$$

$$\iint_D \sqrt{14}\rho x\, dx\, dy = \int_{0}^{2} \int_{0}^{3-\frac{3x}{2}} \sqrt{14}\rho x\, dy\, dx = \sqrt{14}\rho \int_{0}^{2} x\left(3 - \frac{3}{2}x\right) dx = 2\sqrt{14}\rho$$

$$\iint_D \sqrt{14}\rho y\, dx\, dy = \int_{0}^{2} \int_{0}^{3-\frac{3x}{2}} \sqrt{14}\rho y\, dy\, dx = \frac{\sqrt{14}}{2}\rho \int_{0}^{2} \left(3 - \frac{3}{2}x\right)^2 dx = 3\sqrt{14}\rho$$

$$\iint_D \sqrt{14}\rho z\, dx\, dy = \int_{0}^{2} \int_{0}^{3-\frac{3x}{2}} \sqrt{14}\rho (6-3x-2y)\, dy\, dx = \frac{\sqrt{14}}{4}\rho \int_{0}^{2} (6-3x)^2 dx = 6\sqrt{14}\rho$$

したがって重心の座標は $\left(\dfrac{2}{3}, 1, 2\right)$

(2) D は B (1) の D と同じものとする．$\rho(x,y,z) = |z| = 6 - 3x - 2y$ である．
$$M = \iint_D \sqrt{14}(6 - 3x - 2y)\,dx\,dy = 6\sqrt{14}$$
$$\int_0^2 \int_0^{3-\frac{3x}{2}} \sqrt{14}\,x(6 - 3x - 2y)\,dy\,dx = \frac{9}{4}\sqrt{14}\int_0^2 x(2-x)^2\,dx = 3\sqrt{14}$$
$$\int_0^2 \int_0^{3-\frac{3x}{2}} \sqrt{14}\,y(6 - 3x - 2y)\,dy\,dx = \frac{9}{8}\sqrt{14}\int_0^2 (2-x)^3\,dx = \frac{9}{2}\sqrt{14}$$
$$\int_0^2 \int_0^{3-\frac{3x}{2}} \sqrt{14}(6 - 3x - 2y)^2\,dy\,dx = \frac{9\sqrt{14}}{2}\int_0^2 (2-x)^3\,dx = 18\sqrt{14}$$
したがって重心の座標は $\left(\dfrac{1}{2},\ \dfrac{3}{4},\ 3\right)$

演習 C (1) 密度を ρ とする．$z = \sqrt{a^2 - x^2 - y^2}$ であるから $\sqrt{1 + z_x^2 + z_y^2} = \dfrac{a}{\sqrt{a^2 - x^2 - y^2}}$ である．$D: x^2 + y^2 \leq a^2,\ x \geq 0,\ y \geq 0$ とすると
$$M = \iint_D \frac{a\rho}{\sqrt{a^2 - x^2 - y^2}}\,dx\,dy = a\rho \int_0^{\frac{\pi}{2}} \int_0^a \frac{r}{\sqrt{a^2 - r^2}}\,dr\,d\theta = \frac{\pi}{2}\rho a^2$$
$$\iint_D \frac{a\rho x}{\sqrt{a^2 - x^2 - y^2}}\,dx\,dy = a\rho \int_0^a \sqrt{a^2 - y^2}\,dy = \frac{\pi\rho}{4}a^3$$
したがって $\bar{x} = \dfrac{a}{2}$ である．同様にして重心の座標は $\left(\dfrac{a}{2},\ \dfrac{a}{2},\ \dfrac{a}{2}\right)$ である．

(2) $\rho(x,y,z) = |z|$ である．D を前題の D と同じものとすると
$$M = \iint_D \frac{az}{\sqrt{a^2 - x^2 - y^2}}\,dx\,dy = \iint_D a\,dx\,dy = \frac{\pi}{4}a^3$$
$$\iint_D \frac{axz}{\sqrt{a^2 - x^2 - y^2}}\,dx\,dy = \int_0^a \int_0^{\sqrt{a^2 - y^2}} ax\,dx\,dy = \frac{a}{2}\int_0^a (a^2 - y^2)\,dy = \frac{a^4}{3}$$
$$\iint_D \frac{ayz}{\sqrt{a^2 - x^2 - y^2}}\,dx\,dy = \int_0^a \int_0^{\sqrt{a^2 - x^2}} ay\,dy\,dx = \frac{a}{2}\int_0^a (a^2 - x^2)\,dx = \frac{a^4}{3}$$
$$\iint_D \frac{az^2}{\sqrt{a^2 - x^2 - y^2}}\,dx\,dy = \iint_D a\sqrt{a^2 - x^2 - y^2}\,dx\,dy$$
$$= a\int_0^{\frac{\pi}{2}} \int_0^a r\sqrt{a^2 - r^2}\,dr\,d\theta = \frac{\pi a^4}{6}$$
したがって重心の座標は $\left(\dfrac{4a}{3\pi},\ \dfrac{4a}{3\pi},\ \dfrac{2a}{3}\right)$

総合問題(1) 6-17　微分と積分の順序交換

演習 C (1) $\displaystyle\int_0^1 x^t\,dx = \left[\dfrac{x^{t+1}}{t+1}\right]_{x=0}^{x=1} = \dfrac{1}{t+1}$

(2) $x^t(\log x)^n = (x^{\frac{t}{n}}\log x)^n$ だから，正定数 a に対して $\displaystyle\lim_{x \to +0} x^a \log x = 0$ を示せばよい．

$x^a \log x = \dfrac{\log x}{x^{-a}}$ は $x \to +0$ のとき，$\dfrac{\infty}{\infty}$ 型で，また $\dfrac{(\log x)'}{(x^{-a})'} = -\dfrac{x^a}{a} \to 0\ (x \to +0)$, したがって不定形の極限に対するロピタルの公式を適用することにより $\displaystyle\lim_{x \to +0} x^a \log x = 0$ が得られる．

(3) (2) により $x^t(\log x)^n$ の $x = 0$ における値を 0 と定義すれば，$x^t(\log x)^n$ は $[0,1]$ で連続

になる．したがって，基本事項 3. (1) の微分と積分の順序交換を $\int_0^1 x^t \, dx$ に n 回適用すると

$$\int_0^1 x^t (\log x)^n \, dx = \int_0^1 \frac{\partial^n}{\partial t^n}(x^t) \, dx = \frac{d^n}{dt^n} \int_0^1 x^t \, dx = \frac{d^n}{dt^n}\left(\frac{1}{t+1}\right) = \frac{(-1)^n n!}{(t+1)^{n+1}}$$

VII

微分方程式

基本事項

独立変数 x とその関数 y および導関数 $y', y'', \cdots, y^{(n)}$ を含む方程式

$$f(x, y, y', y'', \cdots, y^{(n)}) = 0$$

を微分方程式という．微分方程式に含まれる導関数の最高階数 n をその微分方程式の階数といい，この方程式を満たす x の関数 $y = y(x)$ をこの微分方程式の解という．階数と同じ個数の任意定数を含む解をこの微分方程式の一般解といい，これらの定数に特別の値を与えたときの解を特解という．

1. 変数分離形

$$\frac{dy}{dx} = f(x)g(y) \qquad (*)$$

の形をしている一階微分方程式を変数分離形という．ただし，$f(x)$ および $g(y)$ は連続関数とする．この微分方程式は $g(y) \neq 0$ のとき

$$\frac{1}{g(y)}\frac{dy}{dx} = f(x)$$

と表され

$$\int \frac{1}{g(y)}\, dy = \int f(x)\, dx + c \qquad (c \text{ は任意定数})$$

が $(*)$ の一般解である．y_0 が $g(y) = 0$ の解ならば $y = y_0$ も $(*)$ の解である．

2. 同次形

$$\frac{dy}{dx} = f\left(\frac{y}{x}\right)$$

の形の微分方程式を同次形という．この形の微分方程式は $y = xu$ とおくと

$$\frac{du}{dx} = \frac{1}{x}\{f(u) - u\}$$

と変数分離形に変形される．

3. 一階線形

$$\frac{dy}{dx} + P(x)y = Q(x)$$

の形の微分方程式を一階線形微分方程式という．ただし，$P(x)$, $Q(x)$ は連続とする．この微分方程式の一般解は

$$y = e^{-\int P(x)\,dx}\left\{\int Q(x) e^{\int P(x)\,dx}\,dx + c\right\} \qquad (c\text{ は任意定数})$$

である．

例題 7-1 変数分離形

次の微分方程式を解け.
(1) $\dfrac{dy}{dx} = \dfrac{y+1}{x}$ (2) $y' = \dfrac{y(y+2)}{x(x-2)}$

[考え方] $\dfrac{dy}{dx} = P(x)Q(y)$ の形になっているか (あるいは, そのように変形できるか) を考える.

[解答] (1) $P(x) = \dfrac{1}{x}, Q(y) = y+1$ ととると $\dfrac{dy}{dx} = P(x)Q(y)$ となる. $y \neq -1$ とすると
$$\frac{dy}{y+1} = \frac{dx}{x} \quad \text{したがって} \quad \int \frac{dy}{y+1} = \int \frac{dx}{x}$$
両辺を積分すると $\log|y+1| = \log|x| + c_1$ となる. これから, $\log|y+1| = \log e^{c_1}|x|$ したがって $|y+1| = e^{c_1}|x|$ が得られる. $c = \pm e^{c_1}$ とおくと $y+1 = cx$ つまり $y = cx - 1$ となる. $y = -1$ もこの微分方程式を満たすが, これは, $y = cx - 1$ において $c = 0$ とおいたものである. したがって一般解は $y = cx - 1$ である.

(2) $y(y+2) \neq 0$ とすると $\dfrac{dy}{y(y+2)} = \dfrac{dx}{x(x-2)}$ となる. これから
$$\int \frac{dy}{y(y+2)} = \int \frac{dx}{x(x-2)} \quad \text{つまり} \quad \int \left(\frac{1}{y} - \frac{1}{y+2}\right) dy = \int \left(\frac{1}{x-2} - \frac{1}{x}\right) dx$$
が得られる. 両辺の積分を計算すると
$$\log|y| - \log|y+2| = \log|x-2| - \log|x| + c_1$$
したがって
$$\log\left|\frac{xy}{(x-2)(y+2)}\right| = c_1 \quad \text{つまり} \quad \frac{xy}{(x-2)(y+2)} = c \quad (c = \pm e^{c_1})$$
これから y を求めると $y = \dfrac{2c(x-2)}{x+c(2-x)}$ となる. $y = 0$ および $y = -2$ も解であるが $y = 0$ は上の解において $c = 0$ とおいたものである. したがって, $y = \dfrac{2c(x-2)}{x+c(2-x)}$ が一般解であり, $y = -2$ も解である.

演習 A 次の微分方程式を解け.
(1) $\dfrac{dy}{dx} = \dfrac{y-1}{x+1}$ (2) $y' = -\dfrac{x}{y}$ (3) $\dfrac{dy}{dx} = y^2 e^{-x}$

演習 B 次の微分方程式を解け.
(1) $y' = \dfrac{y}{x(x+1)}$ (2) $x\dfrac{dy}{dx} = (2x-1)(y-1)$ (3) $y' \sin^2 x = \cos x \cos^2 y$

演習 C 次の微分方程式を解け.
(1) $y(1+x^2)y' = 1+y^2$ (2) $x(x+2)y' + 1 = y^2$ (3) $\dfrac{dy}{dx} = \dfrac{3x - xy^2}{y + x^2 y}$

例題 7-2　同次形

次の微分方程式を解け．
(1) $\dfrac{dy}{dx} = 1 + \dfrac{y}{x} + \left(\dfrac{y}{x}\right)^2$　　(2) $y' = \dfrac{y}{x+y}$

[考え方] $\dfrac{dy}{dx}$ が $\dfrac{y}{x}$ の関数となっているか (あるいは，そのように変形できるか) を考える．

[解答]　(1) この微分方程式は同次形ある．$y = xu$ とおくと $x\dfrac{du}{dx} + u = 1 + u + u^2$ となる．これを整理すると変数分離形
$$\dfrac{du}{1+u^2} = \dfrac{dx}{x}$$
となり，両辺を積分して $\tan^{-1} u = \log|x| + c$ つまり $u = \tan(\log|x| + c)$ が得られる．したがって，一般解は $y = x\tan(\log|x| + c)$ である．

(2) この微分方程式は
$$\dfrac{dy}{dx} = \dfrac{\frac{y}{x}}{1 + \frac{y}{x}}$$
と表される．$u = \dfrac{y}{x}$ とおけば，
$$u + x\dfrac{du}{dx} = \dfrac{u}{1+u}$$
が得られる．これを整理すると $u \neq 0$ のとき
$$\dfrac{1+u}{u^2} du = -\dfrac{1}{x} dx$$
となる．両辺を積分して $-u^{-1} + \log|u| = -\log|x| + c_1$ つまり，$-\dfrac{x}{y} + \log\left|\dfrac{y}{x}\right| = -\log|x| + c_1$ が得られる．したがって，$\log|y| = c_1 + \dfrac{x}{y}$ となり，これから $y = ce^{\frac{x}{y}}$ $(c = \pm e^{c_1})$ を得る．$u = 0$ つまり $y = 0$ も解であるが，これは上の解で $c = 0$ とおいたものであるから $y = ce^{\frac{x}{y}}$ が一般解である．

演習 A　次の微分方程式を解け．
(1) $xy' = 3y + 2x$　　(2) $y' = \dfrac{y}{x} - \dfrac{y^2}{x^2}$　　(3) $\dfrac{dy}{dx} = \dfrac{3x - 2y}{x}$

演習 B　次の微分方程式を解け．
(1) $y' = \dfrac{-y}{x + 2y}$　　(2) $y' = \dfrac{x-y}{x+y}$　　(3) $\dfrac{dy}{dx} = \dfrac{-2x+y}{x+2y}$

演習 C　次の微分方程式を解け．
(1) $\dfrac{dy}{dx} = \dfrac{2y^2 + 3xy + 3x^2}{xy + x^2}$　　(2) $xy' = y - x\tan\left(\dfrac{y}{x}\right)$　　(3) $x^2 y' = y^2 - xy - 3x^2$

例題 7-3　一階線形

次の微分方程式を解け．

(1) $y' + y = x$ 　　(2) $y' + \dfrac{2xy}{1+x^2} = \dfrac{1}{(1+x^2)^2}$ 　　(3) $\dfrac{dy}{dx} = \dfrac{x^4 e^{-x} + 2y}{x}$

[考え方]　一階線形の微分方程式 $y' + P(x)y = Q(x)$ の形になっているか，あるいは，そのように変形できるかを考える．

[解答]　(1) 一階線形の微分方程式であり，$P(x) = 1, Q(x) = x$ である．一般解は

$$y = e^{-\int dx}\left\{\int xe^{\int dx}\,dx + c\right\} = e^{-x}\left\{\int xe^x\,dx + c\right\}$$

$$= e^{-x}\{(x-1)e^x + c\} = x - 1 + ce^{-x}$$

(2) $P(x) = \dfrac{2x}{1+x^2}, Q(x) = \dfrac{1}{(1+x^2)^2}$ の一階線形微分方程式になっている．一般解は

$$y = e^{-\int \frac{2x}{1+x^2}\,dx}\left\{\int \frac{1}{(1+x^2)^2} e^{\int \frac{2x}{1+x^2}\,dx}\,dx + c\right\}$$

$$= e^{-\log(1+x^2)}\left\{\int \frac{1}{(1+x^2)^2} e^{\log(1+x^2)}\,dx + c\right\}$$

$$= \frac{1}{1+x^2}\left\{\int \frac{dx}{1+x^2} + c\right\} = \frac{1}{1+x^2}\left\{\tan^{-1} x + c\right\}$$

(3) この微分方程式は $y' = x^3 e^{-x} + \dfrac{2}{x} y$ となり，$P(x) = -\dfrac{2}{x}, Q(x) = x^3 e^{-x}$ の一階線形微分方程式である．一般解は

$$y = e^{\int \frac{2}{x}\,dx}\left\{\int x^3 e^{-x} e^{-\int \frac{2}{x}\,dx}\,dx + c\right\} = e^{2\log|x|}\left\{\int x^3 e^{-x} e^{-2\log|x|}\,dx + c\right\}$$

$$= x^2\left\{\int xe^{-x}\,dx + c\right\} = -x^2(x+1)e^{-x} + cx^2$$

演習 A　次の微分方程式を解け．

(1) $y' + y = 1$ 　　(2) $\dfrac{dy}{dx} = y + 2e^{-x}$ 　　(3) $y' - y\cos x = \cos x$

演習 B　次の微分方程式を解け．

(1) $y' - 2xy = 2x$ 　　(2) $\dfrac{dy}{dx} - \dfrac{2}{x} y = x$ 　　(3) $y' + y = \sin x + \cos x$

演習 C　次の微分方程式を解け．

(1) $y' + \dfrac{y}{x} = \dfrac{\log x}{x}$ 　　(2) $y'\cos x + y\sin x = 1$ 　　(3) $\dfrac{dy}{dx} + \dfrac{2xy}{1-x^2} = 2(1-x^2)$

第 VII 章 微分方程式 演習解答

例題 7-1 変数分離形

演習 A (1) $y = c(x+1) + 1$ ($y = 1$ も解であるが,これは $c = 0$ の場合である)

(2) $x^2 + y^2 = c$ (3) $y = \dfrac{1}{e^{-x} + c} \left(= \dfrac{e^x}{1 + ce^x} \right)$ および $y = 0$

演習 B (1) $y \neq 0$ のとき $\dfrac{dy}{y} = \left(\dfrac{1}{x} - \dfrac{1}{x+1} \right) dx$ となる.一般解は $y = \dfrac{cx}{x+1}$

(2) $y \neq 1$ のとき $\dfrac{dy}{y-1} = \left(2 - \dfrac{1}{x} \right) dx$ となる.一般解は $y = cx^{-1}e^{2x} + 1$

(3) $\tan y = -\dfrac{1}{\sin x} + c$, $y = n\pi + \dfrac{\pi}{2}$ (n:整数) も解である.

演習 C (1) $\dfrac{y}{y^2+1} dy = \dfrac{1}{1+x^2} dx$ となる.一般解は $y^2 = ce^{2\tan^{-1}x} - 1$ である.

(2) $\dfrac{1}{2}\left(\dfrac{1}{y-1} - \dfrac{1}{y+1} \right) dy = \dfrac{1}{2}\left(\dfrac{1}{x} - \dfrac{1}{x+2} \right) dx$ より $\dfrac{y-1}{y+1} = \dfrac{cx}{x+2}$ となる.これから $y = \dfrac{(c+1)x + 2}{(1-c)x + 2}$ が得られる.$y = -1$ も解である.

(3) $y \neq \pm\sqrt{3}$ のとき $-\log|3 - y^2| = \log(1 + x^2) + c_1$ したがって $y^2 = 3 + \dfrac{c}{1+x^2}$ ($c = \pm e^{c_1}$) が得られる.$y = \pm\sqrt{3}$ も解であるがこれらは $c = 0$ としたものである.

例題 7-2 同次形

演習 A (1) $y = ux$ とおくと $u + 1 \neq 0$ のとき $\dfrac{du}{u+1} = \dfrac{2}{x} dx$ となる.これを解いて $u = cx^2 - 1$ したがって $y = cx^3 - x$ が一般解である ($u = -1$ つまり $y = -x$ は $c = 0$ の場合である).

(2) $y = ux$ とおくと $x\dfrac{du}{dx} = -u^2$ となる.$u \neq 0$ のとき $u = \dfrac{1}{\log|x| + c}$ したがって $y = \dfrac{x}{\log|x| + c}$ が得られる.$u = 0$ つまり $y = 0$ も解である.

(3) $y = ux$ とおき $u \neq 1$ とすると $x^3(1-u) = c$ が得られる.したがって $y = x - \dfrac{c}{x^2}$ が一般解である ($u = 1$ つまり $y = x$ は $c = 0$ の場合である).

演習 B (1) $y = ux$ とおくと $x\dfrac{du}{dx} = -\dfrac{2(u^2 + u)}{1 + 2u}$ となる.$u(u+1) \neq 0$ のとき $x^2(u^2 + u) = c$ つまり $y^2 + xy = c$ が得られる.$u = 0, u + 1 = 0$ (つまり,$y = 0, y = -x$) も解であるがこれらは $y^2 + xy = c$ において $c = 0$ としたものである.したがって一般解は $y^2 + xy = c$ である.

(2) $y = ux$ とおく.$u^2 + 2u - 1 \neq 0$ とすると $\dfrac{u+1}{u^2 + 2u - 1} du = -\dfrac{dx}{x}$ これから $u^2 + 2u - 1 = cx^{-2}$ つまり $y^2 + 2xy - x^2 = c$ が得られる.また,$u^2 + 2u - 1 = 0$ からは $y = (-1 \pm \sqrt{2})x$ が得られるが,これらは前述の解において $c = 0$ としたものである.したがって一般解は $y^2 + 2xy - x^2 = c$ である.

(3) $y = ux$ とおくと $\dfrac{2u+1}{u^2+1} du = \dfrac{-2}{x} dx$ となるから $\log(u^2 + 1) + \tan^{-1} u + 2\log|x| = c$

が得られる．したがって $\log{(x^2+y^2)} + \tan^{-1}\dfrac{y}{x} = c$ が一般解である．

演習 C (1) $y = ux$ とおくと $x\dfrac{du}{dx} = \dfrac{u^2+2u+3}{u+1}$ が得られる．これを解いて
$\log{(u^2+2u+3)} = 2\log{|x|} + c_1$ したがって $y^2 + 2xy + 3x^2 = cx^4$ $(c = \pm e^{c_1})$ が一般解である．

(2) $y = ux$ とおくと $xu' = -\tan u$ となる．これから $x\sin\dfrac{y}{x} = c$ が得られる．
$y = n\pi x$ （n：整数）も解であるがこれは $c = 0$ の場合である．

(3) $y = ux$ とおくと $x\dfrac{du}{dx} = u^2 - 2u - 3$ となる．$u^2 - 2u - 3 \ne 0$ のとき $\left(\dfrac{1}{u-3} - \dfrac{1}{u+1}\right)du$
$= \dfrac{4}{x}dx$ を得，これから $\dfrac{u-3}{u+1} = cx^4$ つまり $u = \dfrac{3+cx^4}{1-cx^4}$ が得られる．$u = \dfrac{y}{x}$ であるから
$y = \dfrac{(3+cx^4)x}{1-cx^4}$ である．$u = 3$ つまり $y = 3x$ は $c = 0$ とおいたものであるが $u = -1$ つまり $y = -x$ は別の解である．

例題 7-3 一階線形

演習 A (1) $y = e^{-\int dx}\left\{\int e^{\int dx}dx + c\right\} = e^{-x}\left\{\int e^x dx + c\right\} = 1 + ce^{-x}$

(2) $y = e^{\int dx}\left\{\int 2e^{-x}e^{-\int dx}dx + c\right\} = e^x\left\{\int 2e^{-2x}dx + c\right\} = -e^{-x} + ce^x$

(3) $y = e^{\int \cos x\,dx}\left\{\int \cos x\,e^{-\int \cos x\,dx}dx + c\right\} = e^{\sin x}\left\{\int \cos x\,e^{-\sin x}dx + c\right\}$
$= -1 + ce^{\sin\theta}$

演習 B (1) $y = e^{\int 2x\,dx}\left\{\int 2xe^{-\int 2x\,dx}dx + c\right\} = e^{x^2}\left\{\int 2xe^{-x^2}dx + c\right\} = -1 + ce^{x^2}$

(2) $y = e^{\int \frac{2}{x}dx}\left\{\int xe^{-\int \frac{2}{x}dx}dx + c\right\} = e^{2\log|x|}\left\{\int xe^{-2\log|x|}dx + c\right\} = x^2(\log|x| + c)$

(3) $y = e^{-\int dx}\left\{\int (\sin x + \cos x)e^{\int dx}dx + c\right\} = e^{-x}\left\{\int (\sin x + \cos x)e^x dx + c\right\}$
$= \sin x + ce^{-x}$

演習 C (1) $y = e^{-\int \frac{dx}{x}}\left\{\int \dfrac{\log x}{x}e^{\int \frac{dx}{x}}dx + c\right\} = e^{-\log x}\left\{\int \dfrac{\log x}{x}e^{\log x}dx + c\right\}$
$= \dfrac{1}{x}\left\{\int \log x\,dx + c\right\} = \dfrac{1}{x}\left\{\int \log x\,dx + c\right\} = \dfrac{1}{x}\{x\log x - x + c\} = \log x - 1 + \dfrac{c}{x}$

(2) $y = e^{-\int \frac{\sin x}{\cos x}dx}\left\{\int \dfrac{1}{\cos x}e^{\int \frac{\sin x}{\cos x}dx}dx + c\right\} = e^{\log|\cos x|}\left\{\int \dfrac{1}{\cos x}e^{-\log|\cos x|}dx + c\right\}$
$= |\cos x|\left\{\int \dfrac{1}{\cos x}\dfrac{1}{|\cos x|}dx + c\right\} = \cos x\left\{\int \dfrac{1}{\cos^2 x}dx + c\right\} = \cos x(\tan x + c)$
$= \sin x + c\cos x$

(3) $y = e^{-\int \frac{2x}{1-x^2}dx}\left\{\int 2(1-x^2)e^{\int \frac{2x}{1-x^2}dx}dx + c\right\}$
$= e^{\log|1-x^2|}\left\{\int 2(1-x^2)e^{-\log|1-x^2|}dx + c\right\} = |1-x^2|\left\{2\int \dfrac{1-x^2}{|1-x^2|}dx + c\right\}$
$= (1-x^2)(2x + c)$

注意 C の各問いにおいて x は対数関数に現れる真数の符号が一定である範囲を動くものとする．

執筆者紹介（＊は編者）

安芸　重雄	関西大学システム理工学部	
市原　完治	名城大学理工学部	
楠田　雅治	関西大学システム理工学部	
栗栖　忠	元関西大学システム理工学部	
平嶋　康昌	元関西大学システム理工学部	
福島　正俊＊	元関西大学工学部	
前田　亨	元関西大学システム理工学部	
柳川　高明＊	元関西大学工学部	

理工系の微積分演習

2005年12月10日　第1版　第1刷　発行
2022年 2月25日　第1版　第9刷　発行

編　者　　福島　正俊
　　　　　柳川　高明
発行者　　発田　和子
発行所　　株式会社　学術図書出版社

〒113-0033　東京都文京区本郷5丁目4の6
TEL 03-3811-0889　振替 00110-4-28454
印刷　（株）シナノ印刷

定価は表紙に表示してあります．

本書の一部または全部を無断で複写（コピー）・複製・転載することは，著作権法でみとめられた場合を除き，著作者および出版社の権利の侵害となります．あらかじめ，小社に許諾を求めて下さい．

© 2005　FUKUSHIMA, YANAGAWA　Printed in Japan
ISBN978-4-87361-290-4　C3041